沙漠导航

——一只蚂蚁的旅程

[瑞士] 吕迪格·维纳（ Rüdiger Wehner ） 著
赵小明 颜 苗 李永波 皮燕燕 译

Desert Navigator:
The Journey of an Ant

国防工業出版社
·北京·

著作权合同登记　图字：01–2024–0699

图书在版编目（CIP）数据

沙漠导航：一只蚂蚁的旅程 /（瑞士）吕迪格·维纳 (Rüdiger Wehner) 著；赵小明等译. — 北京：国防工业出版社, 2025. 5. — ISBN 978–7–118–13793–4

Ⅰ. Q969.554.2–49

中国国家版本馆 CIP 数据核字第 2025XG4822 号

※

国防工業出版社 出版发行

（北京市海淀区紫竹院南路 23 号　邮政编码 100048）

雅迪云印（天津）科技有限公司印刷

新华书店经售

*

开本 710 × 1000　1/16　**印张** 21¼　**字数** 393 千字

2025 年 5 月第 1 版第 1 次印刷　**印数** 1—1500 册　**定价** 198.00 元

（本书如有印装错误，我社负责调换）

国防书店：（010）88540777　书店传真：（010）88540776

发行业务：（010）88540717　发行传真：（010）88540762

译者序

在翻译《沙漠导航——一只蚂蚁的旅程》这部作品的过程中，我们仿佛跟随作者一同踏上了一场奇妙的科学探索之旅。本书深入剖析了沙漠箭蚁这一独特物种的导航能力，揭示了它们在极端恶劣的沙漠环境中，如何凭借自身微小的大脑和有限的感官完成了令人惊叹的长距离觅食与归巢之旅。

箭蚁以其优雅的体态、修长的腿肢和惊人的移动速度闻名于世，它们在撒哈拉沙漠等广袤沙海中的卓越导航技巧，一直是动物行为学和神经科学领域关注的焦点。本书不仅详细介绍了箭蚁的生物学特征、生态习性以及它们所生活的沙漠环境，更深入探讨了箭蚁导航背后的复杂机制，包括它们如何利用天空中的偏振光、太阳位置、地磁场等自然线索，以及如何通过计步器、光流里程计等内部机制来精确计算距离和方向。

在翻译过程中，我们深刻体会到作者对箭蚁的深厚情感以及对科学研究的热情。维纳先生不仅是一位杰出的科学家，更是一位出色的科普作家。他用生动形象的语言和丰富详实的实验案例，将复杂的科学知识以通俗易懂的方式呈现给读者，让读者仿佛置身于沙漠之中，亲眼目睹箭蚁的奇妙行为。

本书的翻译并非易事，其中涉及大量的专业术语和复杂的科学概念。为了确保翻译的准确性和可读性，我们查阅了大量的专业文献和资料，力求在忠实于原文的基础上，用简洁流畅的语言将作者的思想传达给中文版读者。同时，我们也尽量保留了原文的幽默与风趣，希望读者在阅读过程中能够感受到科学探索的乐趣。然而，书中提及了大量蚂蚁相关术语，部分蚂蚁在国内尚未得到深入研究，因此在翻译过程中，我们保留了部分蚂蚁的英文名称。

这样的处理既保证了科学术语的准确性，也方便了读者查阅相关资料，进一步了解这些独特生物。

在当今世界，随着科技的飞速发展，我们对自然界的认知不断深化。然而，像箭蚁这样的微小生物，依然以其独特的方式挑战着我们对生命和智能的理解。它们的导航能力不仅为我们提供了研究动物行为和神经机制的绝佳模型，也为人工智能、机器人技术等领域带来了新的启示。通过翻译本书，我们希望能够激发更多读者对自然科学的兴趣，尤其是对那些看似微不足道却蕴含着无限智慧的生物的关注。

最后，感谢所有支持和帮助我们完成这项工作的朋友们，没有你们的鼓励和建议，这本书的翻译工作不可能顺利完成。我们也期待着读者们能够通过本书，开启一场属于自己的科学探索之旅，去发现那些隐藏在沙漠深处的奥秘，去领略生命的奇迹。

译者
2025 年 4 月

前 言

可以确定的是，神经元在数量或质量极其有限的情况下，也能展现出极为显著的精神活动。因此，尽管蚂蚁的大脑神经节体积微小，尚不足一枚针头的四分之一，然而它们所展现出的高度多样化的本能行为、精神力量以及情感表达却广为人知且令人称奇。从这一视角审视，蚂蚁的大脑结构或可被视为世界上最为奇异的物质构造之一，其奇妙程度甚至可能超越人类大脑。

——查尔斯 · 达尔文

本书详尽阐述了一种独具东方韵味的蚂蚁种类——箭蚁的导航能力，该蚁种以其优雅的体态、修长的腿肢以及惊人的移动速度而著称于世。当您漫步于撒哈拉沙漠或其他古老世界的广袤沙海之中时，这种独特的蚂蚁无疑会迅速捕获您的目光。半个世纪之前，我便对这种非凡的蚁种产生了浓厚的兴趣，并且这份热情至今未曾减退。箭蚁不仅以其引人注目的体形、独特的奔跑姿态以及对酷热沙漠环境的非凡适应性而闻名，其在广袤荒漠中探寻路径时所展现出的卓越导航技巧同样令人叹为观止。

在过去的数十年间，众多满怀热情且才华横溢的研究生，以及来自全球各地研究机构的同仁们，均被这些沙漠中的微小居民所具备的卓越导航能力深深吸引。此外，诸如生活在南非与澳大利亚中部沙漠地区的速蚁与负蜜蚁等其他蚁种，在捕食习性、耐热性以及导航技能等方面均与箭蚁存在诸多相似之处，它们也吸引了来自世界各地研究机构的学者的关注，这些人成为我们研究团队的重要成员。丹麦著名生理学家、诺贝尔奖得主奥古斯特·克罗曾言："在探究特定问题时，总会存在一种或几种动物最适合作为研究模型。"本书将清晰而详尽地阐述为何箭蚁是研究动物导航机制的理想模型生物。

箭蚁具备独立的导航能力，能够远离其地下巢穴，前往数百米之外（这相当于其身体长度的万倍以上）搜寻食物。面对如此复杂的导航任务，人们不禁要问：这样一只拥有微小大脑（其体积甚至小于一枚小针头的四分之一），且体重不足 0.1mg 的独立的蚂蚁，究竟是如何实现这一壮举的？本书旨在深入探讨并解答这一关键问题。书中，我们将详尽剖析箭蚁如何利用其所有可用的感官信息作为导航数据，这些数据包括天空与地面的视觉线索、地磁场信息、嗅觉信号、触觉反馈以及自体感知信息等。这些信息被箭蚁作为输入，通过指向、积分、成像及多种记忆存储机制进行处理。我们将逐一探讨这些工具及其工作模式，并最终总结出箭蚁是如何整合这些信息，形成一个高度发达的导航策略网络，从而执行复杂的导航计算。这一策略网络远非基于简单本能或关联反应所能及，而是由昆虫大脑中紧密排列的微型神经回路所调解。这些具有挑战性的议题，不仅吸引了行为与神经计算科学家的关注，也日益引起进化生物学家、认知科学家以及机器人专家的浓厚兴趣。本书将为他们提供一个全面而深入的视角，以理解这一自然界的奇妙现象。

本书侧重于对科学发现的详尽描述，而非提供一份全面的综合评述。其核心焦点在于该研究领域内至关重要的实验范式，详细勾勒了实验的设计思路、实施过程及具体步骤。书中对实验设计和实施细节的深入关注，往往是避免得出草率、模糊结论的关键所在。这一细致入微的探讨，为书中的叙述增添了丰富的历史和认知论色彩，同时也揭示了研究人员在探索过程中必经的漫长而曲折的历程。生物物理学家与分子生物学家弗朗西斯·克里克曾言，一旦新的科学概念得以确立，便很难再回溯其最初的模样，这并非不可能，而是极为困难。我们进一步补充，科学概念的确定过程往往充满了曲折与挑战。这一观点同样适用于当前关于动物"空间认知"的研究课题。

本书的核心内容在于深入探讨蚂蚁的导航策略，并以此为切入点，对这类社会性昆虫的生物学特性和自然历史进行全面探索。蚂蚁生活在干旱严酷的环境中，面临着食物稀缺和超长觅食距离的挑战。因此，在介绍导航者及其需求（第 1 章）之后，并在详细探讨导航工具（第 3~6 章）及其相互关系（第 7 章）之前，本书特别关注了蚂蚁的生活方式，详细阐述了其结构、生理、行为和社会特征，这些特征使得蚂蚁能够高效地完成广泛的觅食任务（第 2 章）。毕竟，正是在沙漠这一独特的生态环境中，蚂蚁展现出了卓越的导航能力。在探讨蚂蚁的过程中，本书从不同角度和视角出发，深入研究了这种生物——沙漠中的导航者以及它所生活的世界。蚂蚁在其生存环境中需要不断做出何时前往何地的决策，这一过程中蕴含着丰富的生物学和生态学智慧。本书旨在通过正统且正规的学术探讨，使读者建立对蚂蚁及其所处世界的全面、深入的认知。

在本书开篇即须明确界定其内容的边界，特此说明，本书并不涉及箭蚁种群内部的运作机制，特别是关于这一“超级生物体”内高度复杂的生理与组织行为。本书聚焦于个体生物层面，特别是蚂蚁个体的行为能力，即其导航工具。然而，需指出的是，这些个体的导航能力及其潜力与限制，均受到更高层次系统，即种群需求的深刻影响，因此，对其分析需始终置于进化论的宏观视角之下。诚然，在超级生物的“社会思维”中，集体智慧源自个体“简单思维”的自组织交互作用，但本书旨在向读者展示这些个体思维本身绝非简单可言。

本书旨在面向广大读者群体，不仅限于相关科研领域的专业人士。为此，全书采用通俗易懂、引人入胜的叙事风格，力求避免使用晦涩难懂的科技术语。尽管文中未直接引用参考文献，但已通过特定标识进行标注，并在书末提供了完整的参考信息，以便读者查阅。所有插图均整合了多篇权威出版物的内容，并经过精心设计与重制，以呈现最佳视觉效果。本书采用叙事风格，旨在激发那些对昆虫导航研究充满好奇、乐于探索未知领域的读者的兴趣。多年来，我常被身边的科研及人文领域的同事与朋友问及，研究沙漠蚂蚁究竟有何意义，以及这些小生物何以吸引我的注意。在本书中，我将给出详尽解答，并诚挚邀请读者一同参与这场充满挑战与喜悦的发现之旅。

正如塞尚曾评价其友莫奈所言：“莫奈不过是一只眼睛，但天啊，他是多么出色的一只眼睛。”我衷心希望，在阅读本书后，你也能认同，箭蚁虽仅为蚁类一员，却堪称伟大的蚂蚁典范。本书在内容呈现与论述方式上，均力求正统与正规，以期为读者提供一份严谨而富有启发性的阅读体验。

目录

1 研究背景

50年前一个炎热的夏天，我来到了突尼斯南部的撒哈拉盐沼，即杰里德盐湖。远处的热浪把蜃景带到眼前。在地面上，有一只黑色的蚂蚁正在这片基本没有特征的沙漠平原上疯狂地寻找食物。这只蚂蚁（后来确定是长脚沙漠蚁）在周边没有其他蚂蚁的情况下，独自把身体的后部（腹部）放直，在沙漠地面上奔跑。在我跟随这个孤独的觅食者一段时间后，它突然发现了一只大苍蝇的尸体，抓住它，并带着这个相当重的猎物匆匆回家，直到消失在沙漠地面上不显眼的洞口——它的地下巢穴入口。当我回首看到蚂蚁发现苍蝇的地方（我用一根棍子标记了位置）时，我惊讶地发现它已经离开巢穴在盐沼地面上曲折运动了100多米（图1.2）。更令我惊讶的是，这只敏捷的箭蚁不是沿着它复杂曲折的觅食路径，而几乎是沿着其觅食之旅的起点和终点之间的一条直线——直路返回巢穴。它通过某种方式能够将其在外部旅途中经历的所有方向和所有距离归一到一个平均的回家的向量中（图1.3）。对于人类来说，如果没有仪器的帮助和一些相当详细的数学微积分知识，或者全球定位系统（GPS）设备，这项任务将很难完成。这是一种体长不到1cm，拥有一个很小大脑的小动物。我希望它的尺寸足够小，可以适用于神经生物学分析。并且它迷人的行为特征、复杂的计算能力，足以引起神经行为学家，甚至是认知科学家和神经信息学界的兴趣。

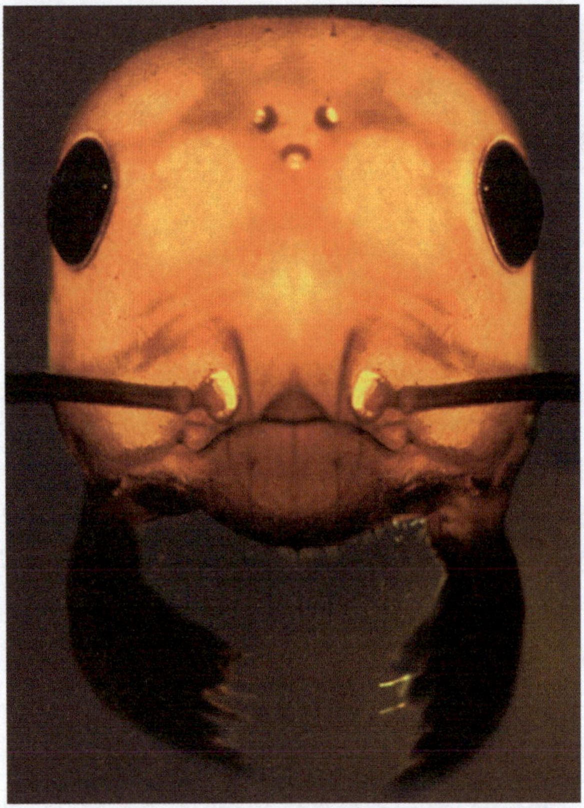

图 1.1　内部照明下的沙漠双色蚁头部特写

该沙漠双色蚁的头部被精心固定于一根纤细的光导纤维之上，并通过高精度立体显微镜进行细致观察。在其左右复眼中，可见亮点清晰显现，这些亮点精准对应于复眼中的视觉单元（小眼）。这些小眼的光学轴与显微镜的光学轴精确对齐，同时也与观察者的视线方向保持一致。

图 1.2　长脚沙漠蚂蚁的盐田栖息地（位于突尼斯南部的杰里德盐湖）

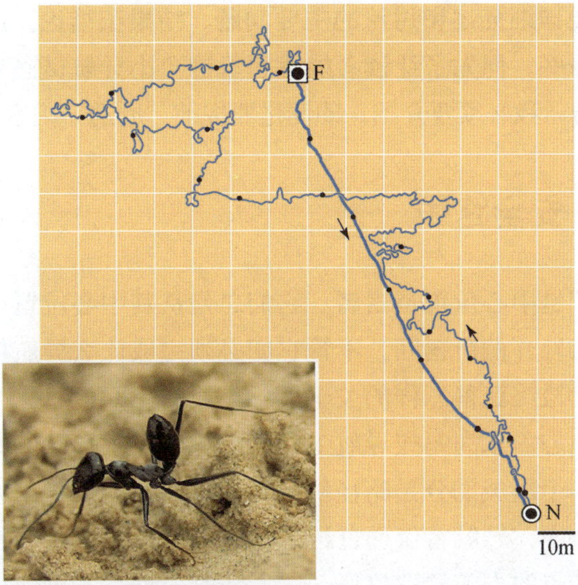

图 1.3 长脚沙漠蚂蚁工蚁的觅食路线

N 表示旅程开始的地点（巢穴）；F 表示猎物发现地点。细蓝线和粗蓝线分别表示蚂蚁的离巢路径和回巢路径。黑色点标记表示每 60s 设置一个时间标记。插图是一只抬高了腹部的正在觅食的工蚁。

自首次发现以来，我们已经记录了数百次这样的觅食旅程。不论是出发还是回巢，都在不同的实验条件下进行。但第一次观察到时，我甚至不知道所跟随的箭蚁是一种生活在突尼斯和阿尔及利亚盐田地区的物种。这种生活在沙漠里喜好盐分的蚂蚁所居住的北非热特和塞布哈斯地区的地面，有时像网球场的地板一样光滑，但更常见于被多边形的裂纹和山脊覆盖。然而，即使是后一种地貌，像杰里德盐湖和梅尔里盐湖这样的大型盐田栖息地，也不能为箭蚁提供足够可靠的地标信息，以指导它们进行长途旅行。

实际上，其他种类的箭蚁大多数生活在更加复杂的沙漠环境中，例如，盐湖边缘的地区，这个区域的地面覆盖着碎石、矮灌木或稀疏的干草团。此外，散布的干旱植物（如树和灌木）可以提供各种导航信息，这些蚂蚁确实可以有效使用这些信息进行导航。那么，箭蚁的导航工具是如何检测、处理和整合这些信息以及其他各种信息的呢？蚂蚁眼中的外部世界以及其觅食地形的空间到底是什么样子？鉴于这些问题，有必要简要介绍一下蚂蚁的主要导航表现。在这次简要的介绍中，我会结合本书将要详细描述和讨论的主要问题、结果和结论。这也可能会超前一些，但为了让读者能够想象这个小导航员必须完成的巨大任务，我必须要介绍，即便是要提前“剧透”内容。

1.1 安全路线

箭蚁是中心位置觅食者。它们总是从其中心位置——巢穴入口，出发并例行返回。不管它们必须完成什么导航任务，也不管它们最终获得怎样的关于地标环境的空间信息，中心位置觅食的生态需求为蚂蚁导航工具的进化奠定了基础。蚂蚁导航工具的一个组成部分是路径积分，其为蚂蚁的主导航程序。在路径积分中，导航者仅通过记录自己的动作，来获取其相对于给定参考点的当前位置信息。这意味着位置并不是由特定地点的信息定义的，就像信息学家格尔特鲁德·斯坦对加利福尼亚奥克兰的隐喻性引用：“那里并没有什么特别的地方”，而是通过动物到达的方式来定义的，即途中获得的所有信息，而不仅是实时获得的信息。因此，路径积分是一个逐渐增加、一步一步的过程，从动物离开巢穴开始，并在动物行进的途中一直持续进行。就像动物在它身后拖着一根看不见、紧绷的“阿里阿德涅的线”，某种连接动物与出发点的安全线，使其在没有任何地标的帮助下回到起点。

在希腊神话中，克里特岛的国王米诺斯聘请了著名的发明家和工匠代达鲁斯建造了一个几乎不可逾越的迷宫，在其中囚禁了牛头怪。这个迷宫只有一个门，里面充满了弯曲的通道和死胡同，以至于任何进入的人都找不到出路。所有的闯入者都成为了这个怪物的牺牲品。这个与导航有关的逃脱问题，只有在米诺斯国王的女儿阿里阿德涅接受代达卢斯的建议，向她的爱人忒修斯提供了一个一端固定在迷宫门处的线球，才得到解决。当忒修斯进入迷宫门，穿过迷宫，朝着中心前进时，把线放在身后。在击败了怪物之后，他沿着线回到了迷宫门处。

由于迷宫的结构，忒修斯无法将线拉紧，但在沙漠平原的开阔地带，一只箭蚁在蜿蜒的路径上寻找食物时，是可以这样做的。与忒修斯相比，蚂蚁可以使用它的路径积分器，直接返回到起点（第5章）。如果它在复杂的环境中寻找食物，就要被迫运用自己的路径积分器在自然的迷宫中越过障碍。然而，与忒修斯不同，它不会完全沿着外出路径返回，而通常会选择尽可能接近直线的矢量路径的新归巢路线。当蚂蚁多次到访同一个目标时，它通过使用地标记忆——一种类似于“阿里阿德涅的线”的东西，获得独特的往返路线，从而形成令人惊奇的路线忠诚度（第6章）。

当线被拉紧时便是一个向量，它指向从起点到箭蚁的当前位置，或者从当前位置指向起点，这取决于向量的原点位置。因此，可以将路径积分称为向量导航。箭蚁在计算路径积分向量时，使用方向和距离来监测它运动的角度和线性分量，并使用积分器将这些分量整合起来，计算出其到巢穴的向量。图1.3给出了一次往返旅程的显著示例，该旅程中，箭蚁仅通过路径积分进行导航。在径直回巢的路上，它熟练地使用了在外出旅途中汇总的路径积分向量。在其到达巢穴时，向量被归零。

当然，有一个问题还需要系统地解决。我们如何能够完全确定箭蚁是依赖于路径积分，而不是利用人类观察者未注意到的某个熟悉路标或标志呢？只有在进行了关键的位置移动实验后，才能确定答案。在这个实验中，蚂蚁在捕获猎物后被捕获，并被移动到附近的一个测试场地。该场地提供了一组白线网格，以便记录蚂蚁的轨迹（图1.4）。位置移动实验的结果较为明显。释放后，蚂蚁首先转身以调整自己的方向，使其朝向计算所得的回巢路线，然后沿着该方向奔跑，而不是朝着真正的巢穴方向，前进的距离相当于其计算所得的距离。在到达巢穴的虚拟位置后，它开始系统地在其巢向量指向的位置，即最有可能是巢穴的位置（图1.5（b））周围搜索。

图 1.4 在平坦贫瘠的沙漠地面上画有 1m 方形网格的试验场视图

这个网格可以用于各种目的，如进行科学实验、测试设备或练习测量技术。荒凉的沙漠景观提供了一个清晰开阔的区域，可以在没有任何干扰或障碍的情况下进行测试。

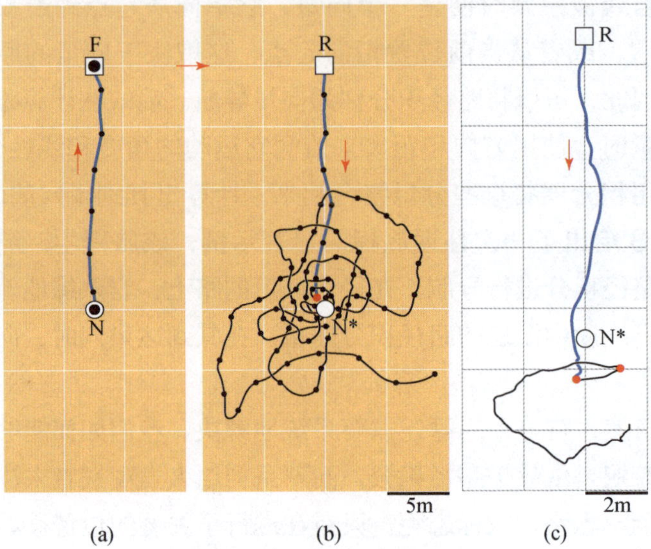

图 1.5 位移范式（长脚沙漠蚂蚁）

（a）在训练（巢穴）区域中，蚂蚁的外出行动。行程始于巢穴（N），通向一个人工喂食器（F），在蚂蚁即将开始回巢的时候（完整向量蚂蚁），它被捕获并被移动到遥远的测试区域。（b）在测试区域内从释放点（R 表示饲料器的虚拟位置）到巢穴的虚拟位置（N*，空心圆圈）的归巢行为。红点表示直线归途的结束和区域集中搜索的开始。每 10s 设置一个时间标记（黑点）。（c）一只蚂蚁的归巢轨迹，在野外完成了 10m 的觅食行动，随后被安装在球形跑步机的顶部（图 1.7）。

我们已经在几个改进版本中采用了这个实验范式。箭蚁通常被放到一个人造饲料盆里，里面放置着一种特定的食物，如饼干屑、小块的肉、水果或奶酪，并将其埋入地下，这样蚂蚁就无法从远处看到它。当一只蚂蚁抓住了一小块食物后，它会被捕获、标记（通过在头部、胸部和腹部涂上两点或三点颜色代码），并转移到不熟悉的测试区域，在那里它的回巢路线被记录在方格纸上或缩小比例记录在电子绘图板上（图 1.6）。

图 1.6 记录蚂蚁行走轨迹（研究生大卫·安德尔正在记录一只蚂蚁的行走路径）

一只箭蚁被移动到远离其习惯的家园区域的测试田野后，其归途路径通过沙漠地面上的网格和电子绘图板来记录，绘图板由实验者背部安装的太阳能电池板供电。

在一定的时间间隔内（通常为 10s，由电子计时器指示），时间标记被添加到蚂蚁的路径上。所有记录的轨迹都将被导入并由计算机分析。在沙地上，测试网格很难应用，因此在蚂蚁路径上的 10s 间隔处放置带有编号的旗子来记录路径的空间布局。然后，使用差分 GPS 确定所有带旗子位置的坐标，并通过地理信息系统（GIS）软件进行数据评估。此外，为了追踪在长距离上的整个觅食旅程，只需使用手持 GPS 设备跟随蚂蚁，就可以获得足够准确的信息。为了分析蚂蚁轨迹的精细空间细节以及蚂蚁的头部和身体姿势，需要进行高速视频记录。

人们可能会想知道，在记录蚂蚁的路径时，人类观察者是否会干扰实验动物或在某种程度上使它偏离其预定的导航路线。无数的对照实验表明不会干扰。观察者的位置相对于蚂蚁是不断变化的，因此提供给动物的是不可靠的视觉路标。一般来说，如果动物必须决定是否应该利用某个地标作为导航辅助，那么它应该遵循“如果它会移动，不要使用它”的规则。最后，在许多实验中，归巢的蚂蚁会走在光线可调节的光学实验室下面（图 3.8 和图 3.18（d）），在其中它既看不到调查员也看不到周围的地标，但它的视野可以被特定的方式操纵。

最近，来自德国图宾根大学和弗莱堡大学的汉斯尤根·达门和马蒂亚斯·维特林格成功地通过束缚这些动物，并让它们在北非研究地点的球形跑步机上行走，直接记录了蚂蚁的归巢路线（图 1.7）。在这个装置中，蚂蚁被舒适地安放在一个非常

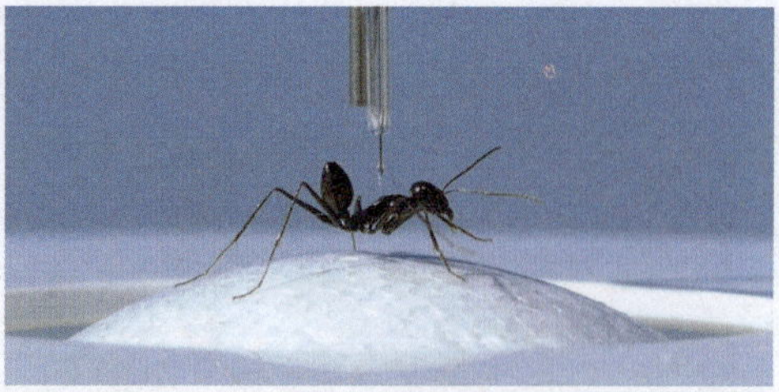

(a)

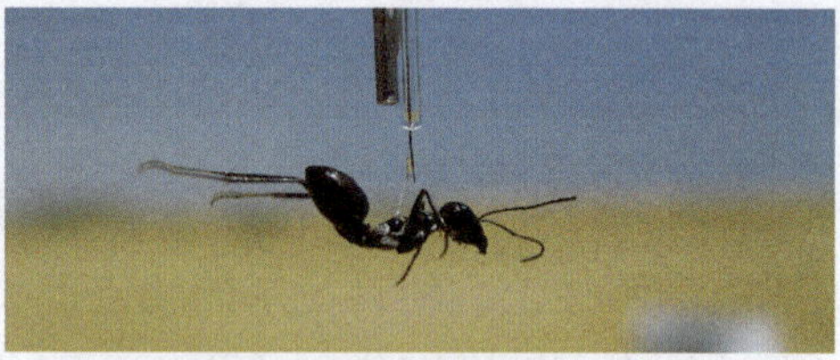

(b)

(c)

图 1.7　球形跑步机上的箭蚁

一只长脚沙漠蚂蚁被安装在一个气垫球的顶部。蚂蚁被粘在一根牙线上，该牙线固定在一个细钢杆（直径0.08mm）上，该钢杆在一个垂直的玻璃管中旋转。因此，蚂蚁能够绕其偏航轴旋转而几乎没有摩擦，但在向前移动时，蚂蚁被固定在原地，而球体移动。球形跑步机顶部周围有一个圆形屏幕（未显示），可以防止蚂蚁看到任何风景。(a) 安装在球体上的蚂蚁的特写；(b) 与球体脱离的视图；(c) 在突尼斯马雷斯附近的实地研究设备设置。

轻的空气悬浮聚苯乙烯泡沫球的顶部。虽然它的位置固定，但蚂蚁能够适应泡沫球的高度、俯仰和翻滚，并能围绕垂直身体的轴旋转，具有自己的惯性力矩。通过使用这些特殊设备来记录蚂蚁奔跑方向的变化。通过监测球的运动，可以重建蚂蚁在球顶上所走的假想路径。这些蚂蚁已经习惯了在这些受限制的条件下行走和导航，以至于当它们在自由行走于沙漠地面时与在球形跑步机顶部行走时的归巢向量一样准确。对比了蚂蚁从喂食装置转移到测试场（图 1.5（b））或球形跑步机顶部（图 1.5（c））的归巢路线。可以肯定的是，最初在实验室中为果蝇开发的轨迹球设置现在已经成熟地应用于野外蚂蚁的研究，并开启了一个新的实验范式，其中包括在动物同时面对各种自然或人工感觉刺激的情况下记录其大脑活动。

1.2 全景视觉

当其他导航模式失效时，路径积分器可以让箭蚁不迷失方向。然而，在大多数沙漠环境中通常会有地标可用（图 1.8），因此箭蚁会获取、保留和利用从周围地标场景中获取的视觉信息，以返回到特定位置，并基于视觉导航系统引导到熟悉的路线。所有这些信息都基于最初在蚂蚁依赖路径积分导航时获得的图像信息。

图 1.8　集居多种箭蚁的杂乱的沙漠环境

突尼斯西南部杰里德地区干旱的地形是 C.savignyi、C.albicans 和 C.rubra 的栖息地。

通过它的全方位视觉——其广阔的全景视野，箭蚁能够同时从天空和陆地世界获得其视场范围内几乎所有的视觉信息。光学测量（图 1.1）表明，两只复眼的视野合在一起，可对地平线的整个 360° 弧进行采样，并覆盖了动物周边不少于 93% 的单元球，只有蚂蚁身体下方和后方有一个很小的“盲区”。在蚂蚁前方，两只复眼的视野重叠并提供了一个狭窄的双目区域（图 1.9）。

抛开体形不谈，这种广角、全景视觉的机理适用于迄今为止研究过的所有箭蚁物种。双色的眼睛大小与体形成比例，最小的工蚁有 600 个视觉单元（复眼像巢，见图 3.3），最大的工蚁有 1300 个，但总视场的大小保持不变。因此，较小个体的空间分辨率比较大的同类低，这意味着它们放弃了视觉的敏锐性，而对移动的世界进行全域观察。相邻视觉单位之间的最小夹角，即所谓的眼间发散角，以及最高的空间分辨率出现在一个带状区域中，该区域沿着眼的中线运行。即使在这个“视线”中，各个视觉单位之间的发散角也不小于约 3°（图 1.9（c）），而人类的黄斑中心约为 0.02°。从技术上讲，如同所有的复眼一样，箭蚁的复眼作为空间低通滤波器摒弃了精细的空间细节。然而，在更为杂乱的环境中进行导航时，低分辨率的视觉可能更具优势，因为高空间频率的线索可能会提供模糊的信息。在这种情况下，低分辨率结合全景视觉可以表现出更稳健、更高的可靠性，这表明整体场景识别可能在箭蚁的导航行动中扮演重要角色。但请注意，视野前方能达到的最高分辨率也强调了前方视觉的重要性。

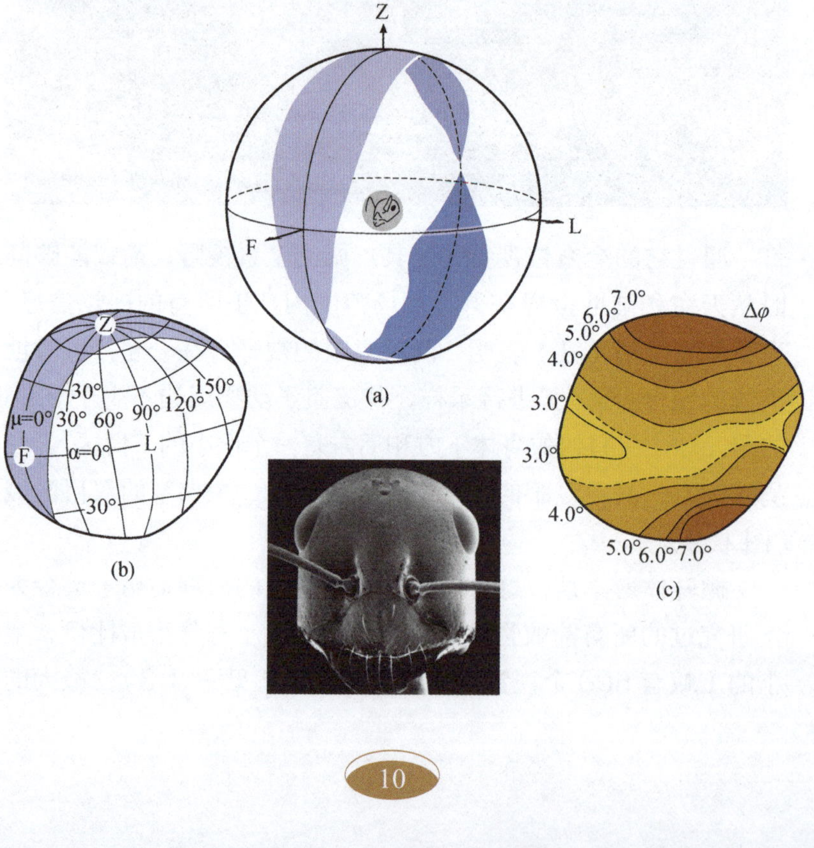

图 1.9　箭蚁的全景视觉：完整的全景视图（沙漠双色蚁）

（a）左右复眼视野的三维表征。淡蓝色和深蓝色的阴影分别表示蚂蚁视野中的双眼视野范围和盲区。（b）地球外部的经线和纬线在左复眼上投影的圆圈。头相对于水平面倾斜的角度，是动物在行走时平均调整的角度。（c）左复眼的感受器间距（复眼间发散角，Δφ）。眼睛注视地平线的那部分形成了一个分辨率稍高的带状“视觉条纹”。数据来源于活体动物的光学伪瞳测量。插图为头的正面视图。F 表示正面，L 表示侧面，Z 表示天顶。

这引发了一个问题，即箭蚁从这个大型全景视觉环境中提取了哪些与导航相关的信息。想象一个类似于图 1.8 所示的沙漠环境。里面有各种大小不同、远近不同的地标，同时在天空中有一个由太阳光在地球大气层中散射形成的独特的、人眼不可见箭蚁可见的光学现象（偏振光图案）。在这种沙漠环境中，一个拥有全景视觉的箭蚁会沿着一条直线前进。然后，附近物体的图像会在前方视野中一个接一个地出现，向后移动并在后面消失。这种自身诱导的光流的速度，从前方视野，即运动方向会非常缓慢，并且在侧面达到最大。靠近的物体比更远的物体移动得更快，因此在奔跑的箭蚁的视觉世界中，前景会相对于恒定距离上的远景移动。由于太阳和其他天空光线（如前面提到的偏振光图案）实际上处于无限远处，只要箭蚁保持其行进方向不变，它就不会感受到这些信息的图像运动，但当动物旋转即转向新方向时，这种图像运动就会立即发生。考虑到蚂蚁全向视觉系统所获得的视觉刺激结构多样化，问题就立即出现了：箭蚁的大脑如何处理和利用这种万花筒般丰富的信息。它是否在进化过程中获得了特定的感官和神经“滤波器”，使其能够捕捉并处理仅与导航的某个方面相关的视觉信息？

不管这些问题的答案是什么，箭蚁最初获取的只是初始位置的图像信息——“快照”，它们拍摄特定的观察点并存储在自己的参照系中。因此，重要的问题是它们如何组织其空间记忆，并在正确的时间和情境下检索正确的信息。它们能否以一种方式将它们连接起来，形成一个对其觅食领域的连贯空间表示？这将是一项计算要求很高的任务，因为箭蚁可能需要从仅以自己为中心的地标视图和路径积分坐标中构建这种以地心为中心的空间表示。如果它们成功完成了这个任务，至少在原则上，它们将能够获得自 20 世纪中期以来被称为“认知地图”的东西——拓扑地图的心智模式。这一概念最初被用来解释老鼠在实验场地的空间行为，最近也被应用于描述蜜蜂的导航行为。我们将这个作为首要的主题在第 6 章和第 7 章中进行讨论。

在现代人类制图师进行地形图的制作时，构建熟悉地形的拓扑表示法是一个常见的方法。但在进化过程中，昆虫导航员可能采用不同的方式来应对这个在杂乱、迷宫般的沙漠环境中找到方向的巨大任务。因此，我们必须谨慎，不要仅用人类处理这些导航任务的方式来表达我们的问题。人类问题解决依赖于基本原理，即基于数学和逻辑的推理，通常旨在寻求通用解决方案，这往往在计算上是复杂的。

然而，我们要处理的问题是，箭蚁如何使用最直接的方式有效地完成它们必须应对的任务，以及在他们所特有的生态环境中而不是在人类研究者理性思维的概念框架内的运行模式。

1.3 生命晚期

特定的生态环境决定了箭蚁的导航任务，带我们来到另一个决定性的点，这值得我们考虑。它涉及箭蚁的生命历程。与几乎所有蚂蚁物种的工蚁一样，箭蚁会随着年龄的增长而改变任务。它们只有在寿命的最后阶段才会成为觅食者。我们可从它们的存活周期曲线中得到从事这些户外工作的持续时间（图 1.10）。在到达这个阶段之前，它们从事了相当多其他的任务。在破茧而出后，它们首先作为相当不活跃的“贮食蚁”（液体食物的储存者）。它们的胃部肿胀，腹部节间膜伸展，大多数时候静静地坐在巢穴里，如果受到打扰，只会缓慢地移动。随后，工蚁成为专门从事各种育婴和巢穴维护任务的“护士”。在这个阶段接近尾声时，它们向巢穴的外围移动，在那里它们进行挖掘和疏通工作，最后开始觅食。这种运动活动和任务分配的离心模式随着年龄的增长而在外部世界继续，觅食距离也随之增加。因此，在任何时候，这些箭蚁群体中都包含一些“临时工蚁群体”，每个群体执行一定的行为，并且每个个体在不同的年龄段完成不同的任务（时间多态性）。

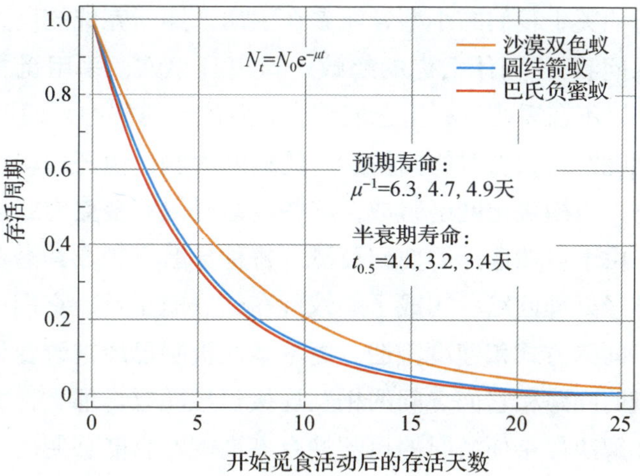

图 1.10 在蚂蚁的自然栖息地记录到的觅食者的存活周期

在突尼斯低地草原的沙漠双色蚁、希腊塞萨利亚平原的圆结箭蚁和澳大利亚中部半干旱的巴氏负蜜蚁中，所有物种的存活周期都遵循指数衰减函数。

在执行这些任务时，箭蚁能够识别来自同一巢穴的特定物种、特定蚁群甚至是特定任务的状态。例如，当箭蚁表现出相当复杂的行为以营救被埋在坍塌的沙子下或以其他方式被困的同巢伙伴时，觅食者会将其与内部工作者区分开来并特别向其提供援助。就像在其他蚂蚁中一样，体表羟烃的组成为多成分识别信号，这些信号在不同种类、蚁群和发育阶段的工蚁之间高度可变。通过不断进行“触角接触”，即用触角的化学感应电池相互接触，一个蚁群的成员应该能够识别到同伴的这些羟烃轮廓和状态，从而获得一个“神经模板”，之后将其与遇到的同巢穴的蚂蚁信号轮廓进行比较。同样，在第 6 章中将看到，当箭蚁使用地标视图进行导航时，它们不断对记忆中以特定视角拍摄的全景图像（“模板”）和当前经历的图像进行比较。

虽然箭蚁的导航表现令人难以置信，但箭蚁的大脑还必须负责其他丰富多样的高难度行为。毕竟，成年箭蚁中的工蚁约80%的寿命都在黑暗的地下巢穴中履行其室内任务。即使当它们后来成为觅食者并发展了导航技能，还必须完成各种其他任务，例如检测和识别猎物，避开捕食者或识别外来同种群体的成员。

最近，我在理论物理系的一个同事那里咨询了一个问题。

我告诉他关于我们的小型导航者在生命末期所完成的巨大任务后，他问我："为什么你的蚂蚁一旦离开巢穴，采用觅食模式的行为，不在需要时利用它们整个大脑的计算能力来模拟 GPS 的功能呢？"我当时的回答是，蚂蚁的大脑，像任何动物的大脑一样，由模块化网络组成，这些网络是以马赛克方式进化而来的。由于自然选择的变幻莫测，各种导航机制及其潜在的感觉和神经处理回路，构成了蚂蚁现在的导航工具，它们可能已经以不同的方式和速度塑造。更基本的机制已经被改变和专业化，新的回路和它们之间的相互连接已经建立。那么，蚂蚁的大脑在解决复杂任务时的可塑性有多高呢？它能够使用主要涉及其他任务的脑区的计算能力吗？同一任务能以不同的方式解决吗？这样的问题将贯穿本书，并在我们更详细地探讨箭蚁导航工具集的架构时成为核心。此时，它们可能会引发一些关于昆虫思维设计的一般性考虑和历史性反思。

1.4 展望

一个世纪以来，人们一直争论昆虫——尤其是黄蜂、蚂蚁和蜜蜂等群居昆虫，是预先编程的自主生物还是可以认知的生物。它们是仅能表现出严格的、像机器一样的、机械化行为的"无意识机器""以严格的数学精度"执行？还是具有一些"更高的心理功能"、某些"心理能力"，甚至"理性"？尽管所有这些争论都是深层的语义问题，可能会产生模糊的领域，但它们涵盖了从将昆虫行为视为刺激（反应交互的纯粹结果），到将蜜蜂和蚂蚁赋予类似于高等脊椎动物的认知能力的全部观点。

20 世纪 30 年代，中西部的生物学家罗伊·阿博特曾经这样评论，"了解一切和一无所知，取决于它在正常或异常情况下的行为方式：这是昆虫群体呈现出的奇怪对立面。"他指的是掘地蜂在为它们的地下洞穴提供麻痹的昆虫猎物时，执行的复杂但表面上僵硬的行为序列，但它们似乎无法适应触发这种行为的人工变化提示。几十年来，这个故事一直被计算机和认知科学家，如德昂·伍尔德里奇、道格拉斯·霍夫施塔特和丹尼尔·丹尼特，用来描述看似深思熟虑行为的无意识性。“Sphexishness”已经成为一个哲学隐喻，越来越与它的生物学基础分离。实际上，后来的研究表明，在一定范围内，这种蜂可以适应假定的刚性行为序列，来应对情境的偶然性，这意味着在更深入的生物学观察中，昆虫的行为表现比蜂学家们所宣称的具有更多的灵活性和适应性。

这个有吸引力的 Sphex 隐喻及其长期以来对昆虫行为的狭隘观点可以作为一个警示，提醒我们不要过分坚持预先设想的总体观点，无论是旧有的 Sphexishness，还是当前流行的源自人类问题解决方式的概念应用。19 世纪的两位伟大自然学家琼·恩里·法夫雷和达尔文的年轻朋友约翰·卢伯克，他们贡献了当时最细致的行为分析之一，他们开始并没有追求这样的全面性理论概念。他们更专注于昆虫在各种生物学背景下行为的奇妙多样性和复杂性，并试图详细揭示昆虫以自己特有的方式如何做到这一点。如果当时已经掌握了当前的神经科学工具，他们可能已经成为第一批全面的昆虫神经行为学家。

关于昆虫“先理性智能”的持久争论突出了一个重要观点：昆虫行为不仅表现为刻板、特定领域的例行程序，还表现出依赖经验的适应性、灵活性、学习、记忆和某种形式的决策能力，这些能力乍一看似乎只会归属于更高级和更具认知能力的脊椎动物。在 1 个多世纪的时间里，上述分歧的观点一直备受推崇。毕竟，我们最终需要理解的是物种在其栖息地中的行为库，以及调节这种行为的神经回路的结构。然而，高度先进的行为能力可以在相对较小的神经网络中执行的计算结果中出现。这些神奇之处就是神经行为学家试图揭示的。本节开始时提出的问题显然是错位的。

在探讨箭蚁的导航能力时，必须考虑动物的觅食生态学。

因此让我们至少在一段时间内，转向这些沙漠居民在恶劣条件下的沙漠生活时，演化出的一系列解剖、生理和行为适应能力，这些能力使它们能够成功地在该生态中觅食和导航。事实上，箭蚁导航员以及它们在南非（Ocymyrmex）和中澳大利亚（Melophorus）的生态同类，都栖息在极致干旱和炎热的亚热带沙漠带。

2 嗜热蚂蚁

热嗜好者——热爱、寻求热量的热战士，这就是箭蚁。它们将觅食时间限制在一天中和一年中最热的时间，而其他大多数蚂蚁物种恰恰避开了这些时间段。它们冒着接近致命温度的风险，以最大化其觅食成功率。它们长长的腿、细长的身体和高速奔跑的能力，使其在形态和行为上都是显眼的生物，堪称昆虫世界的赛马（图 2.1）。

图 2.1　撒哈拉银蚁的喘息行为（突尼斯托泽尔附近的沙丘沙漠）

一只觅食者在植物枯枝上散发多余的热量。

2个多世纪前，年轻的生物学家朱尔斯·塞萨尔·德·萨维尼随拿破仑·波拿巴一起远征埃及。在远征过程中，他负责收集无脊椎动物。他发现了这些优雅的生物，并在《埃及描述》的壮丽版本中描绘了它们（当时还没有名称）（图2.2）。甚至希腊和罗马作家也可能提到过它们，因为赫罗多德和普林尼都提到了一种生活在沙漠中的“大蚂蚁”，它们生活在今天的喀布尔或白沙瓦附近。他们描述了这些蚂蚁奔跑速度很快，住在地下，并从地下挖出黄金。

图2.2　箭蚁的第一批肖像画

《埃及描述》第20版记录了拿破仑·波拿巴在1798—1799年对埃及的远征中所得到的科学成果。其中的“蚂蚁”版画描绘了不同种类的蚂蚁，但缺乏详细的图例说明。肯定的是，上排描绘了一些箭蚁的标本。从左到右依次是：1只雄蚁（在下方的插图中放大了）、1只繁殖雌蚁、1只C.savignyi工蚁和1只撒哈拉银蚁士兵蚁（还包括独立的口部结构、军刀状的下颚）。

如果想要发现和观察箭蚁，不管它是否在挖掘黄金，都需要保持警惕。这些动物不会大规模出现，它们不会像无处不在的其他蚂蚁那样成群结队地沿着醒目的路线前进。它们是独居的觅食者，一只在这里跑来跑去，而另一只可能在另外一个地方。它们广泛分散的殖民地相当小，仅由几百或几千只成员组成。然而，如果你碰巧遇到这些觅食者中的一只在荒凉的地面上奔跑，那它几乎不可能被忽视。

由于非凡的奔跑速度和突兀的动作，捕捉它将会很困难，但应该试一试。小心地抓住它的长腿（它不会蜇人）仔细观察它：通常为暗红色的头部，两侧有卵形复眼、头顶有 3 个小的点状简单眼、三角形的下颚具有五排齿；此外，还要注意到身体中间的细长部分（前胸），两侧有一个明显的纵裂开口，用于呼吸的所谓前足气门；极长而细的腿，第一节（股节）大而有力；将中部和后部连接起来的小、通常呈瘤状的腰（腹部），其末端有一个引人注目的刷子，所谓的泌酸孔，是围绕肛门的一圈毛发（有关形态学的详细信息和术语，参见图 2.3 和图 2.4）。基于这样

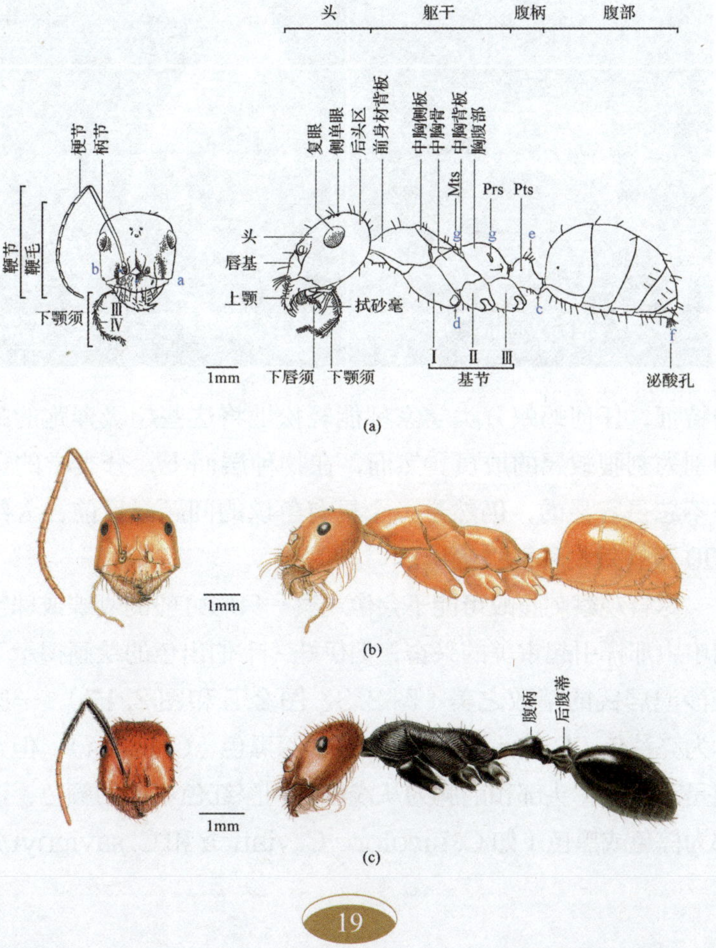

图 2.3　三种嗜热蚂蚁的形态

(a) 沙漠双色蚁; (b) 巴氏负蜜蚁; (c) 迅捷速蚁。请注意，头部下方和下颚内侧都有一排长毛（拭砂毫 = 长毫）。蚁属的箭蚁和负蜜蚁的工蚁具有长而延伸的上颌须。在速蚁和所有切叶科工蚁中，颚须要短得多，且藏在下颚下面。Mts 表示后胸呼吸孔; Prs 表示后腹板呼吸孔; Pts 表示腹节呼吸孔。蓝色标记表示扫描电子显微镜（SEM）照片中观察的位置，如图 2.4 和图 2.28 (a)(b) 所示。

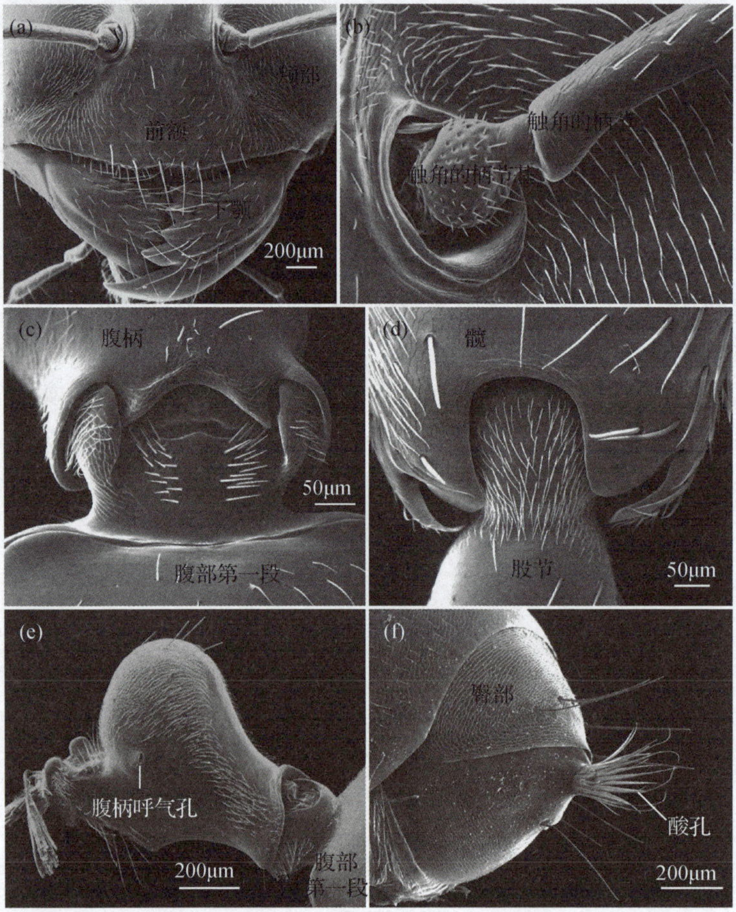

图 2.4 形态学细节（长脚沙漠蚂蚁）

（a）头部前视图（下部）；（b）触角插入头盖骨；（c）腹柄–腹部连接处的仰视图；（d）前腿的髋股关节；（e）腹柄；（f）腹部的末端。请注意（b）（c）和（d）中的机械感受毛的区域。

的特征，任何蚂蚁分类学家都能轻松地将这些超级奔跑的蚂蚁识别为刺腹蚁属的成员。然而，在物种层面上，分类学的区分并不总是容易的，仍然是一个具有争议的问题。目前，大约有 100 个有效物种已被确认。

尽管观察刺腹蚁可能不会像观察一只彩虹般的蝴蝶或珠宝般的甲虫那样引起审美的兴奋，但伊娃·韦伯出色的绘画揭示了这些沙漠居民的精致之美（图 2.3、图 2.5 和图 2.17）。一些物种为亮黄色（C. livida），另一些为深黑色（C. fortis），但大多数是双色的，头部和前胸为从浅橙色到深红色不等的颜色，而腹部为棕色或黑色（如 C. bicolor、C. viatica 和 C. savignyi）。

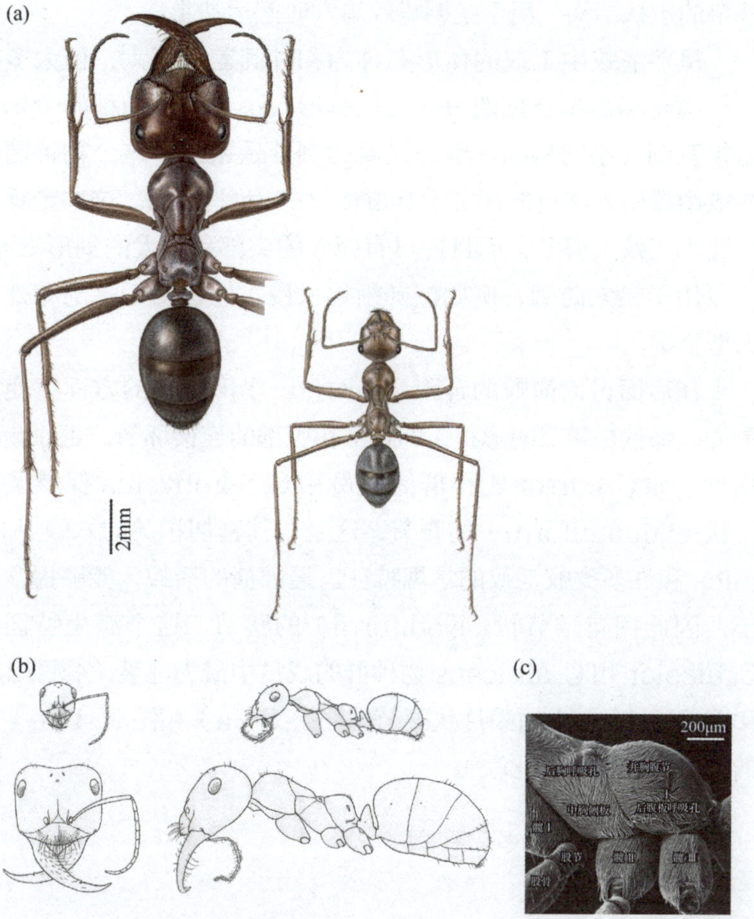

图 2.5 银蚁、撒哈拉银蚁和工蚁型

（a）大工蚁（士兵）和小工蚁按比例绘制的俯视图；（b）小工蚁和大工蚁的头部正视图（左图），以及头部、并腹胸和腹部的侧视图（右图）；（c）小工蚁的后胸部覆盖着银色毛发。

银蚁具有独特的美丽之处（C. bombycina，见图 2.5），它们栖息在撒哈拉沙漠广袤的区域。它们闪耀着闪亮的银色光芒，引人注目。当它们在阳光下的沙漠表面奔跑时，人们通常只能通过其在明亮的沙面上投下的阴影来发现它们。它们的银色外观是由于长而密集的绒毛所致，正如我们将在后面所看到的，绒毛为这些动物提供了精美的隔热装置。另一个形态特征（不仅适用于所有箭蚁物种，还适用于其他一些沙漠蚂蚁，特别在 C. bombycina 中表现得非常明显）：昆虫触角上的长细毛，包括下颚、上颚和下颚足等部位。这些毛共同形成了一种称为沙垫的筐状结构，用于挖掘蚂蚁巢穴时搬运沙土。

虽然箭蚁中工蚁的体形在种内和种间差异很大，但大多数工蚁都是相当单态化的——无论体形大小，同一物种的个体都是相互间几乎同构的。唯一显著的例外是银蚁。这个物种拥有蚂蚁中最引人注目的形态士兵群体之一（图 2.5）。这些士兵不仅比小工蚁大得多，而且还具有庞大的头部和巨大的剑形下颚，可以用于巢穴防御，例如抵御蜥蜴入侵，但也用于解剖和处理大型猎物。

在后面讨论箭蚁的奔跑风格时，一个形态学的方面将变得重要，那就是腰节的形状，即胸部和腹部的连接环节。更原始的物种，如 C. cursor 物种群的成员和 C. bombycina 保持了鳞片状（Squamiform）的腰节，这是与其密切相关的木蚁 Formica 和许多类蚁工蚁的常规特征。最敏捷的箭蚁，能够提升腹部，因此拥有结节状（Nodiform）的腰节。这个派生特征在 C. bicolor 和 C. albicans 物种群的成员中最为显著（将图 2.1 和图 2.5（b）中的鳞片状腰节与图 2.3（a）和图 2.4（e）中的结节状腰节进行比较）。

2.1 觅食期

在生态学上，箭蚁占据了独特的生态位。它们是昼行性的“嗜热食腐动物”，而不是捕食者或收获者。当然，“食腐动物”这个术语，用来描述这些优雅、熟练和活泼的小型奔跑者可能有些不恰当，但在生态学的术语中，这正是这些蚂蚁所做的（图 2.6（a）（b））。它们寻找已经死于沙漠栖息地环境压力的昆虫和其他节肢动物，而它们自己能够承受这些恶劣条件，远远超出了致命的热限制，这种情况持续了很长时间。在春天，人们有时会目睹一个迷人的景象，即成千上万的彩蝶从它们在北非的冬季繁殖区迁徙到欧洲。许多彩蝶在途中死亡，成为沙漠箭蚁的捕食对象。在大量食物出现的情况下，连银蚁的士兵

图 2.6 食物：动物尸体和植物分泌物

(a) 两只撒哈拉银蚁工蚁将一只幼年钳蝎的螯拖回巢穴；(b) 一只撒哈拉银蚁士兵将一只小红蛱蝶的翅膀推进巢穴；(c) 沙漠双色蚁在一个基督刺枣丛中采蜜。插图：沙漠白蚁造访一棵大戟科植物。

也会参与觅食，它们将大蝴蝶分解成碎片，与更小的同伴一起保护这些珍贵的食物。尽管沙漠箭蚁是极端依赖视觉导引的动物，但它们通过嗅觉检测食物，使用从食物源释放出的气味信息来指引方向。气味信息跟踪行为经常被所谓的“尸臭素”所引发，它们是节肢动物尸体的挥发性分解产物。在长脚沙漠蚁中，亚油酸被发现是从死昆虫中释放出的关键尸臭素气味物质，并优先用于检测食物。

箭蚁通过舔食植物渗出物和分泌物（图 2.6（c）），并收集花瓣和浆果来解决碳水化合物来源。在西班牙南部一种特有的蚂蚁中，花瓣是其主要食物来源，该物种因此得名——花居箭蚁（Cataglyphis Floricola）。其果实偶尔被觅食的箭蚁采集，因为它们会提供对蚂蚁而言具有吸引力的油质体（Elaiosomes），而其脂肪酸的含量，可能被蚂蚁误认为是昆虫尸体。

箭蚁是中心场所的觅食者，它们从巢穴中心向外扇形分散，每只箭蚁都单独觅食。如果我们用鸟瞰角度观察箭蚁的巢穴，并使用一台延时相机，会得到一个令人印象深刻的画面。一个从中心点辐射出的颗粒流不断地扩散到一个几乎是圆形的区域。在这个流动力场中，每个（单独标记的）粒子都沿着径向路径移动，停留在距离起点一定的距离处，然后直接返回中心（图 2.7）。之后，同样的粒子会再次出现，沿着类似的路径或选择一个新的路径，再次消失在中心处。上述现象将会持续直到一天结束，整个粒子流停止流动。现在假设时间窗口从一天扩展到几天，并加速时间机器。人们会发现，粒子经过一些移动后就会从画面中永远消失，新的粒子将会取代它们的位置。这就好像观察一个巨大的黏菌，其中的细胞不断地从聚集中心移入和移出，并探寻环境中最适宜的位置。

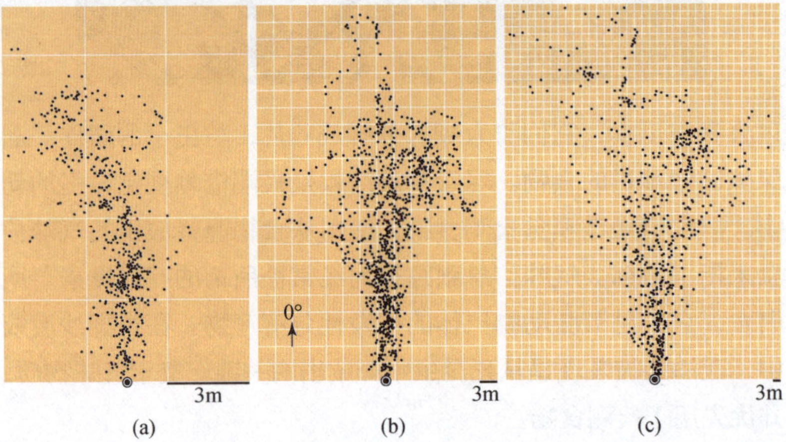

图 2.7　三种大小不同箭蚁的觅食路径的空间结构

（a）白色箭蚁；（b）沙漠双色蚁；（c）长脚沙漠蚁。在每个图中，10 只个体的数字化路径被叠加并旋转，使它们的平均觅食方向（0°）重合，蚂蚁位置的固定间隔为 10s。

这种“扩散性觅食”并不是一种随机的过程。每个个体都会朝特定的方向前进。根据以前的觅食成功经验，它在随后的觅食过程中会保持这个方向或者换一个新的方向。方向的保持性（“扇区保持性”）越明显，发展越快，环境食物供应越丰富，因此个体觅食的成功率越高。此外，在觅食者的一生中，定位和检索食物的持续时间、长度以及效率（成功率）会不断增加。

下面给出一些数据：在它们的地中海栖息地，大型的箭蚁物种 C. bicolor 和 C. nodus 每天执行 5~10 次觅食任务，每次在巢穴外花费约 200min。在一个觅食者的预期寿命为 5~7 天的情况下，由于每 4 天替换一半觅食者，觅食的力量占群体总数的 15%~20%。

在与其紧密相关的木蚁属（Formica）中，基于信息素集合现象是显而易见的，但这种现象在箭蚁中已经次生消失。直肠囊是木蚁属信息素路径的可能来源，在箭蚁中仍然存在（图 2.8），但从未观察到箭蚁散布信息素路径的现象。此外，所有试图在实验中诱导箭蚁进行集合的尝试都没有成功。即使高回报和可再生的食物场所在离巢比较远的地方建立，每只蚂蚁独立地进行开发，并反复返回该区域。虽然所有工蚁都可能在一定时间内发现这个点，但第一次到达这些点的蚂蚁（新来者）的数量呈线性增长，而不是呈指数增长，这意味着所有在丰富的食物点出现的工蚁都独立发现这个食物点。有时在一个单个的蚂蚁回来之后，整个蚁群的寻食活动暂时会增加，这更有可能是由于在地下，觅食蚂蚁觅食成功发出了觅食的激活信号。此外，当在巢附近发现一大块猎物时，可能会发生某种小范围、非定向的集结。这种有限的沟通反应是否由信息素触发？目前还不知道，因为我们总体上不太了解箭蚁的外分泌腺（图 2.8）的各种功能。

与其扩散的觅食模式一致，箭蚁并不建立觅食领地。相邻的同种群体的觅食区域大部分是重叠的。这种重叠在具有多巢群体结构的物种中尤为明显。例如，C. bicolor 的主要巢穴（群中唯一蚁后所在的巢穴）与 3~6 个卫星巢穴相关联。所有这些巢穴之间不是通过地下通道，而是通过地面运输行为相连。多个巢穴提供了一些觅食哨所，从而使种群能够通过缩短个体行程距离、最小化觅食成本更有效地利用其食物环境。事实已经表明，随着哨所数量的增加，蚁群的觅食活动和效率也会增加。社会的一致性由群体特异性的表皮烃类化合物来保证，这

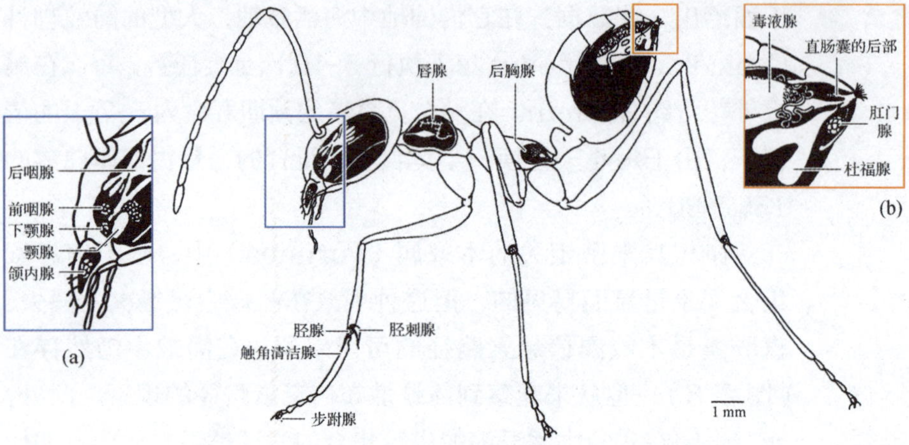

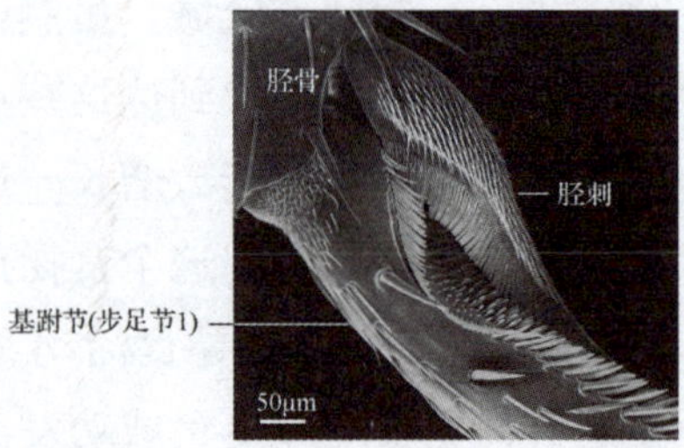

(c)

图 2.8 箭蚁的外分泌腺系统（沙漠双色蚁）

(a) 头部头盖骨; (b) 腹部末端的细节; (c) 基跗节刷（一种触角清洁装置）。腹部的单细胞盖板腺和胸板腺没有显示。

些化合物作为巢穴同伴识别的信号，将群体成员绑定在一起。正如之前在箭蚁中描述的，但现在被广泛用于蚂蚁的常规描述，咽后腺（图 2.8）作为这些烃类化合物的储存和流动系统，这些化合物通过清洁和食物共享在巢穴同伴之间不断交换。

在箭蚁的自然栖息地，集中的食物区很少出现。如果在箭蚁的觅食区域内人为地创造出聚集的或均匀的食物分布，C. bicolor 从均匀分布中获取食物比从斑片状分布中获取更有效。在人工创建的食物区，不同种群成员之间可能会发生争斗，如在 C. fortis 中，但通常侵略行为仅限于紧邻的巢穴周围，在距巢穴入口几米的范围内急剧下降。

考虑到箭蚁嗜热的觅食行为，人们可能会想知道箭蚁是否真的需要害怕捕食者。然而，如图 2.9 所示，各种捕食者潜伏在小

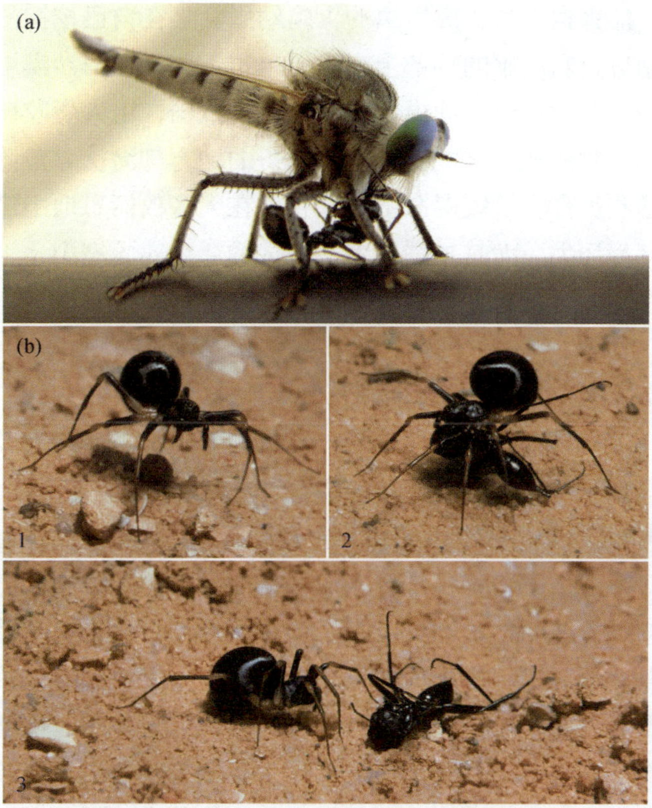

图 2.9 捕食者：空中和地面攻击

（a）一只强盗蝇（Promachus Laciniosus），捕获了一只长脚沙漠蚁工蚁。（b）一只蜘蛛，一种拟平腹蛛物种，接近（1）并咬了一只沙漠双色蚁（2），它迅速咬了一口，立即撤退，但仍然靠近麻痹的蚂蚁（3），反复用前腿触摸它，并等待蚂蚁不再有任何动静，然后将一动不动的猎物带到隐蔽处。

灌木丛或石头的阴影中，等待通过空中（强盗蝇）或地面（跳蛛）对箭蚁进行快速打击。有些蜘蛛，如 Zodariidae，甚至专门捕食蚂蚁。它们具有与猎物相似的形态和行为特征，生活在箭蚁的巢附近，并偏爱在清晨和傍晚攻击蚂蚁，因为这时温度较低，蚂蚁表现出相对迟缓的行为。其他伏击猎人——蜥蜴，潜伏在阴影中等待箭蚁通过。在撒哈拉沙漠中，带状趾蜥（Acanthodactylus Dumerili）大量捕食银蚁，它试图用快速的冲刺抓住它们。此外，箭蚁也可能成为来自上方的空袭攻击的受害者，这种攻击不仅由强盗蝇发起，还可能来自小型寄生蜂。这些姬蜂从箭蚁的背后接近，落在蚂蚁的腹部，并通过节段间的腹板膜向蚂蚁体内产卵。显然，蚂蚁能够察觉到寄生蜂的接近，因此它们试图通过快速的旋转动作来逃脱。最后，危险也可能来自下方。虎甲虫的食肉幼虫会坐在自己挖掘的垂直洞口附近，它扁平的头部上有大型单透镜眼睛，与沙漠地面齐平。当箭蚁靠近时，幼虫会发起捕食性攻击，用大型咬口夹住毫无防备的蚂蚁。因此，每一个曲折的地方都潜伏着危险。所以，这些觅食者的短寿命主要是它们在大多数栖息地中遭遇到的高环境压力（尤其是捕食者）造成的。在实验室中，工蚁可以生存几个月甚至几年。

2.2 物种多样性

箭蚁属首次由德国著名的昆虫学家阿诺德·福斯特于1850年描述。在20世纪初，弗利克斯·桑奇对该属进行了分类修订，但由于将物种细分为亚种和变种，他的物种分类必须谨慎对待。随后，该领域沉寂了半个多世纪，直到多纳特·阿戈斯蒂对该属进行了全面的重新分类，提供了物种组的关键和目录，列出了当时被认为有效的物种名称。当种群遗传学和系统发育学方面等现代化可用的操作工具被完全应用于箭蚁分类时，我们肯定会得到一个更多样化的大物种谱系的图景，这些沙漠蚂蚁在其广泛分布的区域中进化而来。该区域从地中海盆地和撒哈拉沙漠一直延伸到中东、阿拉伯半岛，甚至延伸至中亚的塔克拉玛干和戈壁沙漠（图2.10）。它涵盖了古北地区南部的所有干旱土地，包括从沿海沙滩和盐湖到大片沙丘，从矮林和灌木丛到干旱的草原和山区的各种栖息地。箭蚁的垂直分布范围从海平面延伸到约3000m，这些蚂蚁已在沙特阿拉伯阿西尔山、印度克什米尔和帕米尔斯地区的碎石平原中发现。

关于它们的进化史，箭蚁与居住在箭蚁领地北部温带古北界的木蚁Formica有共同的祖先。最近的分子系统发育研究告诉我们，这两个谱系在6000多万年前的古近纪早期就已分化。我们不知道这个分歧发生在哪里，但根据形态学和生物地理学证据支持的情景，第一个箭蚁似乎出现在中亚。在那里，

图 2.10 嗜热沙漠蚂蚁箭蚁属、速蚁属和负蜜蚁属分布范围

在东非，箭蚁属和速蚁属的分布范围可能重叠。负蜜蚁属在澳大利亚和新几内亚特有，而箭蚁属和速蚁属则分布于非洲、中东和欧洲的荒漠和半荒漠地区。

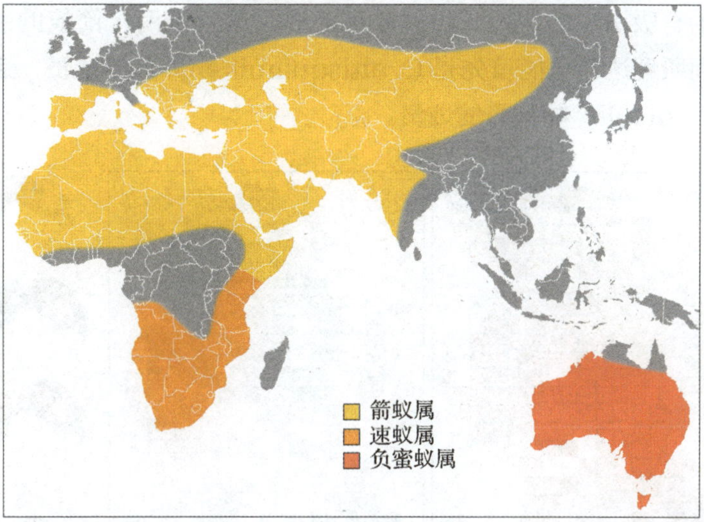

与其密切相关的变异蚁属有着广泛的分布中心，也是最原始的箭蚁物种之一 C. emeryi 的所在地。该物种仍然具有一些类似于变异蚁属的形态特征，如相对较短的腿、异形蚁体的结构和鳞状腰节。它们栖息在中亚的草原沙漠中。在更加干旱的中新世气候时期，箭蚁可能从中亚向西扩散。一个由 C. cursor 物种群成员组成的北部分支继续向巴尔干地区前进，最终到达法国南部，甚至北部西班牙，而一个南部分支，则是最嗜热的沙漠居民（主要是 C. altisquamis、C. bicolor、C. albicans 以及 C. bombycina 物种群），在中东地区建立了一个明显的物种形成中心。最后，东南地中海和撒哈拉也被纳入箭蚁的领地。向北非的扩张可能得益于特提斯海峡的关闭，以及在中新世中晚期开始在北非大部分地区盛行的干旱沙漠气候。正如在图 2.11 中记录的突尼斯，C. bicolor 物种群的三个最丰富和最大的物种（C. viatica、C. bicolor、C. savignyi）展示了一个几乎像教科书一样的相邻地理分布，C. viatica 在最北部，C. savignyi 在南部。这个分区分布大致遵循当地的地形和气候划分，并叠加了 C. mauritanica 的分布范围，该物种是 C. altisquamis 物种群的成员，经常出现在高原草原中。这可能是

一个有吸引力的假设，可以验证北非是否曾被两个箭蚁的殖民浪潮所到达，可能首先是 C. altisquamis 物种组的成员，后来是 C. bicolor 物种组的成员。

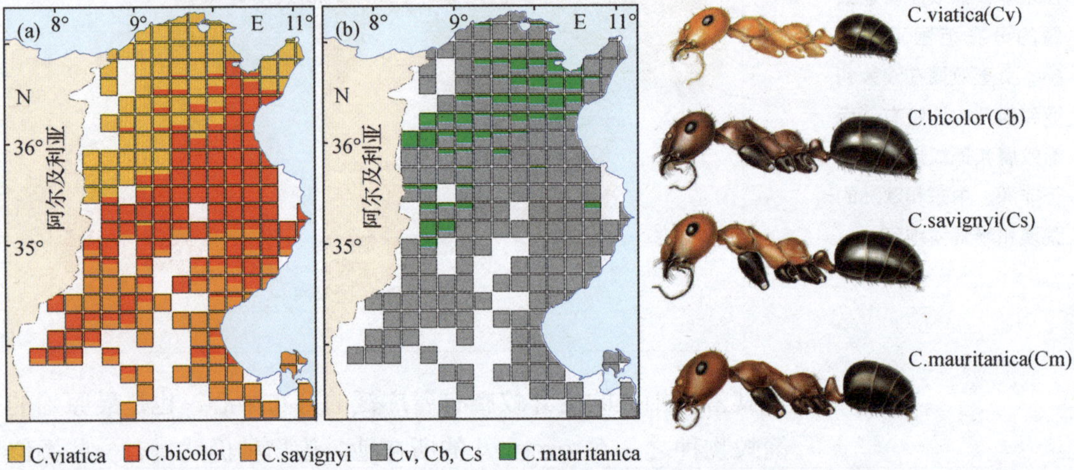

图 2.11　突尼斯四个大型箭蚁属物种的带状分布

（a）突尼斯沙漠双色蚁物种群（C.viatica、C.bicolor、C.savignyi）的分布范围。（b）C.mauritanica（奥式箭蚁物种群）的分布范围与三个沙漠双色蚁物种群分布范围重叠。物种频率由记录在（20×20）km^2 采样方格中的样本确定。右侧为工蚁标本的侧面视图，除了图中显示的可变颜色差异，四个物种的工蚁在形态特征上有所不同。

在马格里布地区的最西端，一些物种群的成员甚至移居到伊比利亚半岛，并在上新世海峡形成后与世隔绝。后一种情况适用于 C. altisquamis 和 C. albicans 物种群的成员，但是来自北非的 C. bicolor 物种群的成员没有一个到达西班牙南部。此外，整个南部分支的箭蚁物种中也没有任何一个成员横越地中海到达西西里岛。最后，上新世尤其是更新世的干湿波动可能显著影响了箭蚁的多样化和物种形成过程，并塑造了现在的地理分布模式以及演化出多样的热带生活方式。例如，C. fortis 是箭蚁中最长距离的导航员之一，在阿尔及利亚和突尼斯的盐田中过着最具挑战性的热带生活，这很可能是在一个更加湿润的更新世时期形成的。

总的来说，这种进化情况符合分类学家对约 100 个箭蚁物种进行分类和分组的方式。在过去几年进行的两个基于分子的系统发育分析表明，主要的箭蚁物种组与先前基于形态特征定义的物种组相吻合，这些物种组确实是单系群（支系），是将沙漠双色蚁组（生物地理学情景中的北部分支）定义为所有其他

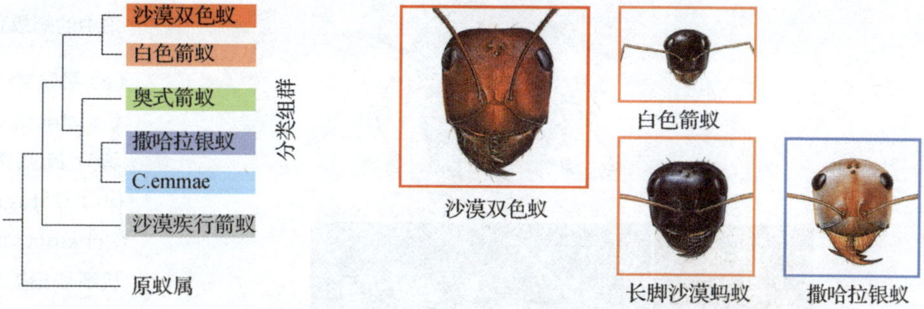

图 2.12 基于分子（核/线粒体 DNA）系统发育关系的主要箭蚁物种群之间的系统发育关系

箭蚁物种的姊妹群最终也是最全面的分析。因此，这些最不嗜热的箭蚁从一开始就走了自己的路线。

最后，让我们踏上一段激动人心的旅程，前往始新世中期的“波罗的海琥珀森林”。大约 4500 万年前，箭蚁在这些亚热带稀树草原般的森林中奔跑，该地区由橡树、针叶树和棕榈树组成，很少有地面植被。第一个线索来自威廉·莫顿·惠勒在卡林格勒德地质学研究所的著名皇家琥珀收藏中，对嵌入在琥珀中的蚂蚁进行的大量研究。在众多 Formica Flori 化石中，惠勒发现了一些标本，这些标本在形态上与箭蚁相似。他将它们命名为 Formica Constricta（图 2.13（a））。近 1 个世纪之后，俄罗斯蚂蚁学家根纳季·德卢斯基认为这些特征足以建立一个新属：箭蚁属（Cataglyphoides）。最近进行的微型计算机断层扫描研究表明，箭蚁中工蚁身体的相对长度，特别是腿部的长度，与现存的沙漠双色蚁物种群的箭蚁工蚁相匹配，远远超过了 Formica Flori 的长度（图 2.13（b）（c）和图 2.29（a））。在一些形态特征上，箭蚁更近似于先进的 C. altisquamis 和 C. bicolor 物种群，而不是更古老的群体。这一令人惊讶的结果——在波罗的海琥珀动物群中出现了高度进化的箭蚁，如何与我们为箭蚁假设的“从亚洲出发”的进化情景相一致？在始新世中期，箭蚁生活的区域仍然被突厥海峡与亚洲隔开，这可能对箭蚁的扩散构成了障碍。那么我们是否可以推断出箭蚁与现在

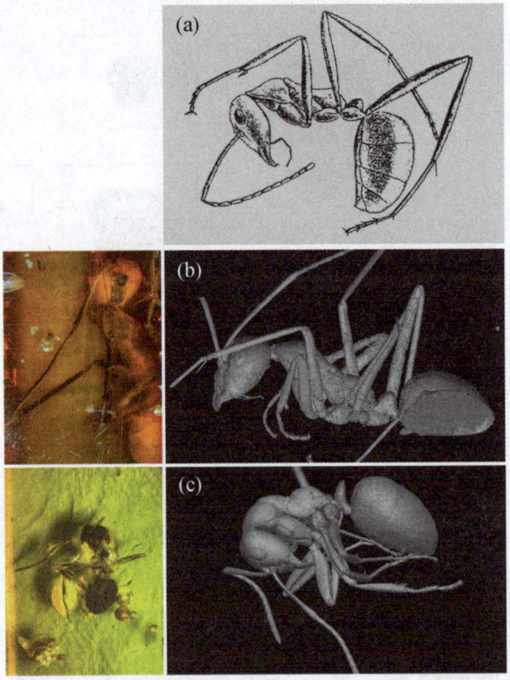

图 2.13 波罗的海琥珀中的蚂蚁化石

（a）惠勒发现的 Formica Constricta（1915 年）现在被归为箭蚁属；（b）Cataglyphoides Constricta 的显微计算机断层扫描；（c）Formica Flori 的显微计算机断层扫描。在微照片中（左侧），尽管照片是使用高分辨率相机扫描仪拍摄并由图像堆叠组成的，但两个标本在琥珀中很难识别。请注意，两者的腹柄形状分别为圆楔形和棱形。

高度进化的箭蚁物种并行进化的假设呢？正如最近的分子系统发育研究所显示的那样，蚂蚁进化中的趋同演化，似乎比以前所认为的更为普遍。

2.3 繁殖策略

为什么箭蚁能够在如此广阔的地理区域中占据如此特殊的生态位并取得如此成功的进化？目前，这个问题很难回答，因为在箭蚁物种的广泛谱系中，繁殖策略和种群结构——这些在这个背景下至关重要的因素，才开始被了解。然而，已经出现了一些引人注目的事实。尽管所有物种都是嗜热食腐动物，具有相对统一的觅食方式——维持和发展他们的群落的方式，但它们在繁殖策略方面极为多样化，表现出多种繁殖系统和繁殖殖民地的社会遗传组织模式。有些物种是一雄一雌制，有些是一雄多雌制（分别具有单个蚁后或多个蚁后的群体），有些物种是一雌一雄制，但大多数物种是一雌多雄制（雌性与一个或几个雄性交配）。在许多物种中，新蚁后和工蚁是通过性繁殖产生的，但在其他物种中，新蚁后则是通过无精卵（从未受精的卵）产生的，这种情况可以发生在工蚁和蚁后中。即使在箭蚁中也演化出了一种相当不寻常的繁殖方式——社会杂交。在这种情况下，同一物种内存在不同的遗传谱系。繁殖雌性和与自己不同谱系的雄性交配，然后产生遗传多样的工蚁作为谱系间的杂种，而新蚁后和雄蚁则通过不同种类的无性繁殖而产生，因此有更好的机会维持它们特定的种群遗传背景。

考虑到繁殖系统的多样性，箭蚁也展现了两种主要的蚂蚁交配和分散机制。一些物种遵循蚂蚁繁殖的祖传模式，即不仅雄蚁，未交配的蚁后也会离开出生的蚁群，分散并与其他群体的雄蚁交配。交配后，它们自己将建立新的群体。在大多数箭蚁物种中，A 型群体建立方式已经发生了显著的改变：雌蚁的分散发生在交配之后而不是交配之前。未交配的雌蚁留在其出生巢的附近，通过释放性信息素（“雌性召唤”）向雄蚁发出存在信号，然后在距离出生巢的不远处进行交配——在大多数物种中与多个雄蚁交配。在箭蚁中，雄性生殖器特别突出和多样化（图 2.14），因此这种性器官各个部分的结构细节可以很容易地用作物种鉴定的形态特征。从功能上讲，这种雄性生殖器的多样化可能与一雌多雄制和潜在的性选择有关。

交配后，蚁后进行它们的分散飞行，降落后脱去翅膀，在地下挖一个洞，建立新的蚁群（图 2.15）。这种一雄多雌制和一雄一雌制的繁殖策略似乎是一种远古箭蚁的特征，但许多不同物种群已经独立地从这种模式中分化出来。它们通常是一雄多雌制的，并通过“裂变”，即通过旧群体的分裂来建立新的群体（B 型模式）。在这种情况下，已交配的女王通常是短翅甚至是永久性无翅膀的（Ergatoid），通过步行分散，并依赖一群同巢工蚁的支持，这些工蚁挖掘新巢并引导将已交配的女王带到那个地点。

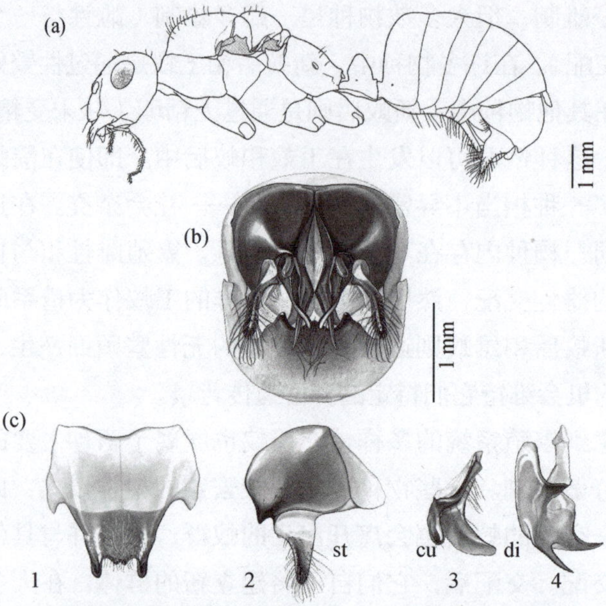

图 2.14　雄性蚂蚁的性生殖器官（长脚沙漠蚂蚁）

（a）雄性蚂蚁的侧面视图（去除翅膀）。（b）雄性蚂蚁后腹部视图（显示生殖器）。（c）生殖器分离：1—下生殖器板；2—有柄的鳞片（st）；3—有刺（cu）和指（di）的乌钩子；4—矢状体。2~4 号为成对结构。

图 2.15　交配行为和筑巢行为（Cataglyphis savignyi）

（a）雄蚁；（b）未受过精的蚁后；（c）交配（左为雄蚁）；（d）无翅的雌蚁开始筑巢。

在箭蚁种群中，两种繁殖系统的成员经常在同一地区并存。例如，在突尼斯中部萨赫勒的草原上，一雄一雌制的 A 型物种 C. bicolor 与一雄多雌制的 B 型物种 C. mauritanica 同域分布。有时这两种物种的巢穴只相隔 10m，共享几乎所有的觅食特征，如饮食喜好、觅食距离和时间，在觅食区游荡时也不表现出任何干扰竞争的迹象，但它们的生活史却有明显的差异。两种繁殖模式也影响了蚂蚁种群的遗传结构。派生的 B 型模式导致遗传上黏性的种群结构，其中随着地理距离的增加，种群之间的遗传差异逐渐增加（如在 C. mauritanica 中）。相反，A 型物种具有相对较大的蚁后分散距离，因此不会出现遗传和地理距离之间的相关性，导致种群遗传结构不规则（如在 C. bicolor 中）。从生态学的角度来看，C. bicolor 可能被认为是一种“探险家”，能够在相当大的距离上开垦新的区域，而 C. mauritanica 可能是一种更有效的“开发者”，在其曾经占据并能够成功与其他物种竞争的地区开展活动。

通常情况下，大多数蚂蚁都遵循原始的 A 型交配和分散模式。那么，为什么有那么多的箭蚁选择了 B 型模式呢？这个选择可能是由于它们相对较小的群落规模和有限的性成熟数量所致。在沙漠环境中，有利的筑巢地点分布不均，交配后的蚁后通过飞行进行分散可能是一项高风险的尝试。无论如何，繁殖系统的多样性最终有助于我们了解箭蚁如何在其广泛的分布范围内利用各种干旱栖息地滋生出丰富的物种。鉴于最近在系统地理学方面取得的进展，以及当前科学界对这些问题的兴趣，可以期待，10 年后将图 2.10 中的黄色区域放大后，将发现一个比想象中更紧密结合的物种边界网络。

2.4 生态对等

除了生活在箭蚁栖息的古北界沙漠带之外，人们应该不会想到在世界上其他的沙漠地区，具有不同系统发育谱系的蚂蚁已经进化出了与嗜热食腐动物、孤立的觅食者和视觉导航员相同的生态生活方式。实际上，南非和澳大利亚特有的两个属 Ocymyrmex 和 Melophorus，占据了完全相同的生态位。

在这两个属中，Ocymyrmex 与箭蚁的比较特别引人注目（图 2.3（c）和图 2.16（c）），因为从系统发育上讲，这个属距离箭蚁最远。虽然箭蚁是蚂蚁科 Formicinae 亚科的一种，而 Ocymyrmex 属于 Myrmicinae 亚科，因此这两个属成为嗜热觅食特征平行进化的有趣例子（图 2.17）。然而，在地理分布方面，与箭蚁不同，Ocymyrmex 生活在地球上更小的区域内，分布于赤道以南非洲的干燥地区，从干旱的热带草原和灌木地到极度干旱的沙漠，共有不到 40 种。与箭蚁每个物种的工蚁大小差异很大的情况不同的是，Ocymyrmex 每个物种的工蚁都是同样大小的，即极度同形异色。它们甚至与生殖雌蚁的身体差别也不大，而 Ocymyrmex 的生殖雌蚁不具有飞翔能力。尽管在一个群体中有许多这样的工蚁状的生殖雌蚁（拟

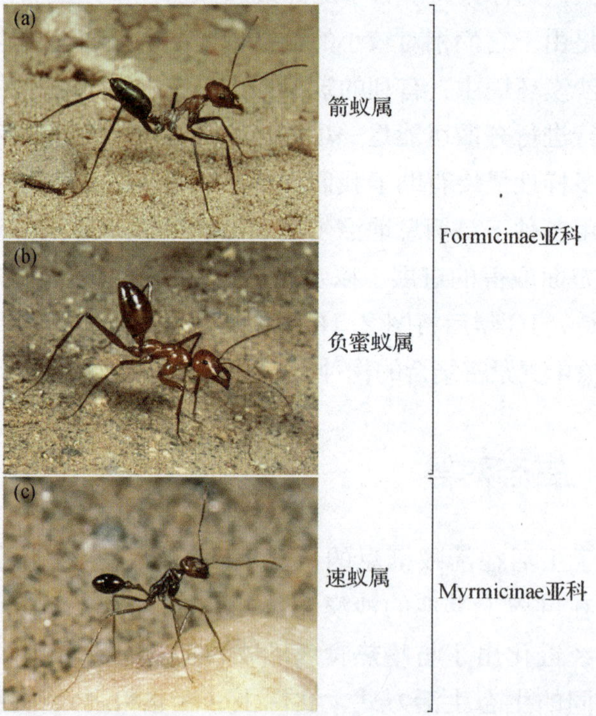

图 2.16　三种嗜热蚂蚁

（a）印度塔尔沙漠的沙砾平原的 Cataglyphis longipedem（中文译名不详）；（b）澳大利亚中部长满草丛和松散散落的金合欢树的沙质平原的巴氏负蜜蚁；（c）纳米比亚纳米布沙漠沙地的粗速蚁。

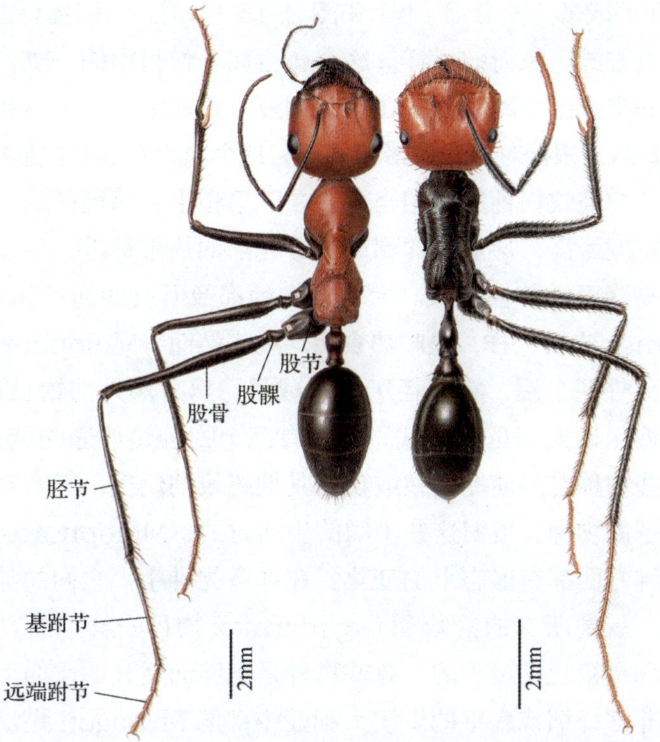

图 2.17 箭蚁属和速蚁属

Cataglyphis Savignyi（左）和迅捷速蚁（右）工蚁的俯视图。如图 2.3 所示，箭蚁属物种的颚须很大且伸展，但在速蚁属物种中隐藏（因此此处未显示）。

工蚁），即未交配的蚁后，只有一个是受精的，其余的加入群体的觅食力量。探索它们的觅食行为和导航路线是否与真正的工蚁有所不同，或在多大程度上不同，将是有趣的研究方向。

让我们直接回到觅食问题。在这方面，Ocymyrmex 与箭蚁不同，它表现出一种引人注目的群体集结方式以寻找散布出现的食物源。例如，当缓慢移动的收获蚁出现在地面上时，经常可以观察到一个快速奔跑的集结者被一个松散（通常相当分散）的 5~10 个同样迅速的新集结的蚂蚁跟随。当集结者间歇性地用其胃部的顶端触摸地面时，它很可能会释放出挥发性的信息素信号。这样的集结事件看起来像是对远距离食物源的疯狂抢夺，该现象可以在 Ocymyrmex 整个白天活动期内发生，甚至在高达 60℃以上的地面温度下也可能发生。

接下来，研究将转向对其他嗜热蚂蚁——属于 Melophorus 属的成员（图 2.3（b）和图 2.16（b））。它们具有更多样的觅食方式。像箭蚁一样，这个属也属于蚁科中的一支，但是不同的支。这个属仅分布在澳大利亚，代表了一群丰富和多样化的蚂蚁。根据对该属的最新修订，这个属约有 93 个物种，与旧大陆的箭蚁物种数量相当，它在干旱和半干旱地区的多样性和丰富度最高，甚至延伸到该国最北部的热带林地，只是未分布在高降雨季节性区域。大多数物种都像所有的箭蚁和 Ocymyrmex 物种一样，是嗜热食腐动物。然而，Melophorus 不同于另外两个属，它包括了许多成员，具有额外的饮食喜好、食物使用模式和觅食方式。虽然有几个物种是普通的捕食者，但有些物种专门捕捉白蚁或攻击其他蚂蚁的幼虫，还有专门收集种子的物种。根据这些不同的生活方式，Melophorus 物种在各种方面都有形态上的变化。在许多物种中，它们的腿相对较长，就像所有的箭蚁和 Ocymyrmex 物种一样，而其他物种的腿是粗壮且短小的，有些物种是肥胖而矮壮的，而另一些则是非常纤细或扁平的。澳大利亚中部的 M. bagoti 是最大和最适应高温的物种（图 2.16（b））。它的栖息地中的沙质黏土为蚂蚁提供了最热的导航平台。因此，我们选择这个“红蜜蚁”进行导航研究。

另一种严峻的沙漠环境，实际上是最不适宜的沙漠栖息地之一——干涸的盐湖，阳光无情地照射着，阴影和躲藏的地方很少，食物也很稀缺。在突尼斯和阿尔及利亚的浅滩和盐沼中，长脚沙漠蚁是最典型的盐生物种。它是这个特定地理区域的盐田特有的。在中东，例如在叙利亚阿勒颇和巴尔米拉南部的盐沼地带，来自箭蚁系统树另一个分支的物种 Cataglyphis 可以扮演这个危险的生态角色。最后，澳大利亚的 Melophorus 族群中也演化出了一种盐田物种。根据一些早期文献记载，澳大利亚南部的盐湖居民——蜥蜴 Ctenophorus maculosus 特别依赖蚂蚁为食，我们进行了一次小型考察，前往艾尔湖、托伦斯湖和哈特湖（图 2.18），以寻找这种可能的盐田物种。事实

图 2.18 奥博负蜜蚁在澳大利亚南部哈特湖的盐田栖息地

上，我们发现在这三个地方都存在 Melophorus 蚂蚁，它们很可能被认为是北非 Cataglyphis Fortis 的澳大利亚生态等价物（最近被描述为 Melophorus Oblongiceps 新种）。

2.5 耐热性

在夏日最热的时候，只有昼行性的嗜热昆虫才会在开阔的沙漠地面上奔跑。因此，它们被称为“熔炉蚂蚁”（Melophorus），或者在土著语中被称为“ituny，ituny”，意思是“太阳，太阳”。希腊人甚至称它们为“英国人”或“疯狂的英国人”，因为它们在午睡时间的烈日下活动（Cataglyphis）。这些昆虫栖息地夏季 3 天内的典型温度曲线记录如图 2. 19 所示。在沙漠地面上，白天和夜晚之间发生的大幅波动与表面以下 20cm 处记录的相对稳定的土壤温度水平形成了鲜明对比。因此，当这些嗜热昆虫匆忙从地下巢穴中走出并开始觅食时，它们会经历急剧而突然的温度升高。

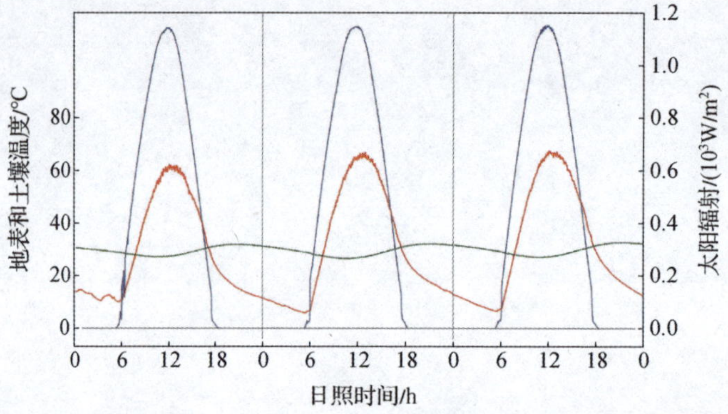

图 2.19 纳米布沙漠连续 3 天无云期间的太阳辐射、地表和土壤温度

测量于 2006 年 11 月 23 日至 25 日在奎士布沙丘进行，该沙丘是粗速蚁的栖息地（位置：23.6°S，15.0°W）。地表温度（用红色表示，通过在热电偶上放置一层单粒沙来记录）和土壤温度（用绿色表示，通过在距离沙表面 0.2m 的位置放置热电偶来记录）数据反映了蚂蚁在巢穴内外所经历的温度变化。蓝色曲线表示太阳辐射的强度。

在北非的研究地点，以及地中海地区的其他地方，箭蚁的觅食活动呈现出明显的季节性模式，夏季觅食，冬季休眠。在冬季休眠期间，一群蚂蚁会串在一起，聚集在一个单一的巢穴内。同样的年度周期也出现在澳大利亚中部的巴氏负蜜蚁身上。然而，当冬季地表温度超过 40℃时，如撒哈拉、阿拉伯半岛和南非等地，箭蚁和速蚁物种将全年觅食。它们在夏季呈现出双峰形日常觅食特征，在冬季则呈现出单峰形日常觅食特征（图 2.20 和图 2.21）。夏季双峰形剖面的低谷深度和宽度

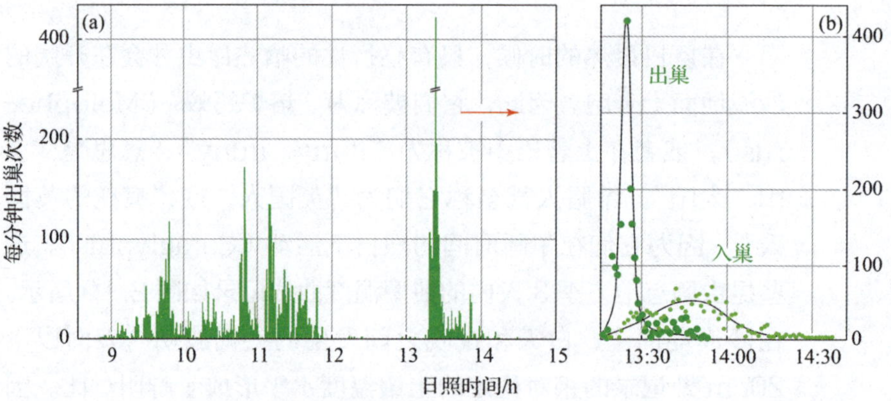

图 2.20 撒哈拉银蚁的日间觅食活动

（a）每 1min 记录一次个体蚂蚁的出巢事件。（b）下午的活动（出巢和进巢）以更高的时间分辨率显示。马丁 · 穆勒在这个蚁巢进行的测量和计算表明，每天有 1600 只蚂蚁离开巢穴，每只蚂蚁进行 4 次独立的 24min 觅食行为（平均值）。

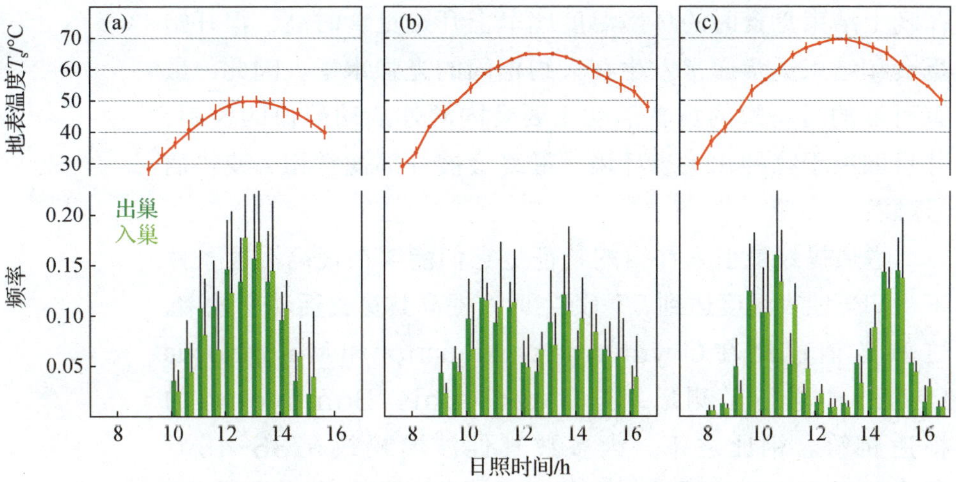

图 2.21　纳米比亚粗速蚁的日间觅食活动及其温度依赖性

在图（a）7 月和 8 月（冬季）以及（b）（c）12 月（夏季），分别用深绿色和浅绿色的条形图表示，每 30min 以 5min 为间隔记录戈巴贝布附近的沙丘中离巢和进巢。请注意，从图（a）到图（c），最高地表温度从约 50℃增加到 70℃左右。每个直方图基于从三个不同蚂蚁巢中进行的三个一日记录获得的数据。

与当前的环境温度密切相关。此外，当温度通过实验降低或自然降低时，双峰形夏季剖面可以在一天内变为单峰形剖面。觅食者甚至可以迅速响应由间歇性云层引起的表面温度的小型短期变化。在银蚁中，数百只觅食者可能会在一分钟内离开巢穴，疯狂地向各个方向辐射出去（图 2.20）。这种现象经常发生在环境温度达到阈值水平时，可能由少数侦察个体释放的信息素信号触发。

如图 2.21 所示，Ocymyrmex Robustior 的温度/活动相关性在不同的嗜热蚂蚁物种中略有不同，但差异明显，因此可以被视为物种特有的热生物学特征，这为比较生态生理学研究打开了大门。然而，我们应该谨慎，不要将所有嗜热蚂蚁觅食模式的调节归因于温度的影响。环境光强度也可能起到作用。正如图 2.21 中的汇总图所显示的那样，蚂蚁在晚上结束觅食时的环境温度比早上开始觅食时高，但开始觅食和结束觅食通常发生在大约相同的光强水平。因此，最有可能的是蚂蚁的觅食活动主要受内源性活动节律的控制，并且取决于物种和生态环境，最终会被外部视觉和/或热信号触发。

嗜热蚂蚁最引人注目的特征是它们能够在极高温度条件下，即当地表温度达到57~63℃时，提高其觅食活动和效率。这些数值已经在Ocymyrmex Robustior和Melophorus Bagoti中进行了测量，与Cataglyphis Bombycina的报道相符。相比之下，大多数其他沙漠蚂蚁在35~45℃的土壤温度下停止觅食，即使是最适应高温的北美收获蚁，如Pogonomyrmex Californicus和P. pronotalis也会在Cataglyphis和Ocymyrmex甚至没有达到其峰值活动的温度下停止觅食。那么，这些蚂蚁可以承受的体温是多少？

为了回答这个问题，我们进入实验室，把一只蚂蚁限制在一个玻璃瓶里，暴露于逐渐升高的温度梯度中，比如每分钟升高1℃，然后确定蚂蚁不再能够正确行动并开始出现肌肉痉挛和瘫痪迹象（热昏迷）的温度阈值。这个阈值温度称为临界温度上限（CT_{max}）。随后当蚂蚁被转移到较低的环境温度时，它立即恢复并开始以协调的方式活动。但在野外，运动协调和呼吸控制能力的丧失最终将使它无法摆脱致命的状况。事实上，当体温再上升几度时，蚂蚁的致死温度上限（LT_{max}）就会达到。

所有的箭蚁属物种都表现出显著高于收获蚂蚁、切叶蚁（Messor）和木蚂蚁（Formica）的临界温度上限和致死温度上限。这在图2.22（a）中以撒哈拉银蚁（CT_{max}=53.6℃，LT_{max}=55.2℃）为例进行了说明。为了进行比较，我们使用了收获蚁，因为它们与箭蚁在相同的栖息地中出没，但在黄昏时分觅食，以及木蚁，它们在地理分布上不与箭蚁重叠，但在系统发育上与之密切相关。

另一种评估动物热耐受性的方法，是将动物暴露于固定而非逐渐升高的温度下，并记录“临界温度上限”和“致死温度上限”反应发生的时间。如果在一组固定温度下进行此操作，可以计算出动物在暴露一定时间（如 10min）后，表现出典型的“临界温度上限”或“致死温度上限”反应的临界温度，结果同样是明显的（图 2. 22（b））。总之，无论蚂蚁是在温度梯度（动态方法）还是在恒定温度条件下（静态方法）进行测试，嗜热蚂蚁均以其异常高的“临界温度上限”值脱颖而出。然而，当我们快速绕道到南加州时，可能会更加兴奋，因为那里还有

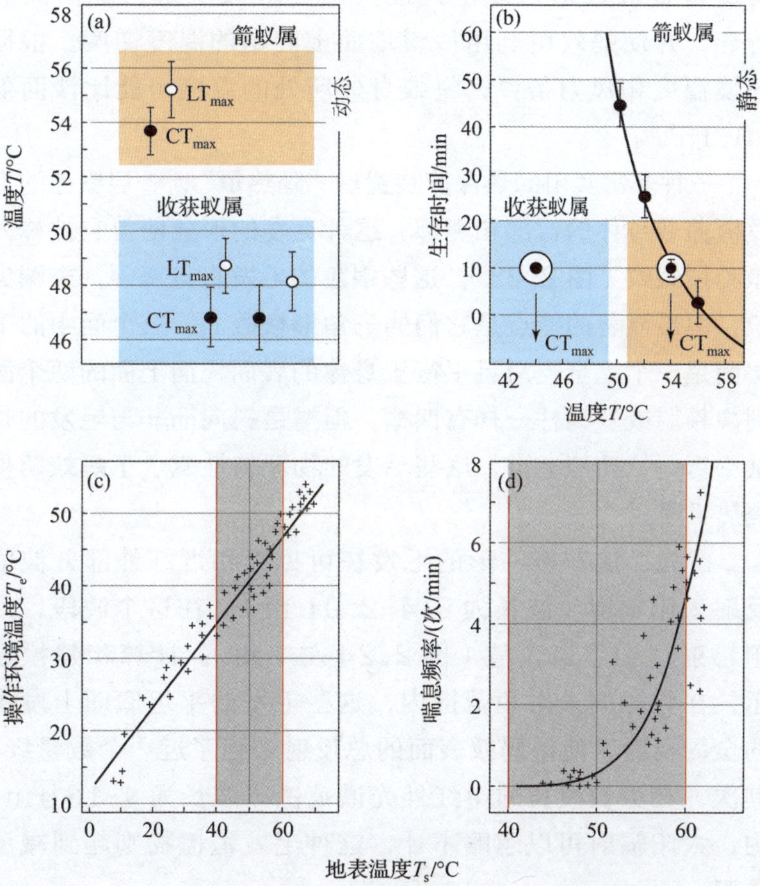

图 2.22　耐热性

（a）通过动态方法确定的嗜热沙漠蚂蚁（撒哈拉银蚁）、收获蚁（沙地收获蚁）和木蚁（Formica Polyctena）的临界温度上限（CT_{max}，闭合圆）和致死温度上限（LT_{max}，空心圆）。相比之下，迅捷速蚁和巴氏负蜜蚁的平均 CT_{max} 值分别为 54.1℃和 56.8℃。（b）用静态法确定的临界温度上限。图中，CT_{max} 定义为 50% 的蚂蚁在暴露于该温度 10min 后死亡的温度，迅捷箭蚁和大头收获蚁的对比。（c）沙面以上 4mm 处的操作环境温度。（d）粗速蚁与表面温度相关的喘息频率。在图（c）和图（d）中，温度范围 40~60℃用红色阴影标记。

另一种嗜热生物。在那里的沿海鼠尾草灌木丛环境中，体重仅为0.2mg的加利福尼亚海岸螨正在中午的阳光下忙碌。这些螨虫在地表温度超过50℃时最活跃，它们的“临界温度上限”值达到了59.4℃，是迄今为止在动物中测量到的最高值。

在嗜热动物所偏好的高温环境下，神经和肌肉协调（原则上是线粒体呼吸过程等细胞功能）总会受到影响。为了避免这种有害影响，仍能在极热的沙漠地面上觅食，箭蚁已经演化出了许多形态、生理和行为机制。一些形态特征有助于蚂蚁减少从环境中吸收热量，特别长而细的腿将身体提高数毫米以上，最大限度地减少来自地面的热传导，并使蚂蚁可利用沙漠地面上陡峭的温度梯度。根据环境温度和风力条件，蚂蚁身体所处的温度可能比沙面低10~15℃。

一种非常实用的热保护装置是“隔热罩”，一层银色的毛发覆盖着身体的背部和侧部，这种毛发的形成使得它被称为撒哈拉银蚁（图2.23）。这些银色的毛发直且坚硬，末端尖锐，但最显著的特点是它们的三角形横截面。三个面中的下层面是一个完全光滑且平行于身体的表面，而上面的两个面则像希腊或罗马柱一样有凹槽，但槽是斜向而非与毛发的长轴平行。从功能上讲，这些毛发的物理特性赋予了蚂蚁两种隔热手段。

首先，这些棱柱形的毛发在可见光和近红外部分波段反射太阳辐射（波长为0.4~2.0μm），在这个波段，太阳辐射达到了最大值（图2.24左下角）。计算和建模显示，在较宽的入射角范围内，这些毛发的平坦底面上发生的全内反射，使得蚂蚁表面的总反射增强了近一个数量级。其次，在更长波长的中红外光谱范围（波长为4~16μm）内，太阳辐射可以忽略不计，这种毛发覆盖物则起到减反作用。

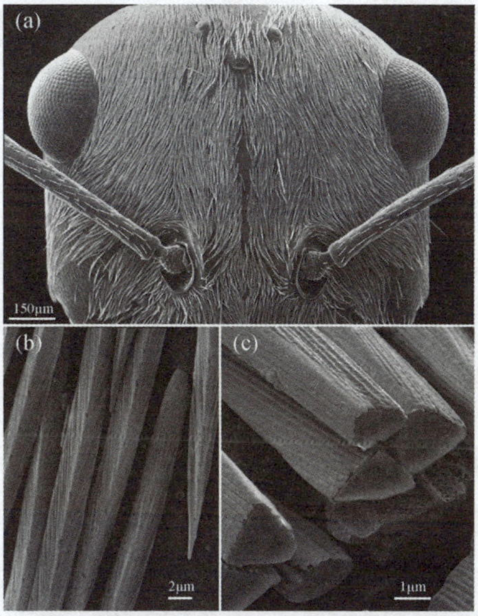

图 2.23 撒哈拉银蚁的隔热罩

(a) 头部正面视图，头部以及身体的背部和侧面覆盖着密集排列的棱柱形银色毛发；(b) 俯视图；(c) 横截面视图。

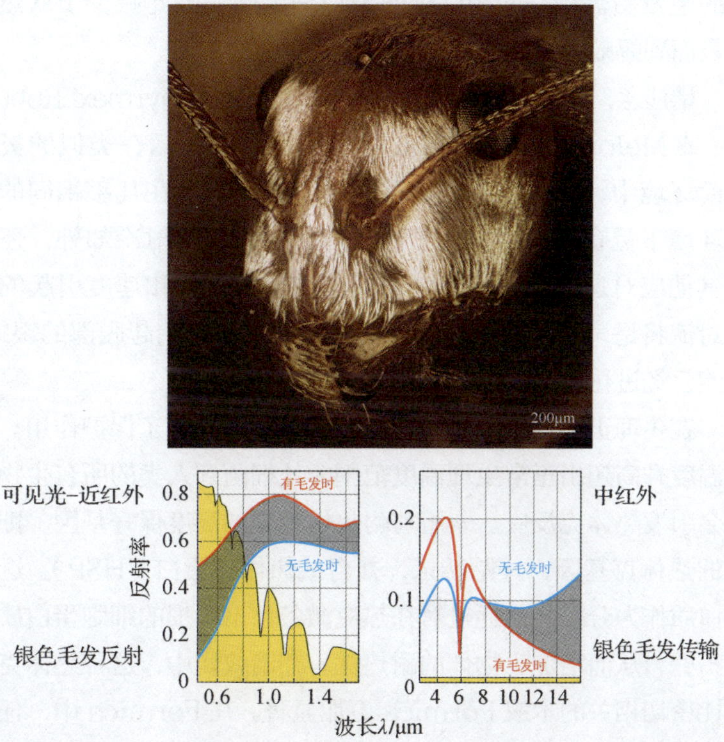

图 2.24 隔热：银色头发提供双重好处

上图为撒哈拉银蚁头部的正面侧视图。下图为太阳辐射在可见光谱范围内的反射，包括可见光－近红外（VIS-NIR）和中红外（MIR）范围内黑体辐射的热释放。红色和蓝色曲线分别表示毛发覆盖完整和去除毛发的蚂蚁身体表面的反射率。太阳辐射用黄色表示。

这些棱柱形的毛发在可见光和近红外电磁谱的太阳辐射最大值处（波长为0.4~2.0μm）反射太阳辐射（图2.24左下角）。计算和建模表明，对于广泛的入射角度范围，这些毛发底部的全内反射增强了近一个数量级的蚂蚁体表面反射光。其次，在波长较长的中红外光谱范围内（波长为4~16μm），太阳辐射可以忽略不计。毛发覆盖层则起到了反射层（梯度折射率）的作用：对于大于8μm的波长，毛发的反射率降低（图2.24右下角），其辐射率因此增加。隔热罩发生泄漏，并变成了“热窗口”。这种泄漏使蚂蚁能够通过黑体辐射，将身体的热量释放到更冷的周围环境中。这种效应在白天，觅食蚂蚁暴露于凉爽的天空时一直存在，但在蚂蚁移动到地势较高且更凉爽的地方时尤其有效。在那里，银色的毛皮能够使蚂蚁高效地散发多余的热量。此外，蚂蚁腹部没有银色的毛发，由于身体上部和侧部的毛发覆盖打开的中红外热窗口被关闭，因此减少了从热沙子表面到蚂蚁身体的辐射能量传递。

请注意，其他如Cataglyphis Fortis、Ocymyrmex Robustior或Melophorus Bagoti等蚂蚁物种也生活在类似的炎热沙漠环境中，它们没有银色的毛发，但仍必须在几乎相同的高温环境下觅食。显然，除了通过形态学增强辐射冷却外，还存在其他应对这些条件的方法。蚂蚁的奔跑方式和速度引起的强制对流将是一个重要因素。相对腿较短且无法抬起腹部的银蚁，可能已经进化出了具有保护作用的银色毛发。

在生理上，特殊的热休克基因表达模式起到了保护作用。如果温度升高超出正常生理温度范围，从细菌到人类的所有生物体都会引发热休克反应。一组与耐热性相关的高度保守基因，即所谓的热休克基因，开始转录，并合成热休克蛋白（HSP）。这些蛋白质作为分子伴侣通过对在热应激条件下受损的细胞蛋白质进行折叠，从而增加生物体的耐热性。在箭蚁属中，这种热休克反应比密切相关的木蚁Formica更加显著。在Formica中，任何蛋白质合成都会在39℃停止，而在撒哈拉银蚁中，HSP合成会持续到 45℃。热休克蛋白的基础表达（所谓的组成性表达）得到了增强，这意味着这些蚂蚁已经在巢穴内的正常生理条件下强烈表达它们的分子伴侣。当所有的觅食者突然离开巢穴，迅速暴露于极端的热应激中时，它们已经配备了适量的热休克蛋白。最重要的是，它们表现出对其他热休克基因组的快速“诱导”激活。对于经历相对较冷和温度更为不稳定的阿特拉斯山脉和北非萨赫勒地区的 C. mauritanica 来说，这种瞬态反应比 C. bombycina 强得多，相反，基因组中组成型热休克蛋白表达要比 C. bombycina 弱得多。箭蚁属的广泛谱系和不同的热环境为探究物种特定的生态应激反应微调提供了有效途径，例如基础和短暂热休克蛋白表达之间的权衡。这尤其有益，因为一系列分子热休克响应模式似乎是在箭蚁谱系中独特进化而来。对撒哈拉银蚁的转录组学分析进一步表明，热休克响应特别保留了线粒体活性（能量产生）和肌肉结构与功能，从而支持蚂蚁在高环境温度下的高级运动能力。

在行为上，耐热性生物极其出色的奔跑速度和灵活性，会通过强制对流产生冷却作用。此外，蚂蚁能够在行为上有效地利用它们的热微环境（图 2.25 和图 2.26）。在具有精细梯度热镶嵌的沙漠地面上，蚂蚁的小体形和对应的小热时间常数（低热惯性）是一把双刃剑，可以使这些无法通过生理调节体温

图 2.25 居住着迅捷速蚁的碎石平原沙漠

即使是纳米布纳克卢夫特沙漠相当统一的碎石平原，也提供了精细的热镶嵌图案，这被速蚁用于行为温度调节。

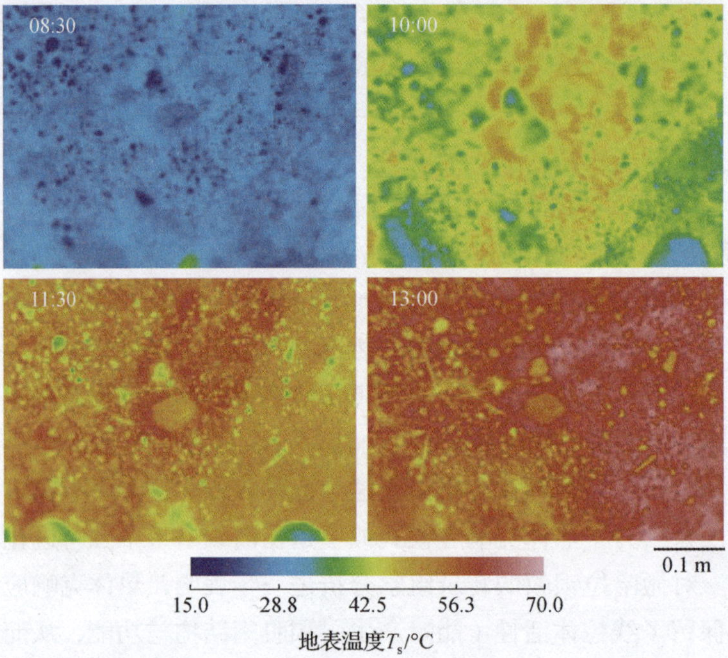

图 2.26　热微生境

四幅图显示了在类似于图 2.25 所示的碎石平原区域内，以 90min 为间隔（左上角数字为太阳时）进行的表面温度热成像记录。

的小型外温动物成为极其快速的热交换器。根据身体和周围环境之间的温度梯度，它们获得热量的速度与失去热量的速度一样快，因此可以及时与蚂蚁高体温达到平衡。通过这种方式，它们可以适应对于大型动物来说不可达的热微环境。人类调查者必须以足够小的尺度思考，以了解和监测靠近炎热沙漠表面的蚂蚁物理环境内占主导地位的微气象条件。

在这些条件下记录蚂蚁的体温存在技术难度。对于 4mg 的粗速蚁和 9mg 的长脚沙漠蚁而言，采用“抓取和插入”的方法——通过捕捉动物，迅速将小型热电偶插入其体内，并从数字设备上读取温度（直接测量其体温十分困难）。相反，工作环境温度（T_e）可以提供蚂蚁体温的估计值（图 2. 22（c））。该温度被定义为动物在其微环境中达到的平衡温度，通常是通过将死蚂蚁或模型安装在热电偶的尖端并将该装置暴露在确定蚂蚁体温的环境条件下来测量。这种温度的测量表明，在炎热的夏天，当撒哈拉银蚁和粗速蚁的体温短时间内在 44~50℃范围

图 2.27 速蚁的热喘息行为

(a) 迅捷速蚁。(b) 粗速蚁通过将腿伸展到石头或测量杆的顶部，将身体抬离热沙表面（纳米比亚纳米布纳克卢夫特沙漠）。插图为沙漠沙面上的日温度变化示例。

内波动时，最为活跃。在这些热应激条件下，它们不时爬上石头或干燥植被的小树枝，撤退到较凉爽的热避难所（图 2.1 和图 2.27），在那里休息、散发多余的热量，然后跳回地面继续觅食。当表面温度（T_s）升至 50℃以上时，这种热度休息行为的频率和持续时间急剧增加（图 2.22（d）），最终蚂蚁可能会花费 70%~80% 的巢外时间在热避难所中休息。在不断地穿梭于这些避难所和炎热的沙漠地面之间时，粗速蚁只有在表面温度超过 67℃时才停止觅食。

最后，当在热应激条件下无法获得避难所时，这些耐热性的蚂蚁会发生什么情况呢？它们无法卸载多余的热量，因此无法摆脱自我强加的“热陷阱”，最终死亡。在实验室中，可以通过将蚂蚁暴露在接近其最高临界温度的恒温条件下来研究这些致命的无避难所条件。例如，当沙漠双色蚁受到极端的高温应激条件影响时，可以通过热视觉方法记录其体温，在给定的温度下（如 51℃），蚂蚁的腹部和胸部很快就会达到环境温度的

平衡，但几分钟内，蚂蚁可以通过从口中吐出液滴或在肛门排泄液滴并用腿涂抹头部的方式，将头部的温度保持在44~46℃。在这种紧急情况下，蚂蚁最终可以采取蒸发冷却的方式，以减少其大脑的热负荷，或者说保持头部的冷却。然而，在户外，蒸发冷却并不是一个理想的选择。这直接引出了下一节的内容。

2.6 脱水风险

耐热型蚂蚁不仅要应对高温，还要应对较低的相对湿度。这些环境限制导致水蒸气饱和度严重不足，使得耐热型的生物面临快速脱水的风险。由于它们的体形较小，体表面积相对较大，蚂蚁特别容易因被动失水而脱水——这个现象在沙漠环境中尤为显著。借鉴大量昆虫如何在水分缺失的情况下存活的文献，我们没有理由认为沙漠昆虫比湿润栖息地的昆虫要么能储存更多的水，要么对水分缺失更具生理耐受性。因此，对于耐热型的蚂蚁来说，避免持续缺水的唯一有效方法是比其他蚂蚁更慢地失水，特别是要努力减少不可避免地通过表皮（角质层失水）和通过呼吸孔呼吸时发生的失水（呼吸失水）。这两种失水途径对总失水量的相对贡献是一个备受争议的问题，但我们至少可以说，到目前为止，在大多数昆虫物种中，包括沙漠蚂蚁，角质层失水是主要途径。

在这些条件下，人们可以预期，强烈的选择压力会促使耐热的蚂蚁身上出现加强角质层的水屏障——外表角质层的蜡样脂质层。事实上，在包括箭蚁在内的沙漠蚂蚁中，其栖息的环境越干燥，由表皮碳氢化合物（特别是无支链长链饱和烷烃）组成的屏障往往越强。甚至相较于巢内的工蚁，可能有比支链烷烃更多的线性烷烃存在于觅食者中。而这种角质化学成分的变化，可能是由蚂蚁户外沙漠栖息地的温暖和干燥条件所引发的。正如第1章所提到的，角质层碳氢化合物也可以作为巢穴同伴识别的信号。在这种情况下，支链烷烃的高分子多样性发挥着主要作用。

在维持水屏障方面，沙漠昆虫可能面临另一个问题。在临界“转变温度”下，水分流失迅速增加，表明角质层的渗透特性发生了突然的变化。在这个温度下，表皮中的脂质从固态防水状态转变为流动的液晶状态，不再保持水分。沙漠昆虫的“熔点温度”可能特别高。加州蚱蜢黑蝗表现出种群特有的水分流失速率，较低的速率不仅与更多的表皮脂质相关，而且与更高的熔点温度相关。在实验室条件下，当环境温度超过45℃时，沙漠双色蚁的水分流失速率会增加得更快。在撒哈拉沙漠的夏季极端条件下，人们偶尔可以观察到一只觅食的箭蚁种昆虫无法承受其恶劣生存环境的情况。这只昆虫会蜷曲并失去在地面上的牢固抓地力，然后被微风吹走。蚂蚁的身体突然卷曲，这一刻是否达到了表皮脂质的熔点温度，并导致致命的水分流失？还是这些水分流失是蚂蚁在漫长的行走中持续的高呼吸率所导致的？或者热应激是主导因素？最有可能是这些因素的综合使其丧命。

箭蚁不可避免地失水的第二种方式：呼吸。在休息时，箭蚁以及许多其他节肢动物物种呼吸是不连续的。在所谓的非连续气体交换周期（DGC），气门大部分时间紧闭，因此任何气体交换基本上都被关闭。只有当气门完全打开，DGC 中的一小部分呼吸气体才与大气交换，CO_2 和 H_2O 瞬间被排出（图 2.28（c））。毫不奇怪，这种不连续呼吸被认为是一种减少呼吸水分流失的功能性适应，因为有利于气体交换的气管特征也有利于水分流失。在过去几十年中，已经在各种物种和各种条件下对 DGC 进行了密集研究，并取得了各种结果，不连续呼吸的其他适应性功能也浮出水面，因此，正如来自澳大利亚布里斯班昆士兰大学的纳塔莉·申普夫所说的那样，“DGC 呼吸的节水假设，仍然被认为是一个令人感兴趣的、引发辩论的来源”。一些作者甚至提出，DGC 模式根本没有任何适应性功能，

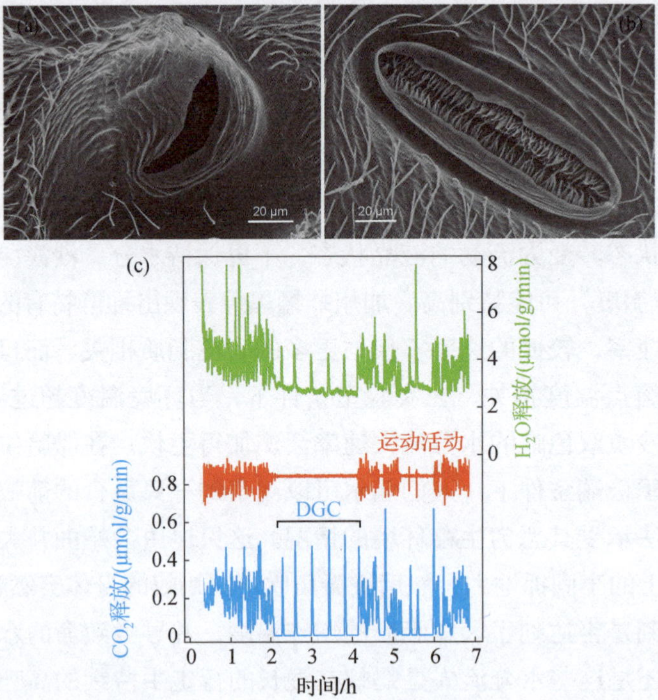

图 2.28 呼吸和水分损失（沙漠双色蚁）

（a）后胸的呼吸孔。（b）并胸腹节的呼吸孔。这些胸部呼吸孔和腹部呼吸孔的同时记录显示前者占整体气体交换的 80%~90%。（c）25℃下与运动活动（红色）相关的 CO_2（蓝色）和 H_2O（绿色）释放的时间曲线。

而是直接由大脑在静止、睡眠状态下的活动调节。然而，在缺乏高级神经中枢的控制下，胸部和腹部神经回路会自发地显示节能的 DGC 呼吸模式。对此还没有定论。

当箭蚁在迅速奔跑时，最让我们感兴趣的当然是它们如何维持水分平衡。因为像其他活跃的昆虫一样，此时它们会持续呼吸。蚂蚁的气体交换模式，从休息状态下的间歇性呼吸切换为运动中的连续呼吸，这在图 2.28（c）中清晰地表现出来。高速呼吸与大量水分流失相关，因此在气体交换和水分维持之间进行有效的权衡可能变得很重要。由于呼吸孔的水分流失速率随代谢率的增加而增加，代谢率又随运动速度的增加而增加，而运动速度又随环境温度增加而增加，因此在炎热的沙漠表面高速奔跑的箭蚁，肯定会经历大量的呼吸孔失水。在这方面，值得一提的是，所有耐热性蚂蚁——箭蚁属、速蚁属和负蜜蚁属物种，都具有特别大而且裂隙状的呼吸孔（图 2.28（b）），并且具有有效的关闭和开启机制。对于生活在更湿润环境中的耐热蚂蚁的近亲而言，例如蚁属和收获蚁属，这些呼吸孔更小，形状更圆。

为了尽可能减少呼吸失水，沙漠蚂蚁被认为具有特别低的标准代谢率，即休息时的代谢率低。此外，为了应对快速奔跑期间的高能量需求，箭蚁在觅食时预计表现出高代谢率。为了研究这些问题，需要仔细观察蚂蚁奔跑的方式和速度。

2.7 超级长跑者

沙漠中耐热性蚂蚁最显著的行为特征，可能是它们非凡的运动速度和敏捷性。自然选择可能会由于多种相互关联的原因而青睐于箭蚁高速奔跑的能力。由于沙漠中食物密度较低，孤独的猎食者必须跑很远的路程去寻找孤立的猎物，但由于环境的压力，旅行时间应尽可能缩短。此外，高速奔跑可以促进对流冷却，与高速奔跑相关的长腿有助于将蚂蚁的身体抬离炎热的沙面。

早在1787年，丹麦著名昆虫学家、卡尔·林奈的学生约翰·克里斯蒂安·法布里修斯描述了第一个箭蚁物种（当时还被包含在“蚁属”中），并将其描述为“Velocissime Cursitans”，即奔跑极快。这是一个特别的评论，因为在那个时代，用拉丁语写成的分类物种定义，通常只包括一些形态特征的简要描述，很少包含行为特征。然而，15年后，另一位著名的昆虫学家，来自法国的皮埃尔·安德烈·拉特雷，再次将箭蚁称为“奔跑的蚂蚁，以非常高的速度奔跑”，即高速奔跑的蚂蚁。20世纪初，阿尔及利亚的维克多·科内兹指出，“这种昆虫不是走路或奔跑，而是疾驰而过”，乌克兰科学院动物学博物馆的蚁学家弗拉基米尔·卡拉维耶夫继续说道，“它像闪电一样移动”。最后，多语种的英国科学家、南罗德西亚自然历史博物馆馆长乔治·阿诺德甚至声称，速蚁“具有最奇妙的速度，远远超过其他所有蚂蚁……以至于它们似乎几乎在地面上飞行”。

当表面温度升高到50~55℃以上，即达到觅食活动高峰的温度水平时，蚂蚁的奔跑速度可以达到1m/s（如撒哈拉银蚁的纪录）。这可能使我们的沙漠导航者成为所有蚂蚁中奔跑最快的。其他已知奔跑速度很快的昆虫，包括纳米比亚黑暗甲虫（Onymacris plana）、美洲蟑螂（Periplaneta americana）和澳大利亚虎甲虫（Cicindela hudsoni），它们的最大速度分别为1.0m/s、1.5m/s和2.5m/s。然而，要深入地理解这些数字，必须注意到，这些甲虫和蟑螂属于不同的体形级别。它们的体重在1g左右，与体重在10mg级别的箭蚁相比，是重量级的。

如果奔跑速度与身长有关，通常在比较研究中这样做。上述提到的银蚁最大速度值就变成了每秒110个身长。在一个体形较小的虎甲种类中，这个数字甚至更大，达到了每秒170个身长。从这个角度来看，虎甲虫是奔跑最快的，如果不包括那些已经以其最高临界温度让我们惊叹的加州螨虫——加利福尼亚海岸螨，这些螨虫可以达到的相对奔跑速度高达每秒320个身长。然而，在解释这些数据时，身体体重很重要。由经验数据支撑的理论告诉我们，随着身体体重的减小，动物的相对奔跑速度应该以一种规律的方式增加（其绝对速度应该减小）。鉴于这种相对速度和体重之间的种间比例关系，即使是螨虫极高的相对奔跑速度，也在很大程度上可以通过比例关系预测。那么冠军最好被定义为最偏离“规范”的那个，也就是说，最偏离比例预测的那个，这可能又是虎甲虫。然而，当这些捕食性昆虫以走走停停的运动模式追逐猎物时，它们只在短暂的追逐中达到高速。

除了这种跨类比较描绘的宏观画面外，我们最感兴趣的是，研究箭蚁属如何实现它们的耐热、高速、高耐力的运动方式。它们在这方面与栖息地更湿润的相关蚂蚁有什么不同，并且该属内可能存在哪些物种差异。即使只是粗略地观察一下箭蚁，人们也可以立即认出一组可能与高速奔跑相关的形态特征：极长的腿、纤细的中胸和高度可移动的腹部（有关形态学术语见图 2.3）。长腿确实是耐热型蚂蚁最引人注目的形态特征。无论是考虑箭蚁属还是速蚁属的小型、中型或大型物种，它们腿的相对长度都显著地超过了非耐热型属相近种类的蚂蚁，例如蚁属和速蚁属，如图 2.29（a）所示。

除了普遍的长腿特征，不同物种之间还存在一些有趣的差异。例如，图 2.29（a）中考虑的与系统发育相关的箭蚁物种中，生活在营养最贫乏的栖息地中的盐田物种长脚沙漠蚂蚁，表现出最大的觅食距离（图 2.7），并具有相对较长的腿。这支持了本节开头所提到的假设，即长腿的进化以及随之而来的高速奔跑能力的进化可能是由于选择压力所驱动的，以便在单位

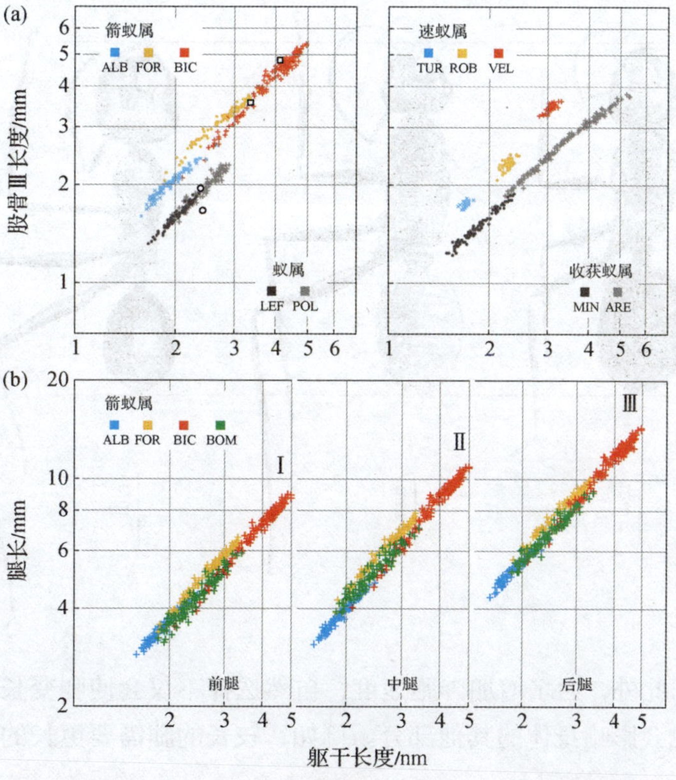

图 2.29 腿部异速生长

（a）嗜热蚂蚁（箭蚁属和速蚁属物种，彩色符号）和系统发育相关的非嗜热蚂蚁的后腿股骨长度（蚁属和收获蚁物种，黑色/灰色符号）。数据用双对数坐标显示。躯干长度代表了体形。箭蚁属物种：ALB 表示白色箭蚁；BIC 表示沙漠双色蚁；FOR 表示长脚沙漠蚂蚁。蚁属物种：LEF 表示 F.lefrançoisi；POL 表示 F.polyctena。速蚁属物种：ROB 表示粗速蚁；TUR 表示 O.turneri；VEL 表示迅捷速蚁。收获蚁属物种：ARE 表示沙地收获蚁；MIN 表示小收获蚁。其中，开放符号分别表示来自波罗的海琥珀的灭绝物种 Cataglyphoides Constricta（正方形）和 Formica Flori（圆形）。（b）四种箭蚁属物种的总腿长：BOM 表示撒哈拉银蚁。

时间内覆盖尽可能大的搜索区域。在速蚁中，最大的物种迅捷速蚁以相对较长的腿而著称。相比其他两个研究的速蚁物种而言，它能在更加崎岖的地面上觅食。进一步分析这些物种之间相对腿长差异的功能意义，肯定会更好地阐明相对腿长除了对奔跑速度的影响之外，可能还具有其他微妙的作用。

然而，有一个例子能够清楚地说明腿长和生活方式之间的紧密相关性。我们只须考虑先前讨论过的蚂蚁的性形态，并查看图 2.30。如先前所述，雌蚁经常采用等待策略，通过信息素呼叫来吸引雄蚁。雄蚁完成分散飞行后，通过快速的“交配行走”寻找雌蚁，相对于体形而言，它们的腿比繁殖中的雌蚁要长得多，但比同种工蚁要短得多。

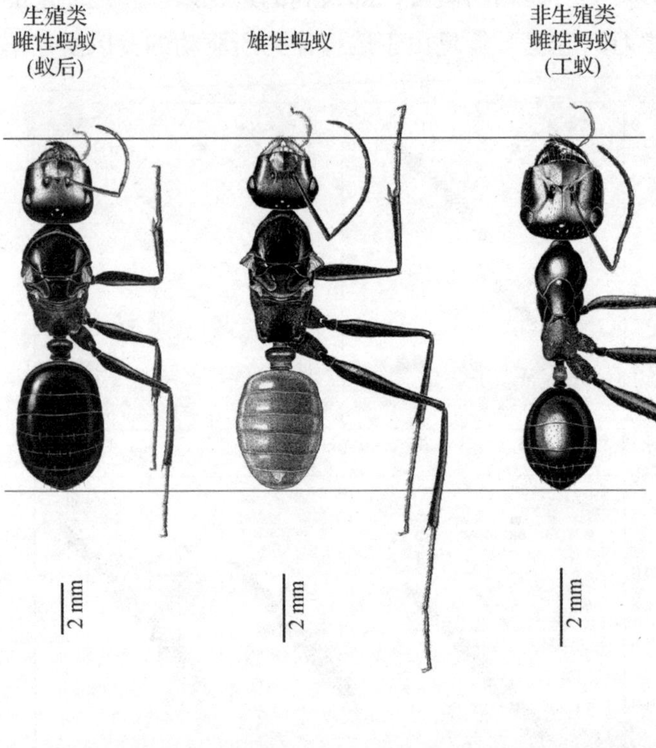

图 2.30　三种职别的长脚沙漠蚂蚁形态比较

为了突出职别不同蚂蚁之间相对腿长的差异，图中将体长进行了等比例缩放（请比较比例尺）。

此外，为了增加奔跑速度，自然选择不仅会使腿变长，同时也会影响身体的其他部分。例如，较长的腿需要更长的腿部肌肉，这会导致这些肌肉附着的内骨骼元素发生变化。因此，与腿较短的相关蚂蚁科物种相比，箭蚁的并腹胸更加细长。最敏捷的奔跑者——沙漠双色蚁和白色箭蚁物种群的成员，还能够通过将腹部抬高直立（图 2.31）甚至拉向竖直线之外，尾部冲前来进一步提高机动性，使得蚂蚁可以在奔跑时更加灵活。由于身体后部的笔直直立姿势，阿尔及利亚的法国定居者将沙漠双色蚁称为“警蚁”，这是该属中最大和最显眼的物种之一。形态学上，抬高腹部的能力与结节状腹柄相关，而非通常的鳞状腹柄。

图 2.31　腹部抬高

沙漠双色蚁以全速前进。头部和躯干上的白点和蓝点是用于个体识别的标记。插图中显示了箭蚁模型的矢状视图，分别为完全抬高腹部（顶部）和水平位置（底部）。H、T、P 和 G 分别代表头部、胸部（前胸）、腹节和腹部；C 表示质心；H、L 和 W 分别表示头部、胸部和腹部的高度、长度和宽度；α 表示头部的倾角；γ 表示腹部的抬高度；x 和 z 分别定义了纵向和垂直的身体轴线。

从功能上讲，将原始的鳞片转化为并腹胸和腹柄之间的旋钮状关节，以及由此产生的提高腹部的能力，可以在昆虫快速转弯时减少蚂蚁的惯性矩，就像芭蕾舞者在转身时将手臂靠近旋转轴一样。为了理解这种抬起身体后部的能力，在多大程度上有助于蚂蚁的敏捷性，我们对翘起腹部角度不同的蚂蚁进行了惯性矩建模。在模型中，蚂蚁的主要身体部分（头、并腹胸和腹部）被设定为椭球体，并根据其实际尺寸和质量进行了规定（图 2.31 中的插图）。分析表明，将腹部从水平位置提升到垂直位置，使得沙漠双色蚁和长脚沙漠蚁将重心向前和向上移动，并将其围绕重心的惯性矩减少一半以上。这使它们能够大幅增加其角加速度并应对更急的转弯。因此，提起腹部这种行为特征，很可能是为了以节能的方式增加运动敏捷性而进化的。由于提起腹部的昆虫会经历较凉爽的微环境，因此在增强敏捷性的特征上，可能存在一种潜在的调节温度的作用。值得注意的是，生活在最炎热的沙漠地区，并达到目前为止最高前进速度的沙漠银蚁，并没有进化出提起腹部的能力。在相当长的距离上，它们几乎沿着直线行走。

现在让我们回到直线奔跑状态，并观察蚂蚁的基本奔跑风格和速度。到目前为止记录的几乎所有速度下，箭蚁展现了交替的三角步态，就像在许多昆虫物种以中高速行走时观察到的一样。在这种三角步态模式中，同侧的前腿、后腿和对侧的中腿同时着地（站立阶段），而其他三条腿向前摆动（摆动阶段）。在下一步中，两个三角交替扮演不同的角色。换句话说，构成一个三角的腿相互同步，而与构成另一个三角的腿反向运动。图 2.32（b）提供了这种三角步态模式的示意图。请注意，在这个图中，步幅是在以地心为中心的参考系中测量的，因此并不反映腿在以动物为中心的参考系中所执行的步幅或振幅（图 2.32（a））。

箭蚁的步行行为，最初是由克里斯托夫·佐利科弗研究的，当时他是一名博士生，现在是瑞士苏黎世大学的体质人类

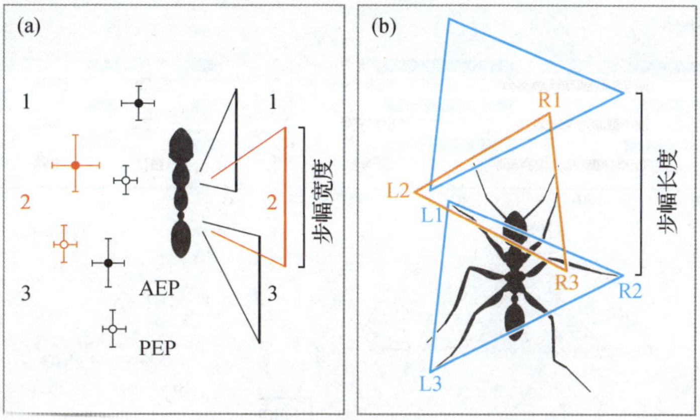

图 2.32　三足步态行走的腿部运动模式

(a) 在以自我为中心的参考系中定义的步幅宽度(步幅幅度):前腿(1)、中间腿(2)和后腿(3)的运动范围。左侧显示了腿的最极端接触点。AEP 和 PEP 分别表示前极限位置和后极限位置(仅显示用于较低的行走速度范围)。(b) 在以地心为参考系中定义的步幅长度:显示了一个向前直线行走的箭蚁执行的三足步态。蓝色表示由左前腿、左后腿和右中间腿(L1、L3 和 R2)组成的三足,橙色表示由右前腿、左中腿和右后腿(R1、L2 和 R3)组成的交替三足。步幅长度定义为 L2 连续两个接触点之间的距离。

学教授。他拍摄了蚂蚁在烟色玻璃板上的行走过程,然后结合蚂蚁身体位置的视频记录时间序列分析了足迹模式(跗骨印记)的几何形状。20 年后,马提亚斯·维特林格和托拜厄斯·塞德尔在北非的野外实地进行博士论文研究时,通过高速视频分析,证实了这些实验室研究的结果。所有这些记录都表明,几乎在所有已记录的步行速度和各种条件下(在直线或曲线路径上行走,在平坦或不平整的地面上行走,上下爬坡),箭蚁均保持其时间上的三脚协调模式。即使当它们被部分截肢严重限制时,也会尝试使用这种模式。例如,当去掉两条腿(一条后腿和对侧中腿)时,一个三角会转变成仅由一条前腿组成的"单脚架"。即使是这些四条腿的蚂蚁,必须用一条腿走一半的路程,在地面上笨拙地跌跌撞撞地行走,也会努力恢复其三角协调模式。

总体来说,可以把六足蚂蚁看作是双足动物,其中每个三角代表一个"功能性脚"。然而,对图 2.33(a)中足迹模式的进一步观察表明,一个三角中的腿并不是完全同时接触地面。实际上蚂蚁像我们人类的单脚一样展开它们的三角脚步。例如,在摆动阶段,后腿首先抬起,然后是前腿,最后是中间腿。只有在软沙地上奔跑的沙漠银蚁中,一个三角中的所有腿同时抬起(着地),从而有效地将动物推离地面。综合考虑所有这些

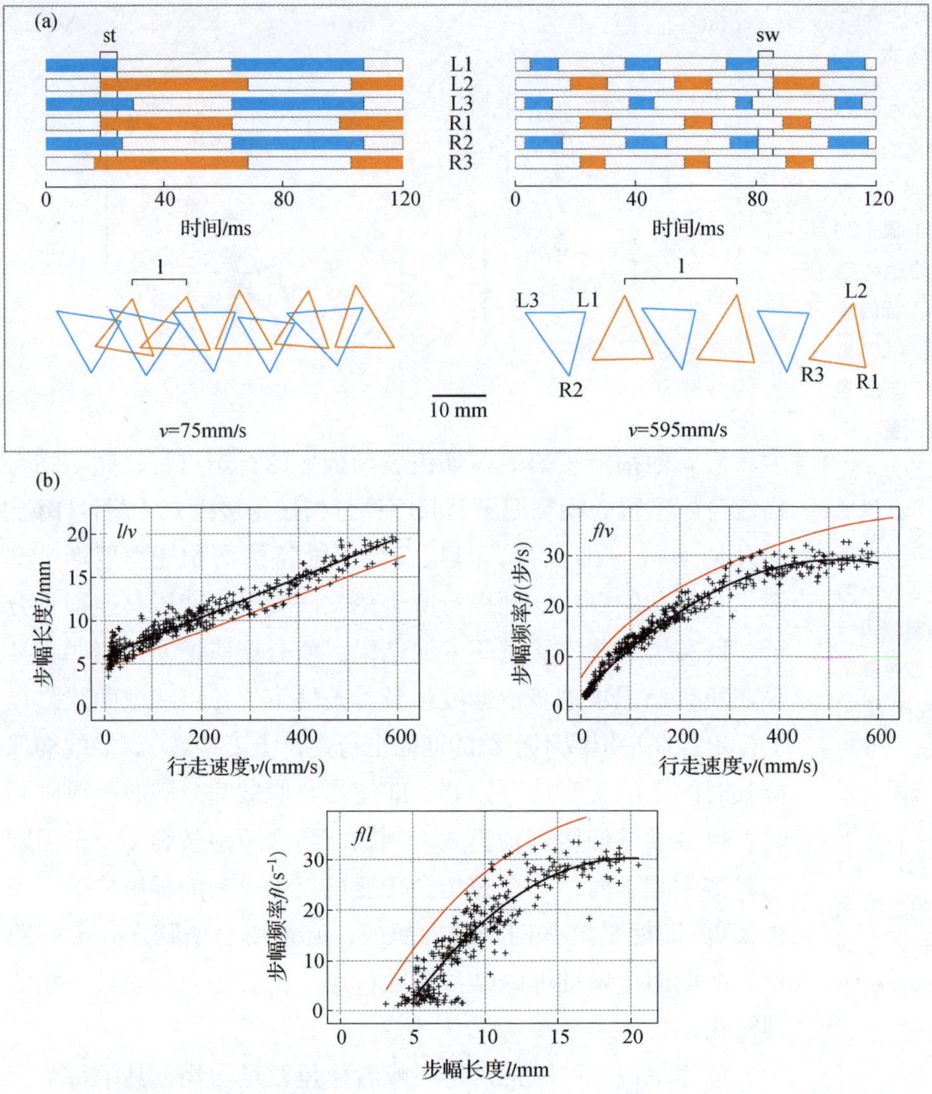

图 2.33　移动中的箭蚁

(a）低速（左侧）和高速（右侧）奔跑时，长脚沙漠蚂蚁工蚁的三脚架步态。上方的图表（足迹图）描绘了左腿和右腿（L1~L3 和 R1~R3）的站立相（彩色）和摆动相（白色）的时间序列。三脚架 L1R2L3 和 R1L2R3 的站立相分别用蓝色和橙色表示。下方的图表使用相同的颜色规则，表示三脚架的空间顺序。站立相重叠（六条腿都在地面上）和摆动相重叠（六条腿都离开地面）分别用 st 和 sw 表示。(b) 步长 l、步频 f 和步行速度 v 之间的关系。为了清晰起见，撒哈拉银蚁的数据集仅用回归线（红色）表示。

结果，箭蚁是非常坚定的三角步态执行者，只在特定条件下，才放弃这种有规律的协调模式，例如在早晨低温下缓慢移动或向后拖动大而笨重的负载时。它们不仅是简单地扭转正常的前进模式，相反，刚性固定的腿间耦合变得松弛，个别腿则像松散耦合的独立单元一样起作用。

最具挑战性的问题是，箭蚁是如何做到高速奔跑的。因为速度是步幅和步频的乘积，所以最大奔跑速度最终取决于蚂蚁的步幅及其摆腿的频率。随着行走速度的增加，步幅和步频会同时增加。虽然步幅长度几乎呈线性增长，达到迄今为止测量到的最高行走速度（撒哈拉银蚁的 0.86m/s），但步频则开始在 35~40 步 /s 时趋于稳定（图 2.33（b））。这些相关性在物种内相当严格，但在物种间可能有所不同。保留了一系列祖先特征（如相对较短的腿）的银蚁，与长脚沙漠蚂蚁不同的是它通过较小的步幅长度和较高的步频（最高可达 40 步 /s），达到一定的行走速度。

不考虑步行风格的差异，从一定的步行速度起，任何种类蚂蚁的步态中都会包括空中阶段。腿部摆动阶段变得比站立阶段更长——从技术角度讲，占空比（站立周期与循环周期的比值）小于 0.5 时意味着箭蚁类开始飞奔。在撒哈拉银蚁和长脚沙漠蚁中，这已经分别在高于 120mm/s 和 370mm/s 的步行速度下发生。蚂蚁现在会一跳一跳地前进，而在乔治 · 阿诺德早期的印象中，它们似乎“飞过地面”——最终成真了！这在银蚁中特别显著，其奔跑速度、步频和“飞行相位”的相对量都达到最大值。与四足哺乳动物（如马）的飞奔不同，箭蚁类在整个步行速度范围内，都保持着它们共同的（三角）步态。

到目前为止，所有提到的数据和观察结果都记录于在平坦沙地上奔跑的蚂蚁身上。但箭蚁在崎岖的地形上，也能以交替的三角步态迅速移动。即使在这种情况下，当动物穿越棘手的、不规则的地形时（图 2.34（a）），我们从未感觉到它们在维持其运动稳定性方面存在困难。腿部的弹性结构和柔性的跗节链，以及其末端的爪和附着垫可能有助于蚂蚁抓住表面，同时可通过机械反馈提供稳定性。然而，当蚂蚁被迫穿越波纹状的表面（图 2.34（b）（c）），其中空间波纹周期和振幅处于其步幅长度的范围内时，其步行行为受到严重干扰。动物们会跌跤、经常踩进低谷和碰到山丘，甚至会被波纹峰之间的距离所同步。尽管如此，它们仍在继续前进，正如将在第 4 章中看到的，当它们在这种有波纹的表面上行走或向后拖曳重物时，尽管腿之间的协调模式已经崩溃，它们的里程定位能力完全不受影响。

图 2.34　箭蚁在崎岖不平的地面上行走

（a）圆结箭蚁在石质地面上疾走（希腊伯罗奔尼撒半岛）。（b）长脚沙漠蚂蚁在正弦波状地板上的通道中行走。（c）三个叠加的高速视频侧视图帧（通过通道侧壁的透明有机玻璃窗拍摄）：红点标记左边中间腿的连续接触位置；蓝线表示身体（躯干）方向；蓝点标记头－躯干和腹柄－腹部关节。

由于体形大小、腿长比例、觅食距离、栖息地结构和移动地面的起伏不同，箭蚁物种范围广泛，为研究特定运动需求的功能适应性提供了巨大潜力。在这些超级长跑蚂蚁中研究六足动物的运动学和动力学，并探讨潜在的物种特定的适应性偏差，可能是一个有趣的项目，尤其是随着超微型力板传感器的开发，使得人们能够测量 10mg 蚂蚁单腿施加的微牛顿级瞬时地面反作用力。这样的力平台已经用于研究箭蚁中各个腿的机械功能，例如当动物在平地上行走或向上、向下爬行时，如何在不同的腿之间分配拉力和推力。

这也引出了腿部是如何接触基底的问题。箭蚁与其他蚂蚁一样，每只腿的“趾部”都有两个可移动的爪子和一个黏附垫，即中垫，可以通过增加血淋巴压力展开（图 2.35）。然而，箭

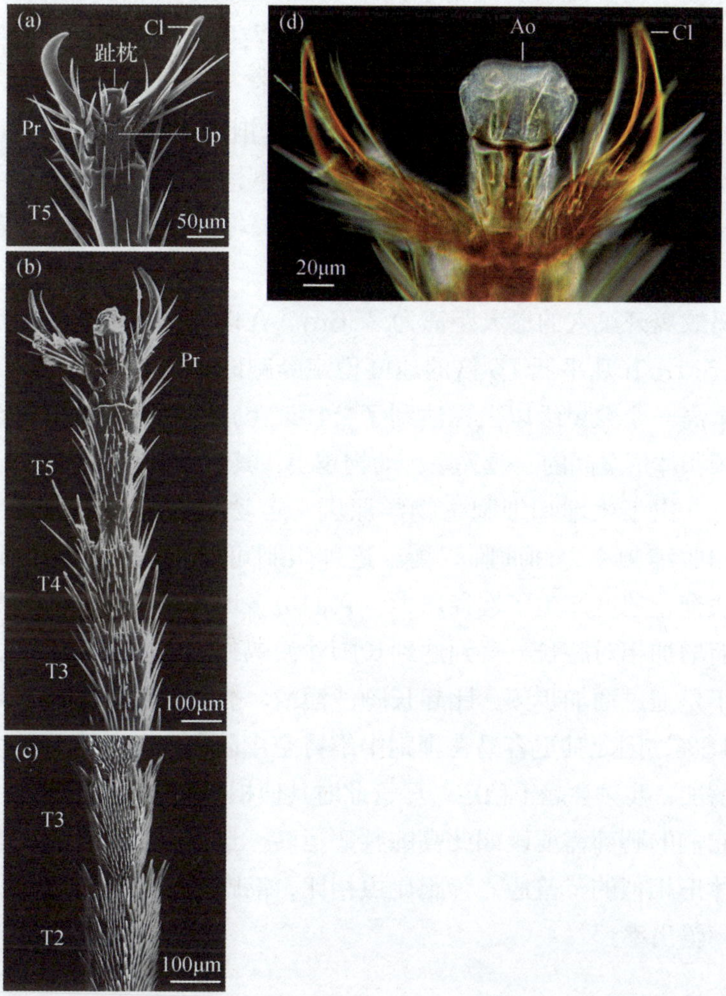

图 2.35　趾头和脚后跟

(a)(d) 长脚沙漠蚂蚁的趾头。(b) 脚后跟（T3 和 T4）的仰视图。(c) 木蚁 Formica polyctena 的跗骨段的仰视图。蚂蚁通常用 T3 和 T4 的跗节接触地面。Ao 表示趾枕；Cl 表示爪；Pr 表示前足；T2~T5 表示跗节；Up 表示钩爪板（机械设备的一部分，用于移动爪和趾枕）。

蚁很少使用脚趾行走。地面接触主要由第三和第四跗骨节，即蚂蚁的“脚后跟”进行，它们提供了相当长的向远端方向的毛发，并缺少木蚁特有的密集的细毛阵列。这些附着结构如何在箭蚁中变化，以及它们如何为腿在各种基底上产生适当的推拉力，再次为比较功能形态学打开了一个有前途的研究领域。

出于纯粹的好奇心，我们最后比较一下超级长跑者箭蚁和人类。1981 年 10 月 4 日，我的同事和朋友伯恩德·海因里希（Bernd Heinrich）在芝加哥 100km 超级马拉松比赛中打破了世界纪录。他用了大约 6.5h 跑完了 100km，准确地说是 6 小时 38 分 21 秒。由于伯恩德友好地向我提供了他的跑步风格和表现细节，我可以计算出他在 100km 的比赛中一定跑了约 66700 步，每步宽 1.5m（这相当于 33350 步，每步 3.0m），步频为 1.4 步 /s。相比之下，在已记录的箭蚁中最长的奔跑中，一只长脚沙漠蚂蚁的标本在 68.7min 内覆盖了 1.2km，因此平均速度为 300mm/s。在这次远距离往返中，蚂蚁离开巢穴的最大距离为 356m。在以比伯恩德·海因里希 15km/h 几乎低 15 倍的速度稳定奔跑时，它的步频比人类冠军高一个数量级以上，达到了 24 步 /s。这个观察结果符合步频和体形之间的一般关系：动物越小，其步频就越高。

由于生理和细胞生物学原因，运动肌肉总是在力量生成和收缩频率之间面临权衡。这种限制可能对箭蚁如何达到最快奔跑速度产生了选择压力，它们更多地通过增加步幅——从而增加相对腿长，直到达到长脚沙漠蚂蚁所达到的最大值，而不是通过增加步频。比起长脚沙漠蚁，撒哈拉银蚁的腿长短约 15%，因此其更容易在奔跑中维持空中阶段。随着奔跑速度的增加，步频会趋于稳定，尽管此时其值相当高（图 2.33（b））。它们的腿部需要以如此高的频率运转，这使我们想知道，与其体形相似的“普通”奔跑昆虫相比，箭蚁是否表现出更高的功率输出率。

2.8 功率输出

为了探索快速奔跑时的能量需求，让我们首先来看看世界上首屈一指的超长跑动物——美洲大草原上的叉角羚。北美叉角羚以65km/h的最大持续奔跑速度，奔跑超过10km的距离，最高速度可达100km/h，毫无疑问，它是动物界进化出的耐力最好的奔跑者。斯坦·林德斯泰特让这些角羚在跑步机上疾驰，并记录下它们每单位时间和单位体重的氧气摄取速率，他得到了一个最大代谢率——叉角羚的“有氧能力”，为5mL/kg/s（每kg体重每秒消耗5mL氧气，或4.2Wt/kg），这是角羚标准代谢率的25倍。然而，只有通过将其与一些默认值进行比较，即与叉角羚体形相似的普通哺乳动物的预期代谢率进行比较时，才能认为这种特殊的“代谢率”是非凡的。这种比较确实显示出叉角羚的特殊性。它的代谢范围较基于其体形预测的代谢率大3.3倍。

这种超长跑的哺乳动物的表现与超长跑的箭蚁相比如何？通过使用微型呼吸计设备并应用气体分析技术，人们确实能够将蚂蚁限制在小玻璃管中并测量其呼出的CO_2和吸入的O_2的量。当以这种方式进行测试时，沙漠双色蚁的静息标准代谢率为0.04mL/kg/s。对于一个35mg的箭蚁而言，这相当于1.4×10^{-6}mL/s。通过将这个值转换为瓦，我们得出结论，单个箭蚁的标准输出功率为29.4μW，即大约30μW。

这种箭蚁的标准代谢率与从各种栖息地和分类群中确定的其他蚂蚁物种的值一致（图2.36（a）），因此不支持先前的假设，即沙漠蚂蚁采用了特别低的标准代谢率。它也不支持另一个假设——“有氧能力假说”，即在活动时花费更多能量的物种也应该有更高的标准代谢率。这种情况在飞行昆虫，如蜜蜂和黄蜂中存在，它们从事能量极为高昂的飞行行为，并同时表现出较高的标准代谢率（图2.36（b）），但没有迹象表明高速的箭蚁遵循这种模式。

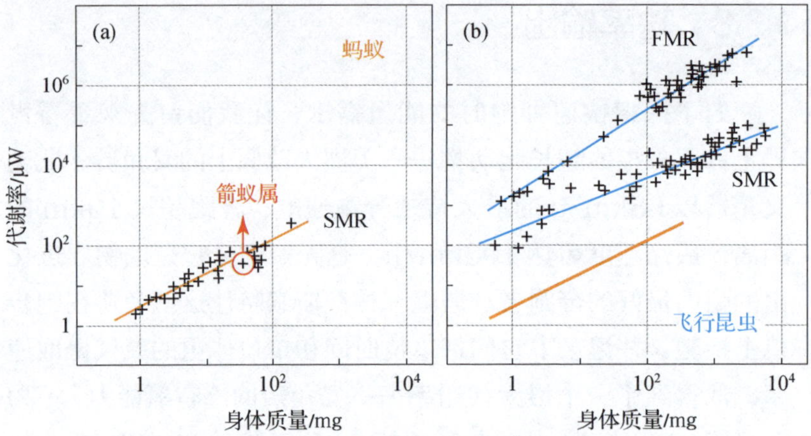

图 2.36　代谢率

（a）不同种类的猛蚁、myrmicine 和工蚁的标准代谢率（SMR）与体重的函数关系图：沙漠双色蚁的 SMR 由空心红圆圈突出显示；红色箭头指向当前对奔跑时的箭蚁代谢范围的最佳估计值。（b）各种飞行昆虫（包括蜻蜓目、鳞翅目、双翅目和蜜蜂）的标准代谢率和相应的飞行代谢率（FMR），为了比较，将工蚁 SMR（橙色线）的回归线从图（a）复制过来。

我们对箭蚁在快速奔跑过程中维持的代谢率了解多少呢？嗜热蚂蚁是否有特殊的方式来提高它们在高环境温度下全速奔跑时的有氧能力？在极少数情况下，如切叶蚁和木蚁这样的步行蚂蚁的有氧能力已被测量，其步行时的代谢率比静息时的代谢率高出 4~7 倍。此前提到过的长腿纳米比亚沙漠甲虫拟步甲，其快速奔跑的代谢率约为 12，而在快速奔跑时，蟑螂的代谢率可达到 23。来自德国柏林洪堡大学的斯特芬·赫茨测量了沙漠双色蚁步行时的最大代谢率，该测量值是标准代谢率的 15 倍。最有可能的是，箭蚁在其自然栖息地高速奔跑时的代谢率比在 25℃下由其在试管中缓慢行走确定的数值肯定会增加。因此，箭蚁的代谢率可能会接近叉角羚。尽管如此，在箭蚁中我们仍未解决已在羚羊研究中回答的问题——超级长跑动物的代谢率比基于其体形的预测大多少，这仍然是一个引人入胜的问题。

2.9 为什么是嗜热蚂蚁

读者可能已经注意到，我们在本章进行得越深入，提出的问题就越多，而非给出答案。然而，我们至少可以从对这个小小的沙漠导航者的生理生态的了解中得出两个一般性的结论。

首先，嗜热沙漠蚂蚁进化出的生理适应性与非嗜热性的蚂蚁相比，只是在数量上而非质量上有所不同。就像超长跑的哺乳动物叉角羚一样，箭蚁在环境压力下并没有使用任何奇妙的技巧或新颖的机制，来完成其非凡的奔跑和觅食任务。相反，它们通过增强蚂蚁通常正常的一些个体特征和特质来取得成功。例如，它们拥有更长的腿，可以将身体提升到离地面更高的地方，从而达到比预测更快的奔跑速度；与基于大量蚂蚁样本得出的预测相比，它们利用一些与昆虫标准形态和生理装备略有不同的特征，来实现更高的热耐受性和较低的角质层蒸腾速率。其次，如果这些适应性偏差与某些行为特征，特别是与利用沙漠地面上可用的微气候能力无关，那么它们就不足以适应具有大表面积体积比的小型变温动物。因此，一个整体的套装形态、生理和行为适应性定义了“嗜热综合征”。

如果这种综合征实际上包括相当多的个体特征的增强，人们可能会想知道是否有某些蚂蚁物种的这些特征至少部分进化了，或者进化程度较低。在北美西部的干旱和半干旱地区，人们可能会想到蜜罐蚁。它们的俗名来源于特殊的工蚁阶层，所谓的贮液工蚁，它们在嗉囊中储存液体食物，因此可以作为活的食物容器。除了这种专业性工作，它们的工蚁在许多形态特征上与箭蚁相似，以至于在19世纪初，它们曾经被合并成为一个属。然而，与箭蚁相比，蜜罐蚁中的许多物种是夜行性的，而白天活动的物种的最高耐热温度（CT_{max}=43~48℃）显著低于箭蚁（CT_{max}=52~55℃）。它们以死昆虫为食，但主要以白蚁为食物来源之一，它们从花朵中采集花蜜，甚至从蚜虫身上采集蜜露。最值得注意的是，它们可以参与壮观的集群招募事件。我们要感谢哈佛大学的伯特·霍尔多布勒的深入而精细的研究，他详细阐述了这种蚂蚁建立灵活的、在空间和时间上变化的觅食领地的策略，这些领地通过仪式化的战斗比赛来防御相邻蚂蚁群落的工蚁。而这种行为在个体觅食的箭蚁中并不存在。

属于须蚁属的沙漠收获蚁占据了完全不同的生态位，它们是北美洲最多的沙漠蚂蚁，几乎覆盖了墨西哥和美国西部的干旱地区。大多数物种都是严格的日行性觅食者，在表面温度达到大约45℃时活动达到峰值。由于具备相当高的耐热能力（CT_{max} ≈ 52℃），它们只会在53~60℃时停止觅食，然而这些温度正是Cataglyphis Bombycina撒哈拉银蚁、粗速蚁和巴氏负蜜蚁达到峰值活动的温度。此外，除了主要是草食动物之外，这些种子收获者与箭蚁及其嗜热同类的不同之处在于，它们使用精心设计的树干路径系统进行大规模招募，并严格划分了觅食区以避免种内和种间的对抗。

鉴于这些差异，我们不禁要问，在北美的沙漠地区，包括大盆地、莫哈维沙漠以及奇瓦瓦和索诺兰沙漠，是否有任何一种蚂蚁类似于嗜热的箭蚁。作为北美沙漠蚂蚁生态学权威人士之一的罗伯特·约翰逊向我保证，在这个世界的这个地区，Dolichoderine属的Forelius是最耐热的蚂蚁。然而，Forelius物种在生活方式上与箭蚁显然有很大不同。它们作为大规模招募者，以数百只小工蚁组成的大列队进行觅食，并且通常是在其他物种到达之前最先发现、占领和开采食物来源的物种。总之，各种蚂蚁群体已经以不同程度和不同的生态环境进化出了耐热行为，但Cataglyphis、Ocymyrmex和Melophorus——典型的嗜热物种，凭借定义嗜热综合征的一系列共同特征脱颖而出。

我们当然不能不问南美洲阿塔卡马沙漠发生了什么就结束本节。阿塔卡马沙漠的年均降水量几乎不到50mm，有些地方也不到5mm，它是地球上最干旱的地区。在这片贫瘠的土地的一些地区，在近半个世纪的时间里，只有四年年降水量超过2mm。19世纪中叶，植物学家鲁道夫·菲利普在穿越阿塔卡马沙漠时评论道，“这里甚至没有一根仙人掌生长”。在他对智利蚂蚁动物群的早期研究中，威廉·戈切认为锥臭蚁是南美洲类似于箭蚁的蚂蚁，根纳迪·德卢斯基在他的《沙漠蚂蚁》著作中也这样认为。然而，最近的研究清楚地表明，事实并非如此。Dorymyrmex Goetschi 是一种生活在阿塔卡马沙漠最干旱部分边缘的物种，它在地表温度 15~50℃的范围内觅食，因此避开了嗜热蚂蚁最活跃的温度。它似乎更适应相对凉爽的阿塔卡马沙漠低温环境。然而，总的来说，在阿塔卡马沙漠中许多荒凉和多石的地区似乎完全没有蚂蚁（图 2.37）。

图 2.37 “无蚂蚁之地”——阿塔卡马沙漠

这是位于智利科皮亚以东约 70km 处的阿塔卡马沙漠中极干旱的地带，这片岩石区域几乎没有植被，也没有蚂蚁。

本节探讨了沙漠蚂蚁的觅食生态学，结果表明，耐热性蚂蚁在沙漠蚂蚁的各种觅食策略中处于极端地位。我们通过探询这些耐热性蚂蚁在形态、生理和行为适应方面如何操作来解决这个问题。此外，我们可能会想知道它们为什么首先要获得这些适应性。是什么选择压力使它们占据了耐热性食腐动物的独特生态位？首先，请记住，在数量和生物量方面，耐热性蚂蚁仅占沙漠栖息地所有蚂蚁的一小部分。例如，在纳米布沙漠的碎石平原上，收获蚁占总觅食者生物量的 95% 以上。其次，在耐热性和非耐热性物种之间的攻击性互动中，通常是后者成功（行为支配），并赶走其耐热性竞争对手。基于对人工饵点上此类物种间相互作用的定量评估，生态学家定义蚂蚁群落成员之间的支配等级。在建立了这种支配等级的地方，例如在西班牙东南部和阿根廷北部的亚热带半干旱栖息地中，最受制约的物种被证明是最耐热的物种（西班牙的几种箭蚁物种和阿根廷的Forelius Nigriventris）。显然，在热耐度和行为支配之间存在权衡。这表明，从属物种已经进化出它们的耐热性综合征，以避免与行为支配和更为丰富的物种竞争，这些物种占据沙漠觅食场地的温和时段（图2.38）。即使是支配物种（如Pheidole、Tetramorium、Tapinoma和Dorymyrmex）都是以不同的方式占领这些沙漠环境。虽然占主导地位的物种（如Pheidole、Tetramorium、Tapinoma和Messor物种）主要是种子收获者，但它们大多表现出相当大的食物适应性，并且也将死亡的节肢动物纳入其饮食中。考虑到数量上的优势，它们的营养生态位确实与热战士的生态位重叠。因此，热战士成为真正的沙漠居民是一种可能的进化场景，因为它们的祖先已经将其热限制向上推升到了超出“普通”蚂蚁所能容忍的水平，从而开辟了一个新的生态位。

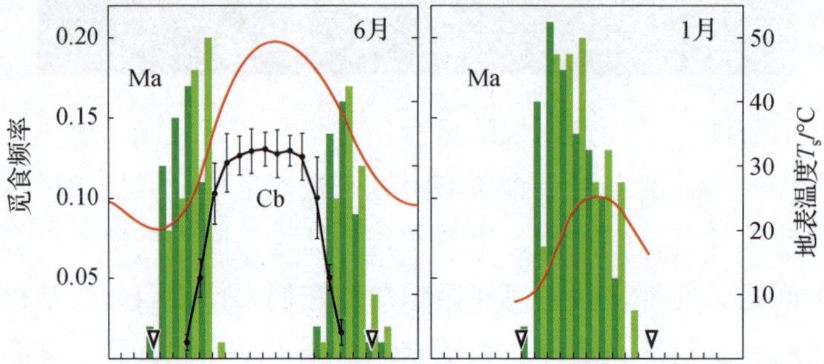

图2.38 从生态学角度来看：亚优势物种与优势物种

这里展示了北非夏季（6月）和冬季（1月）亚优势物种（沙漠双色蚁，Cb）和优势物种（沙地收获蚁，Ma）的日常觅食模式。冬季期间，沙漠双色蚁将进入冬眠状态。任一物种在一个巢穴的代表性记录。在收获蚁的直方图中，深绿色和浅绿色分别表示记录于6月和1月的出入频率；箭蚁的数据则是指出巢频率；空心箭头标记了日出和日落的时间。在生态学术语中，亚优势物种是指在一定地理区域内，数量和影响力比起另一些物种要少的种群，而优势物种则是指数量众多且在该地理区域内的影响力非常大的物种。

作为一个例子，让我们看看每年夏天在澳大利亚中部沙漠上演的壮观景象。当表面温度升至45℃以上时，无处不在的肉蚁——这些侵略性的杂食性食腐动物，紫彩虹臭蚁（Iridomyrmex Purpureus）会退回地下，而耐热的巴氏负蜜蚁（Melophorus Bagoti）出现在场景中。然后，高密度集群招募让位于扩散的耐热觅食的舞台拉开了，一部导航剧将在我们眼前展开。

3 定向机制

自中世纪早期，至少自12世纪末，消息传入中国以来，人类水手一直使用磁罗盘将船引向目的地。然而，觅食的箭蚁主要依赖视觉罗盘——天空罗盘，它从天空中获取信息：从太阳直射光和散射的天空光的偏振和强度/光谱模式获得。由于在一天中，太阳和所有天窗图案都在天空中移动，因此箭蚁必须以某种方式将太阳相对于地球参考系（如地球磁场或远处的天际线）的位置变化信息与内部时钟提供的信息相结合。让我们首先研究一下，箭蚁能够从天空中获取哪种视觉信息。稍后，我们将看到，远处的天际线、地球磁场和盛行风向可能为蚂蚁提供额外的——在这种情况下是直接与地球相关的罗盘信息。

3.1 天空偏振光

1809年，法国天文学家多米尼克·阿拉戈透过一块双折射方解石晶体观察天空，发现从阳光照射的天空到达地面的散射光是偏振的——这是偏振光作为一种物理现象被发现仅一年后的事情。几十年后，苏格兰物理学家大卫·布鲁斯特爵士非常震撼于阿拉戈的观察结果，“我们头顶上的蓝色大气层在光中表现出偏振现象，这种现象有点类似于具有两个双折射轴的晶体”，他将这种现象称为“地球物理学中的奇迹之一”。1869年8月，约翰·廷德尔站在瑞士阿尔卑斯山的阿莱奇峰上，用一块方解石晶体扫描整个天空，并研究了这种令人印象深刻的图案的细节。之后不久，约翰·威廉·斯特拉特（后来的瑞利勋爵）通过分析分子大小颗粒（瑞利散射）散射电磁波的方式，推导出偏振光的特性，并表明天空中的偏振光模式源于地球大气中的氮和氧分子对太阳光的散射——正是同样的物理现象让白天的天空呈现蓝色。图3.1为天体e-向量图案的全景天窗图像。

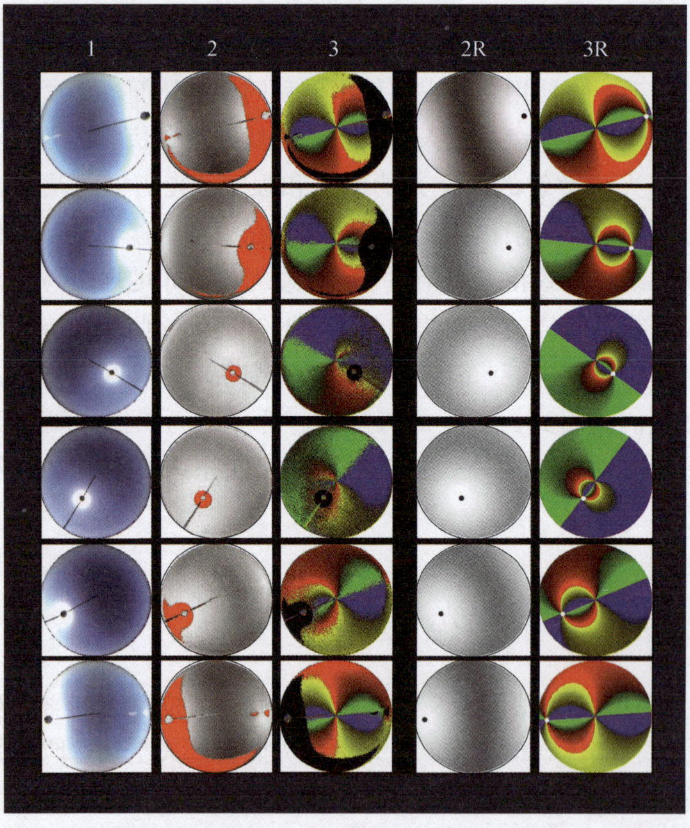

图3.1　天体e-向量图案的全景天窗图像

这些极化天空图像展示了通过全天极化成像测量得到的极化程度（d，第2和2R列）和极化角度（φ，第3和3R列）的空间分布。太阳被一个小黑盘遮住。第1列是自然天空的彩色照片。在第2、2R和3、3R列中，d和φ的分布要么是从自然天空（2和3）记录的，要么是使用单散射辐射模型（瑞利散射天空，2R和3R）理论计算的。在第2列和第3列中，红色和黑色分别表示过度曝光。极化角度（第3列和3R列）转换成伪色：φ=0°~45°，为红色；φ=45°~90°，为深绿色；φ=90°~135°，为蓝色；φ=135°~180°，为浅绿色到黄色；黑色表示过度曝光。照片是在突尼斯杰里德盐湖地区，于1999年8月26日在晴朗的天气条件下从日出附近（上排）到日落附近（下排）拍摄（北方朝上）。

光是一种可以被动物眼睛感知到的电磁辐射。在电磁波中，电场和磁场相互垂直，并垂直于传播方向振荡，但仅电场在视觉上起作用，如图 3.2 所示。当电场轴，即所谓的 e- 向量，在平面内振荡以使其端点轨迹成为一条线时，我们称其为线偏振光，并将其称为垂直偏振、水平偏振等，具体取决于 e- 向量是垂直、水平还是其他角度方向。人类在很大程度上对光的偏振不敏感，因为吸收光的视觉色素分子（视紫红质）在我们的感光细胞膜内是随机定向的，但在昆虫和许多其他无脊椎动物中排列得更加有序，从而使给定的感光细胞对特定 e- 向量方向的偏振光敏感（图 3.3）。值得注意的是，当 e- 向量平行于其发色团（视网膜）的长轴时，视紫红质分子最大程度地吸收光。

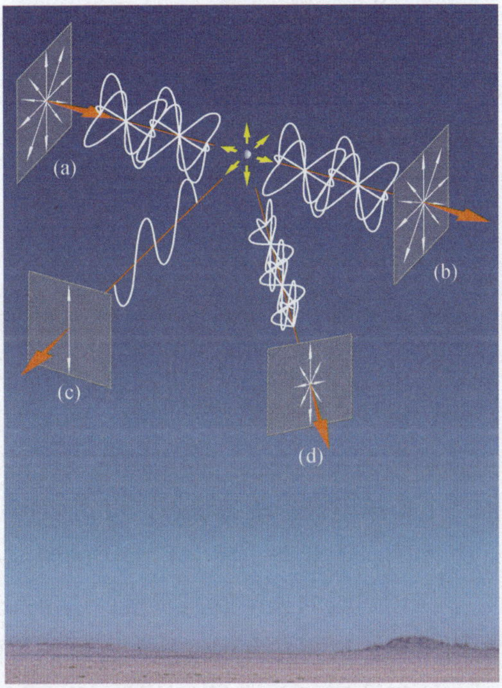

图 3.2 天空偏振光

图中的白色波形描绘了光的电场向量（e- 向量）在橙色箭头方向上的振荡。面板内部的双头箭头标记了地面观察者所看到的 e- 向量方向。(a) 太阳辐射出的光是无偏振的。在波动极快的电场中（比视觉系统甚至现代测量设备能检测到的振荡还要快），所有 e- 向量方向均匀分布。因此，地面观察者所感知到的直接阳光是无偏振的。(b) 相比之下，由空气分子散射的光是偏振的。(c) 最大偏振发生在散射角为 90° 时。(d) 在所有其他散射角度上，光只是部分偏振的（部分偏振光）。背景图为位于米拉比布和戈巴贝布之间的纳米布沙漠。

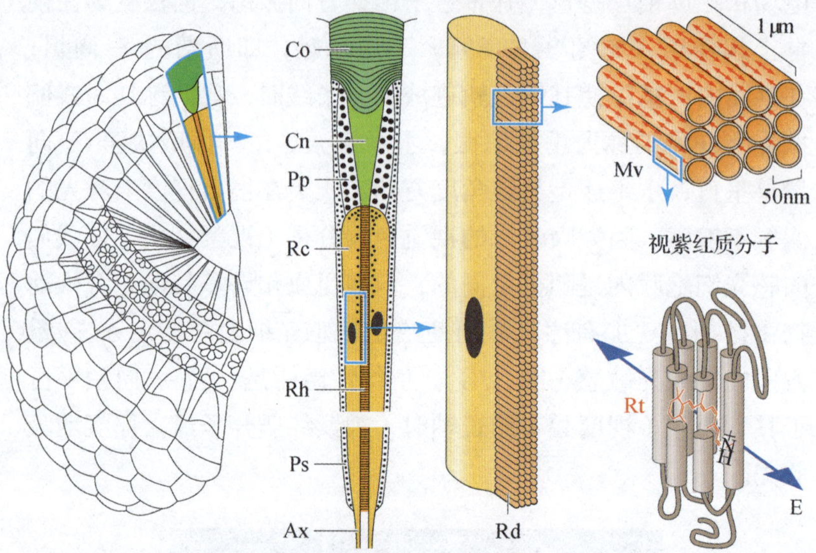

图 3.3　箭蚁中的偏振敏感性：从眼睛到分子

右下方显示的光敏视紫红质分子（Rhodopsin）会在其色素基团（Retinal）的分子轴与e-向量的振荡轴平行时被最大程度地激发。此外，视紫红质分子的吸收轴与微绒毛的轴对齐。就像刷子的毛一样，一个光感受器细胞的微绒毛形成了感杆（Rhabdomere）。只要所有的光感受器细胞的微绒毛具有相同的方向，这个方向就定义了一个光感受器的e-向量调谐轴。每个视觉单元（Ommatidium）的感杆都会融合形成一个光导结构，即感杆束。Ax表示轴突；Cn表示晶状锥体；Co表示角膜透镜；E表示e-向量，在这里与视网膜的长轴对齐；Pp表示原色素细胞；Ps表示次级色素细胞；Rc表示光感受器细胞；Rd表示感杆；Rh表示感杆束；Rt表示视网膜。

我们天然对偏振光不敏感可能是直到20世纪中叶才发现动物偏振视觉的原因，当时卡尔·冯·弗里奇在蜜蜂身上有了惊人发现。他让蜜蜂在一个水平的蜂巢上进行招募（“摇摆”）舞蹈，此时只向蜜蜂展示一小部分蓝天。每当在它们的视野中旋转一个偏振滤光片时，蜜蜂就会改变舞蹈的方向。几十年前，瑞士医生和蚂蚁学家费利克斯·桑斯基已经观察到蚂蚁不仅可以从太阳中获得罗盘信息，而且还可以从小块未被遮挡的天空中获得罗盘信息，但他不知道偏振光现象，因此无法从他惊人的观察中得出正确的结论。在冯·弗里奇的发现之后，这个领域在接下来的二十多年里处于荒芜状态，直到20世纪70年代初，几个瑞士、德国、俄罗斯、荷兰和美国的研究小组突然独立地开始探究蜜蜂和蚂蚁的天空偏振罗盘。这条探索之路是崎岖的，假说层出不穷。只有在发现箭蚁和蜜蜂的复眼背部边缘的一小部分具有执行这项任务的所有特性，并实际执行时，解决方案才变得可行。

为了研究这个解决方案，让我们从图3.4（a）开始，该图展示了地面观察者看到的天空的偏振模式。所有的 e- 向量形成了围绕太阳的同心圆。需要特别注意两个特点：①太阳子午线（从天顶通过太阳到地平线的垂直线）和反太阳子午线形成了所有 e- 向量模式的对称面。在这个对称面上，光的偏振方向总是与地平线平行。在天空的其他位置，e- 向量的方向随太阳高度的变化而变化。②如蓝色条的大小所示，偏振度（d）在天球半球上是变化的，从 d=0%（直接、未散射的太阳光，因此是非偏振光）到 d=100%（与太阳夹角为 90° 的最大偏振光）。因此，当太阳在地平线上时，一条经过天顶的最大偏振圆

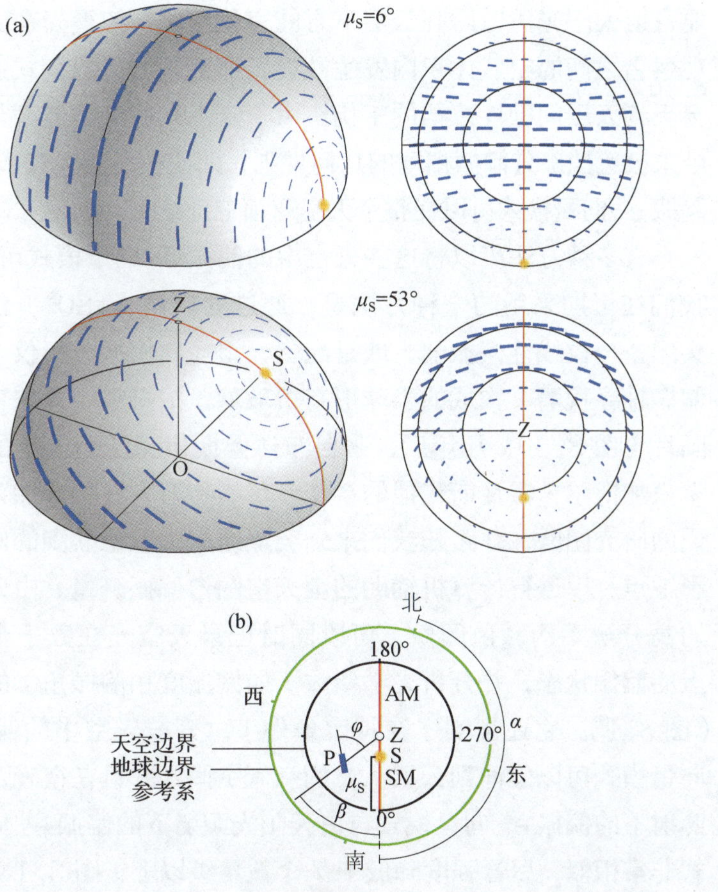

图 3.4 跨越天穹的偏振梯度（e- 向量模式）

（a）太阳两个高度角度的三维表示（左）和二维投影（右）。蓝色条（e- 向量）的方向和大小分别表示偏振的角度和程度。图案的对称平面用红色标记。在二维投影中，两个内部圆圈表示地平线上方 30° 和 60° 的高度角。（b）惯例和定义。太阳子午线（SM）和反太阳子午线（AM）形成所有天空光图案的对称面（太阳垂直）。α 和 β 分别表示基于地球的参考系（α=0°，北）和基于天空的参考系（β=0°，太阳方位角）中的方位角位置。蓝条表示天体点 P 上的 e- 向量；φ 表示相对于垂直方向的 e- 向量方向（偏振角）；μ_S 表示太阳高度角；O 表示观察者；S 表示太阳；Z 表示天顶。

出现。随着太阳的升起，这条最大偏振圆圈会在反太阳半球内倾斜下来。这意味着，在理想的大气环境中，太阳反面的天空总是比太阳正面的天空偏振度更高。

理想大气中，因为没有直径比光的波长大很多的例子，因此太阳光只被散射一次——一次（瑞利）散射。然而，在实际的大气环境中，通常存在着雾霾、尘埃、云层以及地面的多次散射和反射等因素，这些因素会显著降低天空光的偏振度，使得偏振度几乎不会超过75%。即使在北非的箭蚁研究地点，这样晴朗的天空中，这个说法也是成立的。最近通过在自然天空进行广泛的偏振记录，证实了理论预测的一个重要方面：尽管云层（水滴团块）会在很大程度上降低天空光的偏振度，但只要直射太阳光可以照亮云层下方的空气空间，使得光在云层和观察者之间的空气体积内发生散射，那么偏振矢量模式通常不会受到云层间歇性遮挡的干扰。由于云下光的偏振遵循与天空中未被遮挡部分偏振相同的几何规则，即使在多云天气条件下，偏振 e- 向量模式可以在整个天空穹顶上延续。

有多种方法可以将这些天空中的偏振 e- 向量模式可视化。我们在早期采用的一种方法是，通过为广角（180°）鱼眼镜头配备一枚线性偏振器，或是配备一组径向偏振分析仪（称为偏振轴寻找器）构成的半球形有机玻璃，拍摄整个天空穹顶的照片（图 3.5）。几年后，来自布达佩斯伊特沃斯大学的物理学家加博尔·霍瓦斯和他的合作者伊斯特万·波莫齐加入了我们的研究团队，并跟随我们来到突尼斯的杰里德盐湖的同一摄影地点，以进行计算机辅助的全天空图像偏振测量。由此产生的高分辨率伪彩色图像，可以同时记录天空光在数千个像素点的偏振状态，并分析光学参数（如偏振度和偏振角）的影响（图 3.1）。它还证实了在特定条件下，开放天空中的偏振 e- 向量模式可以延伸到云层下方的空气空间，并且在夜晚，月光照射下的偏振 e- 向量模式与白天阳光照射下的偏振 e- 向量模式非常相似，尽管强度降低了 7 个数量级以上（图 3.1）。

图 3.5 可视化天体 e-向量模式

使用一个 180° 的鱼眼镜头观察天空。一个带有一组径向偏振分析器的有机玻璃圆顶覆盖在相机上。左图：出现在偏振滤光片内的暗色沙漏形图案的轴标记了天空中特定点的 e- 向量的方向。有关在相同位置拍摄的偏振天空图像，参见图 3.1。

黎明时，大气层中的强偏振层逐渐从地球的阴影中浮现出来，阳光的散射会在天空中形成一种明显的偏振模式，这对蚂蚁来说在日出前约 30~35min 就可以看到，并且在日落后 30~35min 仍可见。由于箭蚁是严格的昼行性觅食者，通常不会经历这些黄昏时的偏振模式。然而，通过精心设计的实验，我们可以让蚂蚁暴露在这些模式下，并测试它们是否能将其作为罗盘使用。这引导我们提出一个普遍的问题，即如何揭示箭蚁的罗盘秘密。

分析蚂蚁的偏振光天空罗盘（简称“偏振光罗盘”）的一种方法是，给蚂蚁的眼睛（图 3.6）或眼睛的部分区域（图 3.7）戴上不透光或具有不同光学传输功能的帽子，从而改变蚂蚁的视觉输入的特性。另一种方法是保持蚂蚁的眼睛不受影响，而是让蚂蚁在一个特别设计的手推车下行走，这个手推车是一个滚动的光学实验室，在测试场地中随着箭蚁（图 3.8）归巢。这个手推车不仅可以防止蚂蚁看到地标或者检测风的方向，而且还允许我们使用特殊的滤光片、屏幕和其他光学设备来操控天空中的偏振和光谱梯度，阻挡阳光，将天空光视觉限制在天空的特定部分，或者为蚂蚁提供人工偏振的光束。当一个实验者推动手推车时，通过手推车上交叉线观察蚂蚁，以使蚂蚁保持在手推车上的光学设备的中心位置，另一个实验者记录蚂蚁的轨迹。

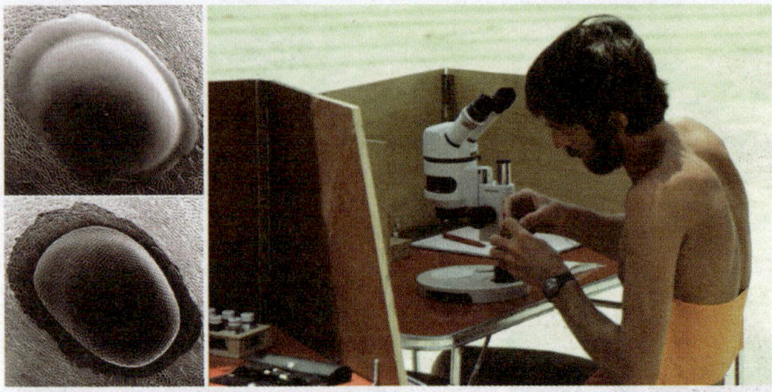

图 3.6　给箭蚁装上眼罩

在进行特定测试之前，用不透光漆纸片覆盖复眼或其部分（如研究生卡尔芬特在此处所做）。左图：长脚沙漠蚂蚁的右复眼的扫描电子显微镜（SEM）图像，眼罩已应用（上），并且为准备对照测试，移除眼罩（下）。

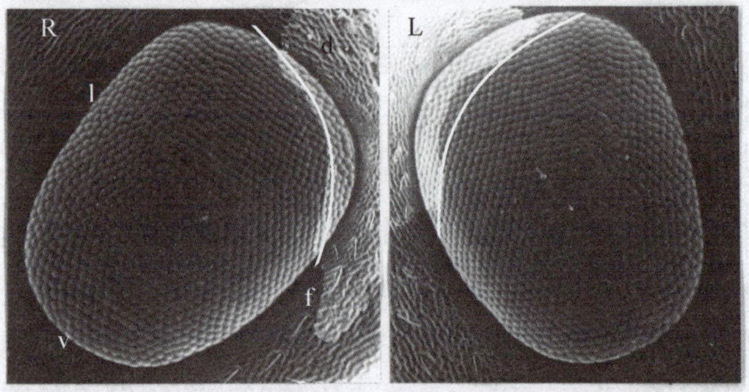

图 3.7　使背缘区域（DRAs）开放（长脚沙漠蚂蚁）

为了测试在实验室中应用的眼罩的确切位置（图 3.6），通过对头部进行两次金属镀膜来为 SEM 成像做准备：在去除眼罩之前和之后各进行一次。因此，未被覆盖的眼区接收双重镀层，因此比眼睛的其余部分更亮。白色线条标记了背部边缘区域。R 和 L 分别表示右眼和左眼；d 表示背部；f 表示前方；l 表示侧面；v 表示腹部。

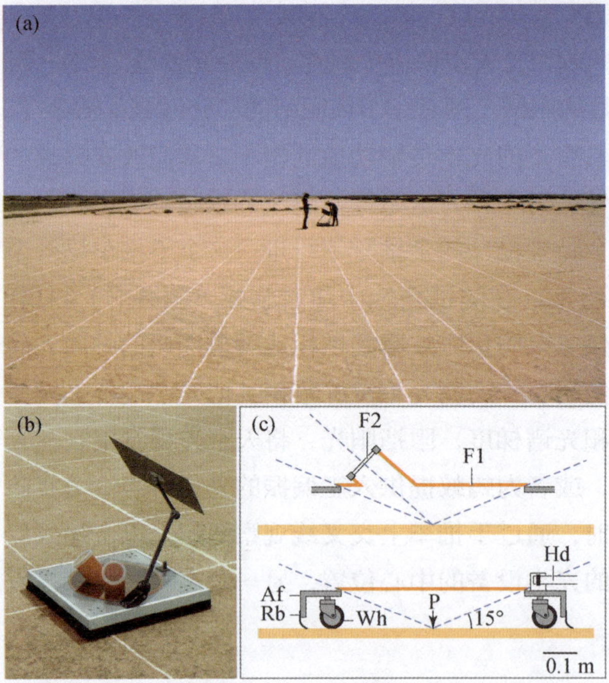

图 3.8　带滤光片的实验车

（a）运行中的实验车。实验者在右侧跟随蚂蚁，蚂蚁在移动的实验车下面行走，而另一个人记录蚂蚁的路径。（b）小推车配备了一个广角橙色截止滤光片（透射函数见图 3.9（h）中的滤光片 560），两个向上指向的圆柱体，装有线性偏振器和一个遮阳板。（c）穿过两个版本实验车的垂直截面。Af 表示铝框架；F1、F2 表示光学滤光片；Hd 表示移动实验车的手柄；P 表示蚂蚁位置；Rb 表示橡皮筋；Wh 表示车轮。

这些相当严格的实验在很大程度上得到了简化，因为蚂蚁在被这些光学设备包围的情况下，行动非常缓慢。尽管如此，有人可能会争论说，通过推动手推车，实验者可能会以某种方式影响蚂蚁的方向选择。但这是完全不可能的，是蚂蚁而不是实验者决定去哪。即使试图通过相应地控制手推车来故意迫使蚂蚁朝特定方向移动，蚂蚁仍然会固执地坚持其路线，最终可能会被手推车碾压。这确保了我们设计的这种实验确实有效。即使我们操控了蚂蚁的眼睛，例如通过在其复眼或单眼上覆盖不透明的漆片，并将其置于光学手推车设备中，蚂蚁仍然合作。看到一个如此小的动物（如蚂蚁）在我们对其视觉世界和身体完整性进行强烈干预的开放性实验中表现得如此出色，真是令人惊叹和值得学习的。

然而，我们如何证明蚂蚁确实使用视觉罗盘呢？最直接但有点粗暴的方法是让其完全取消视觉。当对照组中的蚂蚁立即选择正确的回家方向时（图 3.9（a）），被蒙住眼睛的蚂蚁（复眼和单眼都被遮挡的蚂蚁）行动缓慢，四处搜索，没有明确的方向（图 3.9（b））。为了排除涂抹眼罩这一过程对动物行为的干扰可能性，对照组的动物也会先戴上眼罩，但在测试前会将眼罩取下。即使经过这种处理，对照组仍然明显地选择了回家的路线。

接下来，我们不对蚂蚁的眼睛做处理，但在小车上安装特殊的光学滤光片进行实验。其中一种滤光片是一种大场角的“复合滤光片”，可以传输蚂蚁可见的所有波长，但会使天空去偏振化并且扭曲其光谱梯度。在这种条件下，所有可靠的天窗信息都消失了，蚂蚁的行为就像它们的眼睛完全被遮盖而失明了一样（图 3.9（d），黑色符号）。其他滤光片可以改变天空光谱的组成。在这种情况下，蚂蚁在大于 410nm 的波长范围内完全失去了检测天空偏振光的能力，这包括整个人类可见的波长范围（图 3.9（d），彩色符号）。蚂蚁会朝随机的方向爬行。然而，当光谱范围仅稍微延伸到紫外线时，甚至使

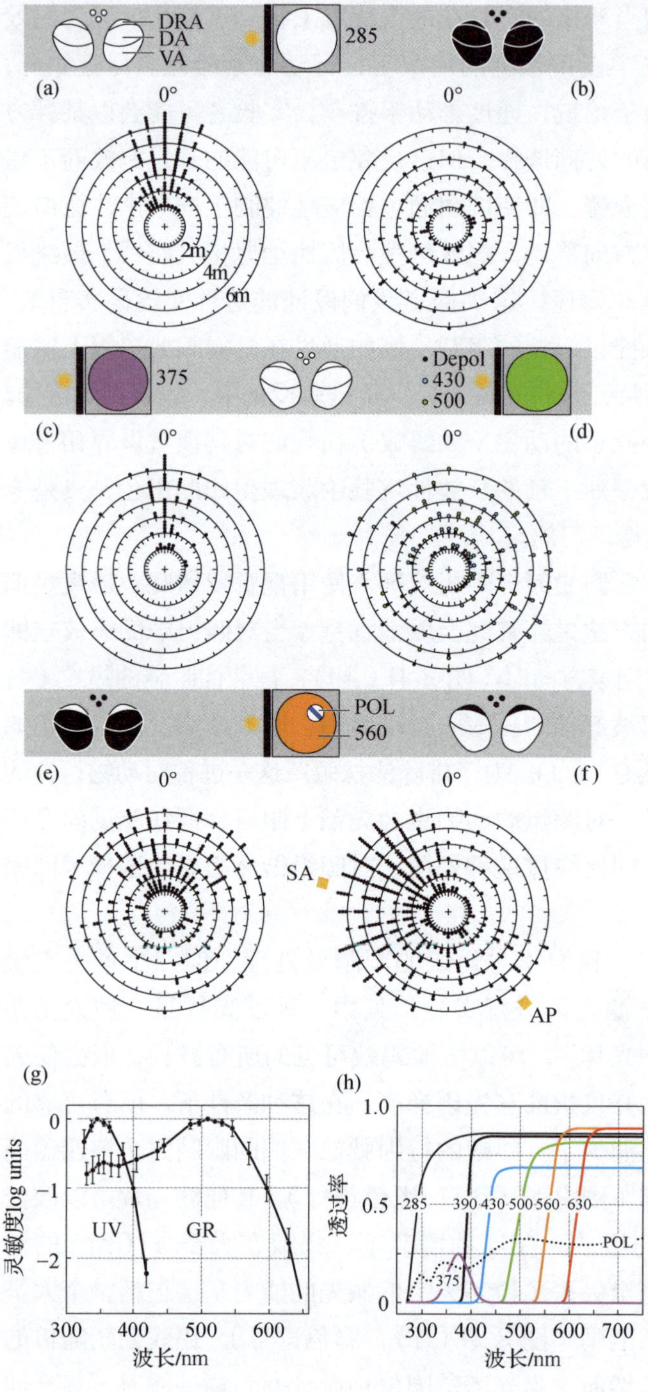

图 3.9　行为分析：蚂蚁的偏振光罗盘仅接收来自背缘区域（DRA）的紫外线受体的输入（图（a）~（d）和图（g）为沙漠双色蚁；图（e）、图（f）为长脚沙漠蚂蚁）

图（a）~图（f）表示在不同测试条件下记录的箭蚁归巢途中的圆形分布。“+”表示归巢起点；0°表示目标（巢穴）方向；菱形符号表示两个数据点。手推车（顶部的方形图标）装有遮阳板（垂直黑色条）和各种光谱滤光片，在图（e）和图（f）中额外装有线偏振器。在测试之前用不透光油漆覆盖的眼睛区域显示为黑色（参见顶部数据集上的眼睛图标）。DA 表示复眼的背侧区域；DRA 表示复眼的背缘区域；VA 表示复眼的腹侧区域；三个小圆圈表示单眼。太阳（SA）和天窗（光圈 AP）的平均方位角位置由黄色正方形表示。（g）箭蚁的紫外线（UV）和绿光（GR）受体的光谱灵敏度函数。（h）光谱滤光片的传输函数：图中的数字表示滤光片透过 50% 入射光的波长；375 表示窄带紫外线滤光片的最大透射率；POL 表示线偏振器。

用专门传输紫外线的滤光片时，蚂蚁的导航精度也会完全恢复（图 3.9（c））。尽管箭蚁的复眼中拥有两种光谱类型的光感受器，即紫外线和绿色感受器，但行为实验表明，只有紫外线类型的感受器才是探测天空中偏振光的必要和充分条件。类似的结果也已经在蜜蜂、苍蝇、蜻蜓、蟋蟀和帝王蝶等其他昆虫中得到确认。

为什么只有一种光谱类型的感受器参与对生物有利？为什么在这种情况下应该选择紫外线类型？只使用一种光谱类型的感受器（同色性）可以使系统不需要在神经上分离有关刺激的偏振和光谱内容的信息。第二个问题特别有趣，因为在晴朗无云的天空中，紫外线的辐射强度和偏振程度都比长波低。正如加博·霍瓦特所言，紫外线天空偏振悖论是这个谜题的直接答案，它来自成像偏振的观测。这种天空光偏振模式在紫外线中最为稳定，且 e- 向量的方向可以最准确地确定。此外，正如上面提到的，这些模式可以延伸到云层下面。尤其在这些条件下，光的波长越短，e- 向量的检测可靠性越高。

在偏振视觉中使用紫外线只是箭蚁揭示的一个秘密。另一个秘密是这种感觉能力存在于箭蚁复眼的一个小而清晰的区域内。事实上，只有位于眼睛最上部的背缘区（DRA）的紫外线受体能够检测到天空偏振光。从外部看，DRA 的位置可以通过角膜单元中的一小块凹陷来识别，但除此之外，这个 DRA 并没有什么特别或独特之处，它仅占箭蚁复眼约 1000 个视觉单位（小眼）中的 60~70 个。正如后面我们将看到的，隐藏在角膜单位下面的是特殊的神经机制，完美地以最有效的方式检测和处理偏振光，但关于 DRA——并且仅仅是 DRA，用于 e- 向量导航的确切证据必须来自行为实验。这样的实验证实，当箭蚁的两只复眼的 DRA 被遮挡时（意味着 DRA 对 e- 向量的检测是必要的），它们将无法感知天空偏振光，而只有当 DRA 不被遮挡时（意味着 DRA 足以进行 e- 向量的检测），它们才能够进行检测。

让我们首先关注充分性的标准。在这种情况下，我们必须给箭蚁戴上不透光的眼罩，覆盖整个眼睛（除了DRA），这样蚂蚁走在实验手推车下面时只能依靠6%~7%的视觉单位来确定行走路线，但它们仍然能够非常显著地选择归巢的方向。这里没有提供这些数据，因为目前还存在一个问题。在上述条件下测试的蚂蚁是否真的依赖于天空中的e-向量模式，而不是它们仍然能够感知到的光谱或强度梯度？为了回答这个问题，我们让蚂蚁只通过一个小的圆形窗户观察天空中的偏振光（图3.9（e））。在这个天窗之外，通过将窗户嵌入一个大的橙色紫外线吸收截止滤波器，滤除了关于天空中偏振和光谱梯度的所有信息。即使在这个窗户内，蚂蚁也无法看到自然的天空。相反，窗户内嵌入一个人工偏振器时，使实验者能够有意识地改变蚂蚁看到的天空中的e-向量方向。理论基础是，如果一个特定的e-向量在距离其在自然天空中出现的方位角处呈现，例如，顺时针50°的地方呈现给蚂蚁，蚂蚁应该会顺时针偏离其归巢方向50°。实际上，这就是他们所做的。鉴于极度受限的刺激条件——只有眼睛的小部分没有被遮盖，只有一个小的天窗可用，数据存在较大的散布并不令人惊讶。

使用相同的理论，我们可以评估DRA对于e-向量检测的必要性。现在，我们必须单独遮挡DRA，使超过90%的蚂蚁复眼保持开放和功能完整，但其他实验步骤保持不变。图3.9（f）显示了结果。当蚂蚁的DRA被遮挡时，不再根据呈现给它们的人工e-向量来选择期望采取的归巢路线。然而，它们并不是随机定向的，而是展示了两个明显的偏好：一个是朝着天窗的方向，另一个是朝着太阳的方向，或者更准确地说，朝着太阳方位角的方向，因为在所有迄今为止描述的实验中，太阳本身都被屏蔽掉。尽管如此，蚂蚁仍然能够通过橙色截止滤波器感知到太阳引起的光强度分布的重心。在没有DRA视觉的情况下，并且没有其他可靠的罗盘线索可用，蚂蚁似乎对其视觉环境中最亮的点展示出某种趋光反应（如图3.10中的示例路径）。

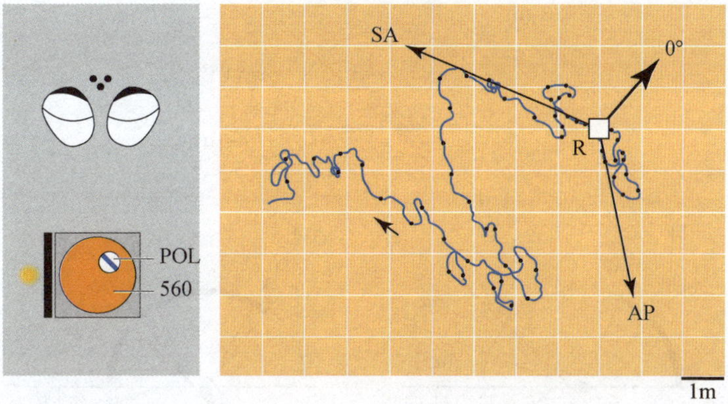

图 3.10 当 DRA 被覆盖时，偏振光罗盘停止工作（长脚沙漠蚂蚁）

图 3.9（f）条件下释放在 R 点的蚂蚁的示例路径。0°表示目标（巢）方向；AP 表示带有偏振滤光片的天窗方向；SA 表示太阳方位。太阳本身被屏蔽，每 10s 标记一次时间（黑点）。

实验证明，蚂蚁的 DRA 中的紫外线感受器对于通过天空偏振光获得罗盘航向信息是必要且充分的。此外，将眼罩从蚂蚁的一只复眼转移到另一只复眼时显示出眼间转移现象。蚂蚁在出发时通过一只眼睛获取的罗盘信息可以在其后续回程中在另一只眼睛中检索到。此外，研究还表明，蚂蚁的天顶部分的视觉场区域对于使用天空罗盘导航的航行更为偏好。当实验装置中的遮挡物从地平线方向上延伸超过 45°，并且从天顶向下延伸超过 30°时，蚂蚁会表现出明显的头部和身体运动。实验记录显示，蚂蚁在这些情况下会将头部和胸部向上或向下倾斜（图 3.11）。从这些实验和其他实验中可以得出结论，蚂蚁在其复眼的区域中，偏好使用距离地平线约 50°~55°以上、离中央体平面侧面 45°的位置，即其 DRA 的前部区域，作为天空罗盘导航的偏好区域。在这些位置提供天窗时，蚂蚁会以最直的、也是最快的路线归巢。而在其他位置，特别是当天窗出现在目标方向的相反位置时，蚂蚁经常进行转身运动，以便交替使用一只眼睛观察天空。当提供以天顶为中心的片状天窗时，蚂蚁会直立并尽可能地抬高身体，有时甚至会后空翻。

在从天空的 e- 向量图案中读取罗盘信息时，蚂蚁可能采用什么策略？让我们从一些理论上的考虑开始，假设太阳被云朵遮挡，只有天空的 e- 向量图案的小部分可见。从历史上看，在这种情况下，昆虫导航者（如蜜蜂），被认为通过两步解决罗

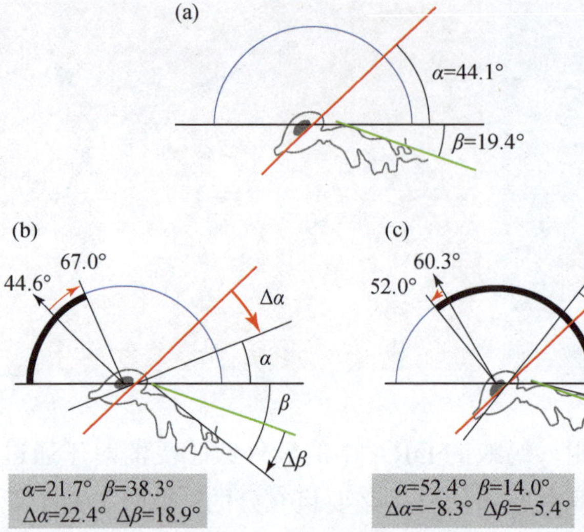

图 3.11 当箭蚁从上面或下面看天空时，它们会进行补偿性的头部和身体运动（沙漠双色蚁）

蚂蚁在实验车下面行走，最粗的黑色弧线表示被遮光板遮挡的视野部分。(a）行走时正常的身体姿势。红线和绿线分别表示头部和躯干的倾斜角度 α 和 β。(b，c）在蚂蚁视野中从下方或上方插入遮阳板后的身体姿势。例如，当遮阳板从水平延伸到 67° 时 (b)，蚂蚁平均向上倾斜角度 $\Delta\alpha=22.4°$，这意味着它们在眼睛中首选罗盘区域的下边缘为 44.6°。因此，参与任务的首选眼睛区域从地平线上方 44.6° 延伸到 60.3°。姿势改变（$\Delta\alpha$）主要是通过提高和降低高度（$\Delta\beta$）来实现，而不是头部相对于躯干倾斜。

盘问题：首先测量天空圆顶中每个像素的 e- 向量的方向，然后应用一些关于天空 e- 向量图案几何形状的规则，以确定太阳的位置（图 3.12）。然而，箭蚁似乎不遵循这种计算量较大的两步骤的过程。它们不仅应用记忆匹配策略，即记住上次看到的图案，然后尝试将当前可用的图案与记住的图案进行匹配。对于这两种假设的拒绝证据可以从实验中得出，在这些实验中，箭蚁在训练过程中呈现完整的 e- 向量图案，但在测试情境中只呈现图案的有限部分，反之亦然。令人惊讶的是，在这种非对称的训练和测试范式中，蚂蚁在选择归巢方向时会出现明显且通常相当大的、系统性变化的错误，从而可能让我们窥见它们的罗盘策略。

在这些测试中，蚂蚁在一个狭窄的通道内进行离巢（训练）行走，该通道限制了它们的视觉范围，在此只能看到一个条状的天空窗口（部分天空条件），而在开放的测试场地内进行归巢（完整天空条件）。在这种情况下，蚂蚁在真正的归巢路径上会系统性地向左或向右偏离，这些偏离的方向和程度取决于蚂蚁在通道离巢时看到天空的哪一部分（图 3.13（a））。然而，当天空的对称平面与通道轴线平行时，蚂蚁不会出错。蚂蚁的

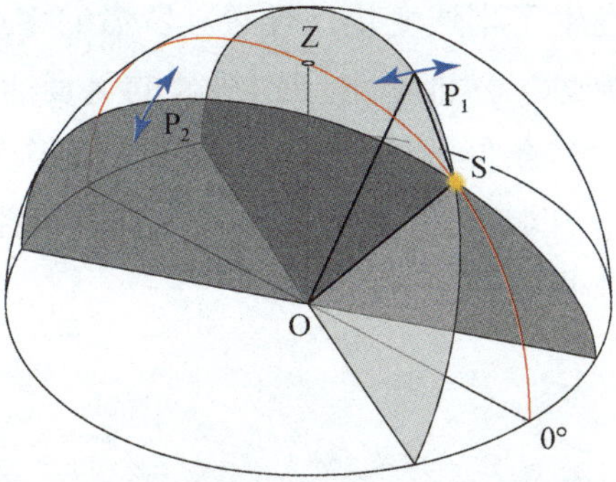

图 3.12 天空偏振光的基本规律

根据瑞利散射理论的基本规律，天空中每个点的光都是垂直于散射平面的振动方向而极化的，该平面包括太阳（S）、观测者（O）和被观测点（P）。因此，即使太阳被云层遮挡，其位置也可以确定为至少两个这样的平面的交点，这些平面通过两个未被遮挡的天空像素（P_1 和 P_2）中的 e- 向量（蓝色双头箭头）垂直通过。简单来说，光的偏振度与三角形的极点成直角。

错误行为令人惊讶，因为在测试过程中，蚂蚁可以访问跨越天空圆顶的完整 e- 向量图案，显然，在部分天空条件下训练的蚂蚁，已经以某种“错误”的方式设置了它们的罗盘。如果它们遵循上面提到的人类理论家的建议（图 3.12），导航错误可能不会发生。

在箭蚁导航实验中观察到的误差，至少引发了两个重要的问题。首先，这些实验引起的误差，在蚂蚁自然环境行为中到底意味着什么？类似于我们实验中创建的部分天空光照条件，在自然环境中可能经常发生。如果在这样的条件下，箭蚁在开始长距离的返程时，具有一个初始航向误差，比如偏离真正的归巢方向左向或右向 20°，那么它们将在很大程度上错过目标——巢穴。但是，多年来我们在几种箭蚁物种中记录的成千上万条自然觅食路径中，从未观察到如此大的罗盘误差。这当然是有一个简单的原因。回想一下，到目前为止所描述的实验中，蚂蚁只在其觅食行程的一段路程（出巢段）中看到了部分的天空光照模式，而在另一段路程（归巢段），它们可以看到完整的模式。接下来，设想我们进行一项实验，让蚂蚁在归巢和出巢的时候都看到相同的天空偏振光，那么就不会出现系统性的误差，而实际上也没有观察到这种情况。例如，当蚂蚁再次在通道内训练，但后来在推车装置中进行测试，该装置提供了之前在通道中看到的相同的天空时，系统性的误差消失了（图 3.13（a）中用空心圆表示的数据点）。因此，在箭蚁的觅食过程中，只有当大气条件，如大范围的云层或雾霾，在蚂蚁行进的过程中发生了剧烈变化，导致其罗盘的零点发生改变时，箭蚁才会遇到麻烦。然而，考虑到蚂蚁的觅食活动通常持续时间较短，这种大气条件的剧烈变化应该是比较罕见的现象。此外，还需注意，在特定的大气条件下，开阔天空中的 e- 向量模式甚至可以延伸到云层下方。

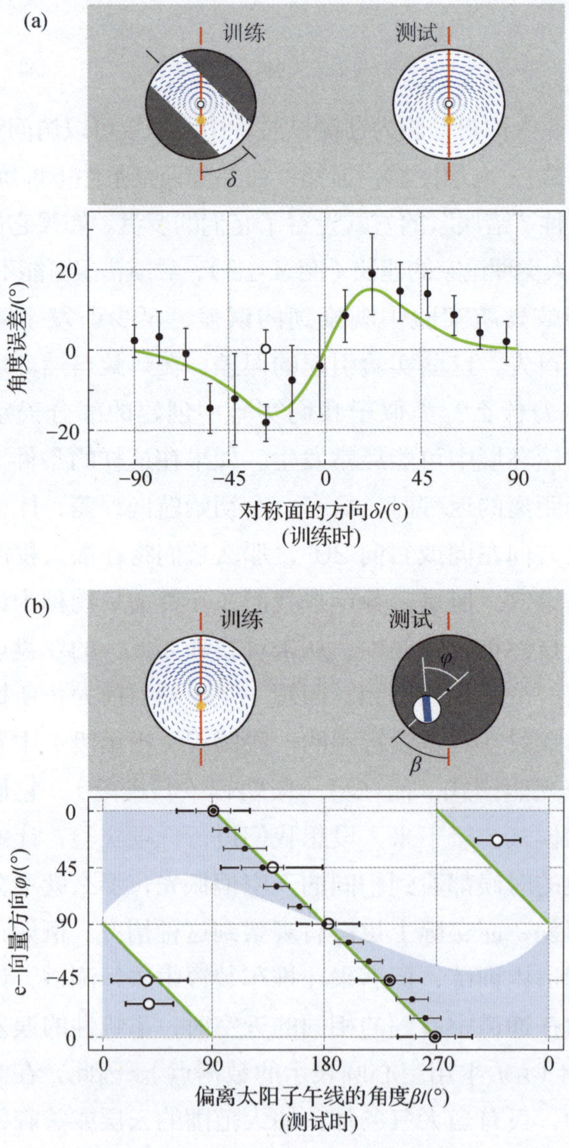

图 3.13 实验诱导的罗盘误差

(a) 条形的天窗（长脚沙漠蚂蚁）。上图为实验设置：δ 表示 e- 向量图案的对称平面（红色）与天窗轴线之间的角度偏差。下图为结果：实心圆代表蚂蚁偏离回巢路线的误差角度；正弦绿线代表基于图（b）中结果的预测；空心圆代表经过训练后使用完全相同的天窗进行测试的蚂蚁。(b) 单个 e- 向量图案（沙漠双色蚁和意大利蜜蜂）。上图为实验设置：φ 表示 e- 向量图案方向；β 表示 e- 向量图案相对于太阳子午线的方位位置。下图为结果：蚂蚁（大空心圆）和蜜蜂（小实心圆）假定任何 e- 向量图案出现的方位位置；浅蓝色区域表示实验过程中 e- 向量图案实际出现的位置；绿线描绘日出和日落时的 e- 向量图案分布；方位角范围 90° ~270° 标志着天球半球的反太阳区域。

第二个问题更具挑战性。当蚂蚁面临这种特定的训练和测试情境时，为什么会发生导航错误？这些错误告诉我们昆虫导航员采用的罗盘策略是什么？为了解释这个问题，至少从行为学角度，我们让蚂蚁在完整的天空下进行出巢行动，但在归巢时限制其视野只能看到单一的 e- 向量。从随后观察到的导航错误，可以得出动物期望在天空中的哪个位置出现特定 e- 向量（图 3.13（b））。

在解释这些结果之前，让我们来看一下关于蜜蜂的研究，其中应用了相同的实验程序。当然，出于明显的实验原因，我们无法在蜜蜂野外飞行时，跟随它们并操纵其视觉环境。但当它们在蜂巢中执行招募（摇摆）舞蹈时，我们对其进行跟踪，并操纵了它们的视觉环境。由于这种室内的八字形摇摆舞编码指向室外食物来源的方向和距离，我们可以从中获取与记录蜜蜂实际飞行路径相同的信息。蜂巢上方有一个半透明的有机玻璃穹顶，上面有水平的蜂窝，这可以让我们观察在完整的晴朗蓝天下，训练的蜜蜂如何访问 10° 宽的小像素天窗以及偏振滤光片的特定觅食地点。蜜蜂的反应，即它们摇摆舞的方向，会被安装在有机玻璃穹顶顶部的摄像头记录下来。

这些由我的合作者塞缪尔·罗塞尔精心设计的实验非常耗时，因为必须向动物展示天空中不同位置和不同太阳高度时的天空 e- 向量，但结果却非常简洁明了。不论实验时实际天空中的 e- 向量位置如何，不论太阳的高度如何，蜜蜂和蚂蚁都假设所有 e- 向量出现在相对于全局图案的对称面的固定位置。实际上，水平 e- 向量定义了偏振图案的对称面，但与实际情况不同的是，垂直 e- 向量始终与该平面成直角。其他所有 e- 向量则位于两者之间的固定位置。从实验数据中得出大致线性的 φ/β 关系（图 3.13（b））代表了当太阳处于地平线时天空中最均匀的 e- 向量模式（图 3.4（a））。从描述性的角度来看，这个模式可以作为一个模板，用于与实际天空中的 e- 向量信息进行比较。当使用这个模板来计算图 3.13（a）所示的理论误差函数时，这个函数出奇有效地描述了实际的实验数据。

在这里必须补充一项重要信息：通过偏振滤光器呈现的所有单个e-向量，都会被解释为位于天空的反太阳部分。然而，如果在滤光器架内使用一个圆形孔径将它们呈现在自然天空中，无论是太阳部分（低极化）还是反太阳部分（高极化），蚂蚁都会认为它们位于天空的正确部分，但这个部分并不完全是实际实验时的位置。同样，如上所述，蚂蚁的行为表现得好像它们是基于最均匀的e-向量模式来做决策的。为了区分天空的两个部分，它们可以依赖于光谱和强度梯度。这些梯度覆盖了天空的半球，提供了额外的罗盘信息。我们将在下一节中详细讨论。

在这个背景下，让我们先问一个看似奇怪的问题：位于蚂蚁头顶的这三个小单晶状体眼睛，即单眼（图1.1和图3.14（a）），在导航时发挥着什么作用？在关于背缘区域功能的实验中，我们总是遮挡单眼（图3.9（e）（f）），尽管没有直接的理由认为箭蚁会将这些“简单眼睛”用作天空（或甚至偏振光）罗盘。在一些经典实验中，蜜蜂和木蚁的复眼不可用，但单眼可用时，它们并没有表现出一致的视觉行为。直到20世纪70年代，通过马丁·威尔逊的大量工作，对昆虫单眼的光学和生理学结构有了更深入的了解，他直言不讳地说，到目前为止，“单眼的功能尚不明确”。三十年后，埃里克·瓦伦特及其同事开始深入研究蜜蜂和黄蜂的单眼，并称“单眼的确切作用仍然只是一个猜测”。单眼更常见于飞行昆虫而不是无翅昆虫，尤其是在蜻蜓和蝗虫中，单眼的一个重要功能角色最近变得明显：作为地平线探测器，可以通过稳定身体姿势来维持飞行平衡，以抵消意外的滚动和俯仰运动。水平方向的视线——前视的中央单眼和左右两侧呈直角的外侧单眼，以及宽广的视场和模糊的视觉效果，完美地支持保持视线水平的功能。

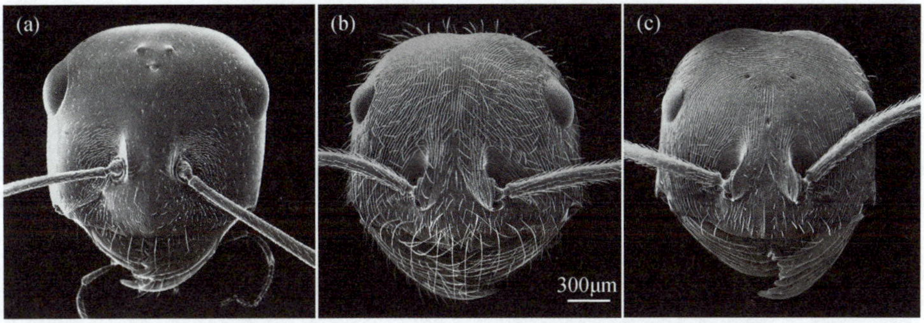

图 3.14 在沙漠蚂蚁中复眼与单眼的存在和缺失

（a）具有三个单眼的长脚沙漠蚂蚁工蚁的头部前视图；（b）缺乏单眼的粗速蚁工蚁的头部前视图；（c）单眼的残留迹象的粗速蚁雌蚁的头部前视图。

在箭蚁种群中，单眼不仅出现在有翅的母蚁中，也出现在无翅的工蚁中（图 3.14（a））。令人惊讶的是，即使在它们的复眼完全遮挡的情况下，以及当它们在装有遮挡阳光的滤波片的手推车下进行测试时（图 3.15（c）中测试 2），这些游走的觅食者仍然能够选择通往巢穴的路径。即使它们只能获得装有滤光片的手推车内的偏振器呈现的单个 e- 向量（类似于图 3.9（e）所示的 DRA 测试范例，如图 3.15（d）所示），它们也会选择与实验中显示的 e- 向量相符的通向巢穴的路径。然而，在这些情况下，只能用单眼的蚂蚁行走得非常缓慢，并且不断地左右转动，仿佛在扫描天空，导致其行走路径非常曲折。

目前我们只能对箭蚁如何完成这个任务进行推测。当然，它们的单眼中只有紫外线感受器（图 3.15（a））——这是在箭蚁的中央和侧面单眼中唯一存在的光谱类型的感受器，它们对偏振光非常敏感，但是视网膜内的感受器排列方式并没有显示出明显的规则采样矩阵，至少没有像蚂蚁复眼的背缘区那样严格。毕竟，提供天空罗盘信息可能不是箭蚁单眼的主要功能。在一些飞行的膜翅目昆虫和至少一种蚂蚁的工蚁中，晶状体和视网膜不是一片而是两部分，其中腹侧视网膜朝向天空，而背侧视网膜朝向天际线。

至于其他潜在的功能，不应该忽视欧根 · 林克在很久之前的评论：通过在复眼上涂抹东西来单独研究单眼的功能作用，除了给它们投下阴影，对于揭示这些眼睛（前额眼、单眼）

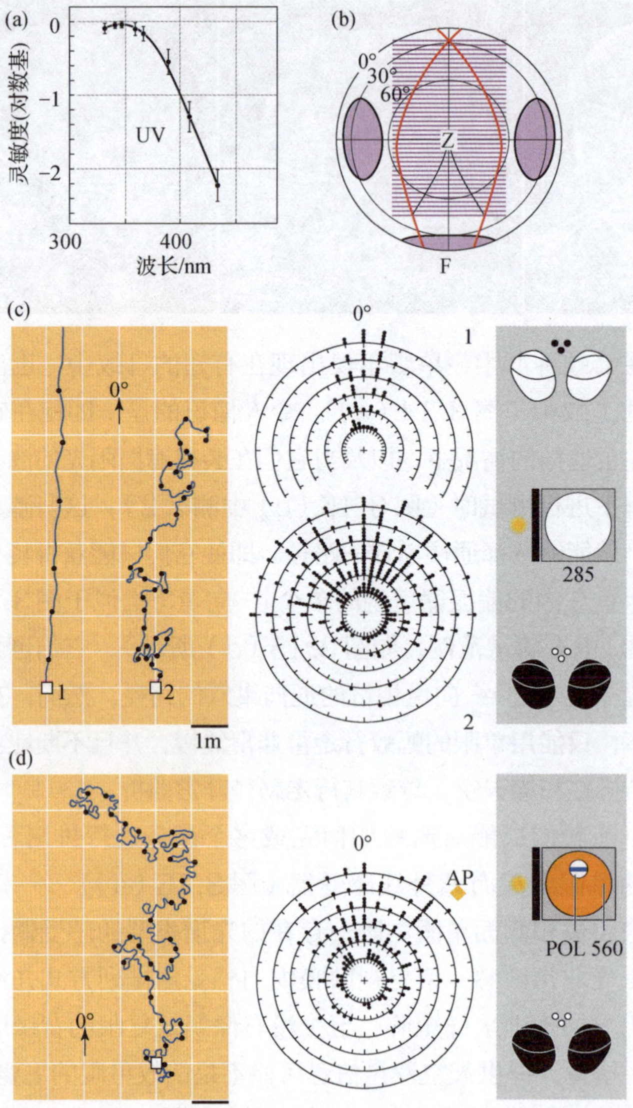

图 3.15　箭蚁的单眼：视觉特性和行为意义（沙漠双色蚁）

（a）单眼光感受器的光谱敏感性：偏振敏感的紫外线（UV）受体。（b）三个单眼视场的范围（紫色）由角度敏感性函数的半宽度定义（基于电视网膜图记录）：红线标记复眼的双眼视野边界；阴影部分为背边缘区域（DRA）；F 表示额部。（c）在只遮盖单眼（1）或复眼（2）的动物中，其导航的归巢路径。（d）只开放单眼的蚂蚁被放置在 AP 位置的单个（水平）e-向量中。在所有实验中，太阳都被屏蔽掉。有关过滤器的光谱特性，参见图 3.9（h）。0°表示目标（巢穴）方向；AP 表示 e-向量的平均方位位置。

的全部功能几乎不起任何作用。实际上，正如最近在果蝇中发现的那样，一些单眼中间神经元进入视叶通路，因此高速单眼可以在控制平衡和凝视方面补充高灵敏度的复眼。因此，箭蚁是否使用这种双系统来稳定头部，至少是间歇性的，围绕滚动轴和俯仰轴，以便天际线和天空半球可以可靠地投射到复眼上？由于其大型透镜和低光圈数，单眼对光特别敏感，因此可能用于测量环境光强度水平。这种测光功能可以使它们控制每日觅食活动的时间，或者更一般地说，可以调整复眼的灵敏度。无论单眼在箭蚁中可能具有什么功能，我们不应忽视速蚁导航员必须在没有它们的情况下生存（图 3.14（b））。

在这一节的结尾，让我们回想一下，多米尼克·阿拉戈在 2 个世纪前发现的天空偏振光现象。而对于某些动物可以检测到这种天体现象的发现，仅有约半个世纪的历史。动物何时开始在其环境中发现和使用偏振光作为感觉线索，这个问题很难回答。我们只能说，偏振视觉并不是在陆地世界中演化出来作为指引罗盘航向的手段，而是在水下演化出来的。类似于大气中的空气分子一样，水下的水分子会散射光并使其部分偏振化。尽管这些水下偏振光场通常显示出较小的偏振度（通常在 20%~40%的范围内），但它们在水生动物的视觉场景中是无处不在的。最近的研究表明，它们实际上被各种动物偏振敏感的视觉系统所利用，通常是为了增强物体和背景之间的对比度，从而穿透水下空间光的“亮度之帷”。

由于杆状光感受器本质上具有二色性，因此对偏振敏感，现代节肢动物的祖先可能在 5 亿年前的寒武纪中期就已经“发现”了偏振光。在那个时期贫瘠、无人居住的大陆边缘，阳光普照、氧气充足的浅海海底栖息着各种各样的游泳、行走或爬行的原始节肢动物。这些动物在加拿大洛矶山脉的伯吉斯页岩地层中被完好地保存下来，还在其他几个地方发现过，由此可知它们肯定在全球范围内分布。其中的许多包括大量的三叶虫——“海洋中的蝴蝶”，都具有发达的复眼，尽管在化石中没有保留下视网膜结构，但这些眼睛肯定装备了某种类型的杆状光感受器。因此，水下偏振可能在节肢动物的视觉中早期就得到了利用，比昆虫利用现有的二色性光感受器并将其构建成特定设计的偏振敏感视觉通路要早数百万年。

3.2 天空中的光谱 / 强度信息

我们出乎意料地观察到这种现象：即使箭蚁的眼睛和眼睛周边的区域都被遮挡，即蚂蚁已看不见偏振光，并且当太阳被遮挡时，蚂蚁仍然能获得天空中的航向信息。在上述实验中，归巢类的动物被限制在实验车下。它们的视场被限制在天体半球形下部10°宽的狭窄环形区域内（图3.16（a））。在上述实验条件下，它们只能依靠由地球大气中阳光的散射产生的强度和光谱梯度，与当前参考的偏振梯度（e-向量模式）一起，辨别方向。

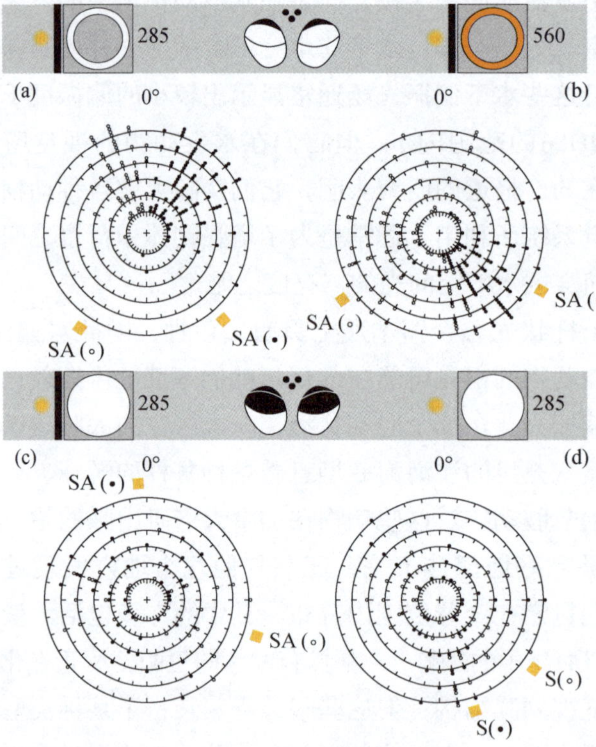

图3.16 蚂蚁基于偏振光感知方向的通道关闭（图（a）（b）为长脚沙漠蚂蚁；图（c）（d）为沙漠双色蚁）

（a）（b）DRA和眼球被涂上了漆，遮住了阳光。天窗视角限制为狭窄的360°宽角窗口。蚂蚁的紫外线和绿色感受体（a）或只有绿色感受体（b）受到刺激。（c）（d）两个复眼的半部分和眼球被遮挡。蚂蚁几乎可以看到整个天体半球，其中太阳要么被屏蔽（c），要么可见（d）。0°代表目标（巢穴）方向。黄色的小方块标记太阳方位角（SA）或太阳（S）的平均方位角位置。关于滤波器285和560的光谱特征，参见图3.9（h）。

由于光散射的物理特性，离太阳越远，其太阳光则主要是短波，这个规律很容易从图3.17（a）中获得。由于箭蚁配备了短波（紫外线）和长波（绿色）感受体，因此它们可以利用这一信息。假设两种类型的光感受体（图 3.9（g））的输出以图 3.17（b）中左图所示的方式相互作用。然后，根据天空的光谱特性和光感受体的光谱灵敏度进行计算表明，当动物将其凝视的方向从太阳子午线转移到反太阳子午线时，对于其“光谱响应单元”而言，关于天体子午线的输入采样将有系统的变化（图 3.17（b）右）。在行为实验中，眼睛的背缘区域被遮挡，眼睛中对偏振不敏感的部分必须有足够的能力，以指导蚂蚁归巢。我们在研究中发现一个奇怪的现象：蚂蚁总是在一定程度上偏离家的方向，朝着环形天窗中最亮的部分，即太阳子午线（图 3.16（a））的方向偏离。事实上，仔细观察它们的行走轨迹就会发现，它们一直处于一种矛盾中，一方面表现出趋近太阳子午线，另一方面又选择回家路线，它们在两个方向间不停地交替选择。

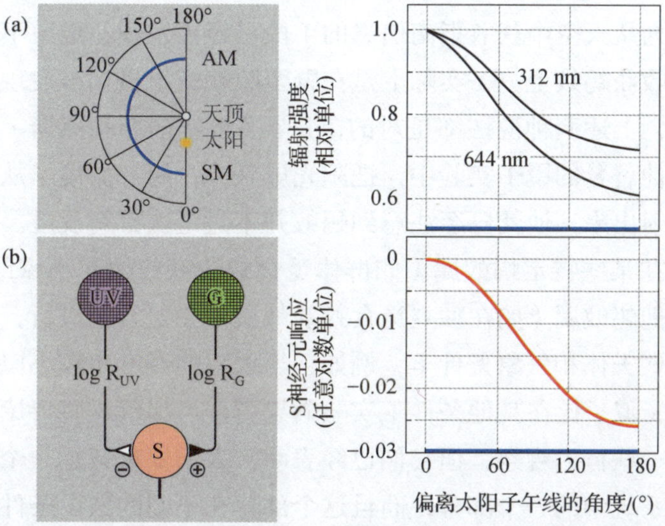

图 3.17 天空中的光谱 / 强度梯度为箭蚁提供指北信息

（a）波长为 312nm 和 644nm 的辐射强度（通过大气的辐射转移）与天空中方位角位置的函数关系。数据的计算条件为纬度 31°（太阳高度角 67°），但类似的关系也适用于其他天窗条件。（b）光谱颉颃神经元（S 神经元）的理论响应曲线，它接收来自蚂蚁沿眼睛经络偏振不敏感的紫外线和绿色受体的颉颃输入。天空中用于计算 S 神经元反应的点为从太阳子午线（0°）到反太阳子午线（180°）的 7 条经度平行线上与 4 条纬度平行线的相交点。

接下来，更进一步，不仅排除了偏振对比度，而且还排除了光谱对比度。上述工作通过为环形天窗提供一个短波长的截止滤波器进行验证，经过滤波后只刺激蚂蚁的绿色感受体。在这些极度受限的刺激条件下，趋光反应占主导地位（图 3.16（b））。

显然，蚂蚁仍可以将太阳的方位角位置作为周围环境中最亮的点，但这一信息不适合用于太阳指北针。当太阳本身变得可见时，特别是当蚂蚁的天空视野从环形窗口扩展到几乎整个天体半球时，通过橙色截止滤波器看到的太阳，使蚂蚁能够选择正确的回家路线，但所获得的太阳方位角位置始终存在轻微的偏差。那么，太阳在蚂蚁的天体导航系统中扮演着什么角色，在其他条件下又扮演着什么角色呢?

3.3 太阳

太阳是天空中一个独特的特征点。独特之处在于，它不仅是最亮的，而且具有零偏振和长波至短波辐射比率最高的特征。事实上，它是所有天窗图案的极点。那么，为什么在我们的叙述中关于箭蚁天体罗盘系统的叙述出现得这么晚？太阳罗盘不是作为从天空中获取指南信息的手段已经被发现？难道不是在一种收获蚂蚁上——实际上是在野蛮收获蚁上最初被发现的?是的，上述两种说法都是对的，1 个多世纪前菲利克斯·桑茨基在他著名的镜子实验中，把阳光屏蔽掉，用一面镜子从另一边反射出来，他就已经注意到蚂蚁并不是每次都有反应。上述实验在某些特定蚂蚁属（如群体觅食蚁收获蚁属和小家蚁属）比其他蚂蚁属（如在独立觅食蚁箭蚁属）中更容易进行，并且在某些天体和气象条件下，例如，当太阳的高度角较小以及无风时，似乎比在其他条件下实验效果更佳。尽管这些评论只是基于一些行为观察，但它们已经表明，太阳罗盘只是一个综合导航系统中的一个部分，而且这个部分在不同的预设条件和物种觅食生态中发挥着不同的作用。

当使用太阳作为指南针时，有两个限制条件必不可少。首先，大的云层会遮蔽太阳，改变光强分布的重心。天空中的偏振模式提供了空间扩展的更全局的信息。此外，正如我们所看到的，偏振光罗盘在云层覆盖和其他大气扰动时性能相当稳定。

其次，由于明显的几何因素，太阳在天空中的位置越高，确定太阳方位角的精度就越差（图 3.18（a）（b））。上述结论是我们在箭蚁属只能依靠太阳罗盘的条件下观察到的。此外，在我们的实验车中，当太阳的图像与训练情况相比仅向上或向下反射 20°（图 3.18（d）），蚂蚁获得的罗盘信息的精度分别降低或提高。

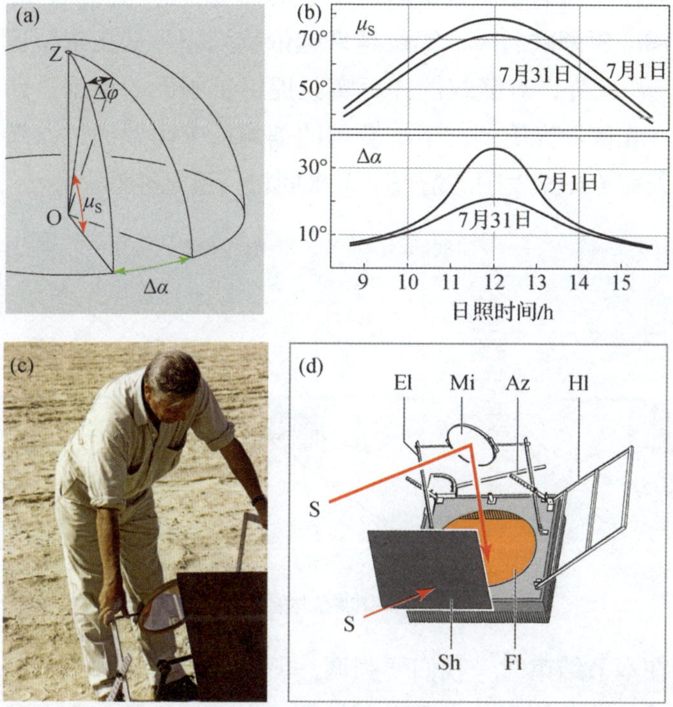

图 3.18 太阳在天空的高度越高，太阳罗盘越不精确

蚂蚁复眼的采样间隔（发散角 $\Delta\varphi$）和基于 $\Delta\varphi$ 求解的方位差 $\Delta\alpha$ 与太阳仰角（μ_S）的关系。O 表示观察者；Z 表示天顶。（b）北非研究地点（突尼斯马雷斯），沙漠双色蚁（Cataglyyphis Bicolor）用来确定 7 月太阳方位位置（下）的每日高度（上）和精度（$\Delta\alpha$ 的倒数）。（c）1988 年 7 月，大卫 · 阿滕伯勒爵士在 BBC 自然纪录片《生命的试验》系列工作期间，在我们的马雷斯研究现场参观实验小车。（d）为蚂蚁提供不同太阳高度信息而设计的小车。Az、El 分别表示调节太阳方位角和仰角的装置；Fl 表示光谱截止滤波器；Hl 表示移动小车的手柄；Mi 表示镜子；S 表示阳光方向；Sh 表示遮阳板。

我们最终想知道，当蚂蚁获得来自太阳和天空偏振光相互矛盾的信息时，它们会如何表现。这样的冲突情况可以在一个极端的实验中实现，在这个实验中，太阳方位角和天顶 e- 向量之间的自然恒定的空间关系（它们总是彼此成直角）在实验中得到解耦。在这些实验中，蚂蚁被训练在一个由线性偏振器覆盖的直线通道中执行它们的出巢运行，这将偏振模式减少到一个单一的 e- 向量。在一天中，太阳的方位角相对于这个静止的 e- 向量通过大范围的角度变化，为蚂蚁提供不断变化的相互矛盾的信息。在开放的测试场地中，蚂蚁主要选择中间路线（图3.19），但有时会交替利用两个指南信息，其轨迹是明显的之字形。值得注意的是，在这些实验中，蚂蚁呈现出对偏振模式依赖逐渐减少的趋势，并且它们对太阳或天空中偏振光的依赖程度可能随着实验情况中可用的e-向量信息的数量而变化。在澳大利亚巴氏负蜜蚁身上进行的信息对比实验也表明，天体罗盘信息的权重取决于它的显著性。当偏振、光谱和强度梯度逐渐减弱时，蚂蚁越来越依赖太阳（从正常位置反射180°）。此外，对箭蚁的详尽实验提供了明确的证据，即由太阳（在无偏振光的情况下）获得的信息后来可以通过参考偏振光的天窗（在无太阳的情况下）来回忆，反之亦然。

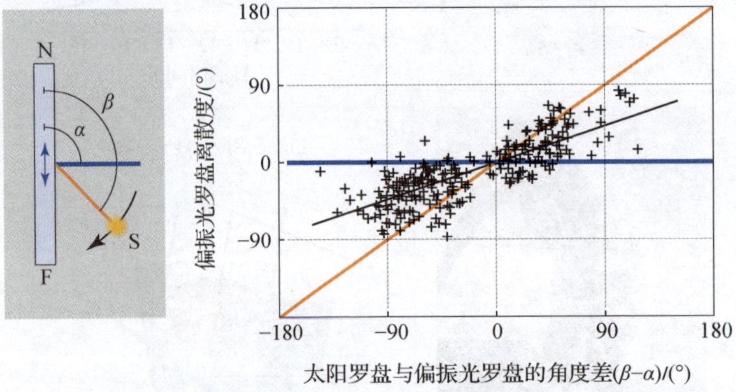

图3.19 信息冲突：太阳罗盘与偏振光罗盘（长脚沙漠蚂蚁）

左图：从巢（N）到喂食器（F）的训练，在一个由偏振反射器覆盖的通道中，其传输轴（蓝色双头箭头）平行于通道轴，太阳（S）可见。α和β分别为偏振光罗盘和太阳罗盘指示的回家方向。右图：不同的训练情况下测试巢的方向（$\beta-\alpha$），蓝色和橙色线分别表示偏振和太阳罗盘。

在本节结束时，我们要强调，所有天体信息都只由箭蚁的视觉系统的背侧部分来获取和处理。当两只眼睛的整个背半部分在实验中被遮挡时，蚂蚁就不能再从天空中获得任何罗盘信息（图3.16（c）（d））。尽管所有的偏振、光谱和强度信息仍然完全可用，但撇开眼睛的前半部分，蚂蚁无法使用这些信息。更令人惊讶的是，在这种条件下接受测试的蚂蚁会进行强烈的头部滚动和俯仰运动，因此，它们会反复用眼睛前半部分看天空，但这对导航没有帮助。显然，蚂蚁视觉系统的腹侧部分缺乏通过天光信息来确定罗盘方向的神经机制。图3.16（d）所示的结果最有力地证实了这一结论。在这个实验中，当蚂蚁看到包括太阳在内的整个天空时，它们倾向于向太阳移动，当它们用眼睛的腹侧区域观察天空时，它们会感知到太阳，但不会将这些信息纳入其天体罗盘系统。

3.4 旋转的天空

在探讨了艾箭蚁源自天体半球的各种罗盘信息之后，我们现在必须回到本章开头提出的问题：相对于地球上的参照系，蚂蚁对天空的旋转了解多少？这个时间补偿问题的答案既不简单也不直接。只要看看天文情况（图 3.20），即使太阳沿着弧线运动以均匀的速度穿过天空（360°／天，即 15°/h），它的方位位置也不是起决定性作用的指南信息。它的移动速度取决

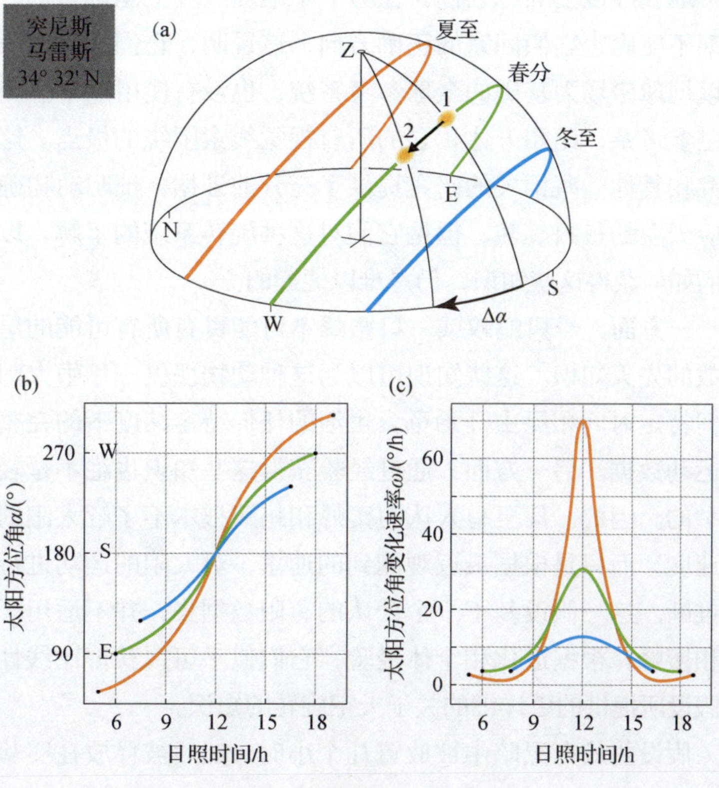

图 3.20 在我们的突尼斯马雷斯实验站点，太阳每天在天体半球的运动

（a）三维描绘图：太阳的弧表示其两个极端——夏至、冬至（6月21日和12月21日）以及春分、秋分（3月21日和9月23日）。Δα 表示太阳从位置1移动到位置2时的方位角变化。（b）太阳星历函数。（c）图（a）中所示时间的太阳方位角变化速率。

于三个变量：一天中的时间、一年中的时间，以及地球纬度。这些依赖关系用所谓的太阳星历表函数表示，它把太阳的方位角与一天中的时间联系起来。在图 3.20（b）描述了我们的实验站点突尼斯马雷斯所在纬度下的太阳星历函数。一般来说，太阳的方位位置在清晨和中午之后变化缓慢，在中午附近变化相对较快。在早期关于蜜蜂和蚂蚁是否能理解这种天体运动的争论中，20 世纪 50 年代的一系列调查有力证明，这些昆虫以及当时研究的所有其他动物物种——甲壳类动物、蜘蛛和鸟类，也可以理解天体运动。

然而，这两项经典研究都不够详细，不能得出动物能够完全补偿星历表局部的时间功能这个结论。为了达到这个目的，动物必须从一个内部时钟读取时间，并将太阳的时间关联位置与地球上的参考系统相关联。通过调整蜜蜂的生物钟，或者在一个地理经度上训练它们，在另一个地理经度上测试它们，蜜蜂都不能确定它们回家的正确方向，这说明，它们没有参照任何以地球磁场为基础的全球参考系统，也没有使用一个全局的天空参考系，比如天体和它的所有视觉线索围绕的极点。这些研究和其他一些相关的研究提供了充分的证据，证明动物确实适应天空的每日旋转，但是它们对这种旋转系统的了解，以及它们如何获得这些知识，仍是难以捉摸的。

一方面，一只蚂蚁或一只蜜蜂不可能具有所有可能的星历函数的先天知识。这些知识可以为这种动物提供一年中太阳在任何特定时间和昆虫开始觅食生活的任何特定纬度下的完整日常运动数据。另一方面，通过经验获得这些知识也绝不是轻而易举的。因此，甚至有人认为蜜蜂和蚂蚁根本不了解太阳的运动速度，而只是根据最近观测到的速率，对太阳的运动进行线性推断。这一假设基于一个公认的有限数据集，并不适用于箭蚁和蜜蜂，根据进化和个体经验，它们似乎可以获得比线性外推假设所提供的更详细的关于天空旋转的知识。

假设蚂蚁在黑暗中被放置几个小时，然后被释放在实验推车下寻找喂食器。如果它们被正确地告知太阳运动的方位角训练与测试的时间间隔，应准确选择自己的回家方向。或者，如果它们偏离了预定的目标方向，比如，顺时针偏离了一个角，稍微考虑一下几何问题就会发现，它们假设太阳的方位与实际位置逆时针偏离了这个角——换句话说，蚂蚁低估了太阳的运动方向。通过在各种实验条件下测试，例如，当太阳的方位角位置移动慢时对蚂蚁进行训练，当太阳的方位角位置移动快时进行测试，反之亦然，可以清楚地表明，箭蚁很好地补偿了太阳的运动（图 3.21（a））。然而，仍有一些悬而未决的问题，例如，图 3.21（b）中所描述的一些被测试者会估计出太阳向相反的方向移动，即向北而不是向南移动天空，稍后再讨论这一点。

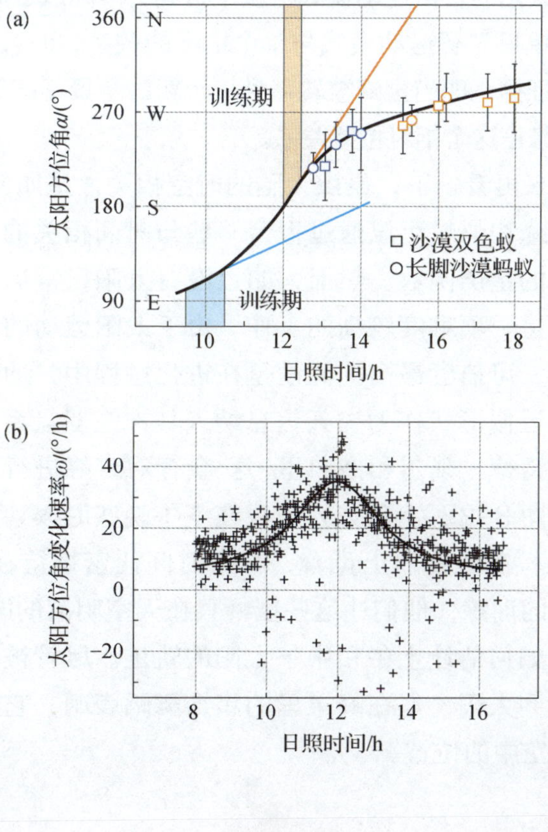

图 3.21 检查蚂蚁的太阳星历功能（图（a）为沙漠双色蚁和长脚沙漠蚂蚁；图（b）为长脚沙漠蚂蚁）

（a）上午（蓝色）或中午（橙色）训练的蚂蚁分别在中午之后的早些时候或晚些时候进行测试。圆形及方形符号表示太阳出现的方位；黑色实线表示实验期间的平均星历函数；彩色线表示根据线性外推假设的预测。（b）星历函数的导数（实线）。数据点表示蚂蚁的假设（在训练和测试之间间隔 1h 的条件下）。

一个核心问题涉及觅食者使用的地球参考系统，以形成对太阳昼夜活动的详细记录。可能是地球的磁场和当地的地标性天际线。“天际线假说”的直接证据，来自普林斯顿大学的弗雷德·戴尔和詹姆斯·古尔德在蜜蜂身上进行的一项有趣的实验。研究人员在蜜蜂的视觉世界中“移动地标”，实际上是将蜂巢转移到一个新的位置，其中一排自然地标出现在与训练景观不同的方向上。然后，在完全阴天的条件下，他们对蜜蜂进行了旋转的完全相同场景下的测试，并从它们在蜂巢中的招募舞蹈推断出其对太阳位置的认识。这个优雅的实验和随后的一些研究提供了明确的证据，证明蜜蜂能探测并记住太阳相对于周围地标的方位位置。二十多年后，宾夕法尼亚州库兹敦大学的威廉·汤恩和他的合作者再次研究了这个问题。他们不仅表明蜜蜂了解太阳的日常运动模式与整个景观、天际线之间的关系，而不是单单只了解运动模式与单个地标的关系。而且他们还提供了相关证据，即当蜜蜂被转移到一个新的全景不同的地点时，它们能够修正这个相对位置关系。

接下来再看一下，昆虫大脑的时空相关性是如何产生的。例如，蜜蜂和蚂蚁可以通过拟合一些与时间相关的空间，来构造实际的星历函数。然而，如果没有太阳日常运行的知识积累，这是一项难度较高的工作。由于太阳运动的特征符合常规模式，可信度最高的假设是在进化过程中，动物把太阳星历表的近似形状作为先天信息纳入其神经罗盘系统。在这方面，弗雷德·戴尔和杰弗里·狄金森对蜜蜂进行了最广泛的研究（图 3.22）。研究人员只在下午晚些时候让蜜蜂从孵化箱出来，在喂食器上觅食，其余时间让蜜蜂待在蜂箱内。经过几天的训练，他们让这些蜜蜂只在天空阴沉的时候飞行，测试它们如何估计上午和中午太阳的轨迹。尽管被测试的蜜蜂没有看到太阳，但在蜂巢里的集结舞蹈表明，它们已获得太阳在天空中的位置。

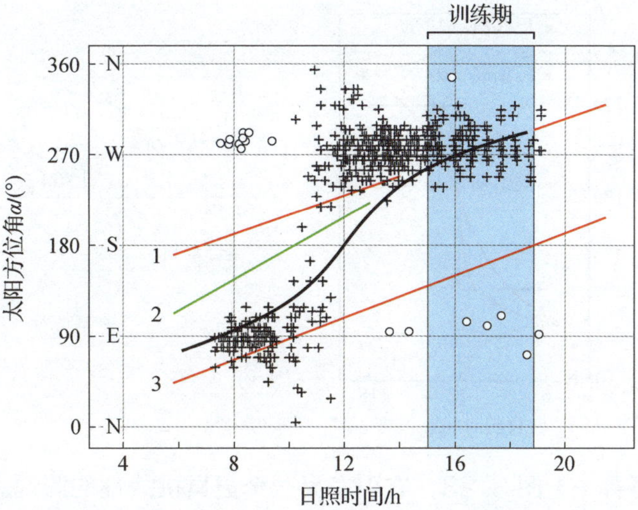

图 3.22 180°阶跃函数：太阳星历函数的先天固有模式（意大利蜜蜂）

由孵化箱饲养的蜜蜂所估计的太阳位置，这些蜜蜂只在午后 4h 的训练期间见过天空，随后在阴天条件下进行全天测试。它们的舞动方向表明了其在未见到太阳的时间内对太阳位置的估计（十字形标识）。有几只蜜蜂认为太阳是逆时针移动的，而不是顺时针（空心圆）。彩色线条代表了线性外推法和内插法假说的预测：①从前几天训练期开始时的太阳运动速率向后推断；②训练期开始和结束时太阳位置的插值计算；③通过之前训练蜂类的推演结果。

结果是惊人的，蜜蜂运用了先天的、类似于 180°阶跃函数的星历函数。在这个函数中，太阳在地平线上相反的位置升起和落下，在上午和下午的时间里几乎没有改变位置，正午时分，太阳从天空的东半边“跃升”180°到西半边。一天里，蜜蜂觅食过程获取的信息越多，这个默认函数就越接近真实的星历函数。在蜜蜂和蚂蚁身上，这种学习过程仍有待阐明。问题依然存在，比如觅食动物如何推测出太阳运动的方向？包括在构建实际星历时，如何进行插值计算以及其推演过程是什么？

值得注意的是，在撒哈拉沙漠中，某些箭蚁属的蚂蚁分布范围延伸到北回归线以南，因此其种群在一年中的部分时间里，生活在太阳逆时针而不是顺时针运动的条件下，即从东到北而不是从南穿过天空（图 3.23）。我们还没有对这些种群进行测试，但惊讶地发现，即使是生活在北回归线以北地区的长脚沙漠蚂蚁，也认为天空是逆时针旋转的（图 3.21（b））。这种异常现象偶尔会在蜜蜂初期进行觅食的过程中被观察到（图 3.22），表明其在觅食活动前已经掌握太阳的日常运行方向。

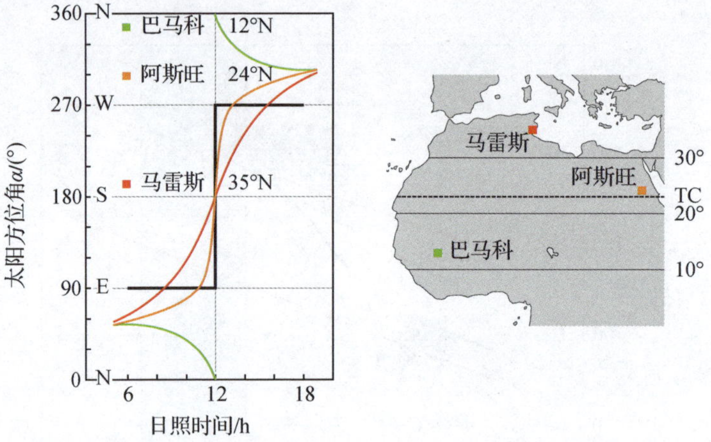

图 3.23 箭蚁属种居住的北非不同地点的太阳日移动情况

彩色曲线表示夏至时太阳星历函数在马雷斯（突尼斯）、阿斯旺（埃及）和巴马科（马里）的有效位置。一些箭蚁属种出现在最南端的象牙海岸和苏丹南部。黑色曲线表示阶跃函数（赤道上的太阳星历在赤道上的太阳历）。TC 代表北回归线（23.4° N）。

再看一下图 3.23，它引发另一个更具挑战性的假说。先天的 180° 阶跃函数是所有星历函数的平均值，这些星历函数描述了箭蚁出现的地理区域内太阳的轨迹。宏观来看，我们甚至可以在所有纬度和所有季节都能观察到这些函数的平均值。从这个角度来看，一只箭蚁会以天空旋转的最佳估算，开始其觅食生活。无论经历什么，它们都拥有先天的估算能力，这种能力源于昆虫的生存环境。

本章一开始就指出，天空的光信号非常适合作为全球指南信息，原因是它们几乎无穷远，这种优势必须与根据地球参考系（如遥远的地标全貌或地球磁场）校准“天空旋转”的需求相一致。这两种罗盘信息可以在以后的觅食生活中使用，如果风向在足够长的时间内不变，也可以被使用。因此，我们现在转向地球磁场和区域风区。

3.5 地球磁场

当箭蚁从室内护理转换到室外觅食时，它们会围绕中心场所——巢穴，进行短暂的探索性学习行走，以便获得必要的地标信息，这些信息在它们觅食返回时使用。正如我们将在第 6 章中详细讨论的那样，在这蜿蜒的学习之旅中，蚂蚁通常会停下 100~200ms，回头看一看起点，即巢穴入口。由于蚂蚁不能看到巢穴入口本身，必须读出其路径积分器来确定目标方向。正是在这种情况下，地球磁场作为指南针的信息开始发挥作用。

根据以前的研究结果，一个明显的假设是来自天空的视觉信息将提供必要的指南信息。然而，事实并非如此。当所有相关的天体信息——太阳和偏振及光谱模式被阻断时，蚂蚁仍然能够准确地调整它们的注视方向。只有在巢穴入口周围安装亥姆霍兹线圈（图 3.24（a）），并将地球磁场的水平分量归零时，它们才无法做到这一点。每当这种情况发生时，蚂蚁就会随机地注视着某些方向，即使所有的天体信息都保持不变。此外，当水平磁场分量相对于其自然方向旋转不同的角度时，例如旋转 90°、180°或 -90°，蚂蚁会显著地注视由改变的磁场所定义的巢穴虚拟位置（图 3.24（b）和图 3.25）。从这两组实验中可以得出结论，在箭蚁早期学习行走的过程中，地球磁场为箭蚁提供了用于路径积分的指南信息。从其他种类的蚂蚁和蜜蜂的觅食活动中，偶尔也会观察到受地球磁场影响的反应。例如，在某些条件下，织布蚁和叶齿蚁在集结行进的过程中偏离它们的路线，但当有天体信息时，这些偏离现象就基本上消失了。相比之下，之前描述学习行走的箭蚁的行为实际上

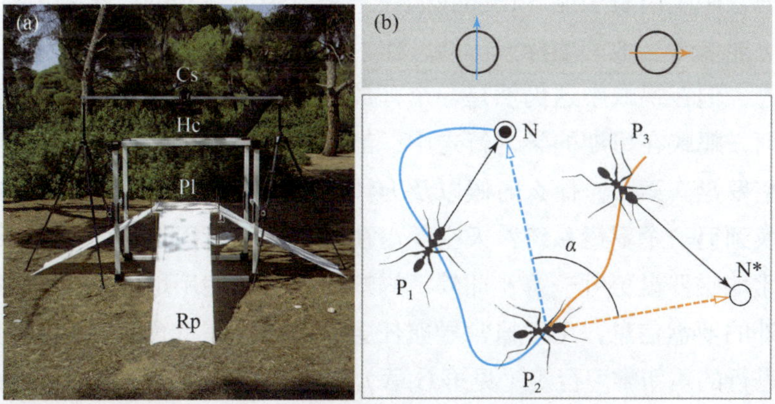

图 3.24　箭蚁的磁罗盘（宽结箭蚁）

（a）希腊南部松树林中的实验装置：Cs 表示照相机架；Hc 表示亥姆霍兹线圈系统；Pl 表示实验平台；Rp 表示坡道。（b）学习行走的草图，其中地磁场的水平分量在 P_2 点旋转了 α=90°。磁场变化前后的路径段分别以蓝色和橙色显示。各个方向由蚂蚁图标和箭头表示。蚂蚁在 P_2 点的注视方向被用来确定 N* 的位置。N 表示巢穴；N* 表示巢穴在现场操作后的主动位置。

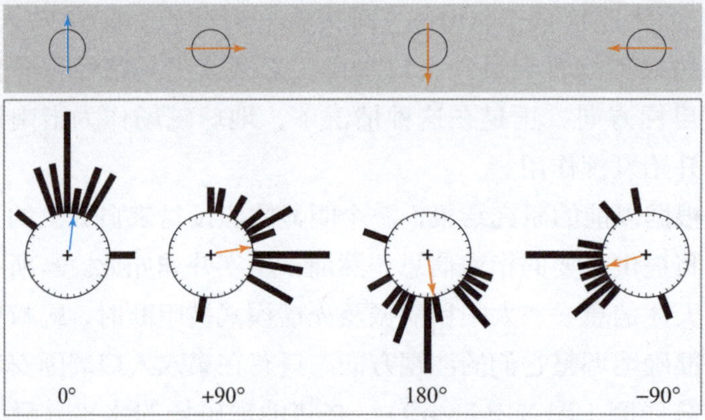

图 3.25　磁场水平分量的旋转可以预测地改变蚂蚁的注视方向（宽结大头箭蚁）

橙色箭头代表不同的旋转角度 α 水平磁场分量；蓝色箭头代表自然情况的旋转分量；上方圆圈描述了蚂蚁对真实巢穴的注视方向（α=0°为蓝色）和巢穴的非活动位置（α=90°、180°和 270° 为橙色）；平均凝视方向由蓝色和橙色的箭头表示。

是第一个证据，表明昆虫可以使用地磁场作为指南信息，这是完成特定的任务（整合积分情况下）必要又充分的条件。因此，我们发现箭蚁复眼的背缘区（DRA）符合使用偏振光作为指南针信息必要性和充分性的关键标准，所以箭蚁在早期学习行走中使用地球磁场作为指南信息。

这一发现引出了一些影响深远的问题。第一，为什么蚂蚁在户外生活的早期就使用磁场指南？有人会说，在蚂蚁早期的地下生活阶段，地球磁场已经作为指南信息，那时蚂蚁就像失明的鼹鼠一样，必须通过迷宫般的地下通道和隧道，在地下生活。在第一次出现在地面上时，箭蚁使用这个指南信息，以调整它们的回头方向，从而获得目标的全景，甚至可以用它来校准太阳星历表功能。正如我们在上一节中所看到的，蜜蜂最有可能参考当地的地标天际线，作为校准太阳星历的地理稳定参考，但在蚂蚁中这仍然是一个开放的悬而未决的问题，无论如何，蚂蚁在早期的学习行走中，都不会使用未经时间补偿的天空罗盘。第二，什么时候以及为什么箭蚁会从一个罗盘系统转换到另一个罗盘系统？天空罗盘在精确度和应用速度方面是否比地磁罗盘更胜一筹？此外，蚂蚁是否继续使用地磁场作为额外的罗盘信息，用于日常导航任务？例如，在觅食生活中后期进行的重新学习行走（见第 6 章）。第三，也是最后一点，磁场罗盘是如何在箭蚁属动物的感觉和神经系统中实现的？这些问题还有待探索。

3.6 风

在人类航行中，风向罗盘早于磁向罗盘。吹过地中海的各种地区性风产生了现代罗盘。在雅典的罗马广场，八角形风之塔的八面朝向罗盘的各点，其大理石门楣描绘了八位风神的形象。风之神见证了早期风向罗盘的重要性。直到今天，罗盘方位图在法语中仍被称为“风之玫瑰”。

在北非研究地点的海岸线地区，蚂蚁的觅食地非常平坦。当箭蚁白天出发去觅食的时候，外面没有植被，风不断地从一个方向吹来。由于当地的陆地和海风形成稳定的风向，使得白天的东南风和夜间的西北风之间呈现周期性变化（图 3.26（a）），在

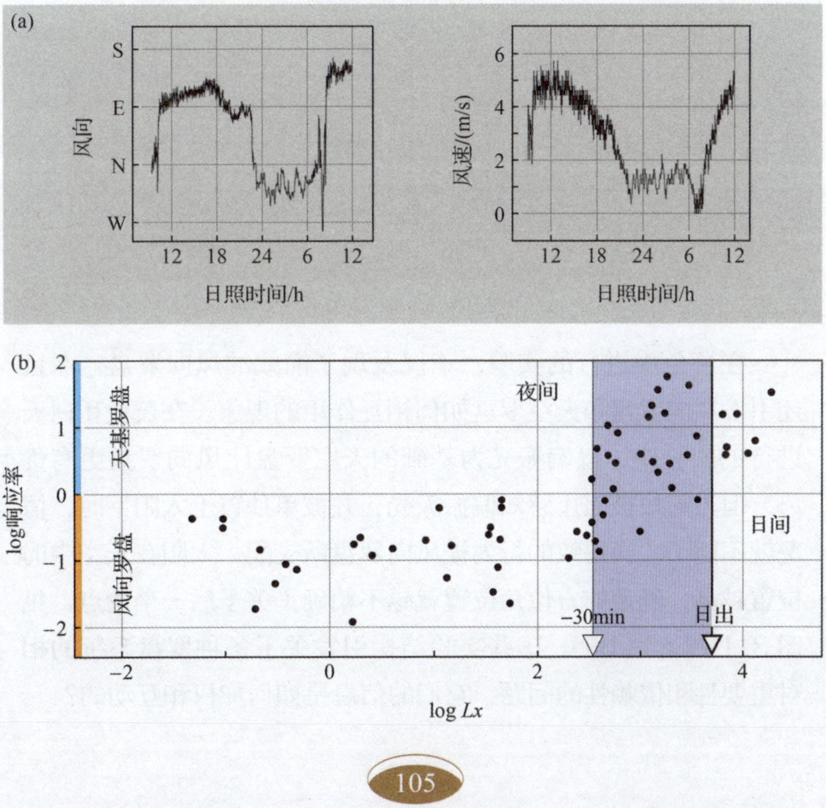

图 3.26　喀斯特地貌的风向罗盘（沙漠双色蚁）

（a）马雷斯（突尼斯）研究地点的风向和风速的每日变化过程。（b）蚂蚁对基于风向和基于天空的指南针系统。白天训练的动物在夜间、黎明（蓝色阴影）和日出后不久接受测试。响应比（序数）表示蚂蚁的方位相对于风向罗盘的方位而言，与天基罗盘的方位有多大的关联。

训练和测试时，我们让箭蚁在不同的风况下活动。白天训练、晚上或黎明测试时，蚂蚁会偏离它们家乡的方向，偏离的角度大约是白天和晚上风向变化的角度；但日出前 30~35min，天空中的偏振图像可以作为指南信息时，它们会立即转到巢穴方向。从风的导航转换到天空导航，在几分钟内突然发生，并且不受风速的影响。在短暂的黄昏过渡期间，蚂蚁反复交替使用风向罗盘和天空罗盘，在两种罗盘方向之间交替行走（图 3.27）。在黄昏时分，也观察到相应的现象。当触角被截断或在它们的风感探测器关节——头部、肩胛骨和之间的关节涂上少量的昆虫蜡来固定时（图 2.3（a）、图 2.4（b）和图 7.7），以往基于风的导航现象消失。

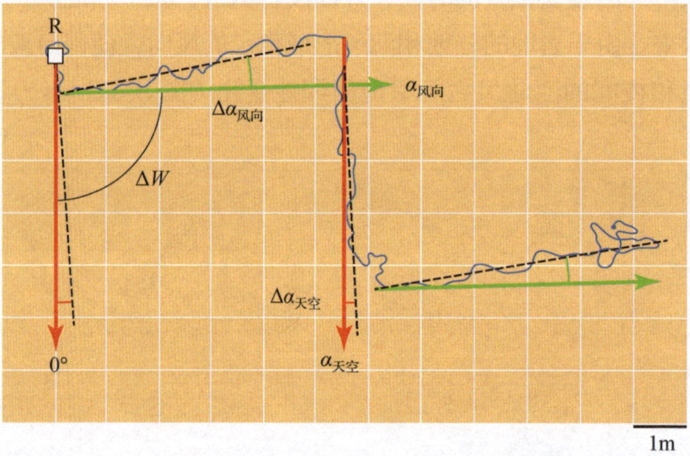

图 3.27　黎明时分的测试：风向和天空罗盘相互作用（沙漠双色蚁）

一只蚂蚁反复切换使用风向罗盘和天空罗盘系统的例子。这发生在日出前天空中出现极化模式的短暂时间内。0°表示白天的原点方向；R 表示试验场中的释放点；ΔW 表示白天和夜晚之间的风向变化；$\Delta\alpha_{天空}$和 $\Delta\alpha_{风向}$分别表示蚂蚁的路径（蓝色）与基于天空（红色代表 $\alpha_{天空}$）和基于风向（绿色代表 $\alpha_{风向}$）的指南针路线的偏差。

在暮色中进行的实验，不仅发现了箭蚁的风向罗盘，而且还引发风向罗盘和天空罗盘如何相互作用的现象。在黄昏和白天进行的实验中，以偏振光为基础的天空罗盘比风向罗盘更有优势，但当箭蚁被阻止感知偏振天光，并被单独置于太阳下时，情况就不同了。当蚂蚁的行为被风向罗盘所支配，太阳在天空中的位置越高，确定的方位角位置就越不精确（关于后一个论点，见图 3.18（a）（b））。这些实验结构引发关于各种罗盘系统的相对重要性和依赖性的问题，它们的信息是如何加权和互动的？

3.7 对箭蚁大脑的首次探究

这次探究主要基于偏振光的天空罗盘。从复眼的输入阶段开始，正如行为分析所示，背缘区（DRA）是一个很重要的区域，是检测偏振光的必要和充分的条件。但是DRA有什么特别之处？

箭蚁的头部至少有五个特征使DRA视网膜成为探测天空偏振光的有效手段。第一，与眼睛的其他部分相比，DRA光感受器微绒毛的细胞长度上排列整齐，从而确保了高偏振敏感性（图3.28（b））。第二，DRA横纹肌很短（最大限度地减少了自我筛选，否则会危及偏振敏感性），但很宽（保证了高绝对敏感性）。第三，所有的偏振受体都是紫外线受体，因此是同色的（使系统成为“色盲”）。第四，每个DRA小体的紫外线受体有两组，它们的微绒毛以相互垂直的方式排列。一组包括受体R2、R4、R6和R8，它们与短的视觉纤维一起终止在板层中，而另一组的受体（R1和R5）则与长的视觉纤维一起投射到髓质（图3.29（a）（b））。行为、生理和理论分析一致表明，昆虫的极化视觉系统从这种“交叉分析仪”的排列中获益良多。通过让正交调谐的光感受器发生拮抗作用，探测器的偏振敏感性得到增强，而且，相互抑制作用的正增益控制，偏振信号可以摆脱对环境光强度波动的响应。这意味着，每个单独的e-向量探测器（由两个正交排列的分析器通道和一个底层比较器组成）只响应e-向量方向的变化。尽管DRA光感受器的这种抑制性相互作用的非常微型的电路还没有被发现，无论是在箭蚁还是在任何其他昆虫，这种相互作用产生的偏振对抗，在链接的许多神经元中都可以找到（图3.30（c））。进一步发现，在箭蚁大脑中，两套偏振光的受体促成的交叉分析器排列，具有明显不同的横向，其横纹肌的面积明显不同。两个分析通道的不对称可能增强下游极化神经元的e-向量的调谐。

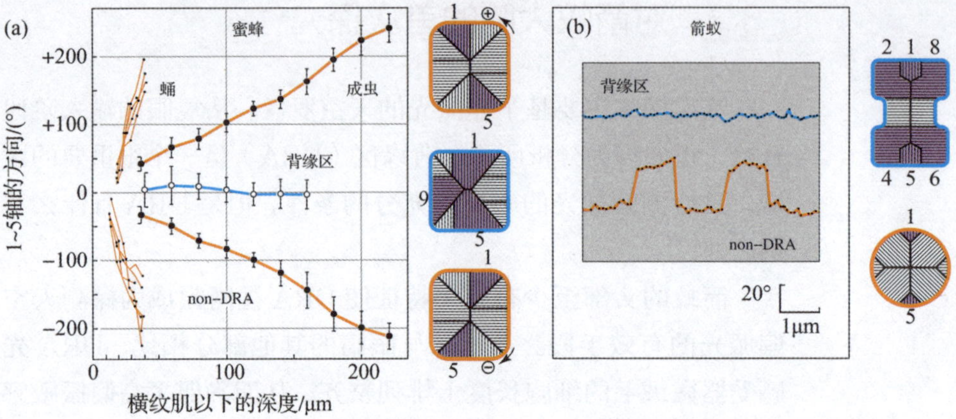

图 3.28　蜜蜂和沙漠蚂蚁复眼的背缘区（DRA）：光感受器的微绒毛严格排列

在非背缘区（non-DRA），光感受器扭曲（(a) 在蜜蜂中）或它们的微绒毛沿着纵向轴错位（(b) 沙漠双色蚁）。插图：横纹肌横切面紫外光感受器用紫色标记。紫外线感受器具有常规的细胞数。在蜜蜂和蚂蚁的眼里，9 号细胞显示在小网膜的基部（这里没有显示），但在蜜蜂的 DRA，9 号细胞横跨小网膜的整个长度。蜜蜂横纹肌形成之前，non-DRA 的受体在蛹期发育已经扭曲，并顺时针或逆时针发生，因此在成年蜜蜂眼睛中出现两种镜像横纹肌。

第五，也是最后一点，在 DRA 内，e- 向量探测器以扇形方式排列（图 3.29（d））。这种有规律的排列是复眼的几何形状及其眼球晶格化的直接结果。由于眼睛的背极是扇形的，不看向天顶，而是偏离天顶约 30° 看向对侧的地平线。可以说，它把整个 DRA 受体引向了对侧的地平线。左眼的 DRA 在蚂蚁的右眼视野里看，反之亦然。因此，天空的每个像素能同时被对侧 DRA 的偏振敏感视觉单元（omma-tidium）和同侧 DRA 外的偏振不敏感视觉单元观察到。行为分析表明，箭蚁可以从天体偏振梯度（通过 DRA）、光谱及强度梯度（通过非 DRA）中获取罗盘信息。

视网膜上的弱偏振光感受器接收的信息集成在视神经叶中。它存在于髓质——最大且明显多层的视觉神经柱中，宽场敏感神经元对 DRA 扇形受体的大部分输出进行采样。髓质中敏感

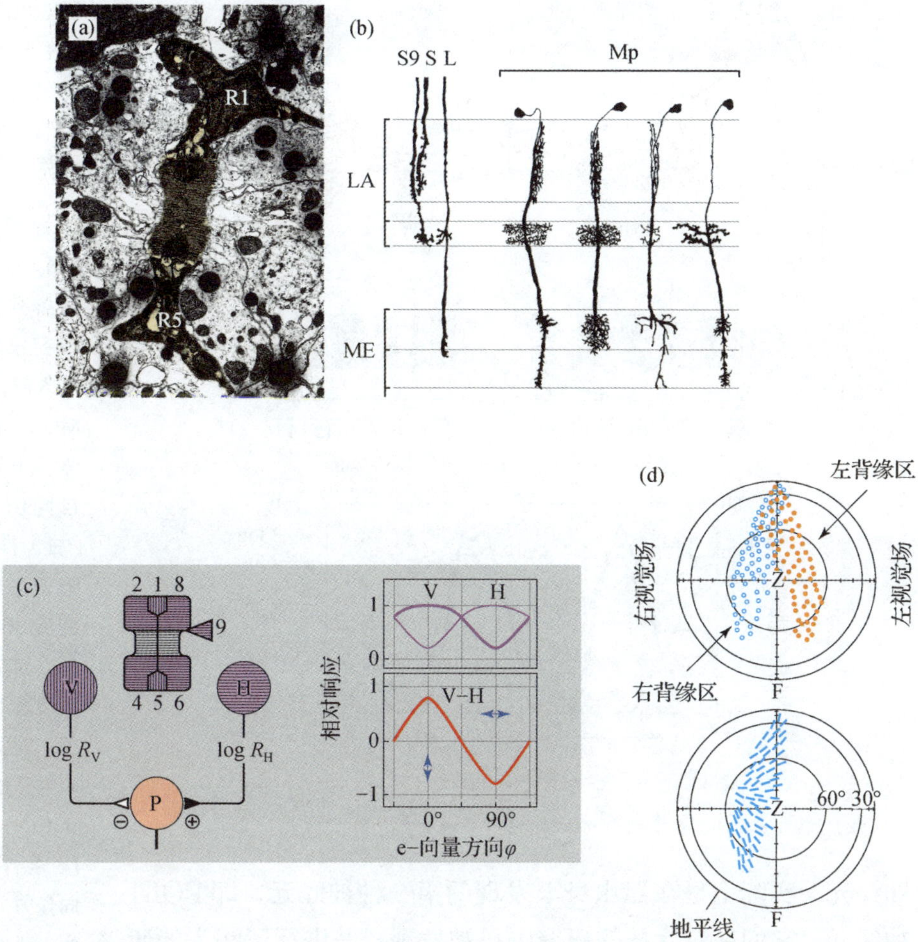

图 3.29 背缘区（DRA）：偏振敏感的紫外线受体，它们的相互作用和观察方向（沙漠双色蚁）

（a）横纹肌（电子显微镜横切面）。光感受器细胞 R1 和 R5（黄色突出显示）被逆行标记。（b）光感受器官终端（S 和 L 分别表示短和长视觉纤维；S9 表示短基底感受器细胞 R9 的终端）和四类单极细胞（Mp）。LA 表示片层；ME 表示髓层。（c）偏振对应单元（P）：操作原理（左）和反应功能（右）。左上为交叉分析器，左下为对数比放大器（P 单元）。H、V 分别是调谐到水平和垂直 e- 向量的光感受器。（d）DRA 如何看天空（天顶的投影）。上图：复眼正在观察的方向。下图：右背缘区的 R1 和 R5 的 e- 向量调谐轴。F 表示正面；Z 表示天顶。

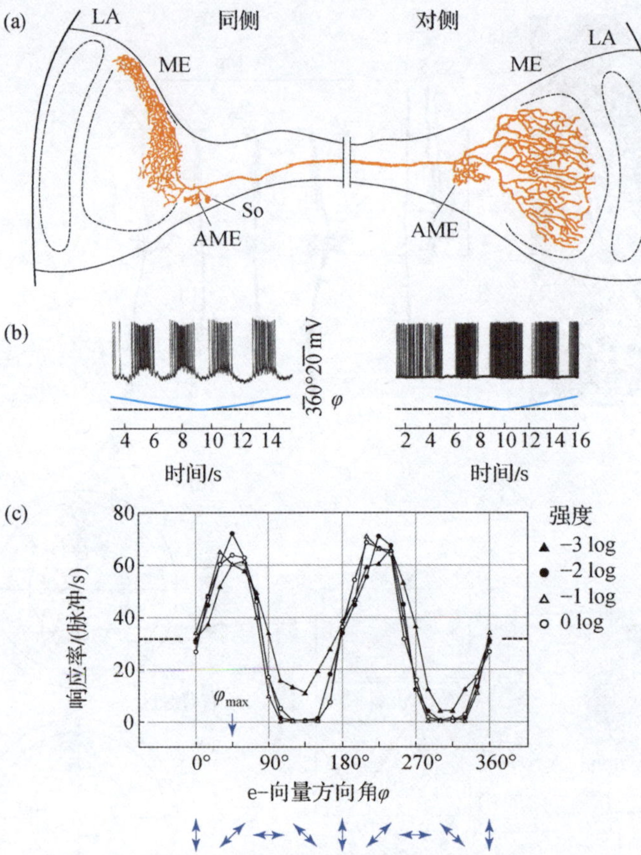

图 3.30　视神经叶（髓质）中对偏振敏感的神经元——蟋蟀（黑蟋蟀）的 POL1 神经元

（a）形态学：同侧（输入）背缘延髓的树突排列和对侧延髓的轴突投射。AME 表示接入髓；LA 表示片状；ME 表示髓；So 表示体。（b）生理学：来自同侧（左）和对侧（右）神经元的细胞内记录。当偏振滤光片旋转 360° 时（蓝线），每旋转 90°，兴奋（脉冲爆发）和抑制交替进行。对侧的记录是在黑暗中开始的，因此显示了 POL 神经元的自发脉冲行为。φ 表示 e-向量方向。（c）在不同的光强度下对连续旋转的 e- 向量的响应，虚线表示自发在黑暗中的活动。

神经元，实际上是在昆虫身上发现的第一种神经元，即 POL1 神经元。它们在对蟋蟀的研究中已被发现，并进行了深入的研究（图 3.30），在对箭蚁的研究中也发现了类似的神经元。当一个线性偏振滤波器在这些神经元的视野内旋转时，其自发频率呈正弦波调制，活动的高峰和低谷（φ_{max} 和 φ_{min}）彼此相隔 90°（图 3.30（b）（c））。神经元对光强度的变化和非偏振光没有响应。它们有很广阔的视野，并与同侧和对侧髓质相互连接。在蝗虫的研究中也发现了几种类似的髓质神经元。

除 DRA 之外，不满足上述第一个条件——直光感受器（图 3.28（b））。沿着光感受器细胞的长度方向，微绒毛并没有严格排列，而是在微米之间不规则地改变方向，因此光感受器在很大程度上失去了偏振灵敏性。在蜜蜂中，同样的结果是通过光感受器细胞有规律的螺旋状扭曲来实现的（图 3.28（a））。通过光感受器的“扭曲”和“摆动”，蜜蜂和蚂蚁放弃了偏振敏感性，从而使其他的视觉表现（如彩色视觉）不受陆地环境中不必要的偏振光信息的干扰。

最初在箭蚁身上发现了这种特殊的背缘区域，现在已经在许多昆虫物种中发现。DRA 共享其偏振信息的交叉组合分析，但分析的光谱类型因物种而异。目前研究的多数昆虫中，偏振分析是紫外线感受器发挥作用（如蚂蚁、蜜蜂、苍蝇、蜣螂和帝王蝶），而其他动物，要么是蓝色感受器（如蟋蟀和蝗虫），要么是绿色感受器（如金龟子）。此外，不同的 DRA 其视野的形状和大小也不同。正如我们从箭蚁身上所看到的，偏振分析器官可以形成一个规则的扇形阵列，俯瞰天体半球的相当大一部分，但在金龟子的身上，DRA 很小，而且它的复眼只能看向天空的同一个部分。在金龟子的近亲蜣螂身上，DRA 要大得多，在果蝇身上，DRA 甚至从眼睛的正面一直延伸到眼睛的尾赤道，但在宽度上只有一两排复眼宽。这些差异伴随着光学性能的差异。蟋蟀的角膜透镜阵列退化使得 DRA 光感受器具有极宽的几乎完全重叠的视野。相反，对于箭蚁类昆虫，即使在 DRA 中也能保持敏锐的视觉。

DRA 的光谱敏感性和空间布局的差异在功能方面意味着什么？这可能意味着，在传递不同的信息时，不同的物种以不同的方式和目的，对其极化通道和偏振光进行利用。在所有这些情况下，导致高偏振敏感性、强度不变性和同色性的主要预处理机制都是相似的，但如何在神经系统中进一步处理和使用预处理的生物电信息，取决于要完成的功能任务。只有深入了解相关物种的生态需求和生活方式，然后制定适当的实验策略来详细分析动物的 e- 向量引导行为，才能揭示给定物种的任务是什么。例如，蜣螂沿着一条直线从粪堆中滚出粪球，利用当时存在的任何天体信息来保持其方位。它们只是使用一个天体快照，在这个快照中，天体信息——太阳和偏振及光谱信息，在实验中以任意形式排列。从这种对目前可用的任何天光信息的可靠使用中，进化出一个天空罗盘系统，动物最终具备了一些关于自然信息几何关系的知识。

在进一步探索箭蚁的大脑（图 3.31）时，我们发现了两条独立的视觉通路，从视叶通向蚂蚁前脑（原脑）的主要高阶整合中心。这些神经路径在昆虫类群中高度完整发达，通过应用现代神经组织学技术，如荧光染料注射、纤维追踪、共聚焦显微镜和三维重建，已经在箭蚁中被追踪了出来。其中一个，如图 3.31 中的蓝色所示，通过至少四个神经回路站，将信息从复眼的光感受器传输到中央复合体 CX（即 CX 通路）。这是我们感兴趣的神经回路，因为它将天空罗盘信息传递给了中央大脑。另一条神经回路如图 3.31 中红色所示，它从视叶，特别是通过延髓的投射神经元，直接通向蘑菇体的视觉亚区（因此被称为 MB 通路）。它只会在第 6 章讨论箭蚁如何利用地标指引方向时发挥作用。前期的行为实验表明，箭蚁大脑很可能是把通过不同的视觉通路接收的天空罗盘和地标信息作为提示，但在上述实验中，蚂蚁对前一种信息表现出眼间传递，而对后者则没有。

现在让我们更详细地了解 CX 的途径。由于箭蚁大脑的尺寸过于小，对其大脑的研究一直受到方法论问题的困扰。即使是经验丰富的神经生物学家，对他们而言，在箭蚁身上尝试细胞内记录是一项非常困难的工作。因此，为了分析天空罗盘信息的集中处理过程，蝗虫和蟋蟀等大型昆虫已经成为首选研究对象。2007 年，德国马尔堡大学的乌韦·洪贝格和斯坦利·海因策在《科学》杂志上发表了一篇突破性的论文，开创了昆虫大脑中电子载体编码的先河。由于 CX 回路进化的保守性，我们觉得有必要对蝗虫的天空罗盘信息进行广泛分析，尤其是近期神经生物学的研究，在蝗虫身上获得了结果，也适用于迄今为止研究的各种其他昆虫物种，如蜜蜂、帝王蝶、蜣螂和果蝇。无论何时检验箭蚁，其 CX 回路都与蝗虫一致。

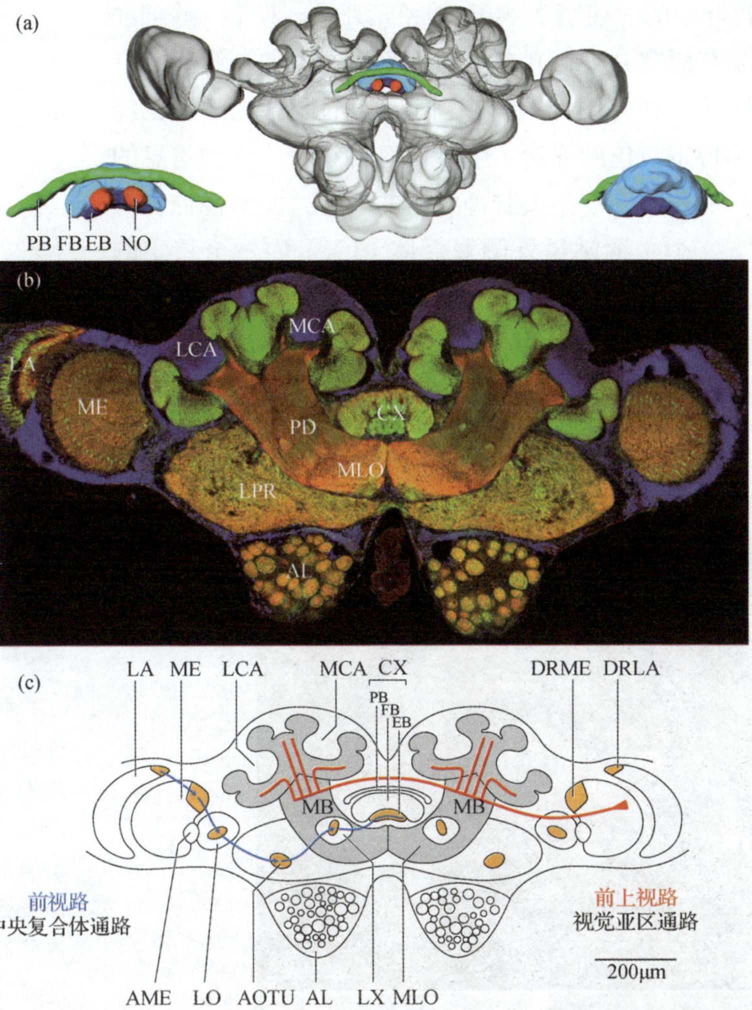

图 3.31　箭蚁的大脑（图（a）为圆结箭蚁；图（b）为长脚沙漠蚂蚁）

（a）箭蚁大脑的三维重现，中央复合体以彩色显示。插图：中央复合体在尾部（左侧图）和正面（右侧图）的视图。（b）大脑的正切面。免疫荧光染色：红色表示突触素（抗突触素标记）；绿色表示 F- 肌动蛋白（法洛依德标记）；蓝色表示细胞核。（c）示意图，包括通往中央复合体（CX 通路，蓝色）的天空罗盘通路的主要中继站（橙色）。MB 通路（红色）从延髓开始，通向任一脑半球的蘑菇体的花萼。AL 表示触角叶；AME 表示附属髓质；AOTU 表示前视小体；CX 表示中央复合体（PB、FB、EB）；DRLA 表示背缘薄层；DRME 表示背缘髓质；EB 表示椭圆体（中央体的下部）；FB 表示扇形体（中心体的上部）；LA 表示片状体；LCA 表示外侧花萼；LO 表示小叶；LPR 表示侧原基；LX 表示侧复体；MB 表示蘑菇体；MCA 表示内侧花萼；ME 表示延髓；MLO 表示内侧叶；NO 表示结节；PB 表示原脑桥；PD 表示脚趾。

我们从视叶中的上述髓质 POL 神经元开始。其中一些神经元在背侧延髓有树突分支，并在主延髓垂直方向的神经元上有树突分支。因此，在外围部位，来自 DRA 的偏振光信息已经与来自天空中特定方位的光谱 / 强度信息相结合。这种信息的汇合清楚地体现在第一个中央脑神经鞘的下游，即前视神经管（AOTU）。下一个中继站是外侧复合体（LX）内一个特定的灯泡状区域。它自动与偏振光信息的最后处理阶段——中央复合体（CX）连接起来。在蝗虫体内发现这个 LX 灯泡状区域包含一组巨大的突触复合体，在箭蚁属动物中发现了类似的特征（图 3.32（b）（c））。这些类似于肾小球的结构中——实际上

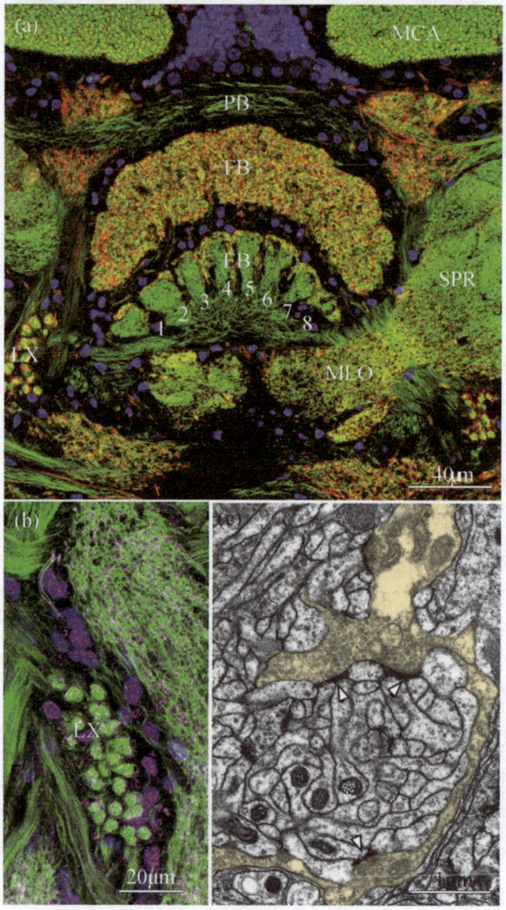

图 3.32 中央和侧面复合体的特写（长脚沙漠蚂蚁）

（a）中央复合体的部分视图。免疫荧光染色如图 3.31（b）所示。EB 表示椭圆体；FB 表示扇形体；LX 表示外侧复合体；MCA 表示内侧花萼；MLO 表示内侧叶；PB 表示原脑桥；SPR 表示上内侧原弓。（b）横向复合体中巨大突触的放大。（c）巨型突触的超微结构。一个大的杯状突触前终端（黄色标记）包围着一个突触后突起的核心。箭头所指的是活动突触区，星号表示线粒体。

是箭蚁大脑中最大的突触，AOTU 投射神经元形成了大型杯状的突触末端，这些末端包裹着许多细小的切向（TL）神经元的突触后过程，而切向神经元是偏振光信息进入中央复合体的主要通道。对于长脚沙漠蚂蚁而言，每个侧面复合体大约有 100 个这样的巨大突触复合体，但它们的功能在迄今为止研究过的所有物种中仍然难以捉摸。从哺乳动物听觉通路中类似的结构来判断，我们可以假设它们负责精确地控制来自视觉系统的左右两侧的偏振光信息的到达时间。在箭蚁中已经证明，当它们开始觅食生活，或当尚未达到觅食年龄的内部工蚁被实验性地暴露在光线下时，这些巨大突触复合体的数量会显著增加。

如上所述，天空光信息的最后一个共同终端是中央复合体。这个“脑中之脑”，正如尼古拉斯·斯特劳斯菲尔德所说，它是昆虫前脑中心的一个复杂的神经元网络。它的内部神经结构非常规整，几乎是晶体结构。它的三个横跨中线的部分——原脑桥、扇形体（中央体的上部）和椭圆体（中央体的下部），由堆积的水平层和围绕中线从左到右对称排列的垂直柱组成（图 3.33）。它们在腹侧与一对结节相连。目前最重要的是，原脑桥由 16 个切片的线性阵列组成，每个半球中有 8 个切片，每个切片都有对特定 e- 向量反应最佳的神经元。

让我们通过生成 e- 向量映射的神经回路，开始一段小小的旅行。如前所述，切向细胞（TL 神经元）从外侧复合体（LX）的巨大突触投射到椭圆体。接着，柱状细胞（CL，如图 3.33（c）中的 CL1 型）将椭圆体的各个列（切片）与原脑桥的各个切片相互连接，在那里它们与切向细胞（TB 神经元，见图 3.33（a）（b）中的 TB1 型）发生突触前的作用。CL1 神经元以其异常阶跃的 e- 向量调谐向原脑桥传递 e- 向量信息。此外，TB1 神经元的 φ_{max} 值在空间上的排列方式使整个 180° e- 向量尺度被系统地映射了两次，这两次映射分别位于中线的两侧（图 3.33（b））。当一个线性偏振器在昆虫头部上方旋转时，一个具有最大尖峰频率的兴奋波扫过原

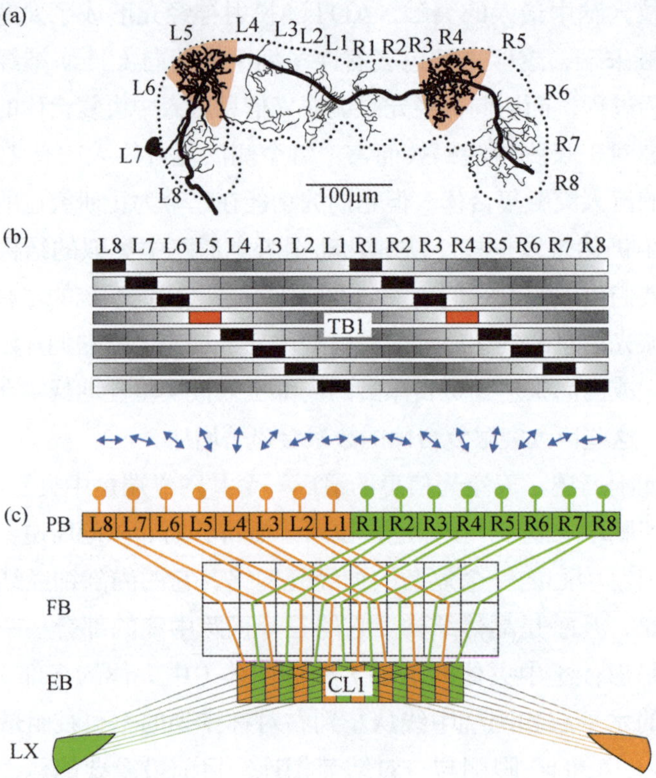

图 3.33　中枢复合体中的 E- 载体代表的情况（沙漠蝗虫，Schistocerca gregaria）

（a）原脑桥中的单个神经元 TB1。注意两个突出的树枝（红色阴影），它们相隔 8 列（分别在 L5 列和 R4 列）。（b）原脑桥中 8 个 TB1 神经元的植被模式。每个 TB1 神经元侵入两列，有突出的树枝化（黑色）。红色标记是指（a）中所示的神经元。（c）16 个柱状神经元（CL1 型）的接线方案，它们从侧面复合体接收输入，并向 TB1 神经元突击。EB 表示椭圆体；FB 表示扇形体；LX 表示侧复体；PB 表示原脑桥。蓝色双头箭头描述了神经元 e- 向量调谐。

脑桥的左右两部分，就像挡风玻璃上的雨刷齐头并进。由于 TB1 神经元结合了左、右半球的相应列，两半球可能代表一个集成的双罗盘。不管这种集合的过程如何，左右两侧罗盘尺度的双重表示生动地证明了，由于其进化原因，未配对的中央复合体由成对的亚单位组成，其中每个亚单位负责向一侧转动。

上面概述的信息流（TL → CL → TB）只是提供了一个粗略的描述。在现实中，它被多个循环回路和涉及其他类型神经元的平行路径所补充。简而言之，e- 向量调谐的 TB1 神经元有序阵列编码动物的头部方向相对于天顶的 e- 向量，同理，相对于太阳的方位角位置（这与该 e- 向量严格相关）。因此，这些神经元可以被简略地称为“罗盘神经元”。

最近，行为学、电生理学和神经学工具的巧妙结合表明，果蝇利用其CL1神经元来编码对太阳和天顶e-向量的方向。在飞行模拟器上进行测试时，果蝇能够保持相对于这些天体信息的任意方位，时间长达数小时，但当CL1神经元被屏障时，它们就会失去这种能力。在一个虚拟现实环境中用轨迹球测试行走的苍蝇时，CL1神经元可以编码苍蝇相对于视觉地标（如垂直条纹）的方向。当被拴住的苍蝇向左转时，一个活动凸起就会在这种CL1神经元的环形区域向右旋转相同的角度。同样，中央复合体为昆虫提供了一个内部罗盘，在这种情况下指的是陆地上的信息，与哺乳动物头部中方向细胞的作用非常相似。此外，正如我们在本章中所看到的，箭蚁不仅从各种天体信息中获得罗盘信息，而且还从一些全球陆地信息，如地磁场和季候风的方向，以及一些独特的信息中获得。中心复合体，特别是椭圆体，是所有罗盘信息的结合地，因此为动物提供了一个共同方位空间的内部表征。迄今为止，这种神经回路在几乎所有被研究的昆虫物种（包括蝗虫、飞蛾、蟑螂、甲虫、蜜蜂和蝴蝶）中发现，因此箭蚁属的内部罗盘也是这样的。

在对偏振光罗盘的神经结构进行相当长时间的讨论后，我们再回到箭蚁如何使用罗盘的这个问题上。前面的讨论一直是关于天顶中呈现单个e-向量的情况。但高阶偏振敏感神经元，特别是中央复合体的神经元，具有宽广的视野，几乎覆盖了整个天体半球。这意味着它们不是天空中某个具体地方的单个e-向量（例如，它们可能不以图3.12中的方式确定太阳的位置）。相反，它们整合了整个天顶的偏振光信息。在蝗虫的偏振神经回路中，一些宽域神经元（TL型）在其视觉域内的e-向量调谐排列成同心圆，从而排列出天空中特定e-向量模式的球状结构。因此，人们认为蝗虫拥有一组广角视神经元，每个神经元都与太阳特定高度相关的天空偏振模式相匹配。

你可能还记得，在我们的行为实验中，沙漠蚂蚁和蜜蜂的行为就好像是一个不变的e-向量分布，实际上是太阳在地平线上时天空中最均匀的 e- 向量分布（图 3.13（b））——这一策略相当于使用天顶 e- 向量，或者参考天窗图案的对称平面（太阳所在的平面），并确定自己相对于这个平面的方向。总的来说，使用大视场偏振敏感神经元与行为数据是一致的，但神经处理的细节需要进一步阐明。

那么蝗虫呢？尽管它们是第一个被发现具有偏振光视觉中枢神经的物种，但偏振光罗盘在它们的独居或群居生活中所起的作用还未得到充分研究。其对偏振光的行为反应只在实验室中记录过。当蝗虫头顶上的 e- 向量图缓慢旋转时，被系住的行走或飞行的蝗虫头部呈现出正弦波调制。这种情况下，它们使用 e- 向量信息来稳定其飞行路线。在大规模、长距离的迁徙中，这些动物主要顺着同期季候风顺风方向飞行。它们是否使用及如何使用天体罗盘来确定最佳的航向仍有待阐明。

这个问题可以被称为“反向神经行为学”。我用这个术语来类比“反向遗传学”。自格雷戈·孟德尔时代以来，经典（正向）遗传学从表型特征开始，并研究这些特征的遗传基础；自重组 DNA 技术出现后，反向遗传学旨在了解（被操纵的）基因序列所产生的表型特征。在当前的背景下，我们可能会问，在蝗虫身上发现的神经回路触发了哪些导航回路，以及这些回路对于产生的行为哪些是必要和充分的。同样，经典神经行为学从分析特定的行为特征开始——特别是那些可以在自然环境中研究的特征，如箭蚁的导航系统——然后旨在理解这种行为的神经生物学基础。一个典型的例子是沃尔特·海利根伯格对弱电鱼埃氏电鳗的干扰规避反应的分析。这种鱼在黑暗中通过毫伏量级的放电来定位物体。从现场观察看，一条鱼将其放电的频率从相邻鱼的干扰频率上移开（频率向上或向下移动取决于相邻鱼的频率），海利根伯格揭示了这种鱼从感观输入到反应输出一系列中继站所发生的神经元事件的整个序列。当然，最好的研究方式是将两种研究思路结合起来，随着神经生理学和神经遗传学以及建模工具的快速发展，在一段时间内，反向神经行为学很可能会处于领先地位。

对于箭蚁，自然选择似乎竭尽全力为其周边视觉系统配备了灵敏的、高度偏振敏感的 e- 向量探测器（在 DRA），以及光谱 / 强度信息的偏振不敏感探测器（在非 DRA）。我们越向中心移动，由小场 e- 向量探测器输送到大场单元的信息就越多，并与天空中的光谱 / 强度梯度和其他方向性的信息（比如动物所走过的距离）相结合得越紧密。后者是下一章的主题。

4 里程估计

虽然航海家从12世纪起就开始使用磁罗盘，但几个世纪后，测量水上航行速度或距离的技术设备才开始成熟。船用计程仪——一根打结的绳子，用于累计航行距离标记于海图上，就是这样一种设备。通过让浮板漂浮在水面，船只驶离时，它还停留在原地，导航员通过测量在给定的时间内释放的绳子量，从而测量船只在这段时间内行驶的距离。16世纪初，麦哲伦的“维多利亚”号第一次环球航行，也是史上有记载的使用船用计程仪的第一艘船。

但是，在陆地上行走的箭蚁是如何记录它所走过的距离的？原则上，它们可以沿着几条路线前进，从而估计不同的距离，即所谓的里程计。它们可以：①测量移动的时间（如果爬行速度是恒定的）；②监测爬行的速度，例如，记录环境在眼睛上的图像运动（自感应“视流”），随着时间的推移进行积分；③采用某种惯性导航，对线性加速度进行时间上的二次积分；④测量与前进运动有关的能量消耗；⑤使用自身感觉信息来测量身体的运动，例如，监测步长并计算步长与步数的乘积；⑥监测蚂蚁负责运动行为的中央复合体的输出。无论这些测量距离的方法有多么不同，都有一个共同点：它们都依赖于来自动物自身运动的信息。没有外部测量的情况下，蚂蚁可以直接读取它所走过的距离。然而，正如我们在本章中所看到的那样，无论它们是在平地还是丘陵旅行，箭蚁都能相当准确地估计出自己的爬行距离（关于后者，见图 4.1）。

图 4.1 蚂蚁导航中路线的起伏形状：典型的锯齿状

箭蚁沿着一条上端敞开的线性通道出发，这些通道交替地上升和下降。为了返回巢穴，它们被转移到一条与丘陵平行的笔直通道，（右下角有部分可见），结果见图 4.11。

上述所有的策略都有各自的优势和局限性。一只在空中飞舞的蜜蜂可能喜欢监测自身看到的图像运动，因此可能采用策略②。一只行走的蚂蚁，它与地面有物理接触，可以很好地利用与它的腿部运动相关的信息，从而采取策略⑤。当开始对箭蚁的研究时，能量消耗被认为是决定性的信息（策略④）。早期对蜜蜂的研究表明，飞行距离是以飞行期间消耗的总能量来衡量的。我们开始就对这一假设表示怀疑，因为蚂蚁计程并没受其负重的影响。后来，在测试通道中，对人工负重的蚂蚁进行实验，证实了我们早期的观点，即当蚂蚁拖着极重的负载缓慢向后走时，它们估计的距离几乎不受影响。

在理解箭蚁的策略时，走的是一条迂回的路线，我们在不同的方向上徘徊，并经常在死胡同中结束。最终，我们发现至少有两种里程计在工作，尽管这个结论获得得很缓慢（这在最终出版的论文中没有提及）。生物学家、诺贝尔奖得主彼得·梅达沃爵士在一篇诙谐的文章中甚至质疑：科学论文是否是个骗局，不是因为它歪曲了事实，而是因为它死板的介绍－方法－结果－讨论方案过程，歪曲了论文中描述研究工作的思想过程。即使接下来不再回顾我们在研究箭蚁如何估计它们的爬行距离所发生的所有曲折和错误的转折，读者可能会对如何得到最终解决方案的“思想过程”有一个印象。

4.1 计步器

当运用了通道测试范式（图 4.2）后，我们的研究才有了进展。在这里，箭蚁只能在顶部开放的直线通道中觅食，这使

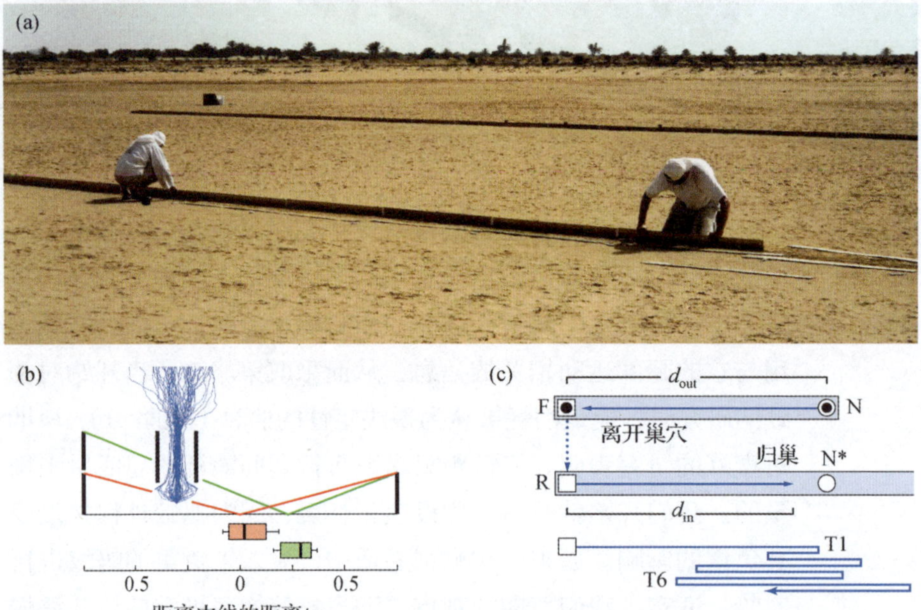

图 4.2　通道范式

（a）安装研究蚂蚁测程的通道。培训和测试通道并行设置，右为研究生斯蒂芬 · 佐默尔、左为技术助理汉斯约尔格 · 鲍曼。（b）对中响应。图形表示蚂蚁在通道中的位置，其中左墙与右墙一样高（红色）或 2 倍高（绿色）。插图：蚂蚁从喂食器（底部）开始往家走的行走轨迹（从上面看）。（c）实验装置（未按比例绘制）。N 表示训练通道中的巢穴入口；F 表示喂食器；R 表示释放点；N* 表示巢穴的假想位置。在测试通道中：d_{out} 和 d_{in} 表示向外和向内的移动距离；T1、T6 表示测试通道中的第 1 个和第 6 个转弯点。

它们看不到任何作为测距信息的自然地标，但为它们提供了天空视野（获取罗盘信息所必需的）。在通道内，蚂蚁倾向于沿中线奔跑。这种显著的“居中反应”来自动物试图平衡通道两侧通道壁的角度高度（图 4.2（b））。例如，如果一堵墙相对于另一堵墙增加了高度，蚂蚁就会将它们的轨迹移到较低的那堵墙，移动的幅度正好可以平衡两堵墙的角度高度。为了研究箭蚁如何进行距离估计，我们让箭蚁从巢穴向喂食器的通道爬行，从那里我们将其转移到测试通道。这个测试通道与训练通道宽度相同，但长度大大增加，因此释放蚂蚁时，能够按计程信号告诉它们的距离奔跑。一旦被释放，它们就会毫不犹豫地朝回家的方向爬去，就好像没被转移过一样。当它们跑完回家的距离后，会停下来，迅速调头，并开始在巢穴的假想位置上来回徘徊（图 4.2（c））。

研究蚂蚁是否使用类似“步幅计数器”（计步器）的方法是通过动物腿的长度来改变它们的步幅。当然，这种方法说起来容易，做起来难。尽管如此，当时在北非实地工作的研究生马蒂亚斯·维特林格通过精细的显微外科手术，成功地缩短和延长了蚂蚁的腿。他把腿从胫骨中段截短（断腿蚂蚁，简称“stump”），然后把高跷鬃毛（从猪身上剪下的猪鬃）粘在胫骨和跗趾（高跷蚂蚁，简称“stilts”）上，人为地延长了腿（图 4.3）。令人惊讶的是，蚂蚁的行走行为几乎不受这些外科

图 4.3　高跷上的箭蚁（长脚沙漠蚂蚁）

蚂蚁的腿是通过在腿的下部粘上小猪鬃毛（红色）来延长的。此外，在一些实验中（插图），蚂蚁复眼的前半部分装有不透光的眼罩（黄色）。

手术的影响，即使缩短的腿令蚂蚁身体更接地面，而且高跷鬃毛大大增加了蚂蚁腿的质量。更令人惊讶和欣慰的是，做过外科手术的蚂蚁成功地在测试通道中站立和跳跃，甚至术后几天，它们到达觅食地，就像什么也没有发生过。

在关键的测试中，蚂蚁在训练通道中走到距离巢穴 10m 远的喂食器。在那里，他们被捕获，接受外科手术，并转移到测试通道。当未手术的对照蚂蚁准确地将搜索的中心定位在虚构的巢穴位置，即距离起点 10m 的位置时，高跷和断腿蚂蚁分别显著地超过和低于 10m 的终点线（图 4.4（a））。然而，在被放回巢穴并进行第二次测试后，这些蚂蚁用缩短或拉长的腿再次在正确的 10m 标记处进行向外和向内的搜索。

实验动物第一次进入通道爬行测试中，观察到的过量和差量表现印证了“计步器”假说预测。但这些数据是否也符合定量预测？对断腿蚂蚁和高跷蚂蚁步幅的详细测量，以及这些测量值随体形和奔跑速度的变化确实表明，从视频分析中得出的预测（图 4.4（a）中开放方框）非常接近于从归巢蚂蚁中获得的实验数据。显然，蚂蚁使用了一个步幅计——计步器，其中考虑了步幅的数量和长度。

如何获得这样的步幅测量？100 多年前，法国生理学家亨利·皮隆对盘腹蚁进行了全面观察，记录外出爬行蚂蚁腿部的所有数据，并得出结论。他没有具体提到肌肉感觉，将其归因于对蚂蚁的一种假设，蚂蚁腿部肌肉和/或肌腱中的张力感受器，可以为里程计提供关于步幅的本体感觉反馈，而力敏感的机械感受器，如腿部角质层中的钟形感受器以及腿部基部的机械感受毛板也可以这样做。除了实际爬行步数所产生的输入信息外，它也是从运动中复制的输入信息，因此与仍需走的步数有关，可以单独或与输入信息一起作为里程计的必要输入。

在前面列举的策略⑤和⑥之间的输入和输出机制的一种方法是干扰蚂蚁爬行的方式，致使步幅计最终可能失效。然而，通过操纵爬行路面基质或蚂蚁的运动装置，来严重干扰动物的

图 4.4 高跷蚂蚁和断腿蚂蚁（长脚沙漠蚂蚁）

蚂蚁在缩短腿部（断腿）或延长腿部（高跷腿）的情况下回巢：(a) 复眼未处理情况下进行的进站和出站。(b) 复眼腹侧被覆盖的情况下进行的进站和出站。巢穴与喂食者的距离为 10m。上图：断腿（蓝色）和高跷（橙色）蚂蚁的搜索密度分布，黑色表示未处理的对照。下图：蚂蚁搜索目标的位置（转向位置）。实心长条表示实验数据；空心长条表示由步幅积分器预测的搜索位置；红色虚线表示实验和预测数据之间的对应程度。(c) 腿部操作。

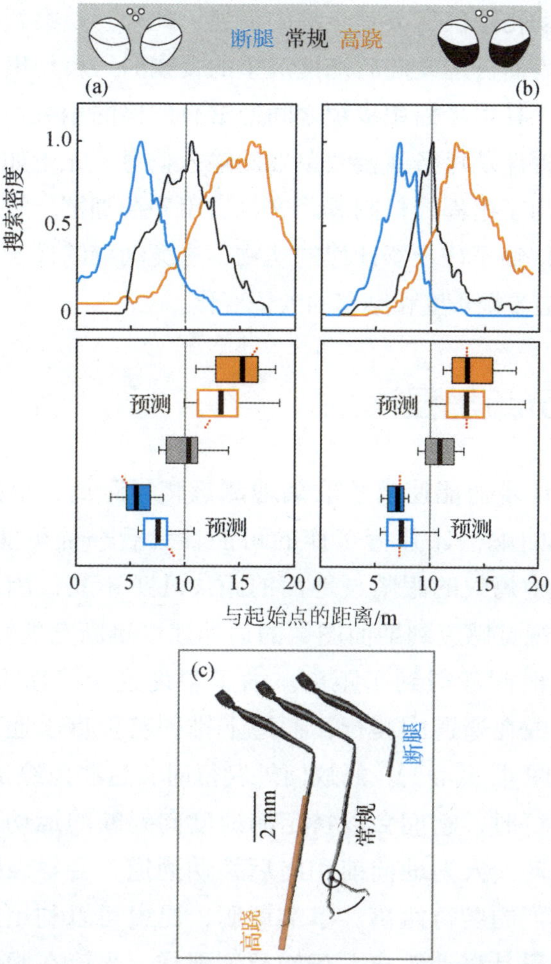

正常运动是很难成功的。令人惊讶的是，当训练这些动物在凹凸不平的表面爬行时（图 2.34（b）（c）），甚至它们 6 条腿中的一部分被切除时，其估计距离和归巢能力几乎不受影响。甚至拖着重物，蚂蚁倒退爬回巢穴，也不受影响。在这种条件下，蚂蚁的腿部表现出巨大的灵活性，通常有三条以上的腿同时接触地面，而且摆动阶段大大缩短，向后爬行的蚂蚁能够像向前爬行的蚂蚁一样准确地估计归巢距离。总而言之，蚂蚁的步幅积分器能适应各种行走行为的变化，确实很了不起。这支持了一种假设：计步器依赖于来自腿部机械器官的感觉反馈，这些

感受器为动物提供有关其步幅的信息。此外，观察到蚂蚁在起起伏伏的表面行走或向后拖拽沉重的食物时，表现出不规则的步幅模式，其中步幅和步频之间通常有严格的相关性，这甚至意味着里程计从每条腿接收单独的输入信息。无论如何，箭蚁很可能利用了里程计机制⑤。这也适用于招潮蟹，它是唯一一种被证明依赖于计步器计程的动物，这类动物的计步器，能够灵活地适应步幅长度和频率的大幅变化。

4.2 光流里程计

尽管计步器能使箭蚁准确地测量爬行距离，但并不排除视觉驱动的里程计并行工作的可能性。后一种可能性更大，因为行走中蚂蚁的眼睛与地面的距离几乎不变，因此可以可靠地通过视觉感应到地面图像的运动速度推断它的行走速度。速度乘以时间就得到了距离。为了验证这个“光流”假设，我们让蚂蚁在通道中爬行，通道上排列着垂直于通道轴的黑白条纹（图 4.5(a)）。蚂蚁向外爬行时，这些条纹是静止的；但往回爬行时，它们会以特定的速度向蚂蚁的运动方向或相反方向移动。人为地向前和向后移动通道，会导致蚂蚁高估或低估它们的爬行距离。事实证明，昆虫可以利用自感应的光流来测量其移动距离。正如预测那样，光流在腹侧视场有效，在侧面视场无效。在自然环境中，物体会沿着蚂蚁视线的路径发生不可预测的变化，侧向光流不能提供蚂蚁爬行速度的可靠信息。

只要简单看一下图 4.5（c），就可以看出蚂蚁腹侧图像流受实验操作的影响很小。计步器似乎主导了蚂蚁的测距决策。仔细观察图 4.4（a）的下部，也可以推断出视觉里程计是否在运行。如图 4.4（a）所示（斜向的红色虚线），高跷蚂蚁高估了他们的训练爬行距离，而断腿蚂蚁则低估了他们的训练距离，但始终比单独使用步幅积分器预测的要多。这种高估和低估可能是受视觉驱动的里程计影响。请注意，当给蚂蚁踩上“高跷”，它们的身体和眼睛会离地面更远，因此，与装上“高跷”腿之前相比，它们在行进单位距离所经历的腹侧图像流更小，因此仅根据视觉里程计就会超过训练目标。而断腿蚂蚁情况则相反。当遮住蚂蚁眼睛的腹侧部分，来屏蔽光流对里程计的影响时，半盲的高跷蚂蚁和断腿蚂蚁爬行的归巢距离与仅由计步器假设预测的距离一致（见图 4.4（b）中垂直方向的红色线，后半部分）。

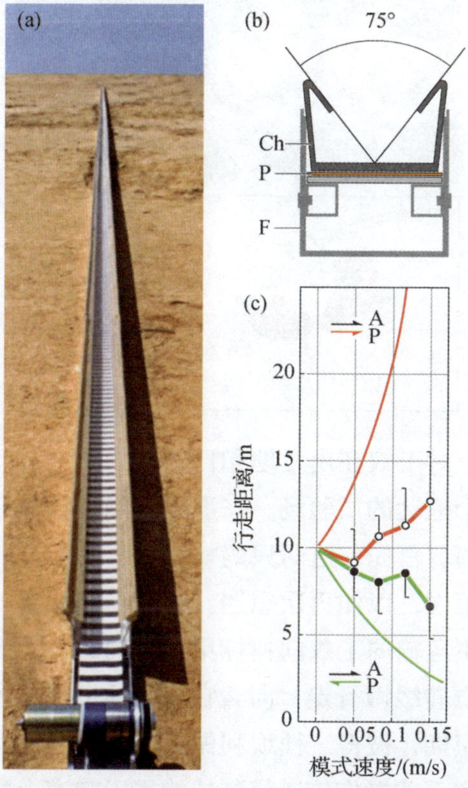

图 4.5 操纵行走蚂蚁的自诱导光流（长脚沙漠蚂蚁）

（a）测试通道的全貌。（b）测试通道的横截面：Ch 表示通道（透明的有机玻璃）；F 表示铝框；P 表示带图案的移动带。（c）结论：当图案（P）的移动方向与蚂蚁（A）的移动方向相同或相反时，蚂蚁会高估（红色空心圆）或低估（绿色实心圆）10m 的训练距离。折线表示蚂蚁完全依靠视觉里程计应爬行的距离。

当然，由于实验原因，关闭爬行蚂蚁的计步器几乎是不可能的。这种看似无望的情况下，我们有幸看到一个解决方案，箭蚁表现出一种特殊的社会行为，即成蚁转移。蚂蚁中的觅食者沿直线将成年同伴从一个巢穴运送到另一个巢穴，距离可达几十米。20 世纪初，英国医生和博物学家理查德·辛斯顿在印度北部探险时，对特殊的地域分散方式印象深刻，“一群箭蚁属的工蚁通过用颌部运送它们的同伴建立了另一个巢穴”（图 4.6）。

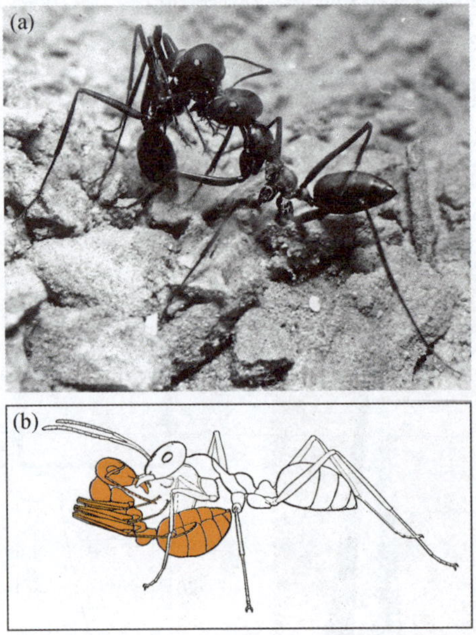

图 4.6　沙漠双色蚁的成蚁转移

这是一只箭蚁被运送到另一个巢穴中的典型方式。被运输的蚂蚁（左侧个体）采取了一种特有的身体姿势。(a) 运输工蚁（右侧）叼住同伴下颚根部后，就迅速挺起身体；(b) 被运送的蚂蚁紧收它的腿和触角，最后以“蛹”的姿势倒挂着被运走。

当这样一对工蚁在出发地和目的地的巢穴之间被捕获，并被转移到一个遥远的试验场。在那里它们被释放后，这对工蚁就会相互分离。首先，这两只蚂蚁在狭窄的地方四处搜寻，然后扩大搜索范围，以便再次重遇。但在它们分离一小时后进行测试时，负责运输的工蚁向目标巢的方向走去，而被运输工蚁则向相反的方向缓慢行走，向着它离开的巢穴走去。在我们研究箭蚁属的早期，彼得·杜埃利做了一个关键性实验。他让这对工蚁在一个手动操作传送带制成的露天跑道上爬行。传送带诱导运输蚂蚁在特定的时间内以特定的方向运行。跑道的墙壁遮住了所有的自然地标，并挡住了风，尽管如此，运输工蚁和被运输工蚁在野外都选择了与在自由场时一样准确的罗盘路线。罗盘的信息可能只能从天空或地球磁场中获得。

但关于距离的信息呢？当蚂蚁在地面上以特定姿态被携带时，它所感知的光流是否提供了必要的信息？肯定的答案来自一系列复杂的实验，在这些实验中，马蒂亚斯·维特林格让运输蚁通过我们之前用于解开蚂蚁“计步器”之谜的通道来搬运它们的巢友，这些通道已经在空间上重新排列，以便连接起点巢穴和终点巢穴。这个通道中，这对搭档离开巢穴一定的距离（如 10m），被运送的蚂蚁就会从运输蚁身上取下来，并转到一个平行的测试通道。在那里，它首先围绕释放点进行搜索，然后向巢穴方向出发，直到最后在距离起点 10m 处的巢穴假想位置周围来回徘徊（图 4.7（a））。在被运送蚁抓住之前，将蚂蚁眼睛的腹侧部分用不透光的油漆遮住，那么它不会向假想的目标移动，而是围绕释放点来回搜索（图 4.7（b））。图 4.7 中清楚地证明了，被运送的蚂蚁在被运送时获得光流的距离信息。

然而，令人意想不到的是，在被运送的蚂蚁中也观察到了与图 4.7（b）所示相同的行为，在这种情况下，蚂蚁仅在测试通道中开始它们的归巢运动时被遮住眼睛腹侧。被运送的蚂蚁记住了其在被运送时距离的光流信息，但它们的计步器无法获得这些信息（图 4.7（c））。因此，我们假设这两种估计距离的方法代表不同的机制，它们独立运行且彼此并行，并且是不同积分器的一部分：“步幅积分器”和“光流积分器”。上述积分器都可以独立工作——当箭蚁眼睛的腹侧半部被遮挡或在黑暗中行走时，步幅积分器发挥作用；当蚂蚁被巢友运送时，光流积分器开始运转。

值得一提的是，当蚂蚁被巢友携带时，被运送的蚂蚁会主动使用视觉里程计。在那种情况下，它们不是被巢友抓住并被动运送到蚁群的另一个巢穴，而是主动邀请被带上，并在运输蚁下面主动采取特有的身体姿态（图 4.6）。相反，当它们被实验性地放在滑板上，被动地以蚂蚁的正常高度在有图案的地板上以它们被携带时相同的速度移动时，显然它们没有使用光流积分器（图 4.8）。

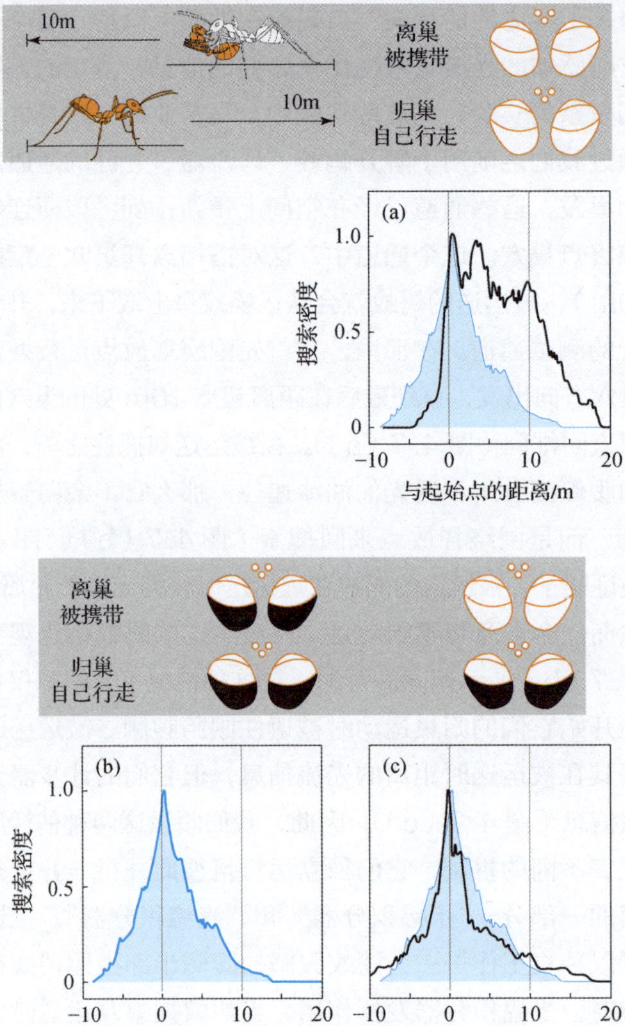

图 4.7　由巢友携带的蚂蚁：用于测量行进距离的光导传感器（长脚沙漠蚂蚁）

蚂蚁在被巢友携带到离巢穴入口 10m 远的地方后，被释放到测试通道。（a）被搬运者的搜索密度分布，其复眼未被处理（黑色）。（b）复眼腹侧被覆盖时（控制），在携带模式下的向外行进以及在主动运动下的向内行进过程。（c）眼罩仅在向内运行时使用。目标距离为 10m。在（a）和（c）中，对照组的搜索分布用蓝色阴影表示。

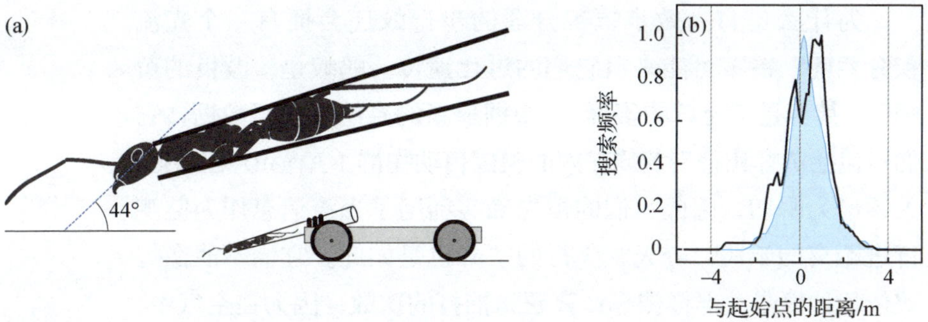

图 4.8 被动运输的蚂蚁（长脚沙漠蚂蚁）

（a）一只蚂蚁被固定在吸管的顶端（顶部），头部向外探出，身体的其他部分被吸管固定住，吸管被安装在一个小型滑板上，使头部的俯仰角和头部与地的距离与正常运行条件相符；装载着一只零向量蚂蚁的小车，以蚂蚁的平均运行速度在一个有图案的通道上移动 4m。（b）实验通道中释放的蚂蚁的搜索密度分布。附在车辆上的蚂蚁被动地移动（黑色）或保持静止（控制，蓝色）。

如果真的有两个独立的距离记忆，一个基于步幅积分，另一个基于光流，那么是不是可以让它们依次释放信息？另一组复杂的实验解决了这个问题。蚂蚁在到达喂食器后，在它们的距离记忆被激活时，捕获它们，并戴上眼腹侧眼帽，在测试通道中释放。此时在它们归巢时只能用步幅积分器。在完成了类似 U 形的急转弯后，它们再次被轻轻地抓住，解开眼罩，并再次被放到测试通道中。现在它们继续利用光流积分器向巢穴方向爬行，并最终到达寻找的巢穴，这个位置远远超出了设想。这表明，箭蚁分别储存两个距离记忆，但第一次和第二次释放后所走的距离显示，这两个距离记忆在不被使用时会相互影响。

让我们再回到“搬运实验”，这些实验一开始就提供了明确的证据，证明箭蚁能通过光流感知来估计移动距离。在这些实验中，是人类的干扰导致被运送的箭蚁返回它们的出发巢穴。但是近亲 Rossomyrmex——一种制造奴隶的半沙漠蚂蚁，它是袭击原住蚁的蚁群——这种行为是自然发生的。在这里，成虫的运输用来集结巢穴成员到宿主蚁群中。经验丰富的工蜂带着经验不足的工蜂前往新发现的原生蚁群，在那里它们进行突袭，并带着宿主的幼虫返回巢穴。接着，它们继续集结新的巢友。当第一次自己回家时，它们必须完全依靠在运输过程中获得的信息——正如我们对箭蚁研究的那样。

为什么具有高效步幅积分器的步行蚁还会拥有一个光流积分器呢？答案可能来自它们的进化遗传。蚂蚁是“改良的黄蜂”，甚至是“无翼的蜜蜂”。根据最新的系统基因组数据，它们与包括黄蜂和狩猎黄蜂在内的膜翅目动物群（Apoid Clade）关系最为密切，因此它们的祖先确实利用了光流信息作为监测行进距离的手段。今天，飞行的蜜蜂也是如此。它们不能像蚂蚁依赖计算步数那样依靠计算翅膀拍打的次数，因为在空气中，一种不稳定的介质——覆盖一定距离所需的翅膀拍打次数在很大程度上取决于蜜蜂飞行时气流的速度。实际上，重要的不是蜜蜂的飞行速度（相对于空气的速度），而是地面速度（蜜蜂相对于地面的速度），这个速度相当于环境图像在昆虫眼中移动的速度。

在使用两种不同的实验方法中，澳大利亚国立大学的曼迪亚姆·斯里尼瓦桑和印第安纳州圣母大学的哈拉尔德·埃施已经提供了明确的证据，证明蜜蜂使用了一个视觉里程计。在斯里尼瓦桑的模型中，蜜蜂在狭窄的通道中飞行，通道的墙壁和地板上有黑色和白色的光栅（图 4.9）。由于这些光栅的方向与通道的轴线垂直，因此与蜜蜂的飞行方向垂直，它们为蜜蜂提供了足够的光流信息：通道越窄，光流信息就越多。当蜜蜂在一个给定宽度的通道中接受训练，在离通道入口一定距离处寻找食物，然后在比训练通道更窄或更宽的通道中对比测试时，它们在开始寻找食物来源之前，分别飞得更近或更远。很明显，在训练过程中，蜜蜂已经整合并记住了它们在前往目标的路上所经历的总视觉流信息。如果测试通道较窄，每单位距离的视觉流就比训练通道大，所以蜜蜂必须在较短的距离内获得与训练时相同的总流量，而在较宽的测试通道中则相反。当通道上有轴向条纹时，蜜蜂在平行于条纹飞行时没有或只有很少的图像运动。在这种情况下，它们会毫不停歇地从通道的入口处飞到通道的另一端，因此无法测量飞行的距离。

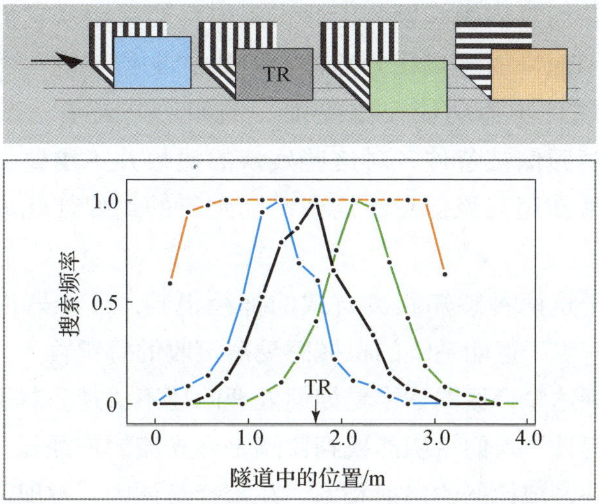

图 4.9 飞行蜜蜂采用视觉驱动的里程计

蜜蜂在0m位置进入（见箭头）飞行隧道，在1.7m位置的训练隧道（TR）中获得奖励。隧道的内壁和地板上有黑白相间的光栅，其方向与隧道的长轴成直角。曲线描述了蜜蜂在测试中的搜索频率分布：控制测试（黑色）和关键测试，其中测试隧道比训练隧道更窄（蓝色）或更宽（绿色），或者光栅平行于隧道的长轴（橙色）。

在埃施的实验范式中，蜜蜂在开阔的空地上训练。一组蜜蜂在两座高楼的屋顶之间觅食，而另一组在靠近地面同等距离进行活动。回到蜂巢后，觅食成功的蜜蜂会进行特有的招募行为——跳“摇摆舞”，通过这些舞蹈告知同类食物来源的方向和距离。它们用摇摆时间来代表食物源的距离，而被招募的蜜蜂则将其解码为距离。正如视觉里程表计所预测的，第一组蜜蜂在离地面很高的位置飞行（并且感知到的图像运动量较小），第二组蜜蜂在靠近地面飞行同样的水平距离，第一组发出的距离信号要比第二组短得多。

无论飞行蜜蜂使用光流里程计的演示多么精彩，但同样也揭示了这种距离估计机制的严重问题。前进飞行的单位距离所产生的图像运动直接取决于物体相对于蜜蜂的距离。事实上，同一蜂群在被诱导到不同的杂乱环境中觅食时，其中舞动蜜蜂的距离校准函数（即把摇摆时间与距离联系起来的函数）差别很大。这意味着，该系统只在蜜蜂沿同一路线飞出和飞入时才能准确判断。因为招募蜜蜂与被招募蜜蜂在相同的环境中走了相同的路线，蜜蜂招募舞蹈的可靠性不受视觉里程计的场景影响。

对箭蚁这种边爬边向下看地面的物种来说，它们的里程计不存在场景依赖问题。因此，工蚁可能采用从它们的飞行祖先继承而来的流量积分器作为可靠的支持系统。然而，即使蚂蚁的计步器功能严重受损，例如，失去了一条或两条腿，眼睛腹侧被蒙住，对这些残疾的蚂蚁并不重要。不管它们是否能使用光流信息，这些坚韧爬行的蚂蚁都能成功回到巢穴。

至于这两种感知距离方式的神经机制，计步器很可能是从腿部－躯干运动系统的机械感受器接收的感觉输入，但这些信息在到达整合器的途中是如何处理的还不清楚。对于视觉驱动的里程计，人们希望能找到监测平移光流的神经元，并发现与图像速度成比例的发射频率。在蜜蜂身体中，发现了这种神经元的存在，但最详尽的分析是在热带蜜蜂 Megalopta 中进行的，在它们中央复合体的结节中发现了一组平移光流探测器（速度神经元）。在中央复合体的另一个区域，即扇形体中，这些视觉探测器的信号与来自原脑桥的罗盘信号整合在一起。我们将在第 5 章中再讨论这一整合过程。

4.3 三维空间

到目前为止，我们认为的世界是平面的，但对箭蚁来说并非如此。即使是 chotts（北非小盐湖盆地）的陆地表面，即长脚沙漠蚁居住的北非盐田基本平坦的地形，也是崎岖不平的；而高速银蚁在撒哈拉的生活领地——尔格（ergs），到处都是起伏的沙丘（图 4.10）。蚂蚁如何在这类地形环境中导航？理论上，它们可遵循一些数学定理，进行三维的路径积分。或者，它们可以将三维（x，y，z）世界中获取的所有路径投射到一个虚拟（x，y）平面上，这样就能在熟悉的二维参照系中进行路径积分。这种三维到二维的思维转换似乎是想象力的一次奇妙飞跃，但信不信由你，这个比喻描述了蚂蚁的实际做法。

图 4.10 阿尔及利亚东部沙漠中的撒哈拉沙丘

证据来自下面箭蚁起起伏伏的行程。在这个锯齿状的装置中（图 4.1），箭蚁沿着一系列交替上坡和下坡的通道爬行，但通过一条与丘陵出发路径平行的直线通道返回巢穴。在这条笔直通道上，当蚂蚁走完山丘形通道投影到地面的相应距离后，会急速进行 U 形大转弯，最终归巢（图 4.11）。它们的行走不受斜坡倾斜角度的影响，甚至在三维通道中，可能给人以奇异的景观艺术的印象。例如，图 4.12 所示的通道阵列中，喂食

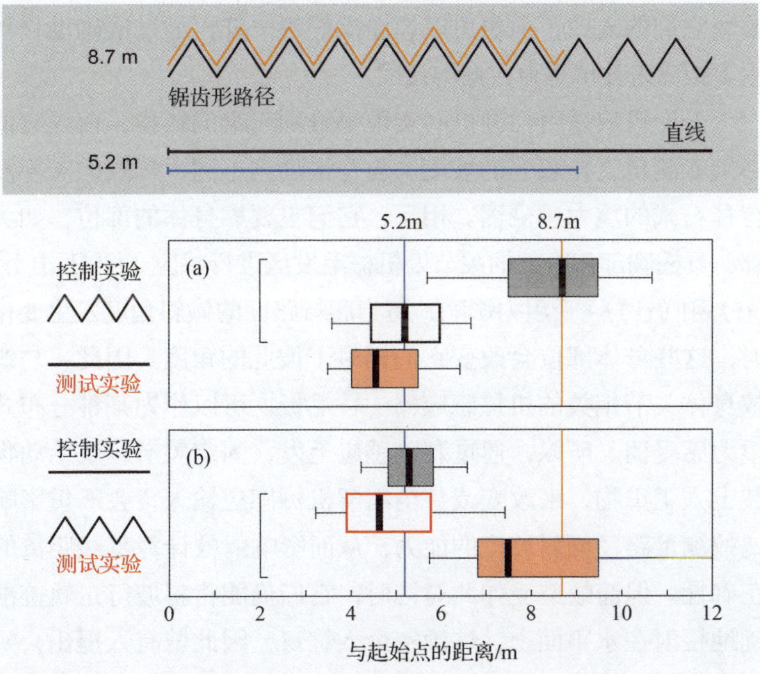

图 4.11 上坡 / 下坡路（长脚沙漠蚂蚁）

(a) 沿着锯齿形路径向巢外爬行（图 4.1），随后进入（测试）在直道上爬行。红色表示第一个 U 形弯的位置；灰色和白色的曲线分别表示了蚂蚁在训练控制中沿锯齿道路的旅行距离和相应的地面距离。(b) 反向爬行情况。在直道上远离巢穴和沿上坡 / 下坡路径回巢（测试）。在测试中，蚂蚁投影了上坡 / 下坡的地面距离（红色曲线），其中地面距离对应直线通道中的训练距离（红色方框）。

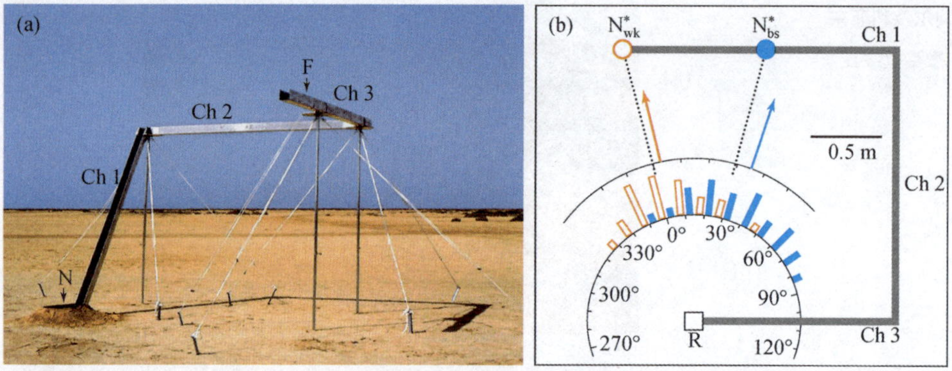

图 4.12　三维迷宫（长脚沙漠蚂蚁）

（a）三维训练阵列。（b）结果。蓝色表示全向量蚂蚁从三维阵列中的喂食器转移到平坦的测试场；橙色表示二维对照实验。（a）训练阵列躺在地上。Ch 1、Ch 2、Ch 3 分别表示敞篷通道 1、2 和 3；F 表示喂食器；N 表示巢穴；N^*_{bs}、N^*_{wk} 分别是根据基线距离（bs）和测试期间蚂蚁实际爬行的距离（wk），对巢穴的假想位置；箭头表示蚂蚁的平均方向选择；R 表示释放点。

器被放置在高空，因此蚂蚁觅食旅程的起点和终点都在离地面不同的位置。蚂蚁必须首先爬上一个斜坡（通道 1），然后向右转，进入水平通道 2，再向右转到达位于通道 3 的食物源。当从高空喂食处被转移到平地上释放时，它们的爬行距离与斜坡通道 1 投影到地面的距离完全相同，而不是它们实际行走的距离。由此可见，它们并没有获得三维路径积分向量。最近，有研究表明，上面提到的即使招潮蟹会在斜坡和水平表面爬行时改变它们的入口，但也可以像沙漠蚂蚁一样，通过准确地移动水平距离来补偿垂直方向的迂回。

无论蚂蚁采用何种机制实现三维到二维的转换，首先它们必须能测量爬行表面的坡度。与脊椎动物不同，蚂蚁的头部没有耳石式的重力感受器。相反，它们主要靠身体的部位，如头部、具翅胸部和腹部的关节处机械毛发区进行感应（图 2.4（b）（c）和（d））。受重力影响，每当爬行路面的倾斜角度发生变化时，这些身体部位会改变它们相对于彼此的角度。因此，与蚂蚁身体关节相关的机械感应器——毛板，可以作为某种分布式重力感受器。所以，通过剃除感应毛发，固定关节，或给动物装上人工重物，来改变或甚至消解机械感应输入，会严重影响蚂蚁测量路径倾斜坡度的能力，从而影响蚂蚁计算基线距离的正确性。但箭蚁遭受如此对待时，它们仍能将斜坡行走轨迹准确地投射在水平面上。这确实令人惊讶，因此曾有人提出，蚂蚁颈部（头 - 躯干）关节和躯干 - 胃关节的毛板肯定参与了重力感知和坡度检测。由于技术上的困难，与腿部相关的毛板，如在 alitrunk-coxa 关节处，还未被处理过。

如果毛板的重力感应器不参与，或不是主要参与蚂蚁测量地面坡度，那么腿部机械感受器——钟形感应器或肌肉应变传感器，如脊索器官，是否会发挥作用？这些传感器监测动物行走时腿部的反作用力。通过箭蚁在微型力平台上爬行时的详细测量结果表明，腿部对地面的反作用力大小和方向随表面坡度的变化而变化。这些变化肯定会影响腿部及其关节的压力。此外，视觉能否提供有效的信息呢？在斜坡上，头轴和水平面之间的夹角会发生显著变化。从高速记录视频中可以推断，在 60° 的上升或下降过程中，蚂蚁的头部倾斜得很厉害，以至于其下颚分别略微向上或完全向下。因此，天空及其天体罗盘信息投射到眼睛的小晶格上的方式，或多或少与蚂蚁的行走路线的倾斜度相关，因此理论上它可以作为监测倾斜角度的手段。然而，事实并非如此。实验中在通道装置的均匀部分和不均匀部分，当向蚂蚁提供相同的偏振信息，或者完全没有这种信息时，动物仍能准确区分通道的两个部分。总之，在编写本书时，箭蚁如何监测地形坡度的问题还没有定论，但它们最有可能采用来自腿部机械感应器的本体输入。

如前所述，箭蚁能够测量地面的坡度，并利用这一信息计算出二维原点向量，但它们并不将这些三维信息存储在其路径积分记忆中。当然，蚂蚁的记忆系统并不完全忽视第三个维度的信息。例如，在我们的三维通道系统中，当箭蚁被训练沿着离开巢穴路径的某一段向上行走时，它们会在随后的回巢路径上某个意想不到的坡道明显地向下攀爬。由于这种向下爬行发生在任意点上，蚂蚁不会把对倾斜路段的记忆与它们的路径积分器的特定状态联系起来。因此，箭蚁至少获得了一些关于它们所走路径的坡度信息，但这种信息如何被归纳，并与其他行为相联系，还有待探讨。关于路径积分，我们认同维克多·科尔内茨的观点，他说过“对蚂蚁来说，世界是平的”。而科尔内茨并没有考虑到蚂蚁的路径积分系统。事实上，在他那个时代，并不认为蚂蚁会使用路径积分，我们将在下一章讨论这个话题。

5 路径积分

图 5.1 拍摄路径积分研究现场

1998 年 8 月，英国广播公司（BBC）的一个绿色伞小组拍摄了我们在北非研究基地关于路径积分的研究（突尼斯马赫雷斯）。

当尤利西斯从特洛伊经历漫长冒险旅程回家时，他终于到达了科基拉岛，即现代的科孚岛。正如荷马在《奥德赛》中告诉我们的那样，这个岛屿居住着腓尼基人，他们是当时世界上最好的海员。然而，这位伟大的古希腊诗人没有告诉我们，这些娴熟的水手使用了哪些航海技术。他说，腓尼基人对这些技术保密。据说阿尔基诺斯国王关于这方面唯一说过的一句话是："我们的船没有舵手，船员仅凭借直觉，并付诸行动"。他们"凭直觉"知道什么？

我们只能猜测这个问题的答案。原则上，当腓尼基人和其他早期的航海家离开他们熟悉的海岸线，冒险进入新的、未知的海洋世界，远离陆地之后，只有一种方法可以推断位置。他们只能通过跟踪自己的运动轨迹，并不断地积分他们所控制的方向（相对于某些参考坐标，例如，白天的太阳和夜间的恒星）以及在这些方向上走过的距离来做到这一点。无论他们采用什么技术测量方向和距离，他们一定不断地将两种测量方法进行组合，即现代所谓的路径积分，或者至少从 16 世纪以来就被水手们称为"航位推算"，这是英国皇家海军常用的一个术语。由于路径积分的结果是通过向量计算，即路径积分向量，也被称为向量导航。我们不知道腓尼基的航海家们为了完成路径积分任务，进行了怎样的脑力计算，但他们一定这样做了。

两千多年后，克里斯托弗·哥伦布第一次从加那利群岛出发，最终登陆巴哈马群岛，在这段航行中就依靠同样的路径积分策略，用"船的航向和航速，而不是其他因素"来推断他的位置。与希腊航海家不同的是，他可以通过磁罗盘——船上唯一不可缺少的导航仪器，来确定航向，他还可以用类似于船用计程仪的仪器来测量航速，最终推断出他的小舰队所处位置的方式与腓尼基人"凭直觉"使用的航位推算策略一样。在箭蚁属中，"凭直觉"意味着什么，这是本章的主题。

我们再次从参考图 1.3 开始，重新绘制了图 5.2（a），以强调向量导航是一个持续不断的过程，在此过程中，动物通过监测其每一步的位置变化，并更新路径积分，从而保持它从起点所走的总距离和方向。可以说，蚂蚁不是记录和记忆其离开巢穴后所走路径的空间细节，也不是形成路径印迹，而是无时无刻不在参考当前计算所得的路径积分向量，从而确定当前位置和巢穴间的直接路线。在图 5.2（a）中，绿线表示路径积分器在出行路径的三个任意点上告知蚂蚁的信息。动物开始觅食时在巢穴入口处进行的学习性行走，或者在觅食后期对巢穴周围地标性全景的变化而重新进行的学习性行走，都直接证明了动物可以按照绿线所暗示的那样爬行。在曲折的爬行过程中，即使看不见巢穴入口（图 6.20 和图 6.21），它们也时常停下来、转身、回头看看旅程的起点方向。最后，当蚂蚁返回巢穴时，它们的路径积分向量被清零，但获取食物地点的向量被记住了，并可在以后的行走中检索和使用。

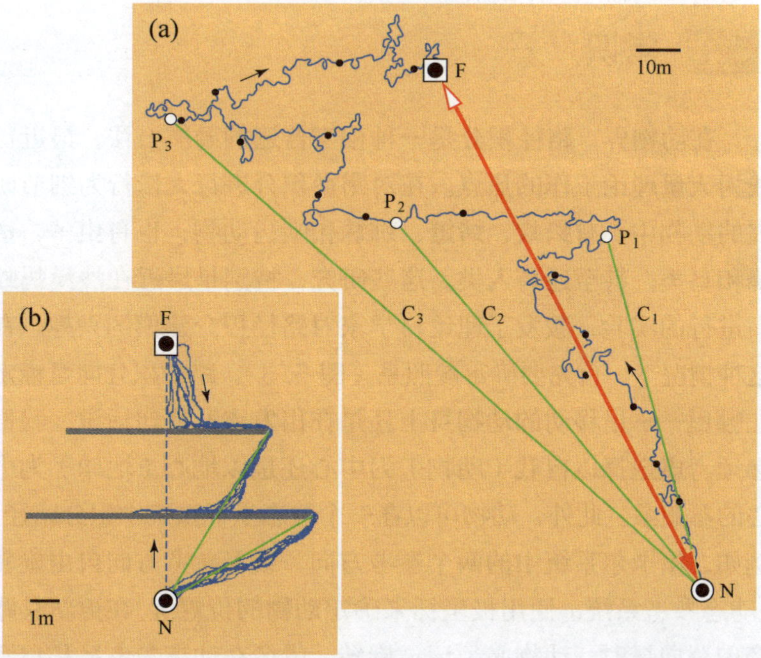

图 5.2　在往返旅程中，箭蚁不断地更新路径积分向量（长脚沙漠蚂蚁）

（a）图 1.3 所示的觅食往返旅程。蚂蚁持续的路径积分器的状态（绿线）被表示为三个任意位置 P_1、P_2、P_3，C_1、C_2、C_3 为当前的向量状态。红色实心箭头和红色空心箭头分别表示蚂蚁的巢穴和随后的食物向量。（b）一只觅食蚂蚁被训练成直接从巢穴爬到一个人工喂食器。在开始的旅程中（蓝线），它被迫连续绕行 9 次，绕过 2 个障碍物（灰条）。绿线描述的是如果蚂蚁完全更新了它的巢穴向量，将采取的路径；F 表示寻找食物的地点（a）和人工喂食器（b）；N 表示巢穴。

此外，图 5.2（b）很好地说明了采用路径积分的蚂蚁是如何成功地改进路线，以避免额外的绕道。在目前的情况下，蚂蚁必须绕过放置在它前进路线上的两个障碍。一旦到达并绕过障碍物，它们就会立即从强制绕行中恢复过来。当它们（和障碍物一起）被迁移到不熟悉的地方，在绕过任何一个障碍物后的方向选择提供了明确的证据，证明路径积分器在它们经历具有障碍物的路径时一直在更新。事实上，路径积分是箭蚁属动物基本的导航方法，当蚂蚁在巢外时，路径积分一直在工作。路径积分不仅被用于无特征或新颖的地形中，在这些情况下其是蚂蚁唯一可使用的导航手段，而且被用于将在第 7 章中看到的——当蚂蚁的行动受其他更可靠的信息（例如基于地标的信息）支配时的情景。当蚂蚁开始户外生活时，路径积分就开始发挥作用。因此，即使在极端特殊情况下，蚂蚁也能依靠路径积分。

5.1 常识

在动物界，路径积分是一种相当普遍的导航方法，最近已成为大量理论工作的焦点。在对路径积分进行大量行为细节研究的动物中，有蚂蚁、螃蟹、蜘蛛和啮齿动物，也有虫子、蜜蜂和鸟类，甚至还有人类。这些研究，特别是最近在沙漠蚂蚁中进行的实验，激发了理论科学家对路径积分建模的兴趣。在这种情况下，首先要确定参照系（图 5.3）。路径积分向量锚定在哪里——是移动的动物身上还是在出发点？换句话说，我们必须考虑选择以自我（动物）为中心还是以地心（地球）为中心的参照系。此外，动物可以在一个静态坐标系统中积分路径，例如，笛卡尔系统中的两个参考方向，或者参考方向自由旋转（动态参考系统，使用极坐标来确定动物的位置）。在更新其路径积分向量时，动物必须记录旋转，就像在动态参考系和自我中心静态参考系中一样，理论告诉我们，角度误差的积累使动

图 5.3 路径积分的坐标系：以地心（地球）和以自我（动物）为中心

在这两个系统中，蚂蚁的路径积分向量（PI 向量，绿色）可以在笛卡尔坐标（空间定义，“静态”参考方向）或极坐标（变量，“动态”参考方向）中定义。地心角 η 是相对于 X 轴提供的外部参考方向来测量的，如太阳方向。以自我为中心的角度 σ 表示蚂蚁前进方向（黑色箭头）与目标方向之间的夹角。

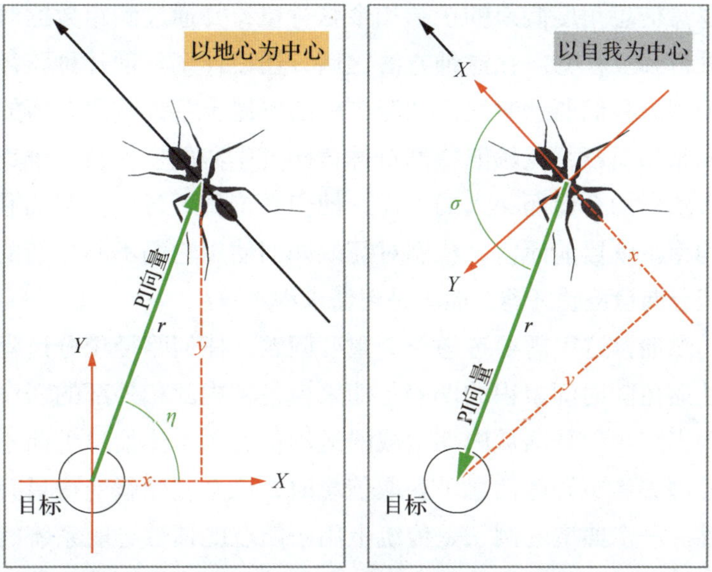

物对其位置的估计远不如在以地球为中心的静态参考系中精确。事实上，20 世纪 60 年代在德国西维森，由马克斯·普朗克行为研究所开发的经典的“双分量模型”中，霍斯特·米特斯泰特使用的正是这样一个地心静态参考系（图 5.4）。在这个模型中，动物被认为是在计算两个笛卡尔分量，即它与外

图 5.4 更新路径积分器：经典的“双分量模型”

在这个具有静态坐标——两个正交（笛卡尔）坐标的地心系统图中，动物的爬行路径被分为三个长度为 S_1、S_2、S_3 的直线路径段，它们偏离恒定方向（x 轴，0°）的角度为 δ_1、δ_2、δ_3。三角函数 $\sin\delta_i$ 和 $\cos\delta_i$ 乘以各自的路段 S_i 并相加。如果 S_i 变得无穷小，则求和就转化为积分。

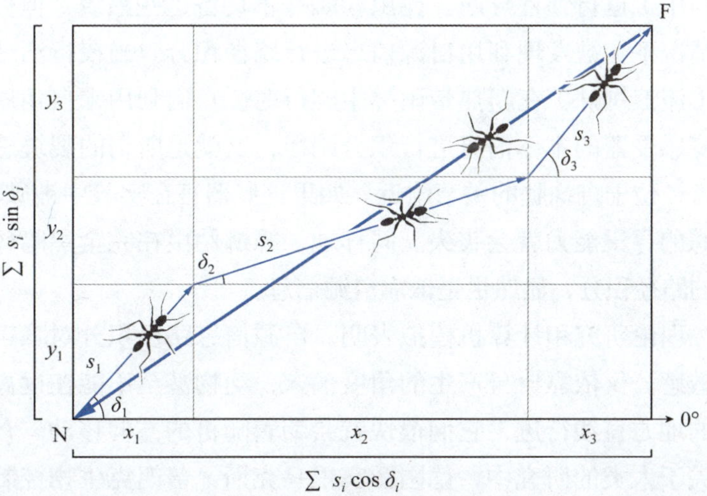

部罗盘信息角度偏差的正弦和余弦分量，并通过测距数据对它们进行独立积分。在这种方法之后，还设计了其他几种路径积分模型。我们要感谢澳大利亚布里斯班昆士兰大脑研究所的艾伦·张和新西兰克赖斯特彻奇林肯研究中心的罗伯特·维克斯塔夫所做的全面而深入的工作，他们系统化了各种模型的潜力和约束。就目前而言，我们对箭蚁如何使用它们不断更新的路径积分向量更感兴趣，而不是更新过程本身。

然而，这里需要考虑一个重要问题。任何路径积分过程都无法避免随时间累积的误差，即来自各种内部和外部的噪声累积。当路径积分器从内部生成的运动信息（本体信息）而不是从外部参考（异体信息）获取信息时，这个问题就变得具有挑战性。一个典型的例子是传统上用于航空的惯性导航系统的加速度计，导航员用它将所有迂回曲折的旅程中经历的角加速度和线加速度记录下来，并随时间进行二次积分。这套模式曾用于研究鸟类，但在纽约康奈尔大学已故的威廉·基顿教授对鸽子进行的一项关键研究中被否定。然而一些哺乳动物使用这套系统。夜间觅食时，啮齿类动物，如老鼠、仓鼠和沙鼠依靠位于前庭的角加速度和线性加速度传感器信号（分别在半规管和耳石中）进行惯性导航。昆虫和蜘蛛不具备这些系统，但极个别情况下，被发现利用自源信息进行路径积分。当夜行活动蜘蛛（流浪蜘蛛）在新热带雨林中爬行时，它们利用来自角质层应变感受器的本体信息进行积分路径，这就是所谓的裂缝感应器官，位于蜘蛛腿的关节附近。如果这些器官在实验中被破坏，蜘蛛的寻巢能力就会丧失。同样地，蟑螂幼虫在完全黑暗环境中的路径积分，显然也是依靠自源信息。

理论研究和计算机模拟表明，自源信息路径积分对噪声极为敏感。仅依靠自身产生的角度输入，动物甚至不能在远离家园的地方直线行进，它们很快就会朝着随机的方向移动。在一项关于人类的研究中，德国图宾根马克斯·普朗克生物控制学研究所的简·苏曼和他的合作者让受试对象在欧洲中部的大片平坦森林或突尼斯南部的沙漠地带沿直线行走几小时，他们的步行轨迹通过全球定位系统（GPS）记录。阴天时，由于没有天体罗盘信息，受试对象反复偏离预定的直线路线，来回绕圈子。晴天时，没发现这种极端的绕圈行为，很可能是导航系统中噪声累积造成的，该系统主要依靠自源信息。

总之，外部参考对任何通过路径积分进行长距离导航的生物和有机体而言都是不可或缺的。从这个角度来看，箭蚁使用的复杂的罗盘系统是蚂蚁最珍贵的感官和神经工具，这就是为什么我们在第 3 章中以相当长的篇幅讨论这些机制。

5.2 路径积分向量

再回到箭蚁的问题，让我们先总结一组实验范式，这有助于理解蚂蚁在觅食过程中如何使用路径积分系统（图 5.5）。我们首先观察到达食物地点（1）的一个觅食者，并把它侧向移开。在被释放后，这只被移开的蚂蚁仍具有完整的归巢向量（因此称为“全向量蚂蚁”），它旋转身体，直到其身体轴线与巢穴向量的方向对齐，随后会立即开始沿着这个向量前进直至该向量为零（2）。这就好比动物在离开巢穴时已经填满了一个路径积分的累加器，现在却试图在回巢的路上清空这个累加器。当归巢的向量被归零时，蚂蚁（现在是一只“零向量”蚂蚁）就认为自己已经到达了巢穴。由于实际巢穴并不在那里，它开始以归巢向量的顶端为中心进行系统搜索（请回顾一下图 1.5 的例子）。另一种证明在蚂蚁到达巢穴（3）后将路径积分器清零的方法是，在蚂蚁回程即将进入巢穴时，捕获它，并将其转移到陌生地形（4）。在那里，它将再次开展系统的搜索行为。在没有地标的环境中，人们甚至可以将蚂蚁移到它几分钟前返回的进食地点，并观察到它现在以径向对称的方式围绕该地点进行搜索。然而，当它被转移到巢穴时（5），或主动返回巢穴时，又开始了新的觅食之旅，并前往以前的觅食地点（6）。这种行为清楚地说明，“食物源向量”与归巢向量相反，而且肯定被存储在长期记忆中。

现在我们问个乍一看很奇怪的问题，但仔细一想就会得到满意的答案：是否能训练箭蚁获得和存储独立的入站（巢穴）和出站（食物）向量，也就是说，向量不只是彼此相反的180°？探讨这个问题的一个方法是采用开放式实验（图5.5（c）），在这个实验中，蚂蚁所达到的食物源地点与归巢的出发点不是同一位置。如图5.5（a）所示，在这种情况下，被移走的蚂蚁首先将它们的入站（巢穴）向量清零，然后开始对巢穴的假想位置进行系统搜索。如果位移距离（F→R）不是太大，搜索功能最终使蚂蚁到达巢穴的真实位置（8）。现在，令人惊讶的事出现了。当蚂蚁再次觅食时，它们并不直接奔向去过的食物点，而是偏离直接的N→F路线一个小角度δ（9）。显然，实验性的开放式范式使蚂蚁重新校准了路径积分向量。如果重新校准的动物在经过搜索后到达F点，然后经历与之前相同的F→R位移，它们就会偏离之前的归程R→N*，偏离的角度与它们在外出时偏离N→F的角度完全相同（10），即$\delta_{in}=\delta_{out}$。它们不选择直接到巢穴的路线，即角度α。

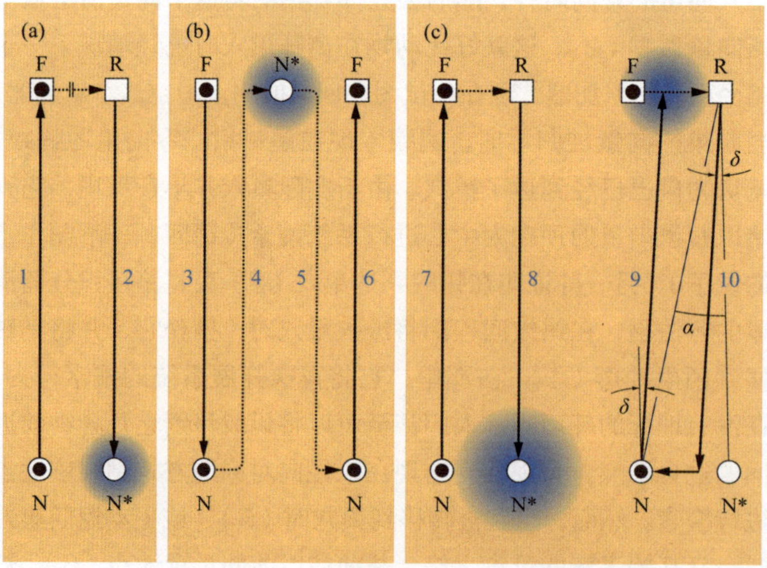

图5.5 蚂蚁的路径积分向量：一些基本的实验范式

（a）全向量蚂蚁的标准位移实验：一只从食物地点F被移走的蚂蚁。（b）零向量蚂蚁的位移实验：一只从巢穴N移走的蚂蚁，又从觅食地点回来的旅程。食物源向量（6）是归巢向量（3）的逆向。（c）在蚂蚁进行了开放式实验后，对路径积分向量进行了重新校准。实验步骤1~10，见正文。黑色实线箭头是蚂蚁基于路径积分向量的路径；虚线箭头表示位移；蓝色圆圈表示不断扩大的搜索范围；N*表示巢穴的假想位置；R表示释放点；α表示R→N与R→N*的角度偏差；δ表示蚂蚁从R→N*方向和N→F方向进入和离开路径的角度偏差。

图 5.6 描述的是一个开放式实验的结果。蚂蚁到达喂食器后（图 5.6（a）中 1），被转移到 R 处。被释放后，它首先直接回到巢穴的有效位置 N*（2），然后使用它的搜索功能，回到真正的巢穴。这种行为没什么特别之处。

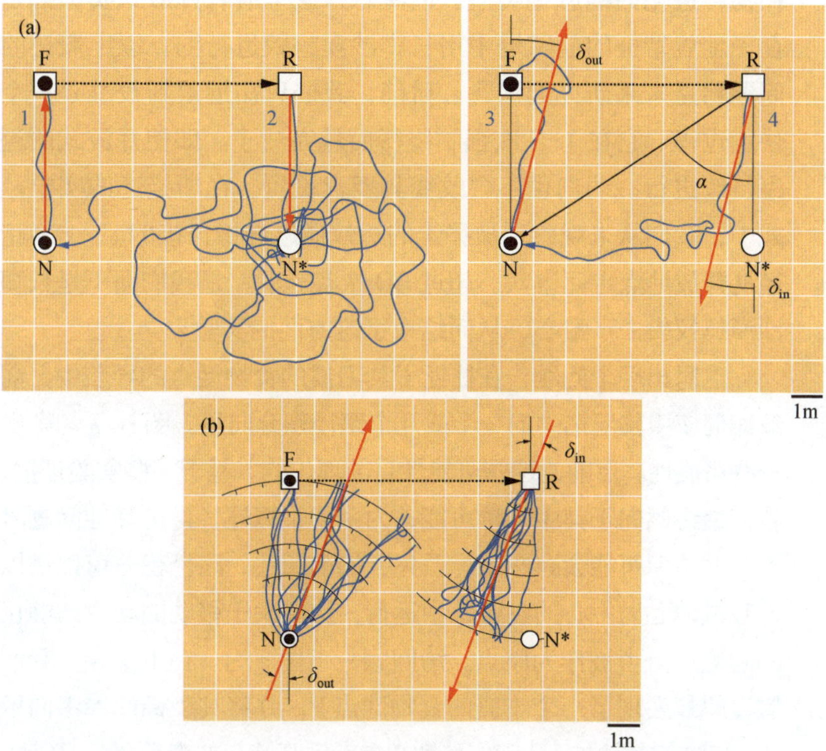

图 5.6 向量重新校准：开放式实验（长脚沙漠蚂蚁）

实验范式：从巢穴（N）到食物源（F）的出行，然后是侧向位移（虚线箭头）到释放点（R）和随后的回程，见图 5.5（c）。N* 表示巢穴的假想位置。蚂蚁的路径（蓝色）与出行和回巢路径的平均方向（红色箭头）一起显示。（a）个体蚂蚁的行为实例。第一次（左）和第二次（右）多点进出实验。（b）一只个体蚂蚁的 12 条入站路径（右）和随后的出站路径（左），见图 5.5。

然而，在随后的开放式程序（3，4）中，我们遇到了已经在图 5.5（c）（9，10）中看到的偏差（δ_{in}=δ_{out}）。图 5.6（b）所示的数据进一步证实了 δ_{in}=δ_{out} 的对应关系。在这里，一只蚂蚁连续接受了 12 次开放式实验。

对蚂蚁来说，在开放式的往返过程中会发生什么？蚂蚁第一次从 F 迁移到 R 后回到了巢穴，它经历了其路径积分器的当前状态和预期清零状态之间不匹配的情况。可以说，它意识到，在到达巢穴时，仍有一个剩余的归巢向量（对应于实验位移）。在出发进行下一次觅食旅行时，它使用这个残余向量的一部分来重新校准长期记忆中的食物源向量。重新校准的数值取决于许多因素：动物被迁移了多远（图 5.5（c）和图 5.6（a）右图中的夹角 α）；对以前食物地点的熟悉程度；被迁移的蚂蚁寻找巢穴或喂食器的时间；连续迁移的次数。也可能取决于物种和物种进化的栖息地类型。请注意，这里所有开放式实验都是在无地貌特征的盐碱地中用长脚沙漠蚂蚁进行的。以上概述的问题将是未来研究的课题。目前，我们只知道重新校准是一个快速过程。它在 1~3 次强制绕行后就完成了。即使开放式的程序持续进行，动物也不会改变其罗盘设置。在所描述的实验范式中，我们从未观察到被移走的蚂蚁通过选择直接的 R→N 路径从释放地点走回巢穴。超过 50 次实验后，是我们而不是长脚沙漠蚂蚁失去了耐心，从而结束了这方面的实验。

这时出现个问题：在往返于其习惯的食物地点的导航中，箭蚁如何使用其记忆中的一个或几个路径积分向量。图 5.7 勾勒出一些可能性。目前，这些可能性是纯理论的。基于一些实验证据，我们最终倾向于其中一种可能，为了便于概述，讨论其他问题时做一些练习可能会有帮助。首先，如前所述，路径积分可以在以自我或地心为中心的参照系中运行，这取决于移动的动物或静止的起始点是否被作为原点。请回顾一下图 5.3。在下文中，我们假设蚂蚁发现了一个丰盛的食物地点 F，并将其坐标的参考向量 R，存储在内存中。让我们从地心参考系开始，并查看图 5.7（a）。当蚂蚁去到一个新的觅食地点 F 时，锚定在巢穴的参考向量 R 从某个长期记忆存储器中加载到工作存储器中。

在移动过程中，动物建立了一个当前的归巢向量 C。通过从前一个向量中减去后一个向量，路径积分器产生了一个旅行向量 T=R−C。这个旅行向量引导蚂蚁，当 T 为零时蚂蚁就到达了目标。返回时，蚂蚁通过抑制长期记忆的数据，将其参考向量 R 设为 0，并继续行走，直到其旅行向量 T 再次清零。图 5.7（b）显示了以自我为中心参照系的使用。现在所有的向量都锚定在动物身上，其他方面，同样的考虑也适用。由于蚂蚁在 F 处做了一个 U 形转弯，C 应该改变符号。

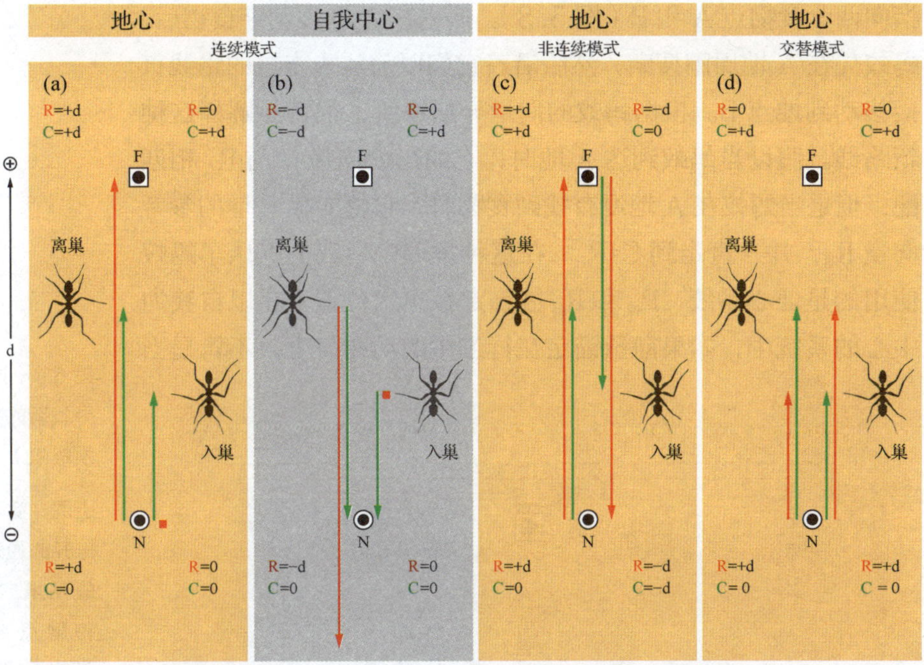

图 5.7 在导航中使用路径积分的潜在模式

(a, b) 连续(以地心和自我为中心)模式;(c) 不连续的地心模式;(d) 交替模式。OUT 表示从巢穴(N)到熟悉的喂食器(F)的外向(向喂食器)爬行;IN 表示内向(向巢穴)爬行;红色和绿色箭头分别表示蚂蚁图标所在位置的参考向量(R)和当前向量(C)的方向和长度。R 和 C 的值是在巢穴(底部)和进食点(顶部)给出的。d 表示距离;“+”“−”符号约定,参见左侧。

其次,路径积分器在整个往返旅程中连续运行,正如目前所考虑的那样(连续模式),或者当前向量不仅在巢穴地点而且在食物地点被重置为零(不连续模式,图 5.7(c))。每次重置发生时,R 都会改变其符号,这意味着罗盘的极性被颠倒了。因此,在不连续的向量导航中,C 的重置和随之而来的罗盘在巢穴和进食地点的 180°旋转,使得出行和归巢过程中的路径积分完全等同。最后,我们可以设想一种操作模式,在这种模式中,不仅是当前向量 C,而且参考向量 R 也是动态的(图 5.7(d))。在这种“推-拉”模式中——从 R 中拉出来的东西被推入 C 中,反之亦然,向量 R 和 C 不再进行比较。相反,R 成为出行向量,而 C 是归巢向量。在出行和归巢的过程中,动物分别试图将 R 和 C 归零。

在这一理论练习之后,让我们到野外去设计实验,至少对上述问题有所启发。首先,我们使用一个特殊的开顶通道阵列,让箭蚁获得两个空间目标的向量,即两个参考向量 R_A 和 R_B,

指向两个食物点 A 和 B（图 5.8）。后来在 A 地被剥夺食物后，蚂蚁先在 A 地周围搜索，然后沿着它们以前从未走过的路线直接移动到地点 B。根据蚂蚁的向量导航系统，很容易解释这种新路线。假设当蚂蚁到达 A 地时，它的当前向量 C 与 R_A 相匹配，但是当蚂蚁在 A 地没有找到食物时，它将加载 B 地的参考向量 R_B，并一直走到 $C=R_B$。在这种推理中，我们默认了蚂蚁使用的是地心系统，R_A 和 R_B 被锚定在巢穴位置。在以自我为中心的系统中，如果向量锚定在行进中的动物身上，不管是当

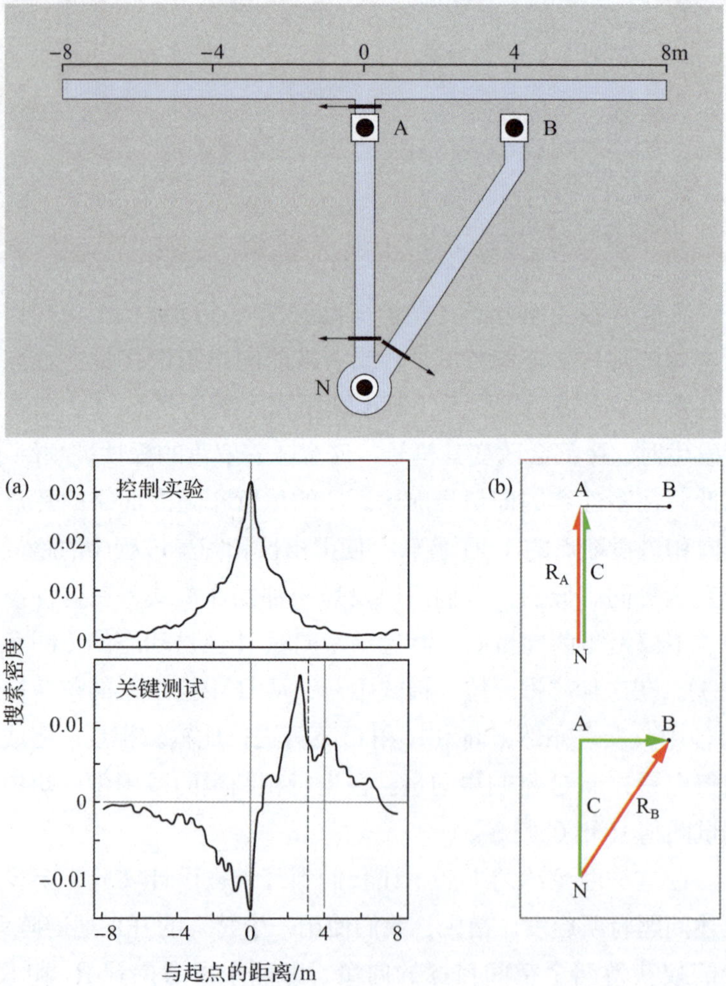

图 5.8 通过路径积分寻找新的捷径（长脚沙漠蚂蚁）

上图：实验范式。顶部敞开的通道用于训练蚂蚁从巢穴 N 到两个食物地点 A 和 B。带箭头的黑色线条是百叶窗。（a）结果：蚂蚁进入 A 点的测试通道。对照测试：在对 A 和 B 点进行训练后，蚂蚁被剥夺了在 A 点的食物，显示了蚂蚁在测试通道中的搜索分布。图中描述了蚂蚁的搜索分布和控制分布的差异。纵向虚线表示蚂蚁对 B 通道阵列中的主观位置。（b）解释：向量积分方案，用于控制（上图）和关键测试（下图）。C 表示电流向量；R_A 和 R_B 分别为站点 A 和 B 的参考向量。

前向量，还是长期记忆中的参考向量，甚至是那些目前没有使用的向量，都必须实时更新。此外，动物的任意旋转都必须进行实时积分以更新当前的归巢向量。所有这些将导致巨大的噪声积累，使自我中心系统极易受到累积误差的影响，从而成为路径积分一个相当不利的参考系。

在地心系统中，所有往返旅程的起点和最终目的地，即巢穴，是蚂蚁能绝对确定坐标的地方。因此，它是最有可能重置路径积分器的地方。然而，仅由巢穴的位置进行重置是不够的（图 5.9）。当在没有特征的地形中，蚂蚁在喂食器处被捕获（全向量蚂蚁），并在靠近巢穴入口处被释放，在那里它们还能利用一些巢穴的视觉或嗅觉信息，但它们并不进入巢穴，而是远离巢穴，直至巢穴向量清零。即使让它们与巢友进行触角接触（被限制在巢穴入口处的小铁丝网笼子里），它们也不会重

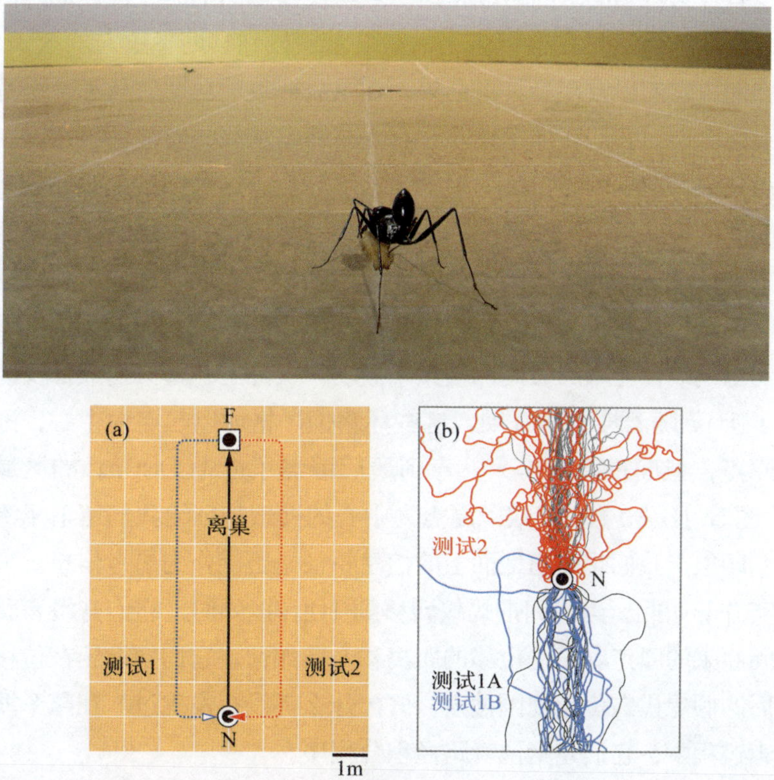

图 5.9 进入巢穴是重置路径积分器的必要条件（长脚沙漠蚂蚁）

上图为测试场地：一个携带食物的箭蚁从喂食器移动到测试场的巢穴洞口。在实验场和开放测试场（下图）的测试结果没有明显的差异。(a) 实验范式。蚂蚁从喂食器（F）转移到巢穴（N），有三种方式：将它们放在靠近蚁穴入口的地方（测试 1A）；将它们放在小铁丝网箱里在蚁穴入口处再释放（测试 1B）；让它们消失在蚁穴里（测试 2）。(b) 结果：在测试 1A（黑色）和 1B（蓝色）中，蚂蚁随后的行走轨迹，以及在试验 2（红色）中，蚂蚁的行走轨迹。试验 2（红色）的蚂蚁重新出现在巢穴入口处，它们的向量被重置，并随后开始其觅食之旅。红色下面的灰色轨迹指的是对照组的蚂蚁在没有被喂食的情况下，前往喂食器而没有被转移的情形。

置路径积分器。此外，尽管蚂蚁利用明显的地标寻找巢穴入口，但也不起什么作用。看来，只有在蚁群内部，箭蚁才能将其路径积分器从非零状态重置为零。

行为学研究无法确定图 5.7 中的哪个选择是蚂蚁神经系统实现的。但根据上述实验，我们的判断更倾向于连续的地心模式（图 5.7（a））。从理论上讲，这种模式需要内存操作最少。

5.3 搜索策略

20 世纪 70 年代初，我和妻子西碧尔在北非马赫雷斯的村庄度过了 3 周假期，那个夏天阳光明媚、万里无云，我们每天都会在一片沙质平原上漫步。在那里，我们被地上一只以稳定速度奔跑的箭蚁所吸引。这只蚂蚁不断地绕着一个假想的点转圈。没有什么特别的东西可以将这一点与沙漠地面上的任何其他点区分开来，但正是在这一点上，箭蚁希望找到其地下巢穴的入口。然而，它的巢穴在半英里之外。在这只蚂蚁成功地完成了一次觅食之旅后，我们在那里捕获了它，并将它从巢穴转移到了它现在正在进行搜索的无特征的平地上的那一点。这些搜索是如何随着时间的推移发展的？我们期望基于将归巢向量归零的蚂蚁来研究上述问题，这些蚂蚁因为归巢向量已归零，因此处于或至少靠近它们的巢穴入口。然而，巢穴是遥不可及的，所以我们让这些零向量蚂蚁在无限的时间内搜索不成功。实际上，每只蚂蚁都实验了 1h。随着搜寻的开展，这些环路仍严格地以起点为中心，即原点，但面积不断扩大，直到最后覆盖了近 $10000m^2$ 的区域（图 5.10（a））。蚂蚁以原点为中心的搜索特征给我们留下了深刻印象，我们想知道地面上的信息特征是否能作为参考信息。事实并非如此。当我们把蚂蚁转移到 10m 以外时，它们并没有爬回原来的原点。无论位移的距离和方向如何，它们都继续在位移后的假想巢穴位置周围搜索，好像什么都没有发生过。在整个搜索过程中，它们完全依赖路径积分程序。

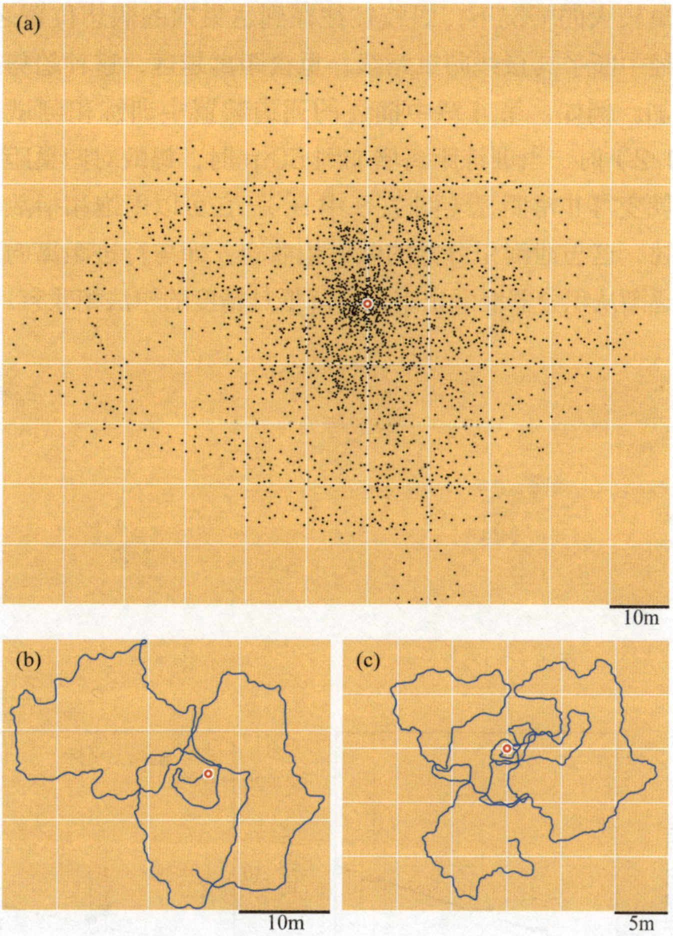

图5.10　搜索模式（图（a）为沙漠双色蚁；图（b）（c）为长脚沙漠蚂蚁）

（a）8只零向量蚂蚁的搜索空间分布，每只蚂蚁的搜索时间为1h。每隔2m的路径长度标记一个点。（b，c）搜索记录了2只零向量蚂蚁的搜索路径，搜索时间分别为18.75min和17.50min。红色圆圈表示释放点。

需要注意，对通过路径积分归巢的蚂蚁而言，归巢向量的末端不指向某个具体的方向而是模糊的。路径积分是一个迭代过程，每一步结束时的位置估计都基于蚂蚁在前一步结束时估计的位置。在获取和处理必要信息时，所有的位置误差不断累积。因此，觅食蚁在路上的时间越长，它们对起点——巢穴的位置估计就越不确定，它们直线回家的终点分布就越广（图5.11）。一方面，数据表明，蚂蚁的精度（指蚂蚁的随机误差）随觅食时间的延长而显著下降；另一方面，蚂蚁的准确度（指蚂蚁的系统性误差）只受到了轻微的影响。如图5.11（a）右侧所示，在觅食距离较大的情况下，蚂蚁往往在到达巢穴的假想位置之前，就已经中断了其直线归巢路线。觅食距离越远，这种趋势越显著增加。例如，第 4 章中描述的通道装置中训练和测试箭蚁（图 4.2）时，当训练距离增加到 50m 时，蚂蚁对归巢距离的低估就变得非常明显（图 7.8 中 b*）。它可以用饱和指数函数来描述，这与泄漏积分器的假设相兼容，即与行进距离的某一部分逐渐从积分器泄漏出来从而降低其精度的想法相兼容。

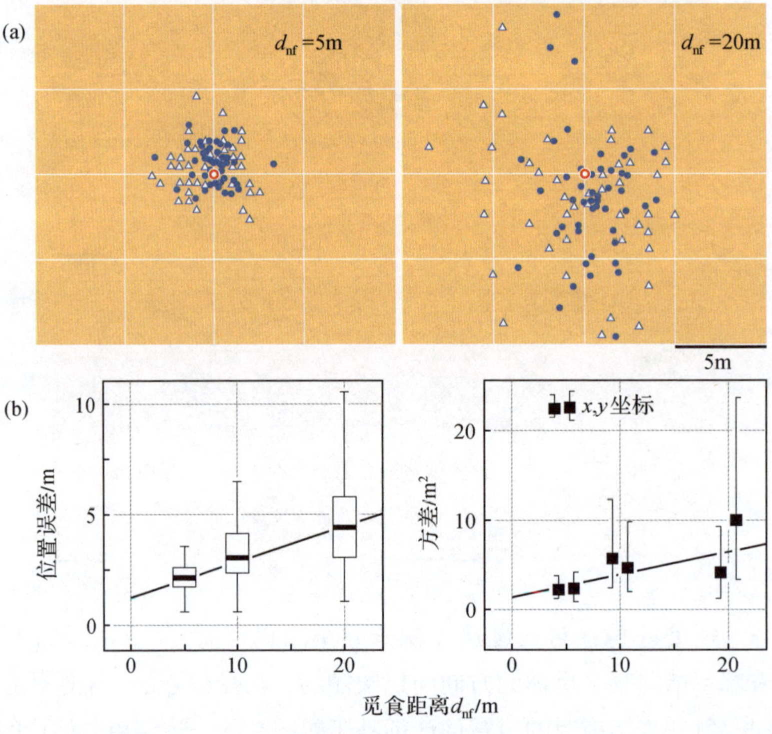

图 5.11 位置的不确定性（长脚沙漠蚂蚁）

（a）蚂蚁搜索环路的终点（实心圆点）和随后 10min 搜索的中心（空心三角）在测试场的空间分布。红点表示巢穴的假想位置；d_{nf} 表示巢穴与喂食点的距离。由于蚂蚁很熟悉喂食器的位置，路径长度和直线距离（d_{nf}）几乎是相同的。（b）蚂蚁的搜索中心与巢穴假想位置的距离（左）和这些位置的方差（右）作为 d_{nf} 的函数。

由于所有路径积分系统都存在这种不确定性和不精确性，为了最终确定目标，必须要有备份策略。这种策略可以利用视觉地标信息，沙漠地面结构提供的触觉信息和嗅觉地标，如从巢穴入口处散发的二氧化碳气味羽流。如果这些路标都不存在，蚂蚁就会诉诸其最终的应急方案。

一个有效的搜索方法是沿着不断扩大的算术（阿基米德）螺

旋线移动。然而，螺旋式搜索基于一个完美的目标检测程序才是合理的策略。因为如果箭蚁靠近巢穴时错过了入口，那就没办法再次接近它。相反，通过持续向外盘旋，蚂蚁会离目标越来越远。事实上，箭蚁的搜索并没有沿着螺旋形路径。如图 5.12 所示，它们进行了一系列循环搜索，这些循环随着时间推移逐渐扩展，向各个方向扩散，并且总以归巢向量完全归零的点为中心，即估计的巢穴位置（搜索的零点）。其结果呈现为一个径向对称、大致为钟形的搜索密度曲线。正如自适应搜索策略所预期的那样，蚂蚁根据其路径积分系统中积累的不确定性，调整其“搜索密度分布”的宽度。这种不确定性可以用目标概率分布来描述。在图 5.11（a）中，它由标记直线归程终点的数据点分布表示。

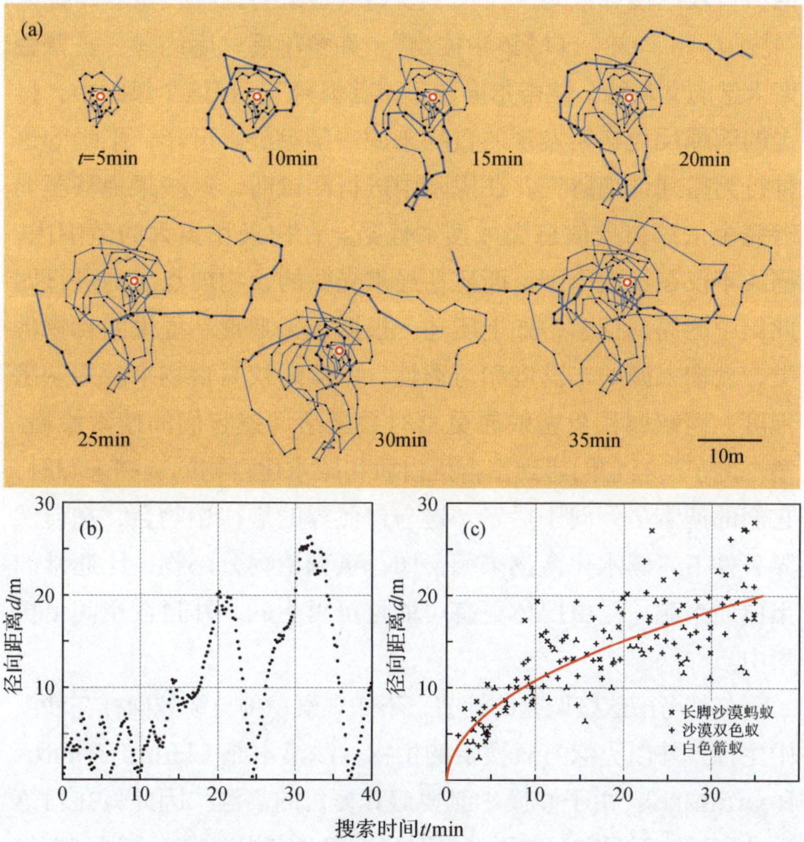

图 5.12 搜索模式的特点（图（a，b）为长脚沙漠蚂蚁）

（a）一只零向量蚂蚁的搜索路径。空心红圈是释放点。搜索路径段的序列显示了蚂蚁的搜索模式随时间的发展。深蓝色线段代表每次记录的最后 5min 所走过的路线。（b）蚂蚁与释放点的径向距离是搜索时间的一个函数。（c）最大的径向距离，即（b）中的最大值，在三个箭蚁物种中，红色的曲线，来自最优搜索理论的预测：搜索半径随搜索时间的平方根增加。（a，b）时间标记（黑点）每 10s 给出一次。

觅食距离越远，这些点的分布就越广，蚂蚁随后从搜索一开始就进行的搜索范围就越广（图5.13）。简而言之，搜索密度适用于目标概率分布。

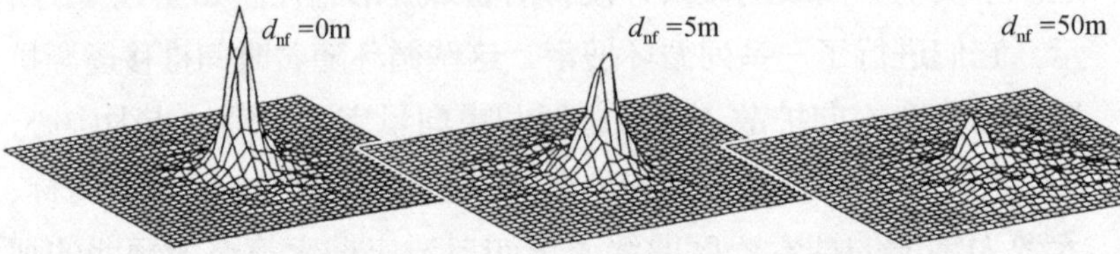

图5.13　零向量蚂蚁和不同觅食（进巢）距离 d_{nf} 记录的搜索密度曲线（长脚沙漠蚂蚁）

三维搜索图描述了125只蚂蚁在15min的搜索中所花费的相对时间。单位方框面积为（2×2）m^2。

在相对小的距离范围内，首先观察到的搜索行为发生在假想的喂食点，而不是巢穴。一个多世纪以前，美国著名的非洲裔动物学家查尔斯·特纳记录了一只被他从觅食的地方移走的弓背蚁的搜寻行为。当代一些蚂蚁学家将这种搜索环路称为“特纳环路”或“区域集中搜索”。许多年后，摩约翰·霍普金斯大学的文森特·德蒂尔描述了“苍蝇舞”，在这个舞蹈中，行走的丽蝇反复在新发现的食物来源周围盘旋。近年，果蝇的这种行为得到详细研究。在黑暗中进行测试时，这些果蝇甚至能够完全依靠自身信息完成搜索任务。在白天和更大的范围内，箭蚁不仅在巢穴周围，而且在经常光顾的食物地点周围进行如此集中的局部搜索，如上所述。根据人工喂食站提供的食物种类、食物来源的丰富度和可靠性，以及蚂蚁对食物来源的熟悉程度，箭蚁属和负蜜蚁属觅食时会灵活调整它们的搜索策略。举个例子，当它们遇到富含蛋白质和碳水化合物的食物来源时，它们的搜索更倾向于后者。这与自然界的规律相吻合，在自然界条件下，碳水化合物来源，如花蜜和植物分泌物，比通常的蛋白质来源，昆虫尸体更有可能是可再生的，并且在空间上更集中。

与其考虑这些调整的细节，不如观察一种与箭蚁同样在沙漠中生存，并以类似方式搜索的生物：沙漠木虱（Hemilepistus Reaumuri）。由于沙漠木虱要避开夏日的高温，因此只在日落后才离开地下洞穴，并于清晨时分返回，它们通常不会遇到箭蚁

（关于相遇的情况，见图 5.14）。就进化关系而言，两种生物完全不同。沙漠木虱属于甲壳类动物。然而，它们的海洋足类祖先却脱离了水生生活方式，成功盘踞于陆地，现在以高种群密度在北非和亚洲的广大干旱地区生存下来。它们组成一个长寿的家庭群，每个家庭群都有一个防御严密的洞穴。当它们觅食植物和死亡的有机物时，会离开洞穴几分米或几十米。由于它们的路径积分系统容易出错，必须长时间搜索洞穴入口，最后只能通过嗅觉定位。由于它们的亲代照料期持续 50~200 天，而成虫每晚要外出数十次觅食，因此沙漠木虱个体的外出往返次数比箭蚁的往返次数多出两个数量级。但从结构上看，它们的搜索模式是箭蚁的缩小版本（尺寸上缩小了 1~2 个数量级）。同样的道理也适用于一些收集种子的甲虫幼虫返回洞穴，以及蟑螂幼虫寻找庇护所的情景。

图 5.14　沙漠双色蚁（Cataglyphis Bicolor）遇到沙漠木虱（Hemilepistus Reaumuri）

夜间觅食回来的路上，一只木虱遇到了一只早晨刚离开巢穴的沙漠双色蚁，被蚂蚁的触角碰到后，它表现出惊吓反应。这两个物种在确定最终目标——巢穴入口时，都进行了区域集中搜索。

在更大的范围内，即使是迷路的人也符合这种模式。从搜救行动中获得的数据库表明，在荒野中迷路的人会在错综复杂的道路上徘徊很远，但随后又不知不觉地回到他们开始搜索的地方，因此他们被发现时很接近他们最后已知的位置。同样，瑞典文化史学家贡纳尔·海尔腾·卡瓦利乌斯描述了女神斯科格斯努瓦如何引导迷路的人在树林中迂回前进，然后总是把他们带回同一个地方。

具体来说，当人们迷路或寻找丢失物品时，应该采用什么搜索策略呢？特别是在第二次世界大战期间，搜索理论成为一项迫切的科学研究。伯纳德·库普曼领导了一个美国海军作战研究小组，该小组致力于研究反潜战略，并在此背景下提出了最优搜索的概念和方法。“当海上有一个搜索对象，如坠落飞机的救生筏，已经向救援队上报了其近似的位置，救援队面临的问题是在救生筏的情况下最大限度地提高发现该物体的概率……，关于物体的近似位置的信息可以从即将坠毁的飞机的无线电通信中获得。该信息定位目标的点被称为固定点”。同理，对箭蚁来说，这个固定点是其路径积分器达到向量为零的状态点。库普曼继续说，“如果是一个确切的固定点，搜索救援的任务会很简单，但实际上很少得到准确的固定点，如果有的话：只给出定位时目标位置的概率分布。概率密度函数在固定点的密度最大，在一定范围内会连续下降到零。在一组重要数据中，这种分布以固定点对称分布，而且为精确的圆正态分布。

基于实验研究发展出了循环搜索策略和随后的最优搜索理论被应用于实际场景中。1966 年 1 月，在冷战期间，美国海军不得不在地中海帕洛马雷斯村（西班牙）附近的渔村搜寻一架美国空军飞机丢失的氢弹。一架携带该氢弹的波音 B-52 轰炸机在尝试空中加油时与加油机相撞，随后坠毁。当地一位渔民看到氢弹落水，向美国海军提供落水点，也就是循环搜索开始的地方。经过几星期的搜索，炸弹终于被找到并打捞出水。正如箭蚁一样，搜索可能花费很长时间，但最后都能找到。

最后，我们可能会问，蚂蚁的搜索行为——如之前所说“应急计划”，是否真是独立的导航程序。难道它不是直接由蚂蚁持续运行的路径积分系统产生的吗？当它的路径积分器接近零状态时，正在归巢的蚂蚁就会放慢速度，并在随后的搜索过程中保持较慢的速度，但积分器在蚂蚁搜索时一直在运行。这可能是为什么在测试中“转折点”，即直线归巢的终点和搜索的始点，通常难以被发现，也是研究人员为什么努力开发适当的标准来判定它的原因之一。请注意，当蚂蚁超过巢穴的假想位置时，它的路径积分向量会增加，因此最终会将动物“拉”回零点。当路径积分向量再次缩小，蚂蚁的方向不确定性增加，下一个循环可能会把蚂蚁引向另一个方向。如果我们进一步假设，随着搜索时间的增加，路径积分器以某种方式“失去判断力”，旅行向量越来越大，搜索循环越来越长，再次如观察到那样。在越来越长的觅食旅程中积累的不确定性，可能会产生类似的影响。事实上，建模就是通过统一的机制来描述整个归巢过程的主要特征，当动物远离目标时，会产生直线归巢轨迹，而当它们接近目标时，会产生循环的搜索模式。

5.4 被迫绕道

令人惊讶的是，一个世纪前，蚂蚁学家对导航的话题感兴趣时，他们并没考虑到路径积分。费利克斯·桑茨和维克多·科内茨根本没有提到它，鲁道夫·布伦则故意将其排除在外。尽管布伦观察到一些木蚁具有“闭合多边形”的行为，但他将这种行为归因于地标信息的使用，并认为路径积分超出了昆虫的能力范围——“这项任务即使是精通数学的人也要用笔和纸通过繁琐的计算和构造才能完成，而蚂蚁却必须在它们的大脑中完成。”

现在我们知道，箭蚁在往返绕行中，会不间断地积分它们的路径，测试通道装置可以证明它们确实能够完全通过路径积分“闭合多边形”。在这些实验中，蚂蚁在 L 形通道阵列中向外爬行，随后的回巢爬行中却没受限制。在野外（图 5.15），发生超预期的实验结果，箭蚁并未直接回巢，而是表现出系统性的内向误差，不断偏离其真正的归巢方向。它们转弯的幅度比真实幅度更大。这种过度转弯的角度取决于两条腿出巢路径的几何布局，即两条直线段的长度和它们之间的角度。一般来说，当箭蚁离开巢穴的路上被顺时针（或逆时针）转向时，蚂蚁的直线轨迹就会以顺时针（或逆时针）的方式偏离归巢的方向。通过再次采用泄漏路径积分模型，很好地模拟这些偏差，正如上一节低估爬行距离所推断的那样。动物沿着L形，并由两个指向不同的直线路段构成的通道爬行时，对第一个路段的长度估计会比第二条路段的长度估计更低，从而产生实验中观察到的内向误差。图 5.15（b）看起来像一条与实验数据拟合的曲线，实际上是这个模型的理论预测。

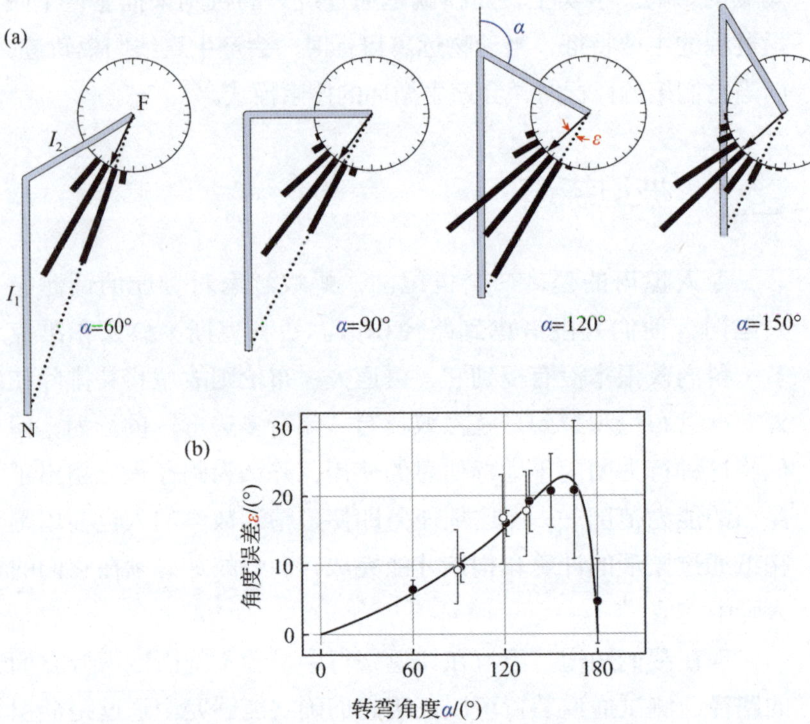

图 5.15　蚂蚁单向转弯（L 形路线）后的表现：内向误差（长脚沙漠蚂蚁）

（a）强制绕道训练范式。蚂蚁在L形并由两个指向不同的直线路段构成的通道上向外爬行（N 表示巢穴；F 表示进食点；l_1=10m，l_2=5m；转弯角度为 α），在开放的测试场中进行归巢爬行，它们偏离了方向（F→N）。（b）归巢误差角与向外转弯角度的函数关系。蚂蚁向外爬行时，可以使用太阳（开环光）或偏光天窗（闭环光）作为罗盘信息。

这些系统性误差并不是实验操作的产物，而是自然环境下只要出行的路径发生偏转，就会发生，而且在杂乱的环境中经常发生。这种情况下，归巢向量就表现出绕道实验中的内向误差（图 5.16）。但是，如果单独考虑路径积分系统，似乎有些缺陷，但如果从蚂蚁整体导航角度看，该系统可能会变成一种功能上的适应性特征。我们将在第 7 章讨论误差补偿策略时，再讨论这个问题。随后的文献搜索中，我们发现一些数据，显示箭蚁的方向性误差在其他节肢动物身上也存在，如蜜蜂和蜘蛛。在对包括人类在内的哺乳动物进行类似的研究中也得出了相同的结论。

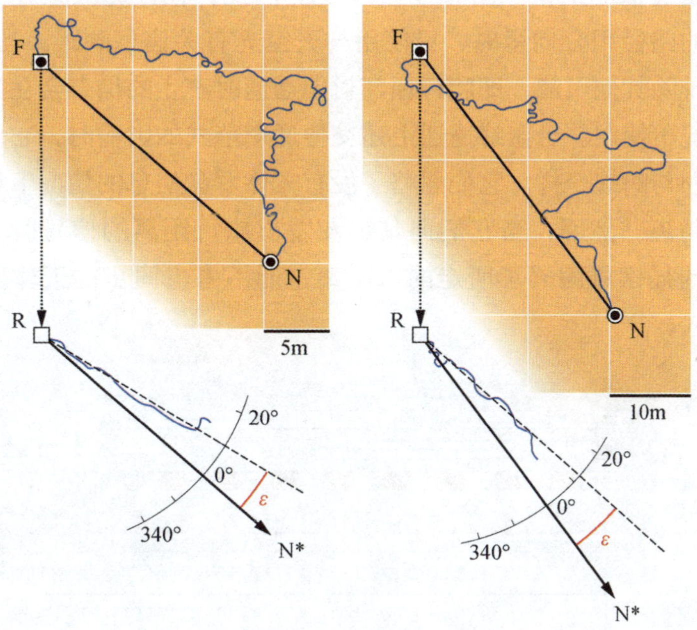

图 5.16 两个单边出巢的例子以及由此产生的归巢误差

上图：开阔地形中的出巢路径。下图：蚂蚁被移到测试场，偏离了真正的归巢路线，误差角度为 ε。F 表示供应食物的地点；N 表示巢穴；N* 表示巢穴的假想位置；R 表示释放点。

5.5 方向信息与距离信息的融合

箭蚁具有几个视觉和非视觉的传感器用于判断方向和距离。这些导航工具如何相互作用？原则上，有一种可能，无论获取方向和距离信息的感官系统是什么，这些信息都被输入共同的罗盘单元和共同的里程计单元，而且只有这两个单元的输出信息不断地被融合。或者，如第 4 章曾提到的，可以有独立的积分器，其中罗盘信息由监测腿部运动或光流的传感器的信息来控制。

基于以上建议，我们做了一个实验，让蚂蚁在觅食中特定路段的天体罗盘信息受影响，而它们的步幅计则持续运行。这是通过蚂蚁在敞开和封闭交替变化的笔直通道中向外爬行验证的。当蚂蚁沿着全敞开的通道回巢时，它们只爬行了在天空下走过的距离（图 5.17（a））。从这个实验的二维模拟中也能得出类似的结论（图 5.17（b））。因此，在计算天空光下爬过的路径积分向量时，只使用与天空光有关信息测距。当然，不排除其他可能，即爬行顶部封闭通道时产生的信息会在其他情况下使用。当蜜蜂遭遇上述交替通道范式的影响时，它们的行为与蚂蚁一样。它们忽略了没有天体罗盘信息的情况下行进的距离。然而，当它们向其巢友发出旅行距离的信号时，它们的摇摆舞编码了所走的总距离，而不考虑同步的天体罗盘输入。

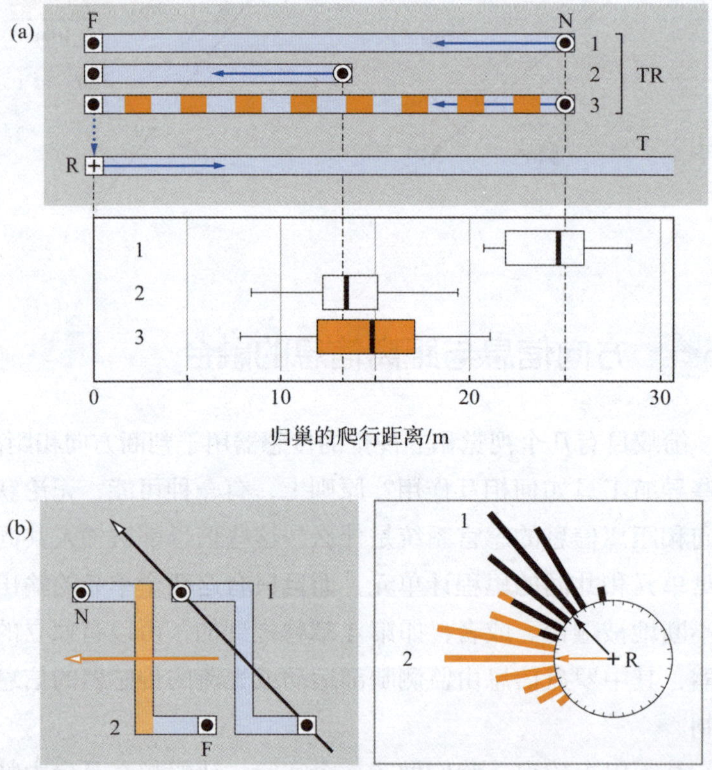

图 5.17　融合天空罗盘和距离信息（长脚沙漠蚂蚁）

（a）一维范式。蚂蚁在一个直通道中向外爬行（TR 表示训练），这个通道顶部要么是整个敞开（1，2），要么是部分敞开和部分封闭交替（评测试验，3），它们的回巢爬行（T 表示测试）在一个“无尽的”测试通道中进行。F 表示喂食器；N 表示巢穴；R 表示释放点。（b）二维范式。在一个 Z 字形的迷宫中向外爬行，Z 字的中间路段像其他两个路段一样顶部要么敞开、要么封闭（评测试验，2）。归巢爬行是在敞开的测试区。

这就引出了一个问题，即路径积分在昆虫大脑中发生的位置及方式是什么。在为蚂蚁的路径积分建立了几个神经网络模型，并提出了罗盘神经元的环形阵列后不久，乌维霍姆伯格和他的合作者指出，由于其神经结构特征，中央复合体很可能是实现路径积分模型的地方，因此倾向于将这组中线神经毡（图 3.31）作为路径积分器的所在地。最近，这一推测得到了很好的证实，以瑞典隆德大学的斯坦利·海因策为首的国际团队，开发了基于中央复合体结构和功能的路径积分的复杂电路模型（图 5.18）。该模型将第 3 章中提及的（原脑桥）罗盘网络与新发现的（结节）“速度神经元”相结合，后者监测平移光流。简单地说，这两种信息都汇聚在扇形体的柱状细胞中，即 CPU4 细胞，它接收来自原脑桥的 TB1 罗盘神经元和结节中的 TN 速度神经元的输入。一旦在 CPU4 细胞中计算出归巢向量，就可以与动物的当前航向进行比较，以生成转向指令——

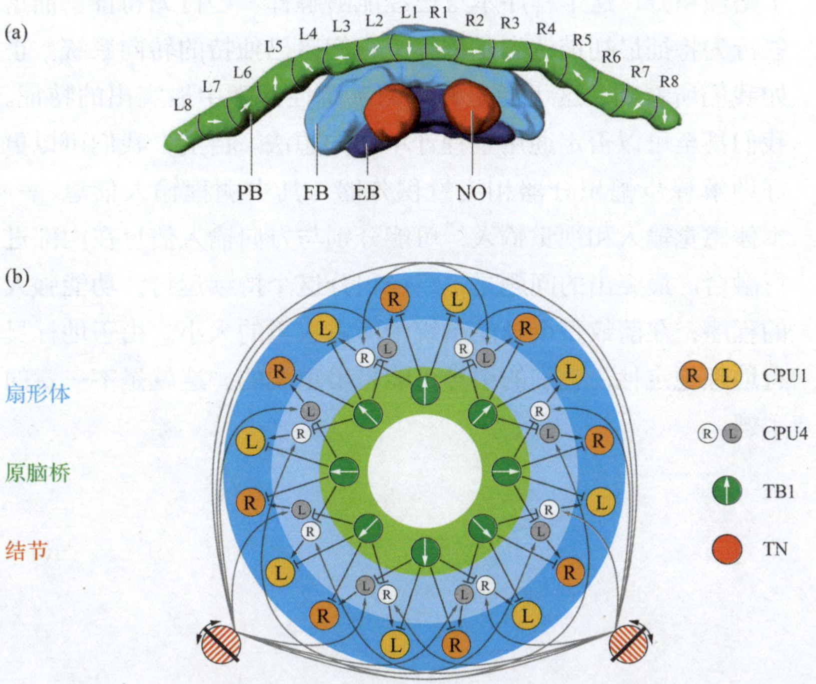

图 5.18　参与路径积分类型的中央复合体神经元的环状拓扑结构

（a）宽结箭蚁中央复合体的三维重建（尾部视图）。EB 表示椭圆体（中央体的下部）；FB 表示扇形体（中央体的上部）；NO 表示结节；PB 表示原脑桥。注意原脑桥每半球的八列柱状细胞。TB1 神经元的头部方向调谐（与天体罗盘线索有关）由白色箭头表示。（b）假设中央复合体特定亚区的某些类型神经元（柱状细胞 CPU1、CPU4；切向细胞 TB1、TN）可能相互作用。关于 TB1 符号中的白色箭头，见图（a）。在结节（红色）中的黑色箭头表示由 TN 细胞记录的平移光流方向，解释见正文。基于对锯齿泥蜂的研究。

这项任务由扇形体中的另一组柱状细胞完成，即 CPU1 细胞完成的，它代表侧向复合体的主要输出途径，从而将转向信号传递给前运动指挥中心。这种基于神经科学证据的路径积分电路模型，能够模拟出动物导航的许多方面，和以前的理论模型一样令人满意。

该模型来自对热带蜜蜂（夜行性隧蜂）的研究，与果蝇的研究结果一致。鉴于该模型依据的神经结构特征与绝大部分昆虫类群高度相符，所以它也适用于箭蚁。后者提出了更多的挑战，即在中央复杂电路中实现行为分解的步幅积分器和风向罗盘。最后请注意，该模型涉及归巢向量的更新及其在引导动物回巢中的使用，但还没解决存储在长期记忆中的参考向量（见图 5.7 中的 R）如何发挥作用的问题。

我们可以结构性理解蚂蚁的导航工具集，作为迈出的第一步，来结束路径积分这一章。当然，到目前为止，我们只讨论了路径积分，这个程序本身已经能够解释一些行为特征，而这些行为特征最初被认为是依赖于它们自己独特的转向系统。正如我们所看到，这可能是蚂蚁的系统性搜索中最突出的特征。我们甚至可以否定通用里程计单元的想法。目前，我们可以更好地解释步幅积分器和流量积分器，其中测程输入信息——本体感觉输入和视觉输入，可能分别与方向输入信息在内部进行融合。最突出的问题是，路径积分这个持续运行、功能强大的程序，在箭蚁整个导航系统中所占权重的大小。由于地标具有地理稳定性，它们的引导可能是最重要的。这就是下一章的主题。

6 地标导航

图 6.1　箭蚁在两种极端栖息环境下的鱼眼状全景照片

每张图片都是以巢穴开口为中心。左上图：平坦的地平线环境，居住在突尼斯盐场的长脚沙漠蚂蚁。右上图：巢穴开口被三个圆柱形的标志物所包围。下图：枝繁叶茂的环境下，宽结箭蚁居住在希腊松树林里。在各种环境下，通过三脚架上的相机记录蚂蚁爬行的过程。

在阿曼瓦希巴沙漠的沙地上，我们发现了一只橘色箭蚁，是非洲金箭蚁（Cataglyphis　Aurata），由于它与沙漠颜色融为一体，所以很难被看出来。自我们发现它，一直跑了60多米，直至在巢穴洞口短暂搜索后，消失在几乎看不见的巢穴中。它是依赖其“全能”路径积分器吗？当然不是。为了说明蚂蚁的高精确度和准确度，附近的路标——这里有一块更大的石头，那里有一片或另一片干燥的植被，可能变得很重要。事实上，后来许多实验表明，如果目标区域没有视觉地标，那么当路径积分与目标仅差几厘米时，蚂蚁可能会多花几分钟的时间，在距离目标几米范围内来回反复搜索，直到它们最终找到巢穴。一个小的、附近的地标，不管是自然的还是人工的，都足以显著减少搜索时间（图6.2）。就像在海上航行的最后阶段，在接近陆地的过程使用地标导航（领航）一样，箭蚁一旦通过路径积分接近但未完全到达目的地时，就会用局部地标导航机制。

如果实验中引入地标，然后将其移到一侧，那么箭蚁会在重新定位的地标所定义的位置进行搜索，即使路径积分器所指示的真正目标近在眼前。在这样的实验中，箭蚁的行为让人想起尤金·布维耶和尼科·丁伯根在诺曼底的沙丘和格尔德兰的石楠松林中对挖掘黄蜂进行的经典研究。为了给幼虫提供食物，这些独居的黄蜂依据蔷薇花和三角花，能原路回到它们在沙子上挖的洞穴。当先前放置在洞穴入口周围的一圈松果被移到附近的新位置时，返回的黄蜂在重新安置的松果圈的中心搜

图6.2　即使只有一个地标，最终确定目标所需的搜索时间也会大大减少（粗速蚁）

左图：实验设置。蚂蚁在觅食归来时（平均距离为31m），第一次越过巢穴入口（N）周围的记录圈（半径0.4m），然后进行系统的搜索运动，直到最后进入巢穴，搜索时间被记录下来。右图：结果。搜索时间（a）在无特征的平原上和（b）有一个熟悉的小地标（LM）所记录的结果。蚂蚁以0.36m/s平均速度移动，它们可以在约1s内直接到达巢穴。

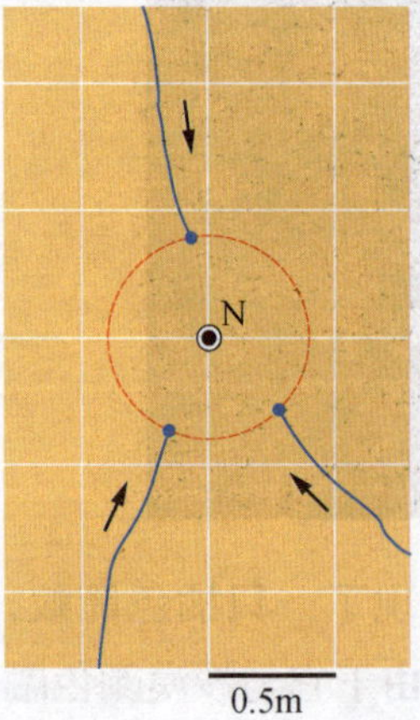

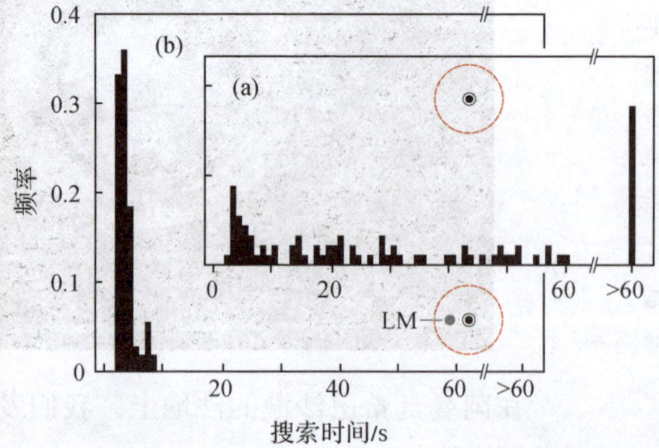

索，完全忽略了真正的入口已经在松果圈的外面了。泥蜂，如Ammophila campestris（学名待定），甚至可以在几个小时甚至几天后，根据周围的标志性线索，学习多个位置并重新定位这些地方。寄生蜂姬蜂的能力更惊人，它们可能会监测多个潜在宿主的位置——某一特定种类蛱蝶的卵群，长达数周，直到宿主的幼虫已经准备好供黄蜂产卵为止。在网状围栏内进行的视觉地标实验表明，黄蜂通过学习和记忆相对于视觉地标的位置来重新定位宿主卵群。

黄蜂和箭蚁从地标环境的空间布局中到底学到了什么？首先，它们会利用地标优势，仅凭看到的地标视图就能确定该地。然而，地标场景通常是复杂的，而昆虫复眼的视觉分辨率相当差。人们可能会问：箭蚁是否能识别并记住单个地方的地标？还是依赖于未经处理的全景视图，或是只参考天际线？即地面物体与天空相接的轮廓线？

不管后一个问题的答案是什么，箭蚁可以将视觉记忆与运动指令（行动）结合起来，例如，当到达一个熟悉的地方时，向某个方向移动。这种策略可以进一步扩展，并用于绘制路线，从而使蚂蚁能够利用地标信息从一个已知的地方移动到另一个地方。最后，如果箭蚁能够学习多个地方和多条路线，那么它们是否能够使用并结合这些地标记忆，在不同的地方和路线之间自由导航，而不依赖于它们最初是如何获得这些地标信息的？由于路径积分可以作为地标学习的支撑，这两个系统之间的联系和相互依存关系是什么？这些问题把我们引向了箭蚁导航工具集的主要设计特征。在下文中，我们将考虑一组对这些主题的研究产生影响的实验范式。我们用它们来回溯过去40年来的概念性步骤，以便理解箭蚁如何利用地标进行导航，并最终形成了基于视图的地标引导的概念。

但是，必须先扩大我们的范围。尽管箭蚁属主要利用视觉导航，但它们也能有效地利用其他感官信息。各种化学信息参与寻找和定位巢穴、食物地点，甚至沿途的地点，我们将在下文中更详细地讨论这些现象。触觉地标用于精确定位目标，在特别设计的实验中，箭蚁甚至能够将人工干预的磁性和振动信息与巢穴入口的位置联系起来。所有这些发现表明，蚂蚁的整体导航性能依赖灵活整合来自多种感官方式的信息。

6.1 视觉位置学习

设想一个简单的实验中，在箭蚁族群的巢穴入口周围放置一组人工地标（2个或3个小的、体积相等的黑色圆柱体）进行标记（图6.3）。进一步设想，在蚂蚁熟悉了巢穴周围的新情况后，地标的组合会以各种方式改变，例如，地标的大小、数量和空间排列会有系统的变化。蚂蚁对这些变化的反应，有助于我们推断动物最初从地标阵列中获得了什么信息，以及它们后来如何使用这些信息导航接近最终目标。例如，含有两个地标的阵列是否为箭蚁提供了地理参考？如“目标位于两个具有特定高度和宽度的圆柱体的中间，并且这两个圆柱体被放置在目标的东面和西面的特定距离”。换句话说，蚂蚁是否重建了地标的三维阵列，从而获取并使用了我们从这个圆柱体的地形图中读取的信息？

图6.3 “景观艺术”：用于研究局部视觉归巢的人工地标阵列

在突尼斯马赫雷斯附近的试验场中，安装了一组黑色圆柱体的三角形阵列，用于图6.4（b）所述的实验（网格宽度为1m）。

在对箭蚁属研究的早期，我们进行过上述实验，上述问题的答案显然是否定的。只要看图6.4（a）即可，当蚂蚁及其巢穴周围的两个圆柱体阵列被转移到新地点时，蚂蚁在目标的假想位置进行搜索，即两个圆柱体之间，就像它们在习惯性巢穴区域中经常做的那样（测试条件 1）。然而，当圆柱体被分开 2 倍的训练距离时（测试条件 2），这种以目标为中心的搜索立即中断，但当间隔 2 倍训练距离的圆柱体以 2 倍训练尺寸出现时（测试条件 3），这类搜索再次出现。人们进行了不同版本的实验，结果都非常相似。例如，在上述改进实验中，当两个圆柱体的尺寸在训练中相同，但在测试中不同时，蚂蚁搜索分布的峰值从中心向两个圆柱体中较小的那个转移，也就是说，转移到小圆柱体和大圆柱体再次出现在相同角度的地方。

图 6.4（b）描述了蚂蚁在一个三角形而非线性地标阵列中的行为。同样，只要从这个位置看到的视觉环境与训练时看到的一致（测试条件 1 和 3），蚂蚁就会在巢穴的假想位置进行搜索。这就像蚂蚁获得并储存了类似于摄影图像的东西（二维视网膜图像，方便地称为“快照”），从它们打算返回的地方看到天际线全景。返回时，它们会检索存储的参考图像，即模板，然后移动，以减少当前视网膜图像和模板之间的差异，直到最后两个图像都匹配。请注意，在测试条件 3 中，搜索峰值更宽，这意味着蚂蚁在目标周围的搜索范围比在条件 1 中更广。这确实是可以预期的，因为在条件 3 扩大的地标阵列中，蚂蚁必须覆盖更大的行走距离才能体验到地标角度大小的特定变化，因此只能不太精确地放大目标。

这种“运动视差”效应正好反映在蚂蚁的行为上，也进一步证明蚂蚁视觉归巢策略是基于视图性质。仔细观察蚂蚁在线性和三角形地标阵列中实际走过的路径可以看出，在测试 1 中，蚂蚁径直走向目标，但测试 2 中，集中搜索模式被打破，每当这个或那个圆柱体出现的角度比预期的小，它们通常就会朝这个或那个圆柱体的方向移动，从而在搜索中沿着相对直的路径交替地从一个圆柱体附近切换到另一个圆柱体附近。当在实验室里为木蚁（赤蚁）提供类似的地标时，它们的行为与野外

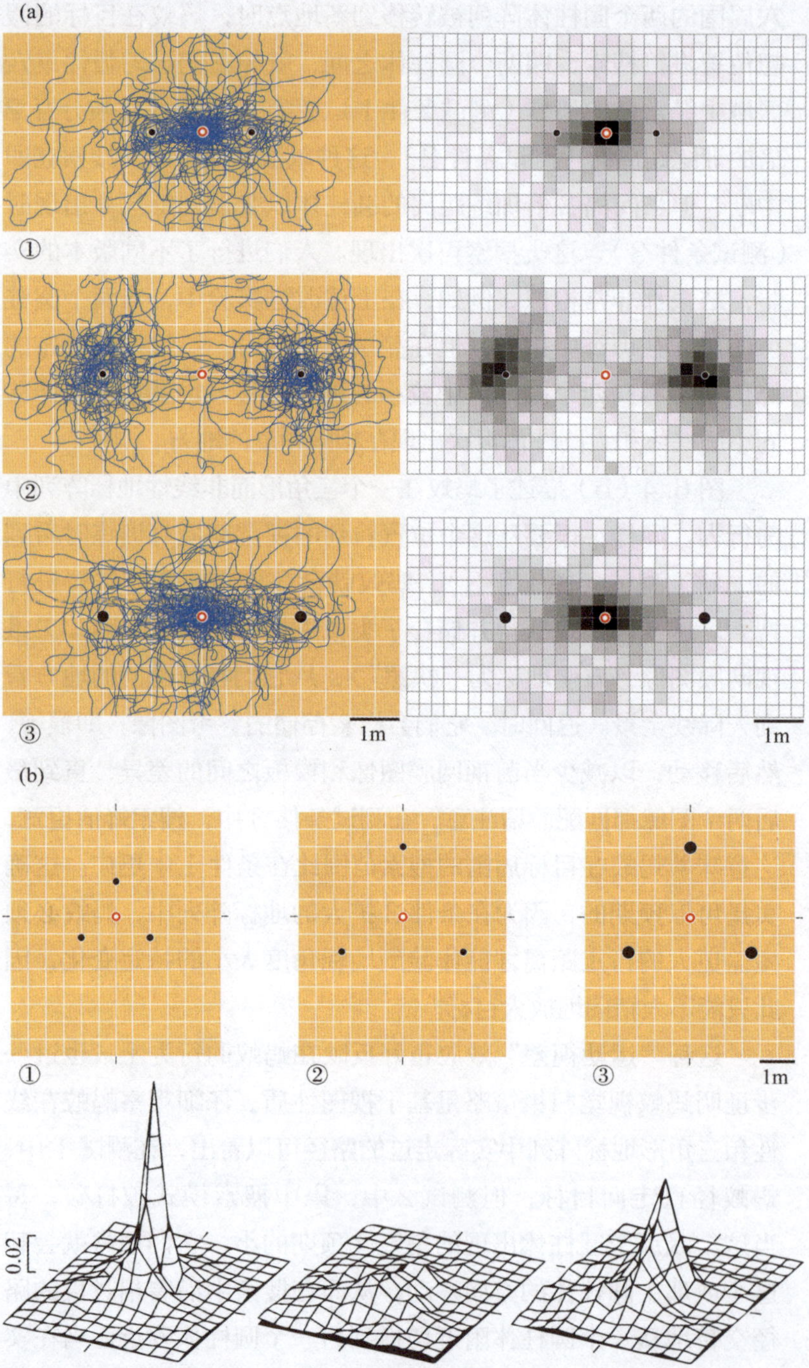

图 6.4　在由两个或三个黑色圆柱体组成的地标阵列中进行局部视觉归巢（图（a）为沙漠双色蚁；图（b）为长脚沙漠蚂蚁）

（a）由两个黑色圆柱体组成的地标陈列：维纳和雷伯在 1979 年获得的相同数据和莫勒在 2001 年重新绘制的数据以蚂蚁的实际行走路线（左）和搜索密度图（右）的形式显示。（b）由三个黑色圆柱体组成的地标陈列：数据显示为三维搜索密度曲线。①与训练时一样的地标阵列。巢穴的假想位置（红圈）位于两个地标阵列（黑点）的中心。②2 倍于训练距离的地标阵列。③2 倍于训练距离和 2 倍于训练大小的地标阵列。

的箭蚁几乎一致。此外，视频记录显示，木蚁扫描前方水平约60°的路线，在扫描范围内，它们会在正面视野中固定一个或另一个圆柱体。

一些关于蜜蜂和黄蜂的局部视觉归巢的经典研究已经证明了视觉归巢基于视图。此外，视觉位置学习已经在膜翅目动物之外进行了研究。食蚜蝇的雄性在半空中稳定盘旋，在追逐雌性失败后会定期返回同一地点。英国布莱顿萨塞克斯大学的托马斯·科利特和迈克·兰德，通过移动视觉目标和监测盘旋中的苍蝇，首次对上述行为进行了详细分析。最近，霍华德·休斯医学研究所的迈克尔·赖瑟和他的合作者使用了一种新的实验装置来证明果蝇能够形成和保留视觉位置记忆。在一个试验场内，果蝇在一个多层瓷砖上行走，其中除一片瓷砖外，所有瓷砖都被加热到36℃高温。在这个热迷宫似的测试场中，按照田纳西·威廉斯的说法，果蝇实际上是在“热屋顶”上爬行，通过试验场墙壁上的发光二极管阵列所显示的视觉信息，它们很快就学会并找到舒适的温度点（25℃）。后来当所有瓷砖的温度都升高到不舒适的水平，并且视觉环境发生旋转时，苍蝇会不断搜索它们期望的凉爽瓷砖相对于旋转的视觉全景的位置。在这些不同类型的视觉场所学习中，涉及的学习策略实际上有多少共同点，以及其中一种在多大程度可能是另一种行为的修正形式，还有待阐明。例如，果蝇在悬停状态下，似乎是瞬间识别视觉信息，而对于箭蚁——本章末尾会提到，是通过精心设计和持续学习获得的。

在回到野外的沙漠蚂蚁之前，让我们展示一下在实验室进行的行为实验的力量。在那里，托马斯·科利特和他的合作者研究了当木蚁在一个统一的试验场面对简单黑色形状时，是如何确定爬行方向的。基于这种短距离导航研究，作者试图揭示蚂蚁在自然环境中大范围导航时最有可能使用的感知机制。作为短距离方法的案例，让我们训练蚂蚁前往一个不显眼的喂食器，但该喂食器位于一个显著地标特征的底部，例如，LCD屏幕上显示的一个大的黑色矩形的右垂直边缘。当蚂蚁向这个目标进发时，它们沿着正弦曲线、Z 字形的路径前进。每隔一段时间，通常在 Z 字形或 Z 字形之后，它们会朝目标方向回头扫视。回头扫视在短时间内结束，约 200ms 就确定了目标。显然，正是通过这些行为事件，蚂蚁进行了图像匹配。到达一个扫视目标后，蚂蚁当前对视觉场景的视图与记忆的视觉场景相匹配（目标左侧是黑色，右侧是白色）。此后，蚂蚁沿正弦路径接近目标时，沿着其正弦路径前进，进行另一次扫视，以此类推，从而表现出一种不连续的控制行为。

接下来我们考虑一种情况，即目标完全贴近垂直边缘（图 6.5 左侧）。在这种情况下，单有记忆视图快照是不够的。当动物向前移动时，边缘的图像在其视野内越来越边缘化。如图 6.5 右侧所示，蚂蚁确实调整了它们的扫视转向，达到目标角 γ=0°，从而使边缘角 α 特定目标距离 d 对应。在它们逐步逼近喂食器的过程中，必须通过记忆一系列离散快照或以连续的方式编码 α/d 函数来学习这种相关性。早期的实验表明，当木蚁离开一个地标点时，它们会频繁回头扫视地标的位置，而返回时，它们会再重复上述的回头扫视。因此，人们推测，在距离目标不同距离的这些注视事件中，蚂蚁检索并匹配多个离散视图，其中地标被保持在视网膜上的几个离散位置。但是，动物们是如何确定与目标的距离？地标的视角宽度（随着蚂蚁接近目标而增加的角度 ω）可以提供决定性的线索，因为当测试地标比训练地标更宽或更窄时，蚂蚁分别从它们的训练路线向左或向右行走。然而，动物的大脑是否真的将 α 与 ω 联系起来，也就是说，将一个局部特征与整体特征联系，即边缘与地标的角度大小联系起来？蚂蚁可能还有其他的信息或信息的组合，用来编码用于其导航的视觉场景。例如，面对目标时，蚂蚁可能会学习物体的质心在视网膜上的位置或物体在视网膜上的分布关系，即目标左右形状的比例。此外，在控制蚂蚁的方向选择方面，边缘的局部特征可能会比全局特征更具决定性。最近，研究人员对木蚁进行了上述精心设计的实验，得出结论：“根据一张全景图进行方向控制非常复杂，即使全景图简单到地平线上只有一个物体。

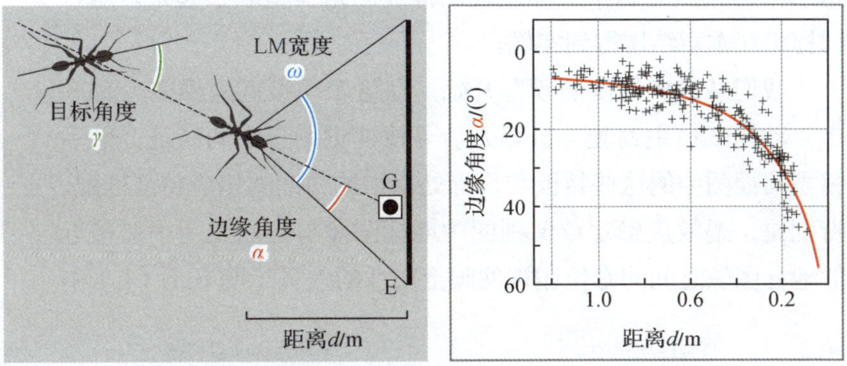

图 6.5　木蚁的短程导航（赤蚁）

左图：实验范式。在一个实验场上，蚂蚁接近一个不明显的喂食器（目标，G），该喂食器位于地标（LM，黑色粗线）垂直边缘（E）的内侧。在接近过程中，它们的眼睛反复飞快扫视（按目标角度）来定位喂食器。右图：蚂蚁完成转弯后的边缘角度 α 与蚂蚁离地标的距离成对比。

无论蚂蚁通过视觉提取什么信息，前面的研究已经表明，蚂蚁并不是处理和评估被动获取的环境图像，而是通过特征运动模式主动塑造视觉输入。这种运动模式——准确的身体旋转和其他运动程序，对蚂蚁空间行为发挥的作用，我们将在本章中持续关注。无论如何，在实验室稀疏的视觉环境中进行的实验可能会逐渐揭示自然环境中箭蚁积极获取和使用的场景的视觉属性。考虑到这一点，我们回到沙漠旅行者，首先尝试对关键行为实验的结果进行建模。

6.2 建模方法

自 20 世纪 80 年代初以来，人们提出了几种神经结构和记忆网络来解释蚂蚁和蜜蜂的局部视觉归巢行为。当然，模型和实验数据之间的匹配并不能说明动物是否真的采用了建模者提出的策略。不同的模型可以与同一组实验数据相符。同样的道理，这些模型也没使我们对蚂蚁大脑有粗略的了解，因此也没有声称其描述了底层的神经机制。算法建模的尝试主要是为了生成尽可能简明和稳健的假设，并引导我们进入新的实验范式。

下文中，我们将阐述这种模型的多样性，并同时试图追溯这些模型被设计出来的历史路径。然而，作为神经动物行为学家，我们始终牢记，最终的目标是将蚂蚁的导航性能及其衍生的模型结构与昆虫大脑中实际发现的神经回路类型联系起来。这一目标将在本章结尾得到实现。

我们从经典的快照模型开始。在这个模板匹配模型（TM）中，动物或自主驾驶（机器人）寻找视觉场景中的特征，然后将当前视图中的这些特征与目标处获得的快照的相应特征匹配。特别是，蚂蚁应确定存储视图中地标图像与当前视图中最接近的地标图像之间的方位和视网膜上尺寸的差异（图 6.6（a）中

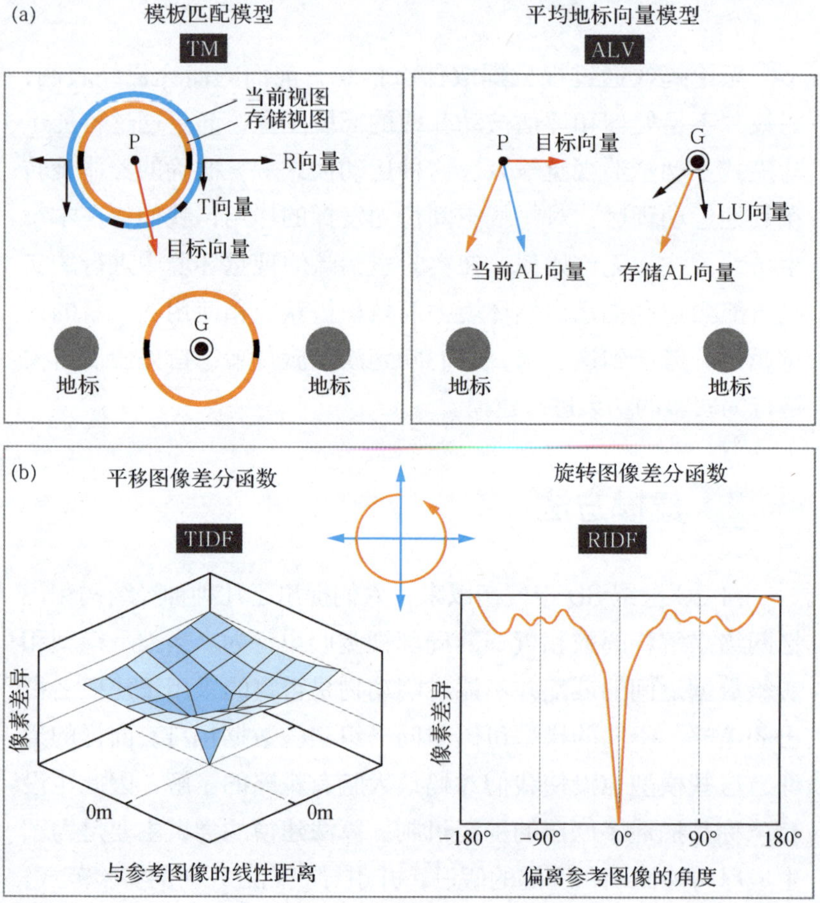

图 6.6　基于局部视觉归巢的模型：基于视觉上隔离的离散物体和依靠全局场景

（a）基于视觉上隔离的离散物体：在这个例子中，视觉场景由两个相同的地标组成。在 TM 模型中，圆圈代表在目标位置（G）获得的存储视图（模板，橙色）和在目标附近的一个任意点（P）的当前视图（蓝色）。目标向量（红色）是所有径向（R）和切向（T）分量的向量和。在 ALV 模型中，当前（蓝色）和存储（橙色）的平均地标（AL）向量之间的差异产生了目标向量（红色）。AL 向量是指向地标的两个地标单位（LU）向量的向量和。（b）依靠全局场景的模型：TIDF 表示在目标（0/0）处和离目标不同的 x、y 距离处拍摄的图像之间的像素差异。RIDF 表示相对于原始视图的方向而言，在不同的方向上拍摄的视图之间的差异。

TM)。从这些图像差异中计算出的切向和径向分量合成向量，就得到了目标向量。使用这种TM策略，动物能够从快照的覆盖区域内的任何位置返回到目标，也就是说，从动物的当前视图与存储视图，即“吸引子”充分重叠的任何位置返回。

在模板匹配中，我们默认箭蚁利用其宽阔的全景视野优势（图1.9）。通过将复眼一部分涂黑的实验，可以证明这种优势确实存在。四组蚂蚁中，在复眼的背侧、腹侧、额侧或尾侧分别被遮住的情况下进行训练和测试，只有第一组的蚂蚁未能将目标定位在地标阵列的中心（图6.7（a））。即使正面视觉

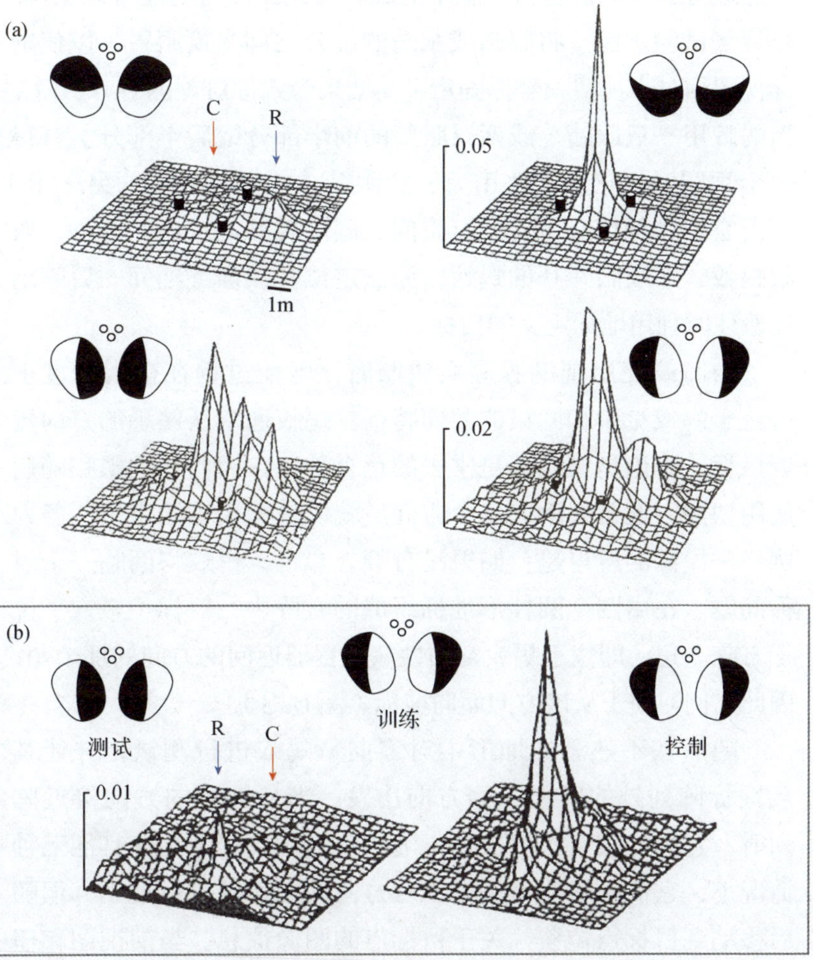

图6.7 眼睛半遮蔽的箭蚁（长脚沙漠蚂蚁）

（a）蚂蚁在学习和记忆提取过程中，其背侧、腹侧、额侧或外侧的半边眼睛被遮挡后，测试基于局部视觉的归巢。对蚂蚁进行训练和测试定位位于（巢穴）圆柱形地标（黑色显示，见图6.3）的三角形阵列中心（C）的目标。R表示零向量蚂蚁的释放点。（b）用与（a）相同的三角形地标阵列进行眼内转移测试。在训练过程中，复眼的外侧半部被遮住。在评测试验中，眼罩从外侧移到额侧，而在随后的控制测试中，训练情况被重新建立。

消失，这些蚂蚁仍然能够完成任务。总之，眼睛的后半部分是必要且充分的，正如我们在第 3 章中所看到的，通过天际线信息进行罗盘定向，而且，正如我们现在所看到的，基于地面上的全景信息进行导航。360°视野范围内的特定部分是否特别重要仍有待探讨。

最后，TM 图像匹配策略必须满足一个重要的要求。由于动物是在行进中不断比较参考视图和当前视图，因此两个视图必须与外部罗盘参考对齐。否则，错误匹配的概率将导致错误的归巢向量。实现这一目标有一种方法就是在头脑中对图像或快照进行旋转，但这种头脑中的旋转对昆虫而言可能难以实现。在评测试验之前，将眼睛或眼睛的部分之间交换眼罩，以使地标视图相对于视网膜坐标固定。其结果令人惊讶（图 6.7(b)）。当蚂蚁用一只眼睛（或两只眼睛的前半部分或后半部分）获得一个视图时，它们无法用另一只眼睛（或两只眼睛的另一半）获得它。这种情况下，没有眼间或眼内转移的迹象。此外，双眼蚂蚁，即双眼睁开的蚂蚁，无法定位其在训练期间一只眼睛被遮住时利用地标定义的目标。

当箭蚁使用视网膜固定快照时，匹配过程在很大程度上得益于蚂蚁觅食和归巢的共同特征。蚂蚁通常从熟悉的方向接近目标，无论是巢穴还是常去的觅食地点，因此在拍摄和随后使用快照时通常会面向这个方向。就以一个模糊的定位任务为例——模糊的意思是，如果没有额外参考，蚂蚁将面临一个对称问题。在由四个圆柱形地标组成的方阵中，目标（巢穴）位于方阵一角，即位于蚂蚁习惯性从喂食器返回的方向的那个角，因此它们习惯于从该方向面向地标（图 6.8）。

随后在不熟悉的地形中对零向量蚂蚁进行测试，并让其从地标阵列外的四个不同方向出发。当从熟悉的方向接近阵列时，它们的搜索密度仅在正确的角落达到峰值。在其他三种情况下，它们在最初最接近出发方向的拐角处进行搜索，但随后移动到目标点位置，关于目标点的图像信息、当前视图和任

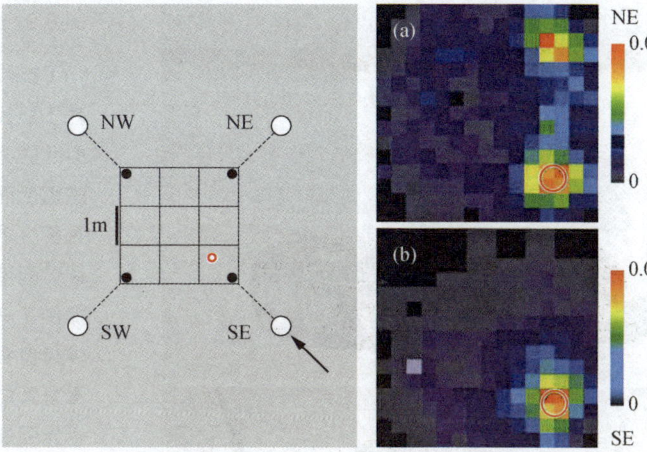

图 6.8 局部和全局参考系（长脚沙漠蚂蚁）

左图：实验范式。在训练过程中，蚂蚁从东南方向（黑色箭头）接近一个目标（巢，红色空心圆），这个目标位于四个圆柱形地标（黑点）组成的正方形内，并与四个地标的相对位置关系不对称。在测试区域，零向量蚂蚁从四个不同的方向（空心圆）出发。右图：测试结果。虚彩色图像描述了对应（a）东北和（b）东南方向出发的蚂蚁的搜索密度分布。图中大的空心圆表示目标的虚拟位置。

何参考信息都在寄存器中。导航中必要的参考信息不一定从蚂蚁的生物罗盘系统获得，但可以包含类似的天际信息。

在进行这些实验的同时，我们已将 TM 模式罗盘模型应用到一个自主机器人中，这是一个名为 Sahabot（撒哈拉机器人的简称）的机器人。为了技术上的简便，该机器人采用轮式结构，而不是类腿一样的结构，但尽管在运动行为上存在这种差异，它还是与长脚沙漠蚂蚁在同一个沙漠栖息地中运行。第一个版本 Sahabot 1（图 6.9（a））使用天体（偏振光）罗盘进行路径积分。Sahabot 2 内置了相同的指南针（图 6.9（b）），它通过 TM 地标引导返回起始点。测试中，它在我们研究长脚沙漠蚂蚁时采样的人工的地标阵列内导航（当然，在机器人实验中，这些地标针对机器人的尺寸进行了相应的放大）。地标由 360℃ CD 摄像机上的锥形镜投影。通过这种方式获得的完整全景视图随后在处理板上经过诸如亮度调节和阈值设置的计算处理。在野外，机器人首先获取并存储起始位置周围场景的图像信息。然后，遥控引导，向外运动（图 6.9（c））。当远离初始位置一段距离后，机器人获得控制权，通过和内部存储的图像进行图像匹配以返回起点。当存储视图和当前视图之间的差异小于给定阈值时，机器人停止工作。Sahabot 2 可以顺利实现上述目标，并且在界标阵列周围相当大范围内的定位精度相当高。

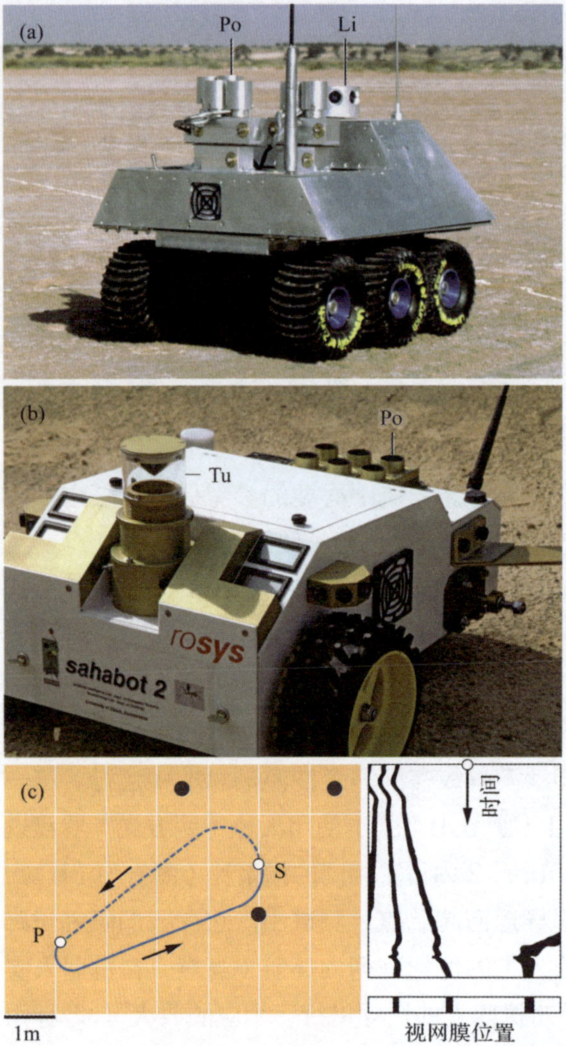

图 6.9　无人机器人：Sahabot

（a）Sahabot 1 配备了偏振天光罗盘，并基于路径积分进行导航。罗盘由三对天顶中心的偏振光传感器（Po）组成，每对传感器后面都有一个对数比例放大器（原理见图 3.29（c））。这三个偏振光探测器被调谐到相差 60° 的 e- 向量方位，为机器人提供了一个偏振光罗盘。具体的工作原理详见参考文献 [21]。偏振光传感器安装在垂直管中，以避免阳光直射。Li 表示由八个光强度传感器组成的环，用于解析天空中的太阳 / 反太阳模糊。（b）Sahabot 2 基于地标进行导航（模型匹配和指南针策略）。工作原理详见参考文献 [16，21]。Tu 表示内有锥形镜的有机玻璃转台。（c）Sahabot 2 的运动轨迹。左图为机器人通过远程控制从起点（S）到 P 点（蓝色虚线）的运动轨迹。蓝色实线表示机器人自主从 P 点到 S 点的运动轨迹；黑点代表人工地标（黑色圆柱体）。右图为机器人在回到起点的路径上看到的三个地标的实时图像，存储的图像显示在底部。

在未来的研究中，希望通过使轮式 Sahabot 的视觉输入和计算处理特性越来越与将来在后面章节中解析的箭蚁的眼睛和大脑接近，以“提高”轮式 Sahabot 的性能。这样的尝试最终可能会引发一个问题：我们最终希望通过这种生物机器人的实验获得什么。当然，它为我们提供了一个概念证明的手段，一种对生物学假设的严格检验。Sahabot 必须在真正的（而不仅仅是模拟的）环境条件下完成与箭蚁所遇到的相同的任务。但是，研究的目标不仅是模仿蚂蚁的解决方案，而是使用现实世界中的工具来提高我们对动物导航系统工作模式的理解，测试昆虫的各种解决方案，获知其潜在的优势和限制条件，从而为研究箭蚁行为模式形成新的假设和实验范式。总之，我们个人在 Sahabot 工作中获益最多的是在与动物和机器人方面的研究人员之间发生知识来往，以及生物学家和工程师之间这种双向沟通而带来的创造性思维方式。

让我们回到建模问题，并考虑一种不需要图像匹配的局部视觉归航方法。它采用从目标位置指向单个地标或选定图像特征的向量进行操作。确定了这些单位地标向量后，动物可以计算出所有单元向量的向量和（平均），即平均地标向量（ALV，图 6.6（a））。这表示，只需存储一个向量而不是一张图像。然后，在返回目标位置时，将存储的 ALV 从与当前位置相关的 ALV 中减去。这一向量减法处理生成归巢向量。因为不需要任何图像匹配，ALV 方法在计算上比 TM 方法方便很多，但该算法有两个基本的先决条件：视觉场景必须被分割为独立的地标或地标特征，例如边缘信息，此外还需要和外部罗经基准对齐图像或向量。

与局部特征的 TM 和 ALV 模型相比，全局模型将全景视图作为整体考虑，所以可能更接近蚂蚁的实际情况。在自然场景中，随着动物移离目标，模板和当前视图之间的全局图像差异逐渐单调升高，该差异可以图像差异函数（IDF）表示。通过计算 IDF，可知其值在目标处全局最小（平移图像差异函数（TIDF），图 6.6（b））。开发这种方法的约亨·泽尔（澳大利亚国家大学）及其合作者使用了原始未处理的灰度像素矩阵来确定参考图像和当前图像之间的像素差异。假设动物采用的是移动式的比较，即计算在目标位置拍摄的记忆参考视图和在距离目标不同位置处拍摄的一组视图之间的全局图像差异。这样对不同的运动方向进行采样，最终选择最能减小全局图像差异的方向。换句话说，假设动物通过降低图像差异梯度进行导航。

如图6.6（b）所示，平移图像差异函数（TIDF）可以和旋转函数（RIDF）一起计算。这个RIDF通过对环境视觉扫描计算而得，即通过相对于某个特定位置拍摄的参考图像旋转当前图像。当动物朝向图像的方向时，该函数有个显著的最小值。此时动物的朝向即是行进方向。这使得RIDF成为沿着熟悉路径行进的一种非常有效且可靠的方法。在随距离变化比较缓慢的蚂蚁全场景世界中，它非常可靠，甚至距参考图像一定距离处都可以检测到当前图像和参考图像的最佳匹配值。之后，RIDF的最小值可能比较小，但仍然是可被检测的。总之，存储的图像可以用作局部视觉罗经，使动物获得行进的方向。这个全景罗经的精细调谐程度、确定方向的精确程度，取决于环境的视觉结构以及蚂蚁从全景（例如完整未处理图像或仅天际线）中推导出的信息类型。

上面提到的扫描步骤的替代方法是确定最佳图像匹配不是通过物理移动完成，而是通过内部模拟移动并预测在移动时视图的变化来完成。这可以按照如下步骤完成：系统性地“扭曲”一个存储的或当前图像，然后将它与另一个做对比直到实现最佳匹配。但是，与记忆图像的心理旋转一样，令人怀疑的是如此苛刻的图像扭曲策略会适合昆虫的信息处理模式吗？

总之，用TM、ALV或TIDF方法完成的匹配告诉这个动物——它已经抵达目标和它现在的位置，基于RIDF方法告知这个动物去往目标的方向，即到哪里去。这些模型在图像匹配中使用的视觉信息类型上也有所不同：离散路标（TM和ALV）或全场景（IDF）。但是，在沙漠场景中，“路标”是什么呢？在图6.3和图6.4描绘的实验场景中，其中两个或三个圆柱体相对于另一个相当平坦的水平面呈现，问题直接得到了回答，但是在满是草丛或散落树木的更结构化的视觉世界里，这个答案会是什么呢？

为了调研这个问题，悉尼麦考瑞大学博士生安托万·威斯特拉赫在澳大利亚Melophorus Bagoti中设计了一系列的演示实验。他在蚁巢入口旁边放置了一个显眼的人工路标——一个巨大的黑色屏幕。在经过一段时间的训练后，他记录了当地标在原地或在其自然环境中以不同角度移动到一边时，零向量蚂蚁的归巢轨迹（图6.10（a））。从人的角度来看，研究结果非常令人吃惊。在地标发生一些小的横向移动之后（大概32°），蚂蚁已经不再“识别”它了。它们只走了一半的距离，然后，进行了U形转弯，并开始搜索。最终，没有一只蚂蚁到达显眼路标前的假巢位置。这种行为可以根据微型360°鱼眼光

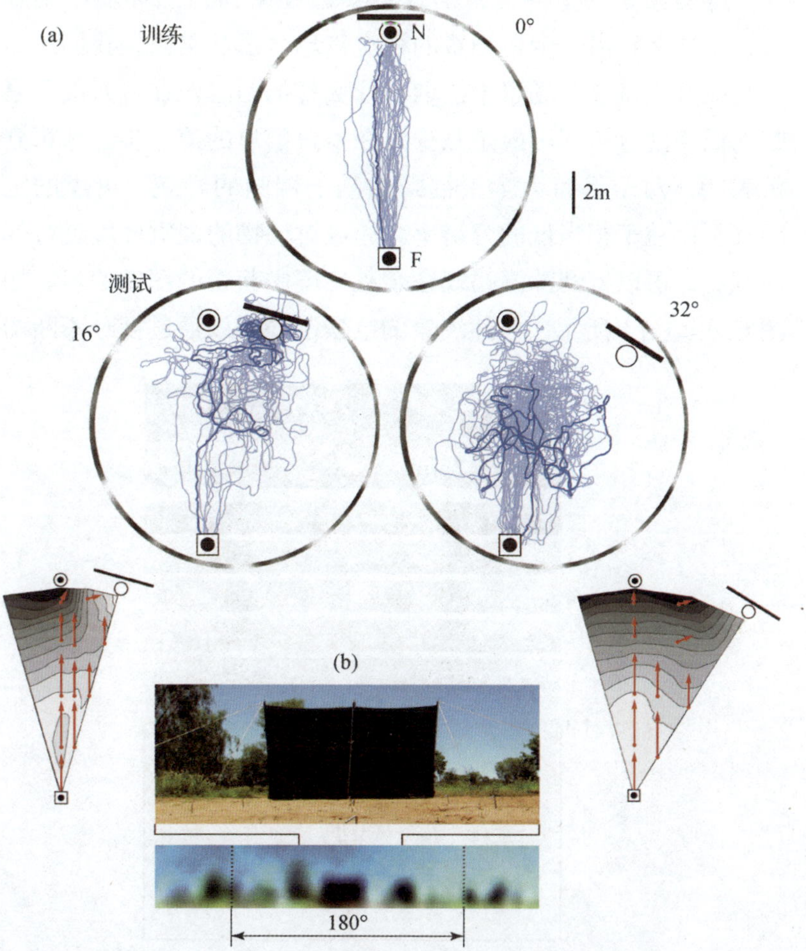

图6.10 蚂蚁使用全景视图而不是过滤掉离散的地标（Melophorus Bagoti）

（a）在训练情况下（上图），在巢穴（N）后面有一个大的界标（黑色线条）；在两种测试情况下（下图），界标从喂食器巢穴方向向右偏移16°或32°，在喂食器（F）处释放零矢量蚂蚁。所有受试蚂蚁的轨迹和单独一个蚂蚁的轨迹分别用浅蓝色和深蓝色描绘；纹理外圆表示地标全景。插图：全景不匹配的地图。阴影越深，表示参考视图和当前视图之间越不匹配，红色箭头表示RIDF匹配产生的转向方向（长度与匹配值成比例）。（b）从人类（上图）和蚂蚁（下图）视角的同一位置拍摄的两张图像，后者根据蚂蚁的视觉敏锐度进行调整。

学系统记录的全景图像在多大程度上受到路标被移离其熟悉位置影响来解释。随着记忆与当前视图之间差异的不断增长，接近的蚂蚁会变得越来越迷失方向，即使它们已经相当接近路标。显然，它们无法将路标与其视觉周围分开。尽管我们人类有着非常敏锐的视力和特别的神经回路，可以探测物体并且从视觉上将其与背景分离开来，但是蚂蚁看起来并未将'路标'看作是一个特别的物体，取而代之的是依靠其宽角度复眼感知的粗颗粒全景来判断。

这引出了一个问题：蚂蚁觅食过程中在自然环境中到底看到了什么？由于全景场景的视觉信息含量非常高，我们想知道箭蚁真正从这些场景中提取了什么样的信息。在这方面，复眼的低空间分辨率可能是减少潜在多余信息的第一步。计算分析表明，对于具有大全景视野的基于视图的导航，可靠的定向甚至得益于相当低的分辨率。通过对动物的视觉环境进行低通滤波，可以得到沙漠蚂蚁在杂乱环境中获得的图像信息。如图 6.11（a）所示，自然场景的全景图像可以通过视野不断增

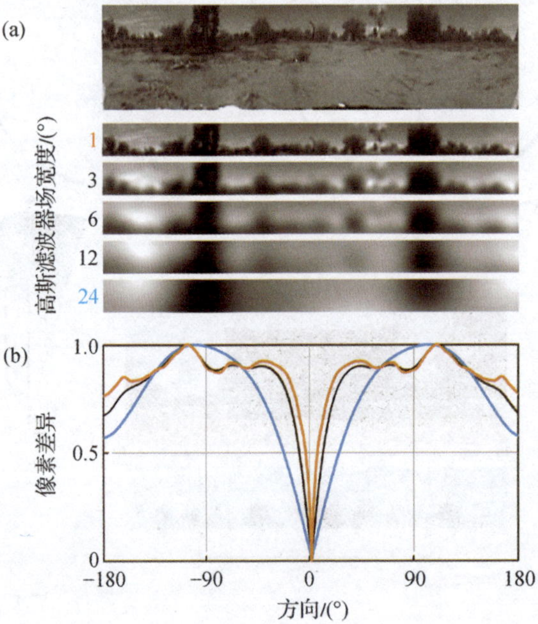

图 6.11　全景场景和旋转图像差异

（a）Melophorus Bagoti 栖息地的全景图像和用高斯滤波器处理的同一场景的五个版本。半值最大时的过滤场宽度从 1°增加到 24°。高斯滤波大致模拟了光感受器视野大小的影响。蚂蚁眼睛采样的全景图对应于 3°~6°滤波后的图像。（b）图（a）中所示三个场景的旋转图像差函数（RIDF）。

大的高斯滤波器进行空间处理（对应于视野越来越大的光接收器），从而使图像变得越来越模糊，与蚂蚁的低分辨率视觉系统接收到的图像类似。这种低分辨率宽视野系统根本不适合识别单个物体，但是为导航提供了强大的信息。对于基于低通滤波的 RIDF，它们表现出显著的最小值，因此能够相当可靠地通知昆虫其所需的行进方向（图 6.11（b））。

请注意，与蚂蚁中具备最高分辨率复眼的视觉掠食者——澳大利亚公牛蚂蚁 Myrmecia、亚洲跳跃者 Harpegnathos 和新热带巨型蚂蚁 Gigantiops 相比，这些箭蚁的眼睛小得多，视觉分辨率也低得多。然而，在箭蚁中，其蘑菇体内的高级视觉整合中心，即色圈比它们的眼睛和视神经叶要大得多。显然，箭蚁的视觉系统可以优先对粗粒、广域空间信息做更高级处理和存储。

为了检测太阳方向，紫外线受体可能发挥了主要作用。由于阳光提供了全球紫外线辐射源，大部分陆地生物对紫外线的吸收程度相当高，所以很有可能在进化时期紫外线受体被用作太阳方向的探测器。最近基于在各种照明条件下天空和地面场景中数千个图像点的测量和计算清楚地表明，紫外线通道（或紫外线 / 绿色对比系统）足以可靠地区分天空和地面。在人工天际线实验中，当紫外线受到阻挡时，基于天际线的沙漠蚂蚁的航向受到严重影响。蚂蚁全景的陆地部分可能包含粗糙的灰度纹理和明显的边界，但很可能主要被用于消色差。在这一点上，值得注意的是，在箭蚁或 Formica 蚁中尚未发现蓝色光受体。如果它们没有被忽视，这些先进的蚁类可能已经失去蓝色类型的光受体，这种光受体连同紫外线（UV）和绿色类型，在膜翅目和所有翼状目昆虫中高度保存，并可能作为澳大利亚公牛蚂蚁 Myrmecia 的祖先特征保留下来。在沙漠蚂蚁中，一些实验表明，天际线本身就可以为基于视图的归巢提供足够的信息。例如，保罗·格雷厄姆和程肯在他们对 Melophorus Bagoti 归巢行为的研究中，用粗糙的黑色塑料布模仿了自然全景。在一个远程测试中，蚂蚁们将上述人工场景作为自然全场景。当人工场景旋转 90°时，它们的归巢也随之旋转。

目前，箭蚁使用地标进行导航的最可能的策略是全景视图匹配。RIDF 运算为动物提供了有关最佳移动方向的信息，而不是有关最佳停留地点的信息，并将我们直接引向第二个实验范式，基于视图地标引导的模式，然而，在此之前，让我们暂时离开视觉世界，转向箭蚁的化学感知导航手段。

6.3 嗅觉地标

在箭蚁明显的导航技能中，隐藏着蚂蚁利用嗅觉地标信息来探测和定位巢穴及觅食地点，并沿着习惯的路线导航。毕竟，观察到箭蚁利用化学线索进行导航并不令人惊讶，因为在许多方面，几乎所有无翼、地面的蚂蚁都强烈依赖化学传感器信息，这一点远比它们的有翼表亲——蝶形黄蜂和蜜蜂更为重要。直到最近，这类信息主要应用在以下两种情况中。一种是信息素引导的路线行进。“蚂蚁的主要工具是化学痕迹”，伯特·霍尔多布勒和爱德华·O. 威尔逊简洁地评论道，但箭蚁并不使用这种工具。另一种情况是蚂蚁不断地运用它们的化学感觉，即基于混合表皮碳氢化合物对同伴进行识别——这是一项刚刚开展的对箭蚁进行的研究任务。在这两种情况下，这些行为所涉及的化合物都是由动物自身产生的。近十年来，环境气味及其在鸟巢和觅食地点附近的精细定向中的应用才引起了人们的关注，尤其是对箭蚁的研究。这要归功于德国耶拿的马克斯·普朗克学会化学研究机构的马库斯·纳登和他的合作者们在多方面所做的开创性工作，基于气味的地方识别已经成为一个新的研究焦点。乍一看，或闻起来更好，沙漠蚂蚁盐盘栖息地的盐纹岩可能在化学成分和质地上看起来相当均匀，但由于其含盐表面上的小规模裂缝和山脊、分散的干燥植被、结垢的碎片和小型嗜盐植物，形成一系列复杂的、特有的气味混合物。用质谱方法对许多这样的化合物进行了检测和分析，无论何时在行为实验中进行测试，箭蚁都能够将它们彼此区分开来。

值得注意的是，由于嗅觉线索的空气性质，嗅觉地标只能从一个顺风方向被检测到。这种约束使得通道范式成为探索蚂蚁对嗅觉路标反应的有效手段（图 6.12）。在这个实验装置中，箭蚁学习将目标位置与它们栖息地的气味（如壬醛、癸醛和其他烷基醛）以及非栖息地的植物挥发物联系起来。蚂蚁甚至学会在一个不同气味的小四边形阵列中定位目标，并区分阵列中不同气味位置的变化，这意味着如果没有必要，两个触角同时输入是理想的。此外，嗅觉路标和视觉路标的学习速度一样快，但当两者结合时，学习速度要快得多。在使用组合线索进行长时间训练后，这种一致的双模式感知输入的信息变得非常有效，以至于当单独呈现单个线索时，蚂蚁不再能够确定目标。在野外，这种多模态感知信息整合可能有助于消除蚂蚁在低灌木丛觅食地形中通常出现的类似大小和形状的视觉地标的歧义。

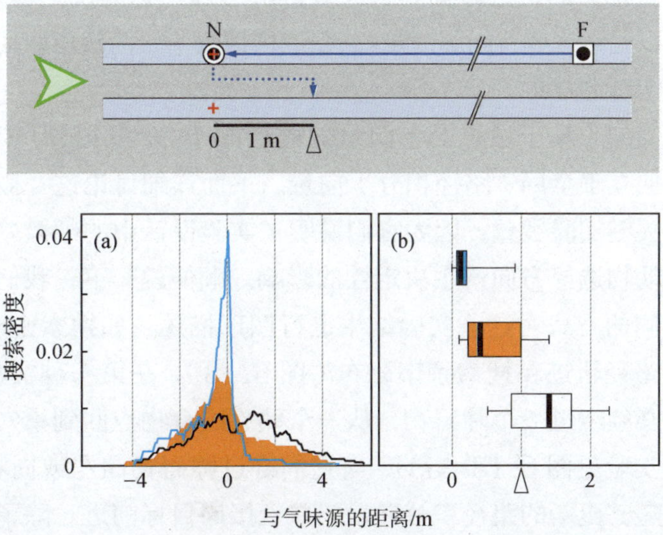

图 6.12 对巢穴相关气味的认知（箭蚁）

上图：实验范式。蚂蚁在通道中被训练从喂食器（F）返回巢穴入口（N），该入口被标记为吲哚气味。绿色箭头表示风向。到达蚁巢入口后，零向量蚂蚁（蓝色点箭头）被转移到一个测试通道，并沿下风向距离气味来源（红十字处）1m 处被释放（空心三角形）。下图：结果。（a）当气味为吲哚（蓝色），或吲哚、壬醛、癸醛和水杨酸甲酯的混合物（橙色），或只呈现溶剂（对照，黑色）时对应的搜索密度。（b）以转折点准则衡量的蚂蚁搜索位置，空心三角形表示释放点。

最后，这些箭蚁的主要食物来源——死亡的昆虫，箭蚁总是通过其散发出的气味来检测和定位（图 7.6）。当然，这些气味是生态激素（Necromones），主要是亚油酸，从腐烂的节肢动物尸体中提取，但在精心设计的实验中，箭蚁可以学习与奖励饼干屑混在一起的十多种常见的植物挥发性气味。它们很快就学会了这些气味——一次体验就足够了，并储存在长期记忆中，为蚂蚁的余生服务。相比之下，对巢穴气味的记忆获取得更慢，而且仅限于所学习的最后一种气味。食物和巢穴气味的嗅觉记忆组织中的这些明显差异，可能在功能上与蚂蚁的觅食生活方式有关。箭蚁在觅食过程中会遇到不同的食物，并可能建立对这些食物的嗅觉搜索图像，但总是返回同一个巢穴，从而只参考最后学习到的气味。介绍完沙漠“导航员”嗅觉世界后，让我们回到“领航员”必须完成的视觉任务中。

6.4 本地转向指令

当箭蚁往返在巢穴和熟悉的食物地点之间时，获得了与地标景象相关的行进方向。当蚂蚁再次遇到熟悉的视觉场景时，就可以检索这些“局部向量”。在这种情景下，箭蚁可以用存储的视图设定方向。

局部（基于站点的）向量的概念始于 20 世纪 90 年代后期，独立于全局（路径积分）向量。下面详细讨论这一概念的三个关键实验装置，因为它们说明了实验设计中的细微差异如何对动物选择方向产生决定性的影响。顺便说一下，我们用三种不同的方式对这些实验结果进行图形描述：如搜索密度图、蚂蚁路径轨迹和搜索频率分布（图 6.13）。在第一种实验中，蚂蚁必须绕过一个障碍物，从一个熟悉的食物点回到巢穴（障碍物实验见图 6.13（a））。当它们绕过障碍物向左或向右后，会跟随其更新的路径积分向量，并直接向目标前进。除了路径积分向量（PI-V）提供的信息外，它们还能记住一个局部向量

（LC-V），然后相对于某个远程信息（$LC\text{-}V_{dt}$）——远程全景图或天体信息和/或使用附近的信息（$LC\text{-}V_{nb}$），从左侧沿 α 方向移动，偏离障碍的方向 β 角。在临界测试中，当零向量蚂蚁面对旋转了45°的障碍物，并移向新的区域时，它们很大程度上会跟随障碍物旋转（$LC\text{-}V_{nb}$）。

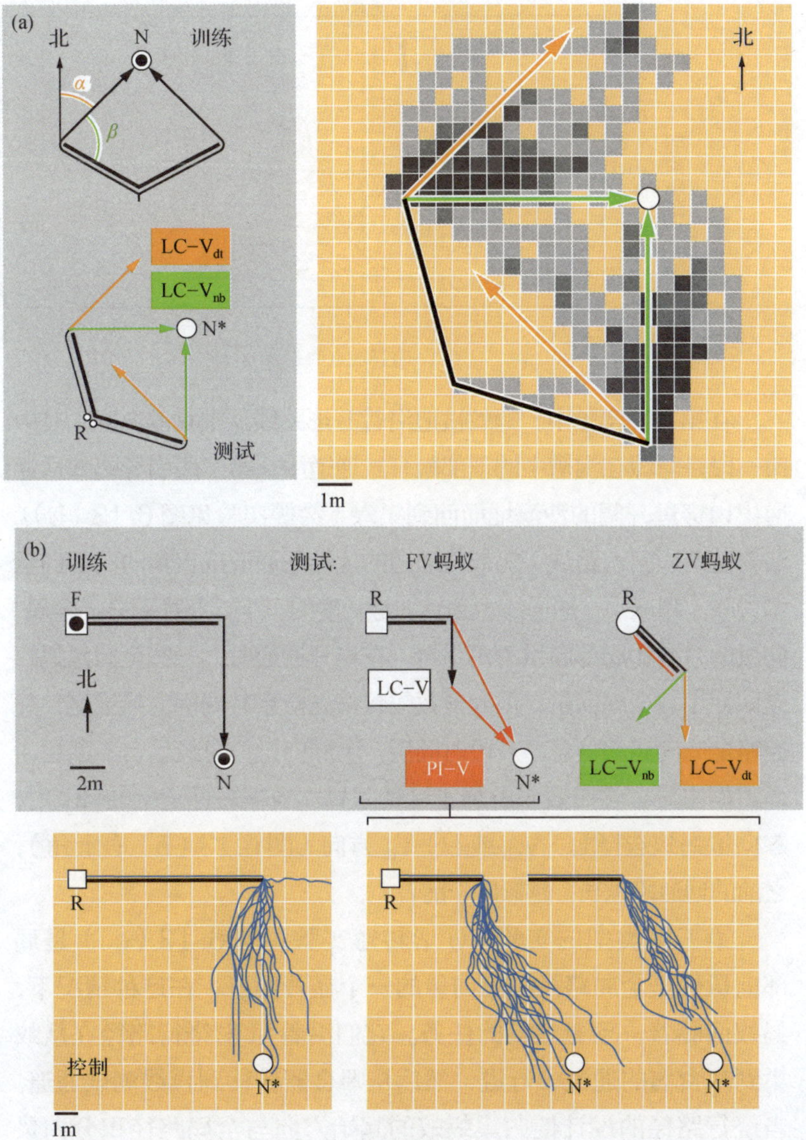

图6.13 局部向量：经典的实验范式（长脚沙漠蚂蚁）

（a）障碍物实验。在训练过程中，蚂蚁被迫绕着一个V形的障碍物（黑色粗实线）行进。在测试中，障碍物旋转45°。零向量蚂蚁从R点出发。橙色箭头向右或向左偏离北方 α 角，绿色箭头偏离障碍物 β 角，蚂蚁偏离障碍物。

（b）沟槽实验。上图：沿着两段向内的路径训练（左），第一段在一个通道中（用黑粗线条表示）。在临界测试中，通道缩短（中间），并旋转45°（右侧）。箭头指示蚂蚁在各种测试中所采用的方向。在右图（ZV蚂蚁）中，红色箭头描绘了蚂蚁的PI向量。下图：全向量蚂蚁的轨迹（蓝色）。左图为控制测试；右图为缩短通道的关键测试，其中全局和局部向量指向不同的方向。蚂蚁的行为方式有两种，参见正文。

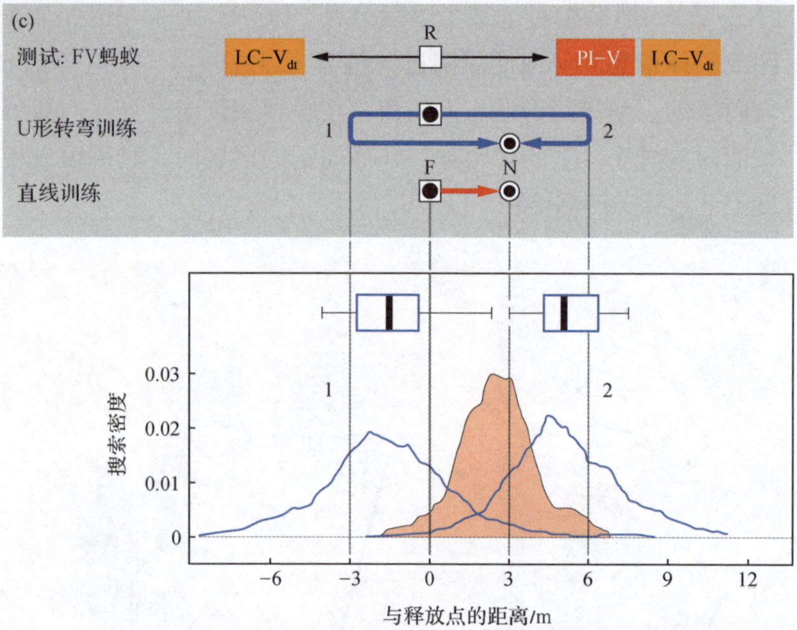

（c）U 形转弯实验。范例（上）：在训练过程中，回家的蚂蚁必须跟随 U 形转弯路径，第一路段指向与蚁巢的方向相反（1），或直接指向蚁巢方向（2，蓝色箭头）。控制训练无 U 形转弯（红色箭头）。在测试中，全向量蚂蚁沿一条直道归巢。结果（下图）：图表描述了蚂蚁出发后的第一个转折点（方框图）和随后的搜索分布（蓝色曲线是 U 形转弯训练、红色填充曲线是直接训练）。F 表示喂食器；FV 蚂蚁表示全向量蚂蚁；$LC-V_{dt}$ 和 $LC-V_{nb}$ 表示分别基于远处和附近信息的局部向量；N 表示蚁巢；PI-V 表示路径积分向量；R 表示出发点；ZV 蚂蚁表示零向量蚂蚁。

在第二种实验中，蚂蚁被迫沿着 L 形路线从喂食器返回，其中第一段是隐藏在沟槽中的顶部敞开式通道中，第二段引导蚂蚁从通道出口穿过开阔的沙漠地面回到巢穴（沟槽实验见图 6.13（b））。沿着这两段回家路线，蚂蚁将通道的远端与通道成直角的局部向量相关联。测试中，通道缩短到其训练长度的一半，路径积分（全局）向量的方向和局部向量不再重合。在离开通道时，一些全向量蚂蚁立即使用其全局向量，但大多数蚂蚁首先检索其局部向量记忆，并忽略全局向量的信息，一段时间后，全局向量信息经后台不断更新而占据主导。学习效果解释了这种差异。当缩短通道旋转 45°时，零向量蚂蚁选择 $LC-V_{nb}$ 或 $LC-V_{dt}$ 方向（图 6.13（b）右上角），之前的通道段越长，越倾向于前者。

第三种类型的实验（U 形转弯实验见图 6.13（c））是局部向量优于全局路径积分向量的一个显著例子。在这种情况下，蚂蚁面临着一项更艰巨的任务。它们沿着 U 形绕行路径在从蚁巢到喂食器的通道中行进，然后从喂食器转移到直线测试通道。当绕行路径的设计使归巢蚂蚁的起始方向与全局路径积分向量的起始方向相反时（条件 1），局部向量优先于全局向量。测试中，蚂蚁使用了其第一段返回路线的向量记忆。

从这三种类型的实验中可以看出，局部向量的方向分量可以从划分的各种近距离和远距离信息中推导出来。乍一看很明显，如果没有足够相关的视觉信息，这种区分可能是人为的。此外，导航可以由习得的运动模式和依赖本体感觉输入的控制系统来支持。最后，有一点是不可忽视的。零向量蚂蚁一旦出发，它的路径积分器就会再次开始运行，并为蚂蚁提供一个指向出发点的全局向量，因此可能会干扰蚂蚁检索到任何局部向量。以沟渠实验为例，零向量蚂蚁在旋转的测试通道中出发（图 6.13（b）右上角），结果是，不断更新的全局向量和与通道末端相关的局部向量指向不同的方向。随着旋转通道长度增加，向后指向全局向量的长度以及它的可靠性和权重（见第 7 章）也会增加。当与不断向南指向的局部向量（$LC\text{-}V_{dt}$）结合时，得到的行进向量会不断向西旋转，直到最终与我们所说的 $LC\text{-}V_{nb}$ 方向对齐。

我们现在也可以理解为什么在整个长度上零向量蚂蚁几乎永远不会跑离局部向量，以及为什么从一开始就不会出现这种情况。当局部向量进行卷积时，不断更新的全局向量越来越多地指向相反的方向并抵消局部向量。这表明，在蚂蚁最终如何计算其行进向量上，局部向量实验会形成更统一的观点，即通过不断地将来自路径积分器的全局信息与来自局部向量的信息相结合。在这个视图中，“局部向量”最终可能会合并到蚂蚁的通用视图匹配程序中。那么，路径积分和视图匹配是如何交互的？这个问题将在本书的最后一章（第 7 章）中讨论。

6.5 路径导航

沿着明确的路线觅食是蚂蚁空间利用模式的主要特征之一。这里仅举几个惊人的例子，许多种类的收获蚁（Messor、

Pogonomyrmex、Pheidole）、切叶蚁（Atta）和木蚁（Formica）会创建树干小径的树枝状系统，这些树干小径分裂成树枝和末端细枝，从而为蚁群提供易于获取觅食地宝贵资源的道路。在我们北非和纳米比亚的研究地点，这种特殊的“道路工人”清除小鹅卵石、碎片和其他障碍，占据了沙漠地面的广大区域（图 6. 14 左）。它们在信息素辅助下进行大规模集结，将大量的觅食者引向有利可图和持久的食物来源。同时，它们帮助新集结的蚂蚁获得周围视觉风景的路线记忆。在动物沿着路线行进了一段时间后，它们对这些视觉记忆的依赖程度甚至超过了先前占主导地位的化学信号。例如，当乔恩·费维尔·哈里森和他的合作者使用一个 Y 形迷宫测试觅食者——巨型新热带蚂蚁 Paraponera Clavata，对视觉或信息素信号的偏好时，天真的（新集结的）蚂蚁跟随信息素踪迹，而经验丰富的蚂蚁则跟随周围热带雨林的视觉地标的引导。只有当地标被屏蔽后，经验丰富的蚂蚁才再次追踪气味踪迹。最近，在形成踪迹的肉蚁 Iridomyrmex Purpureus 身上获得了几乎相同的结果。正如我们在第 2 章末尾所看到的，这些具有攻击性的蚂蚁在生态上“主宰”了整个澳大利亚大陆上负蜜蚁属种类，这两个种类都是当地特有的，以至于嗜热者只在肉蚁无法忍受的温度下开始觅食。

偏好视觉线索进行引导的一个主要优点是提高了觅食速度。而追踪化学标记，对于蚂蚁而言是一个耗时的过程，它们需持续地用触角接触地面进行嗅觉探测。视觉路线记忆的另一个优势在于，视觉地标可能比化学路标持续的时间更长。事实证明，木蚁即使在获得视觉记忆数月后，仍能回忆起来，因为季节性恶劣的天气条件，它们会在相当长的一段时间内无法觅食。

至少就空间使用策略而言，箭蚁是不同的。上面提到的蚂蚁物种是使用多种化学痕迹进行大规模集结的，相反，箭蚁是单独觅食的，即每个个体都有自己的方式。它们不会留下化学

图 6.14 路径导航

左图：纳米比亚，收获蚁 Pheidole Tenuinodis 大规模集结留下的树干痕迹。右图：突尼斯长腿沙漠蚂蚁单独行进时的路线。

标志来指导路线，但在其中心、巢穴和觅食地之间来回时，它们会学习和保持各自独特的进出路线（图 6.14 右）。它们通过获取视觉地标性记忆，并在需要时从长期记忆存储器中调用这些记忆进而保证行进的路线是可靠的，甚至不用任何路径积分（图 6.15（a））。

这些都是惊人的导航能力。负蜜蚁在天然的草丛迷宫中穿行，其间点缀着一些稀疏分布的树木，这些灌木地标都属于同一种植物，大小和形状相似，在裸露的沙质地面上均匀分布。在穿越迷宫般的沙质通道、绕过这些障碍时，蚂蚁获得并保持了特有的路线，这些路线通常在向外和向内行进之间，以及在同一群体访问同一喂食器的个体之间有所不同（图 6.15（b））。

为了便于进一步分析，我们通过在蚁巢和喂食器附近放置狭长的障碍物，实验性地增加向外和向内行进之间的空间差异，诱使蚂蚁从巢穴以环形路线走到喂食器再回到巢穴（图 6.15（c））。当沿着这条单向回路拦截向内途中的蚂蚁，并在向外的途中释放它们时，它们会毫不犹豫地遵循其移位前的路径积分向量，但当移位的蚂蚁在完成回家的旅程（零向量蚂蚁）后被拦截时，它们不会选择以下三个选项中的任何一个，而是表现得好像迷路了一样：①沿着相反的方向向外走；②沿着其刚刚到达喂食器的方向走；③直接前往巢穴。相反，它们在释放点附近开始搜索。然而，当它们在搜索过程中偶然遇到回家的路线时，会立即重新参照这条路线，并像什么都没有发生一样沿着这条路线回到巢穴。

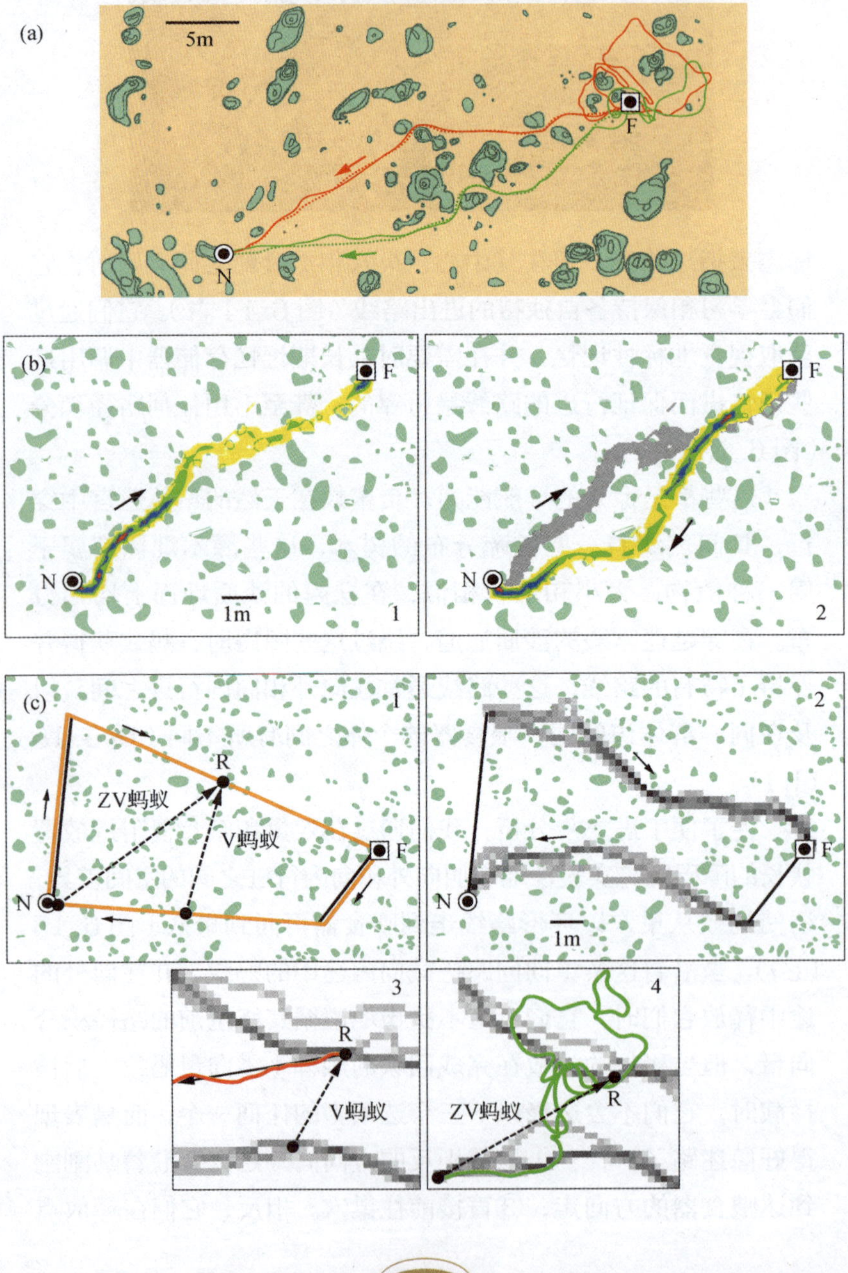

图6.15 单向路线（图(a)为长脚沙漠蚂蚁；图(b，c)为Melophorus Bagoti）

(a)首次证明蚂蚁可以根据视觉引导的特定路线行进，完全不依赖路径积分器的状态。虚线和实线分别表示两只蚂蚁在其路径积分器的全向量状态和零向量状态下的回家路径；低矮的灌木用绿色描绘（黑色等高线以0.15m高度间隔）。(b)同一只蚂蚁连续5条向外路径(1)和相应的向内路径(2)的路径密度图，在右图中，向外路径覆盖的区域以灰色显示。(c)单向路线中的强制规定路线。图1为实验设置。两个低矮的障碍物（黑色实线）迫使蚂蚁能从巢穴(N)到喂食器(F)并返回巢穴（橙色线：环形往返）的不同向外和向内路线。拦截到达巢穴后的回家蚂蚁（零向量蚂蚁，ZV蚂蚁）或者拦截归途上的蚂蚁（向量蚂蚁，V蚂蚁），然后将它们从其外出路线R处释放。图2为一只蚂蚁三条往返路径的路径密度图。图3和图4分别为被移开的V蚂蚁和ZV蚂蚁的归途路径。

这项实验的结果表明，只有觅食者有机会主动学习它们所经历过的方向，才能识别出路线。路径记忆并非偶然获得，参见上文提到的实验结果①。此外，路线记忆会根据动物的动机状态而被激活。回来的蚂蚁不会检索其出发的路线记忆，见实验结果②。最后，也是最重要的一点，一般来说，蚂蚁并没有使用它们习惯路线布局的位置记忆，见实验结果③。相反，它们遵循程序指令，这些指令与学习过程中出现的外部刺激和内部激励状态都有关联。

图 6.16（a）是一些蚂蚁特有路线记忆的例子。其中，Melophorus Bagoti 在一个巨大的沙漠平原上前进，这里矮草丛生，但几乎没有巨大的、明显的地标。当零向量蚂蚁被移到其习惯路线的一侧时，它们在释放点附近开始搜索，随后从任意位置抵达其熟悉的路线时，在方向大致正确的情况下（图 6.16(b)），它们立即进入并“无误”地返回目标，即巢穴地点。这表明，要识别熟悉路线的第 n 部分，并不需要以前走过（n-1）个部分，并且只在之前走过的方向上路线才被识别。蚂蚁从来不会选择相反的方向。

在 Cataglyphis 和 Melophorus 沙漠蚂蚁身上观察到许多显著的路径记忆现象后，令人惊讶的是，我们发现蚂蚁在正确方向上发生无法识别熟悉路线的现象的概率为 0。请看一个特殊的学习范式，实验中训练每只蚂蚁从一组不同的释放点沿着不同的路径返回巢穴（图 6.16（c）（d））。沿着每条路线，蚂蚁被实验性地诱导进行固定数量的训练，然后控制蚂蚁在同一路线上行进，并在先前行进的路线上进行测试。在图 6.16（d）所示的三条路径范例中，该实验记录了每只蚂蚁在三天内走过的 32 条连续的返回路径。在所有的控制测试中，蚂蚁都能很好地恢复之前获得的路线记忆，能够从一条路线切换到另一条路线，甚至在它们被关了五天之后也能做到这一点。当然，蚂蚁的空间记忆还没有达到极限。尽管在这种特定的训练模式中，我们让蚂蚁在每条路线上进行七次训练，但后来的观察表

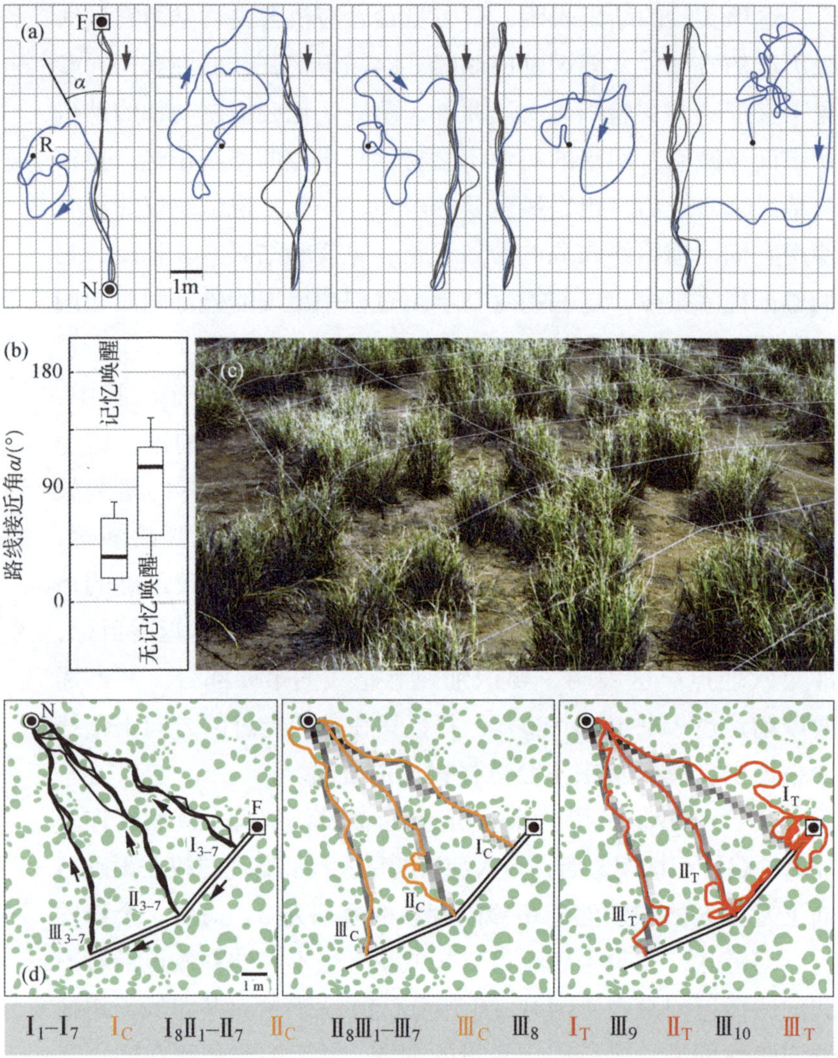

图 6.16 学习和回忆特殊路线（图（a）(c)（d）为 Melophorus；图（b）为 Cataglyphis Velox）

（a）回忆初次相遇时熟悉的路线。五幅图都描绘了零向量蚂蚁在 R 点（黑点）出发的特定路径（蓝线）。前 7 只蚂蚁从喂食器（F）到巢穴（N）的回家路径用灰色表示。注意，在这五种情况下，接近角（α）都小于 90°（草丛未显示）。（b）路线的记忆唤醒取决于接近角 α。（c）澳大利亚 Alice Springs 附近的试验田：均匀分布的布菲草和远处零星的几棵树。网格绳（网格宽度为 1m）用于绘制草丛，并在实验开始前去掉。（d）学习多条路线。Ⅰ、Ⅱ和Ⅲ描述了一只蚂蚁学习了三条不同的入站路线的顺序。左图：从 F 到 N 强制绕行的入站路线。每条路线都有蚂蚁的第 3~7 条入站路径。中间：控制实验（橙色，下标 C）由零向量蚂蚁在 7 次训练后进行。右图：测试实验（红色，下标 T），零向量蚂蚁已经走过所有三条路线，并且在五天内未觅食。

明，1~3 次这样的训练就足够了。总之，蚂蚁能够快速学习这些路线，并将它们存储在长期记忆中，之后任何时候都可以对这些路线进行检索，无论获取的顺序是什么。

直到目前为止，我们想当然地认为蚂蚁完全是由视觉路标记忆来导航的。然而，直接的证据只能来自对实地地标环境的控制和实验室的适当测试。法国图卢兹大学动物认知研究中心的居伊・伯尼翁和他的合作者进行了一项关于视觉路径学习的实验室研究，令人印象深刻。这次研究的对象不是沙漠蚂蚁，而是热带大型掠食性物种 Gigantiops Destructor 蚂蚁。这些生活在亚马逊雨林的大眼睛蚁（图 6.17（a））与箭蚁属不同，它们捕食活昆虫，但就像箭蚁属一样，单独觅食，不留下气味痕迹。无论在野外还是实验室，它们都会开辟出独特的地标引导路线。它们巨大的眼睛肯定与其掠食行为有关，与导航需求无关。当在一个圆形竞技场（地上有一组不同的三维路标）中进行测试时，它们会沿着醒目的路线返回食物地点（图 6.17（b））。它们对这些路线学得很快，而且不间断地前进。当整个地标阵列旋转 90°或 180°时，蚂蚁会以相同的角度改变它们的路线。当移除所有地标后会导致它们完全放弃自己的习惯路线，并任意移动。

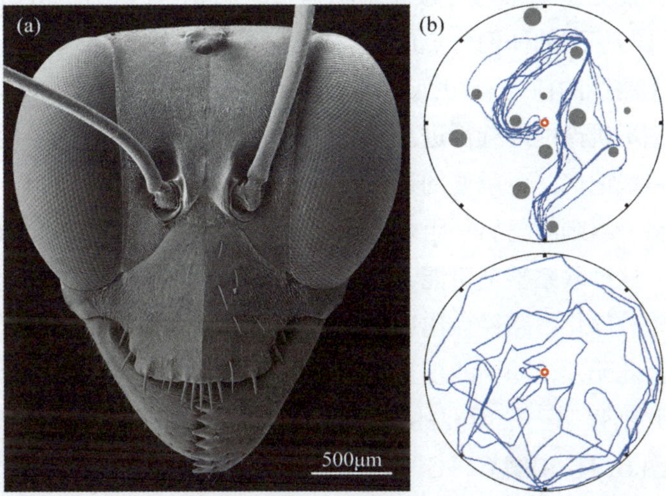

图 6.17　大型掠食性物种（Gigantiops Destructor）的"回旋赛跑"策略

（a）蚂蚁巨大的复眼，每只含有 4100 个小眼，覆盖了头部两侧的大部分区域。（b）上图：一只蚂蚁在一个有各种人工三维地标（灰色圆圈）的圆形竞技场中的视觉引导路线行为（蓝色轨迹）。红圈表示蚂蚁进入竞技场的中心位置；食物地点（黑色方形）沿着竞技场的边缘均匀分布。下图：当地标被移除时，任何路线的可信度都会消失。

这类实验完全支持这一假设，即单独路线引导是基于视觉路线记忆的。在利用其路径积分向量作为组合这些标志性记忆的支架时，蚂蚁会习得这些记忆，就像将气味痕迹作此用途的化学集结蚂蚁一样，只是这种路径习得依赖于路径积分的情况不一定会发生。无论如何，蚂蚁找回路径记忆不需要路径积分器。例如，半路上释放在喂食器处捕获的觅食蚁，使之沿着熟悉的蚁巢和喂食器之间的路线行进。仍存有完整栖息地向量的蚂蚁会经历一段它们通常在归巢向量已消耗 50% 的情况下才会经过的路线，但全向量蚂蚁行进这段“意外”路线时的轻松程度、速度和精确度与归巢向量已归零的蚂蚁完全相同。

如果不是路径积分器，那还有什么能将各个路标记忆结合在一起呢？我们讨论过关于位置学习（存储视图）和相关的转向命令（局部向量），有一种可能的假设是，在路线引导中，蚂蚁依赖像珍珠串接在一起的视图，这些视图是沿路线各点抓拍并存储的一组离散视图。在这组视图的顺序匹配中，一个路标将激活下一个路标（垫脚石假设）的记忆，使得视觉引导路线由一系列习惯性的方向或局部向量组成，蚂蚁会跟随它们，直到下一个存储视图的汇集区。然而，大量的现场和实验表明，蚂蚁似乎没有使用这种视觉序列学习（顺序启动）。如我们所看到的，负蜜蚁可以从被转移到的任何一点进入一条熟悉的路线，并且可以自由地从熟悉路线的任一点切换到第二条或第三条熟悉路线的任一点，然后毫不犹豫地继续行进。显然，这些沙漠蚂蚁能够不按顺序地访问路线记忆。更重要的是，在木蚁身上进行的实验表明，训练动物将一组刺激与另一组刺激顺序地联系起来是非常困难的。事实上，这种联系甚至可能不是必要的，因为绑定问题在很大程度上可以外部化。路径点出现的顺序已经由环境（“外部记忆”）给出，因此无须在动物的视觉记忆中具体表示。

此刻强调一个重要的行为特征。习惯性路线只在一个方向上（图 6.15 和图 6.16）。沿着这些单程路线，蚂蚁以正弦波的方式稳步移动，但不时地进行短暂而快速的旋转运动。在这样的扫描中，它们很可能采用旋转图像匹配策略，使自己与之前走过的路线对齐。此外，通过“对齐图像匹配”，行进可以连续进行。仅通过增加与当前图像差异（klinokinesis）成正比的交替转弯的大小就可以降低旋转图像的梯度，这样一个简单的感官快速移动程序就足以使动物保持前进。事实上，当蚂蚁偏离路线时，观察到，它们常有明显的扫描运动，但当它们在路线上时却很少这样，尤其在空间不确定性增加的情况下就会出现。我们将在下一节中进行详细的讨论。

任何多视图假说都是一种将当前输入与不同记忆序列相匹配的方法，作为替代方案，巴特·巴德利和他的同事提出，路线是以整体方式学习的。在他们的模型中，模拟环境下的蚂蚁通过路径积分向量习得了多个地标记忆，但它们既没有将离散的视图与特定的地方联系起来，也没有提取和学习独特的地标特征。相反，学习算法为它们提供了对整体路线记忆中各个视图的"熟悉度"判断。当蚂蚁试图重返路线时，它们采用扫描运动来比较当前经历的视图和所有记忆中的视图，并在产生最佳匹配（在所有存储的视图中，像素差异最小）的方向上移动。这就是受训的模型网络确定的方向，即"最熟悉"的方向。各种路标类似以天空为背景的剪影，模拟产生的全景与蚂蚁在其视觉杂乱的自然环境中通常经历的全景一致。在这些条件下，真实动物和模拟的习惯路线看起来确实非常相似。只要比较一下图 6.15 和图 6.16 中描绘的自然路线和图 6.18 中模拟蚂蚁在模拟环境下的路线就知道了。

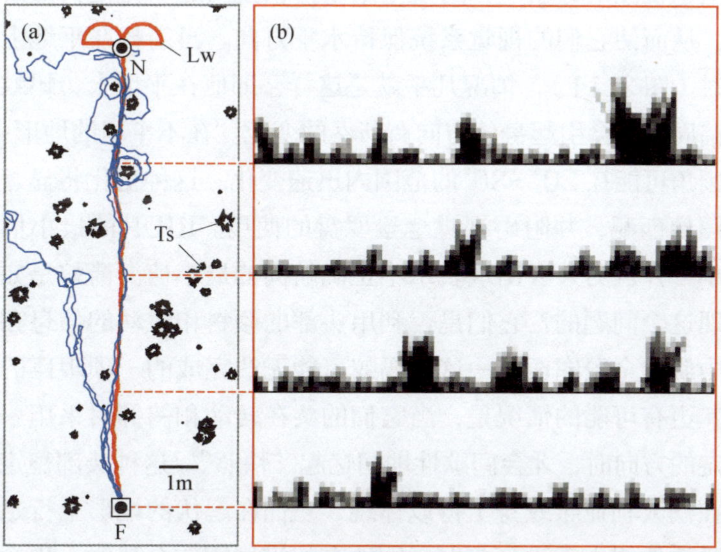

图 6.18 模拟蚂蚁的路线跟踪行为

（a）从喂食器（F）到巢穴（N）的训练运行（红色路径）和杂乱环境中的几个测试运行（蓝色路径）。在学习过程中，通过使用"Infomax"学习规则，采集了 520 个地标全景视图来训练一个人工神经网络。在测试过程中，被赋予了训练好的网络的模拟蚂蚁用视觉扫描环境，并朝着与学习过程中遇到的视图最相似的方向移动。Lw 表示在训练运行之前完成的学习行走；Ts 表示模拟世界中的草丛和灌木。（b）沿着训练路线拍摄的四个示例视图。

由这种场景熟悉度整体模型生成的路径行为与真实蚂蚁的路径行为有许多共同特征：路径呈现出明显的极性，并被引导至一个可以在任一点进入的狭窄通道。它们没有被分割成一系列必须严格按顺序才会遇到的路径点。被引入到模拟动物中的定期扫描动作，并未出现在路线上的特定点，也不是为了选择离散的视图。当不确定性达到一定程度时，它们就会出现，因此需要更多地询问神经或人工网络来重新建立熟悉度。此外，模拟蚂蚁可以学习并保持多条路线，而无须忘记早期的路线，特别是不需要将它们保存在单独的记忆中。此外，它们可以使用相同的机制来跟踪路线并搜索最终目的地。最后，该模型甚至能够重现在图 6.4 的地标阵列中出现的蚂蚁搜索峰值分布，而且不需要存储目标位置本身的视图。考虑到箭蚁属及其模拟同伴之间的这些惊人的对应关系，问题不可避免地出现了——是否有办法在昆虫的大脑中实现这样一个“熟悉度”算法，或者一个同样强大的算法。我们将在本章的最后讨论这个问题。

目前，还有一种不言而喻的假设有待挑战。我们已经假设，在基于视图的导航中，蚂蚁根据俯仰和滚动运动稳定头部的方向，从而使它们的视觉系统保持水平方向。当箭蚁在平地上奔跑时（图3.11），情况几乎就是这样，即使在平地上，蚂蚁的步幅周期也会引起身体方向有节奏的变化。在不平坦的地形中，头倾角可能在 20° ~30° 的范围内迅速变化。这种变化将显著降低图像匹配，并阻碍视觉全景罗盘的使用。RIDF 的最小值会更小，并且另外会出现表示不正确航向的最小值。箭蚁是如何处理这个问题的？它们是否利用头部的倾斜和滚动的信息在大脑中旋转全景图像——这是蚂蚁可能无法完成的一项艰巨的任务？更有可能的情况是，当它们的头在转动和俯仰时采用一个确定的方向时，才会间歇性地回忆起“快照”。这种头部稳定事件在澳大利亚牛蚁身上得以体现，它们在起伏的地形上行走或从觅食的树上垂直下来时，即使在扫描周围的全景时，也会使其头部保持水平。现在需要回答的问题是，箭蚁最初是如何获得快照的。

6.6 学习行走和视觉扫描

到目前为止，我们使用术语“快照”来比喻箭蚁属如何获得基于视图的地标信息，然后用于确定目标的位置。特别是，我们假设蚂蚁直接在目标处拍下这样的快照。然而，正如我们现在所看到的，获取必要的地标信息需要一个过程，需要在不同方向的探索性行进中积累，这是蚂蚁开始户外生活时（觅食前学习行走）以及此后每当巢穴入口周围的地标全景发生变化时（恰当地称为再学习行走）都会进行的常规行为。在这些特别结构化的行走中，箭蚁预测接下来要学习什么，它们很可能形成了朝向目标的、基于图像的记忆。正如《美国实用导航员》（The American Practical Navigator）所强调的那样，在最终接近目标的过程中，“适当的准备和对细节的关注是重要的，这比其他导航阶段更重要。”

在箭蚁属中，这种“适当的准备”包括蚂蚁构造其学习行走的特殊方式，以及它们预见的通过这些“定向学习”机制而获得的视觉信息。在第一次探险行走中，它们只离开巢穴几十毫米，绕着巢穴入口转一圈或几圈，几秒内就会回到巢穴。这些新手非常胆小，很容易受到惊吓，如果被抓到并单独进行标记，可以发现它们通常只在第二天才会出现在巢外。在3~7次进一步的学习行走中（可能持续1min，分散在2~3天内），蚂蚁逐渐提高行走速度，逐渐远离巢穴，并覆盖罗盘的所有点（图6.19）。最后，它们将开始第一次觅食之旅。与之前学习行走的行为形成鲜明对比的是，它们现在移动得更快，并以直线离开巢穴。由于箭蚁属在巢外活动的时间只有一周左右（图1.10），它们在早期学习阶段投入了相当多的户外活动，由此可见，这一阶段对于以后完成导航任务是多么重要。

在重新学习行走中观察到的行为序列几乎相同，明显的区别是，重新学习行走结束时不是返回巢穴，而是开始觅食。

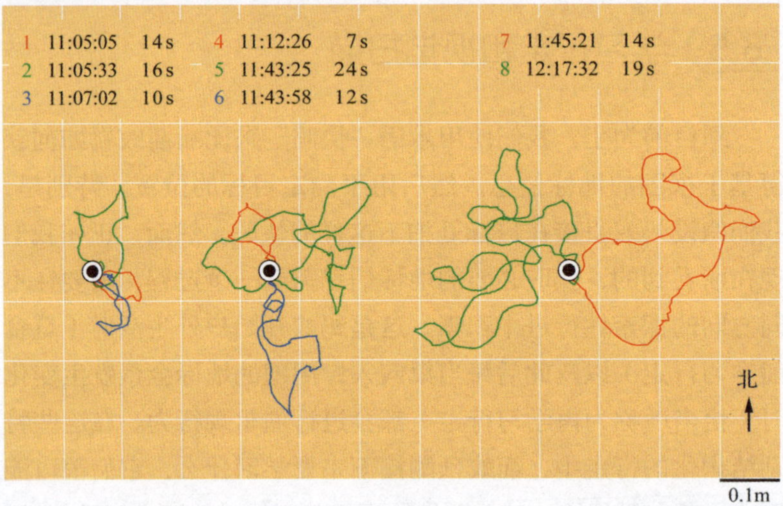

图 6.19　一只蚂蚁的连续行走学习（宽结箭蚁）

在八次行走学习中（用颜色编码，分三组并排放置），蚂蚁探索了巢穴入口周围的不同区域。在第 8 次行走学习之后，是第一次觅食。在第 3、4 次以及第 6、7 次行走学习之间，蚂蚁出现在地面上，但由于受到干扰，没有进行行走学习。这些干扰可能导致蚂蚁在开始觅食前进行了异常多的行走学习。图顶部为每天学习步行的时间和持续时间。

通过观察这些学习动作的结构细节，可以更好地研究新手获得哪些导航信息。在一般行走模式的转圈和移动中有特殊的转弯动作，其中最明显的是优雅的“回旋”动作（图 6.20）。蚂蚁停止向前行走，围绕其垂直体轴缓慢旋转，直到它们与巢穴入口的方向一致，停止大约 150ms，迅速旋转回来，转出速度大约是转入速度的 2 倍，然后继续向前行走。对于小的转角，转出的旋转发生在初始转动的反方向上，但对于大的转角保持旋转敏感，最终形成 360°的完整旋转。很明显，缓慢的转入运动导致了蚂蚁的纵向身体轴线相对蚂蚁目标方向的调整，而快速的转出运动只是为了重新确立蚂蚁以前的行走方向。最重要的是，这种与目标方向保持一致的行为——回头看的行为，并不依赖于任何定义目标的视觉标志物。蚂蚁通过读出它们的路径积分器来确定自己的方向——一个与地面持平的小巢穴入口。即使一个突出的人工地标被放置在巢穴入口的侧面，蚂蚁也会面对无形的入口而不是地标。在一次学习行走中，它们可能会进行 10 多次这样的回旋，从巢穴周围的几个方向“回头看”目标。通过这种精心编排的学习行为，Ocymyrmex 给了我们第一个提示，即地标信息可能是通过在目标周围拍摄一组以目标为中心的快照获得的，而不是像以前猜测的那样，只在目标拍摄一个快照。

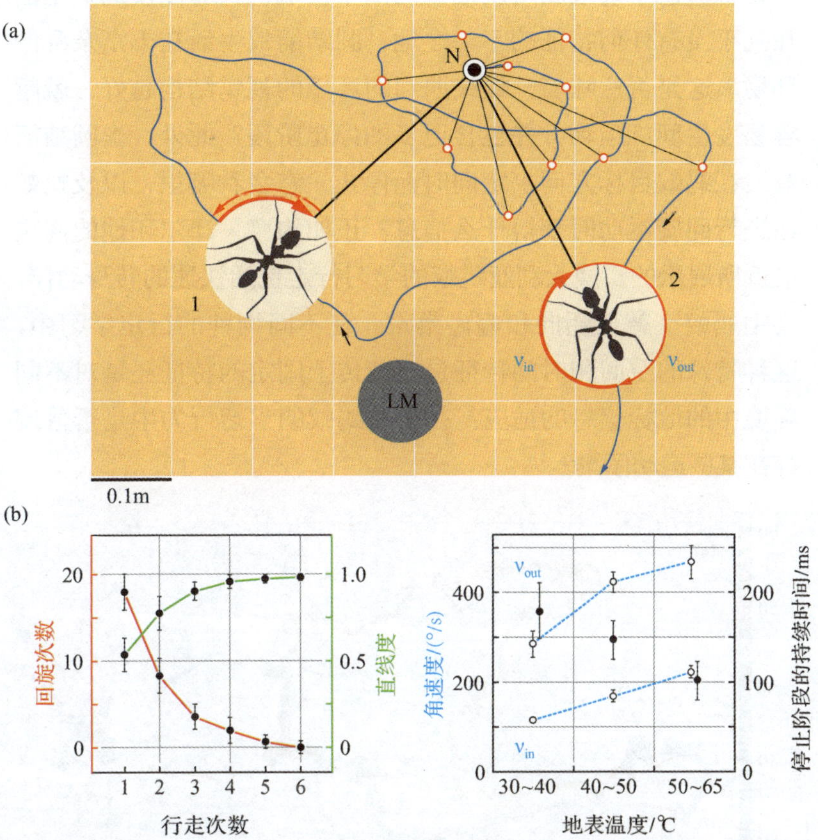

图6.20 由目标（巢穴，N）附近的陌生地标引起的"重新学习行走"（Ocymyrmex Robustior）

（a）觅食者的第一次再学习行走（蓝色轨迹），它在前一次返回巢穴时历经了一个新建立的地标（深灰色圆柱体，LM）。回旋的位置由红色空心圆圈来描述。黑线标志着蚂蚁在停止阶段的凝视方向。两种实例（放大的红色圆圈）显示了这些旋转运动的细节：在反方向（1）或在同一方向（2）的缓慢转入运动（v_{in}，红色粗箭头）和快速的转出运动（v_{out}，红色细箭头）。（b）回旋运动的空间和时间特征以及温度依赖性。d 表示蚂蚁与目标的距离；l 表示路径长度。

这些学习行走的结构细节在不同的物种之间会有所不同。维尔茨堡研究小组的波林·弗莱施曼和罗宾·格罗布利用高速摄像技术分析了这种细节（图 6.21）。圆结箭蚁栖息在伯罗奔尼撒半岛的灌木丛（Garrigue）地区（首次从这里对其进行描述），还有希腊研究地点的开阔松树林，在其回旋中有多个停止阶段。只有最长的停顿是面向巢穴入口的。相比之下，盐田属长脚沙漠蚂蚁根本不回旋，即使巢穴入口被一组人工地标所包围。它表现出另一种类型的转身运动（voltes），在这种运动中，它在紧密排列的圆圈中行走，很少被停止阶段打断。圆结箭蚁也有这种转圈运动，但程度要小得多。这些物种的具体差异是否取决于视觉环境的信息内容？在栖息地结构方面，这两个物种覆盖了箭蚁属所及范围的两个极端：长脚沙漠蚂蚁生活在几乎没有任何特征的不毛之地，圆结箭蚁生活在丰富杂乱的环境。这是否意味着，蚂蚁遇到的环境的视觉结构越好，就越容易发生回旋运动，并包含更多的停止阶段？此外，当圆结箭蚁没在蚂蚁目标方向上定向时而停止，它会看哪里，以及蚂蚁在进行回旋运动时获得什么信息？正如约亨·泽尔和他的同事最近所展示的，澳大利亚跳蚁的学习行走包括快速的转身动作，其中蚂蚁交替地朝向和偏离巢穴。在不同物种的行走学习中，这种特殊的空间和时间特征是在遗传上固定的特征还是对不同环境中的地标信息的适应？在所有蚂蚁的学习行为中是否普遍存在某些运动图案？

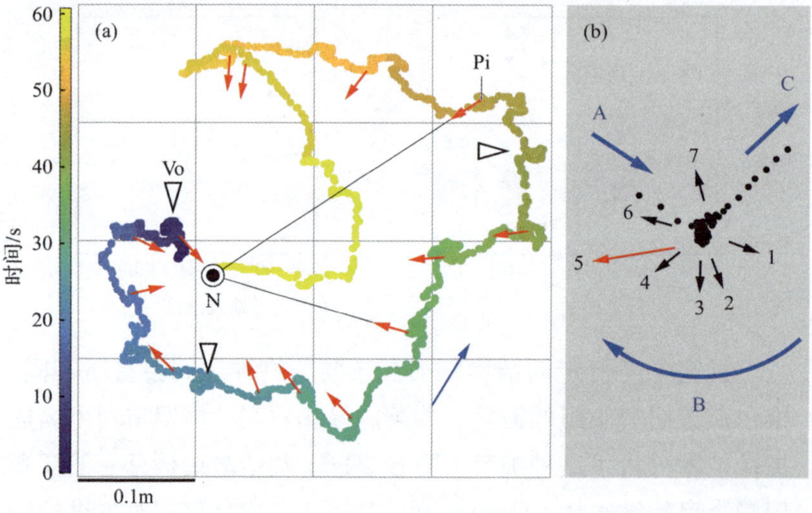

图6.21 通过高速摄像记录的行走学习（圆结箭蚁）

（a）新手开始户外生活阶段的行走学习。行走过程中包含几个回旋动作（Pi），在最长的停止阶段，蚂蚁的注视方向用红色箭头表示，偶尔的回旋（Vo）用三角形标记。带状（时间编码）轨迹是由蚂蚁的头–躯干轴的记录得出的。（b）回旋细节。蓝色箭头A和C表示平移的进出运动；B表示旋转运动。停顿阶段（1~7）的目光方向用黑色箭头表示；最长的和目标导向的阶段（5）用红色突出。图中给出每隔10ms的蚂蚁位置（黑点）。

目前，我们的问题多于答案。然而，假设在原地转弯时——在回旋和注视目标时，蚂蚁获得了该地点的地标全景的目标导向视图，因此，多回旋的行走学习将为动物提供一套从目标周围不同方向拍摄的参考快照。保罗·格雷厄姆和他的同事从理论上表明，动物在这种巢穴导向的转弯过程中会拍摄到一些全景记忆，之后这些记忆足以使动物从一个相当大的区域确定目标方向。

这是因为在特定位置拍摄的全景视图只会随着距离该位置的远近而平滑掉变化。因此，之后箭蚁能够确定它的目标，即巢穴入口的方向，甚至在以前从未去过的地方。这种“视图外推”起作用的空间范围，即全景参考视图用作指导的空间范围取决于在学习步行期间进行的折返次数和空间分布，以及围绕目标的地标全景的视觉结构。即使蚂蚁必须读取其路径积分坐标以获取面向目标的视图，也不需要直接将特定地点拍摄的地标视图与这些坐标相关联。路径积分系统可以仅用于受限于视图获取阶段的临时和辅助功能。

此外，除了全景图之外，蚂蚁在学习行走过程中还可能获得其他种类的视觉信息吗？例如，它们是否用罗盘的方向来标记这些视图？或者，它们是否还利用其环境的深度结构？由于体形较小，蚂蚁以及一般的昆虫，不能使用双眼立体视觉。因此，它们获取距离信息的最有可能的方式是通过运动视差，即利用来自图像运动的信息。我们对箭蚁学习行走的几何知识，还不足以用来解决这些问题，正如对箭蚁如何通过移动和凝视的特殊方式采用“主动视觉”策略的研究才刚刚开始一样。

出于比较的原因，让我们快速看看与蚂蚁的行走学习等效的动作：黄蜂和蜜蜂的刻板飞行学习。自 19 世纪中叶以来，这些引人注目的飞行动作几乎引起了全世界的关注。德国科学家奥古斯特·冯·伯勒普施和雨果·冯·巴特尔雷彭、亚马逊雨林的英国博物学家亨利·贝茨和尼加拉瓜的托马斯·贝尔特、美国威斯康星州的昆虫学家乔治·佩卡姆和伊丽莎白·佩卡姆，以及俄罗斯圣彼得堡的动物学家弗拉基米尔·瓦格纳，对蜜蜂和黄蜂进行了漫长的“定向飞行”和“区域研究”，他们仔细观察并描述了蜜蜂和黄蜂独特运动模式的许多方面，该研究成果令人印象深刻。我们从这些早期的记载中已经了解到，在离开蜂巢后，黄蜂或蜜蜂会回头，面向蜂巢的入口，并以顺时针和逆时针交替的方向来回摆动，进行一系列弧线的飞行动作。随着飞行学习的进行，弧度越来越大，高度也越来越高，直到最后，昆虫离开巢穴越来越远，转身开始其觅食之旅。当黄蜂或蜜蜂从这段旅程返回到巢穴时，它会总结飞行学习的某些运动模式，这样就可以遇到在早期飞行学习中获得的相同视图序列。

最近，研究放在了在地面生活的独居黄蜂和大黄蜂身上，以高时空分辨率将这些学习和返回飞行的过程拍摄下来，并对其进行了三维细节分析。尽管存在一些物种特有的、位置相关的差异，但还是形成了一种常规模式。这种运动模式的一个组成部分引人注意。当昆虫在一个锥形的飞行走廊内围绕巢口旋转并到达弧形的尽头时，它会做头部扫视运动，进入短暂的巢穴定位阶段。进而快速转向目标，然后抓拍并存储以目标为中心的视觉环境，这一行为规程似乎是飞行的黄蜂和步行蚁所共有的，也就是说，蚂蚁可能是从其飞行祖先那里遗传下来的。然而，在蚂蚁以及黄蜂、蜜蜂中，仍然需要研究——它们拍摄了什么？什么时间拍摄以及何时进行图像检索的？除了静态视图外，是否也利用了动态（“短片”）场景？希望记录和评估技术的不断完善很快会在解决这些问题上取得进一步的成果。无论如何，行走学习和飞行学习的研究已经成为昆虫导航研究中最有前景的领域之一。

这是一个空间上受限制、结构定型的常规行为，其功能意义是显而易见的。

从功能上讲，整套的箭蚁定向行走是成功视觉归巢的必要条件。回顾一下图 6.4，当蚂蚁看到目标周围熟悉的地标全景时，它们的搜索密度分布出现了急剧的峰值。现在补充一点，定位目标的准确性和精确性随着蚂蚁在行走学习序列中行进而逐渐提高（图 6.22）。最终的学习平台期只有在蚂蚁完成这一序列并开始首次觅食之后才会到来。事实上，当有经验的觅食者突然面临巢穴周围的新地标条件时，例如，新手必须学习的同样的三圆柱阵列时，在学习和检索过程中会出现同一事件序列。

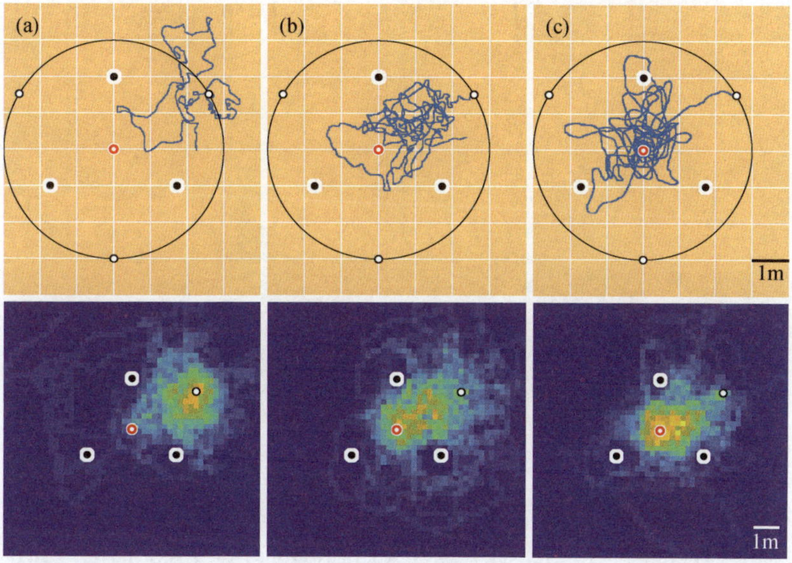

图 6.22 随着学习次数的增加，箭蚁逐渐提高了其目标定位的准确性（长脚沙漠蚂蚁）

蚂蚁被训练在一个黑色圆柱三角形阵列（黑点）的中心找到目标（巢穴入口）。在与地标一起移到远处的测试场地后，它们在阵列外的三个位置（小白点）被释放。其随后的搜索轨迹用蓝色表示。红圈标出了巢穴的虚构位置。测试在蚂蚁完成（a）第一次和（b）第二~四次行走学习之后进行。（c）蚂蚁已经成为有经验的觅食者。这些图像描述了单个示例（上图）和每 15~20 个个体的搜索密度概况（下图）。

总之，不是目标处的单一快照，而是其周围几个位置的一系列目标导向的快照，为动物提供了随后归巢的视图信息。如果这个结论是正确的，蚂蚁需要“脚下有足够的空间”来完成巢穴入口处的行走学习。事实上，当新手在实验中被剥夺了目标周围的足够空间，无法正确进行行走学习时，它们就无法获得以目标为中心的基本地标视图。在实验中，可以通过在巢口周围加水渠来进行验证。这些沉入地下的水渠限制了蚂蚁的活动范围，但不限制它们对周围地标全景的观察。蚂蚁到达水渠并跌入水中后，可立即返回巢穴。在后来的实验中，当对受到这种空间限制的新手们进行专门的位移实验时，其路径积分器将其引向与巢穴相反的方向（图 6.23），它们会迷路。相比之下，若给它们足够的空间完成早期的地标学习，最终会成功回家。

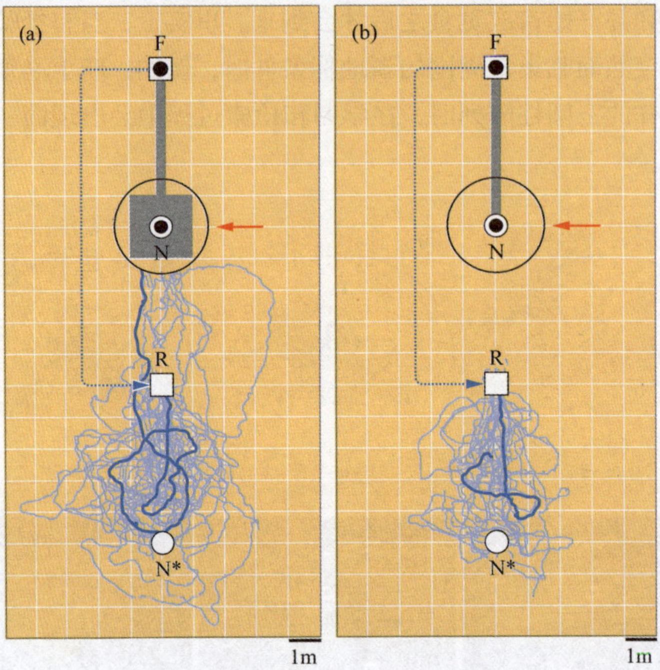

图 6.23 水－围渠实验：限制行走学习（圆结箭蚁）

（a）新手在巢穴周围 2m×2m 的区域内（N）进行行走学习或（b）被阻止这样做。红色箭头表示不同的设置。蚂蚁可利用的区域（灰色阴影）被沟渠所包围。第一次到达喂食器的新手作为全向量蚂蚁在与 N 相反的方向上被迁移（蓝色虚线箭头），并在 R 处被释放。N* 表示巢穴的假想位置。蚂蚁最初是沿着巢穴向量前进，最后成功回家，如图（a）所示。在任何一种情况下，都显示了 15 只蚂蚁的路径（浅蓝色轨迹）；深蓝色表示单个路径。外侧的灰色边界线表示巢穴位于一个杂乱无章的环境中，在这种情况下是一个开放的松树林，而不是一个空旷的平原。

当蚂蚁以新的觅食方向离开巢穴时，以及当它们从新发现的食物地点返回时，也有类似于巢穴入口附近的回头行为，但迄今为止研究得不多。就像基于视图的地点记忆一样，基于视图的路径记忆很可能是通过主动学习而获得的，而不仅是顺路习得。当蚂蚁沿着其外出路径进行回头动作受阻时（将其路径限制在妨碍自然地标全景获取的狭窄通道上），它们的归巢行为会受到严重影响。路径学习和地点学习是相互融合的事件序列，所以蚂蚁最终可能学习和保留的是基于地标的出发（向食）和返回（向巢）路径。

在后来的视图检索扫描中，学习阶段的回头看程序也有对应的动作。20 世纪 70 年代初，安德烈亚斯·伯克哈尔特（现为华盛顿大学神经生物学教授），作为我的第一批研究生之一加入了沙漠蚂蚁研究，我们对一种非凡的行为现象着迷。每隔一段时间，特别是当它从习惯的返回路线上移开时，沙漠双色蚁会爬上石头或树枝，并在原地进行旋转或向左右轻微摇摆。在扫描和摇摆时，它们获得了什么空间信息？

近半个世纪后似乎才有了答案。澳大利亚的嗜热食腐动物Melophorus Bagoti和食肉跳蚁Myrmecia Croslandi都是野外独居觅食者，现在对这两种蚂蚁的系统扫描程序进行了详细研究，并通过高速摄像机将其记录下来。在扫描期间，蚂蚁在一个方向上以90° /s的恒定速度旋转，然后通常在完成一次转弯之前，以相反的方向旋转。在这些旋转上叠加的是快速、精细协调的头部和身体扫视，分别以高达500° /s和200° /s的速度进行。这些扫视会引出短时间的持续注视方向（图6.24）。类似于上面提到的步法学习中的旋转，这些注视方向与周围地标场景中的任何特征都不相关。最有可能的是，蚂蚁在周期性地扫描其周围的视觉世界时，采用了旋转图像匹配策略，即比对记忆中的巢穴指向视图与当前体验到的全景视图。

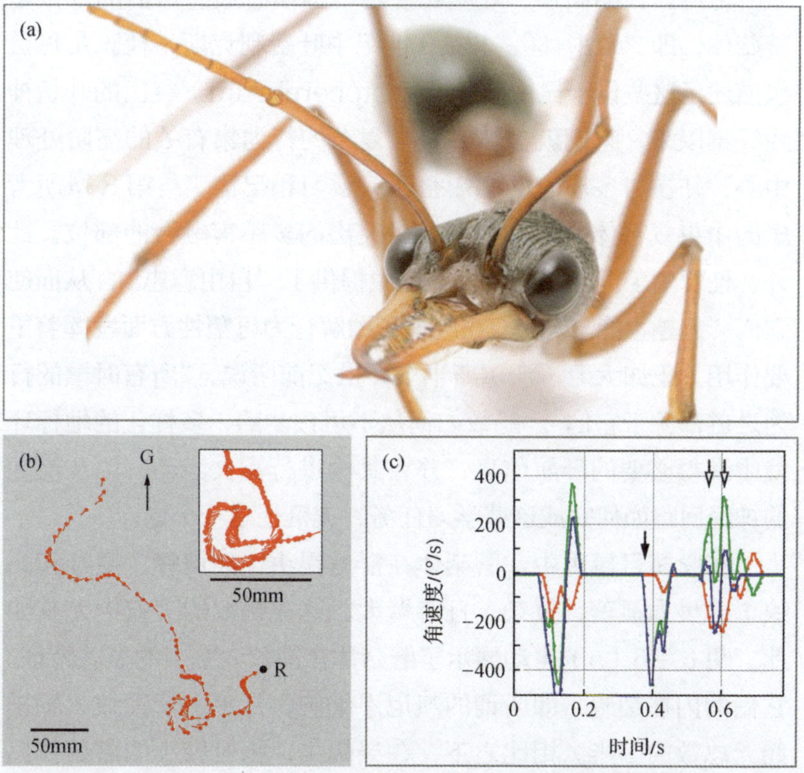

图6.24 扫描程序

（a）澳大利亚公牛蚁Myrmecia Nigriceps，转动它的头。（b）零向量蚂蚁Myrmecia Croslandi在R处释放后的路径。蚂蚁的位置是每100ms给出一次（插图中为40ms）。指向头部前方（点）的红色线段表示注视方向。箭头G标志着通往目标（巢穴）的方向。（c）头部的角速度（相对于身体，绿色）、身体纵轴（红色）和凝视方向（蓝色）。实心箭头表示头部方向紧随身体方向；空心箭头表示头部运动对身体方向进行补偿。

仅为了比较存储的视图和当前的视图，蚂蚁需要进行运动扫描，这一事实再次表明它们不能在大脑中旋转其储存的视图。只要学习－行走自旋（获取全景信息）和觅食－行走扫描（检索全景信息）之间的功能关系，那问题出现了——这两种相关的行为模式在其结构和动态细节上如何比较？对这个问题的回答，最好是在各种物种和环境条件下进行验证，这是了解昆虫在寻找熟悉的地方和行走习惯路线时最具决定性的步骤之一，直接决定它们采用哪种导航策略。此处让我们再次进入箭蚁大脑，看看快照可能储存在哪里。

6.7 蘑菇体动力学

习得、长期储存、处理和使用地标信息最有可能的部位是蘑菇体，即“蕈形体”。自 19 世纪中叶费利克斯·杜雅尔丹首次描述了这些位于昆虫前脑（Protocerebrum）突出的叶状神经纤维以来，它们就被认为是与复杂的行为集有关的高阶处理中心，并参与多模态的感知整合、学习和记忆。与第 3 章所考虑的中央复合体一起，它们是最突出的多感官融合的部位。此外，杜贾尔丁声称，蘑菇体为昆虫提供了“自由意志”，从而使它们“超越本能”，它们在决策和调解行为可塑性方面发挥着重要作用。正如大卫·沃尔斯半个多世纪前所说，“所有时髦的行为之谜都源于它们”。蚂蚁如何从不可预测的、多样化的地标环境中获得必要的导航信息，并在其中进行觅食活动，以及潜在的神经回路如何完成这些学习任务，无疑还是一个谜。

在膜翅目昆虫中，蘑菇体在群居昆虫（如黄蜂、蜜蜂和蚂蚁）中最为显著、复杂，且容量大。这在蚂蚁的工蚁中尤其如此。图 6.25（a）生动展示了蘑菇体在箭蚁大脑中的显著特征。它们的内在细胞，即所谓的凯尼恩细胞，几乎占了箭蚁大脑神经元总数的一半。相比之下，在果蝇中，相对较小的蘑菇体只包含不到 4% 的大脑神经元。

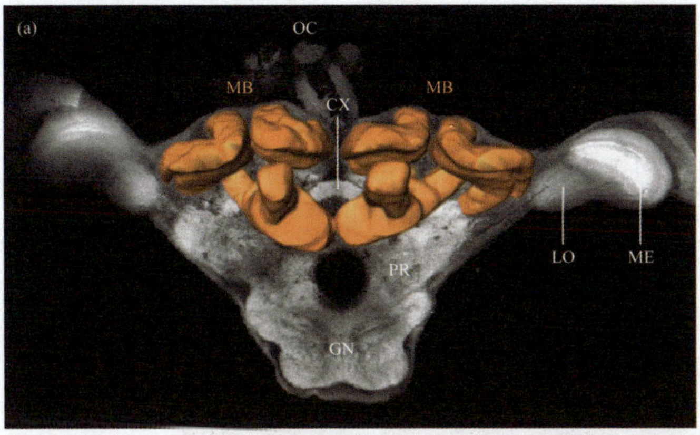

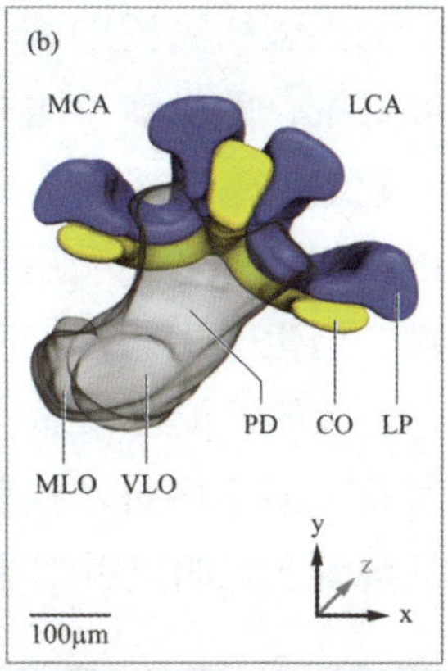

图 6.25 箭蚁前脑中的蘑菇体（图（a）为沙漠双色蚁；图（b）为圆结箭蚁）

（a）蘑菇体的三维重建（橙色）叠加在大脑的正面截面上。（b）隔离的蘑菇体。CO（黄色）表示领部；GN 表示神经节；LCA 表示侧萼；LO 表示小叶；LP（蓝色）表示唇；MB 表示蘑菇体；MCA 表示内侧萼；ME 表示延髓；MLO 表示内侧叶基部；OC 表示眼球；PD 表示梗；PR 表示原脑神经节；VLO 表示垂直叶基部。坐标：X 为侧面；Y 为背侧；Z 为尾侧。

这可能是由于蚂蚁的体形较小，它们突出的蘑菇体直到最近才成为研究的焦点。当查尔斯·达尔文让他的儿子弗朗西斯为他解剖一只木蚂蚁的“脑神经节”时，他惊讶地发现它们“还不到一个小针尖的四分之一大”。在 20 世纪 60 年代末，早期的昆虫神经解剖学家主要研究蜜蜂、直翅目昆虫和蟑螂。将蚂蚁纳入进来只是为了强调它们前脑的大小在不同等级间的差异很显著，尤其是蚁后和雄蚁的大脑大小相对工蚁而言小得多。在这种认识下，我们感觉遗憾的是，20 世纪初，圣地亚哥·拉蒙和卡哈尔，以及他的学生多明戈在对苍蝇、蜜蜂、蝗虫和蜻蜓的神经系统的解剖分析中，似乎从未尝试过将高基氏体浸满蚂蚁的大脑。仅仅几十年后，三位“蚂蚁大脑先驱”为解决昆虫的蘑菇体之谜做出了重要贡献。这些先驱是我们刚刚提到的大卫·沃尔斯，以及两位被严重低估的神经解剖学家——德国的沃尔夫冈·戈尔和瑞士的乌尔里希·斯泰格。他们在 20 世纪 60 年代末撰写博士论文时偶然有了共同发现。

为了体会三位蚁脑先驱的贡献，先来看看蘑菇体的基本模式。在图 6.25、图 3.31（b）和（c）中，箭蚁的蘑菇体分别以总视图和横截面显示。外围，在成对的杯状花萼中，解剖学上两个主要的细分部分——唇和领，分别构成嗅觉和视觉信息的主要输入区域。在这些花萼中，数以万计的固有凯尼恩细胞的大型树突树形成了由密集的突触微循环阵列组成的精细神经纤维，即微球（图 6.26）。每个微球是由一个中央突触前神经元组成，即视觉（领）或嗅觉（唇）投射神经元的轴突终端，以及周围许多突触后轮廓。这些轮廓主要是凯尼恩细胞的树突棘，但也有周期性抑制和调节神经元的末梢。这些微球的数量是巨大的，仅在领部，箭蚁就拥有约 40 万个这样的微球。乌尔里希·斯泰格对木蚁蘑菇体做了电子显微镜研究，他是第一个从解剖上阐明昆虫微球功能的人（图 6.27）。

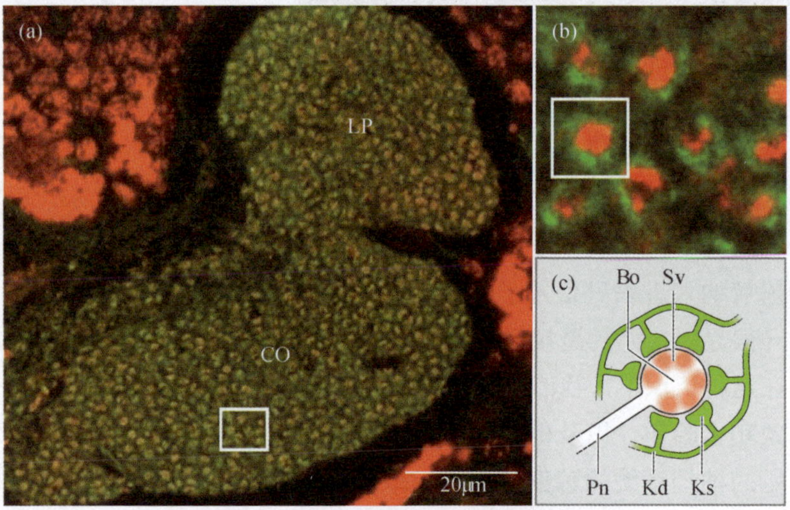

图 6.26　蘑菇体花萼中的微球状物（长脚沙漠蚂蚁）

（a）内侧花萼的内支：唇（LP）和领（CO）区免疫标记的微团概况。突触前和突触后结构分别以红色和绿色显示。（b）高倍放大的细节。（c）描绘微球组织结构的方案。Bo 表示突触前突触；Kd 表示凯尼恩细胞树突；Ks 表示凯尼恩细胞棘突（突触后部位）；Pn 表示投射神经元；Sv 表示突触囊泡的聚集。

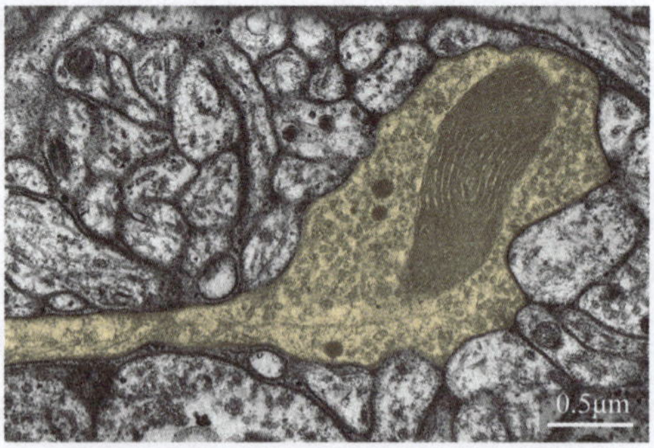

图 6.27　乌尔里希·斯泰格的早期电子显微照片：一只蚂蚁（Formica rufa）的微腺体

在花萼神经孔中，感觉投射神经元的突触前部位（以黄色突出显示）被许多突触后的凯尼恩细胞树突的小轮廓所包围。在他 1967 年的研究中，正确地将这种小突触复合体解释为“分散型突触”。突触前部位包含一个大的线粒体、几个密集的核心囊泡（三个黑点）和大量的轻度核心囊泡（灰色轮廓）。

如图 6.28（a）所示，凯尼恩细胞的轴突状过程平行穿过蘑菇体的柄部、梗部，最后分叉形成垂直和内侧裂片（图 6.28(a)

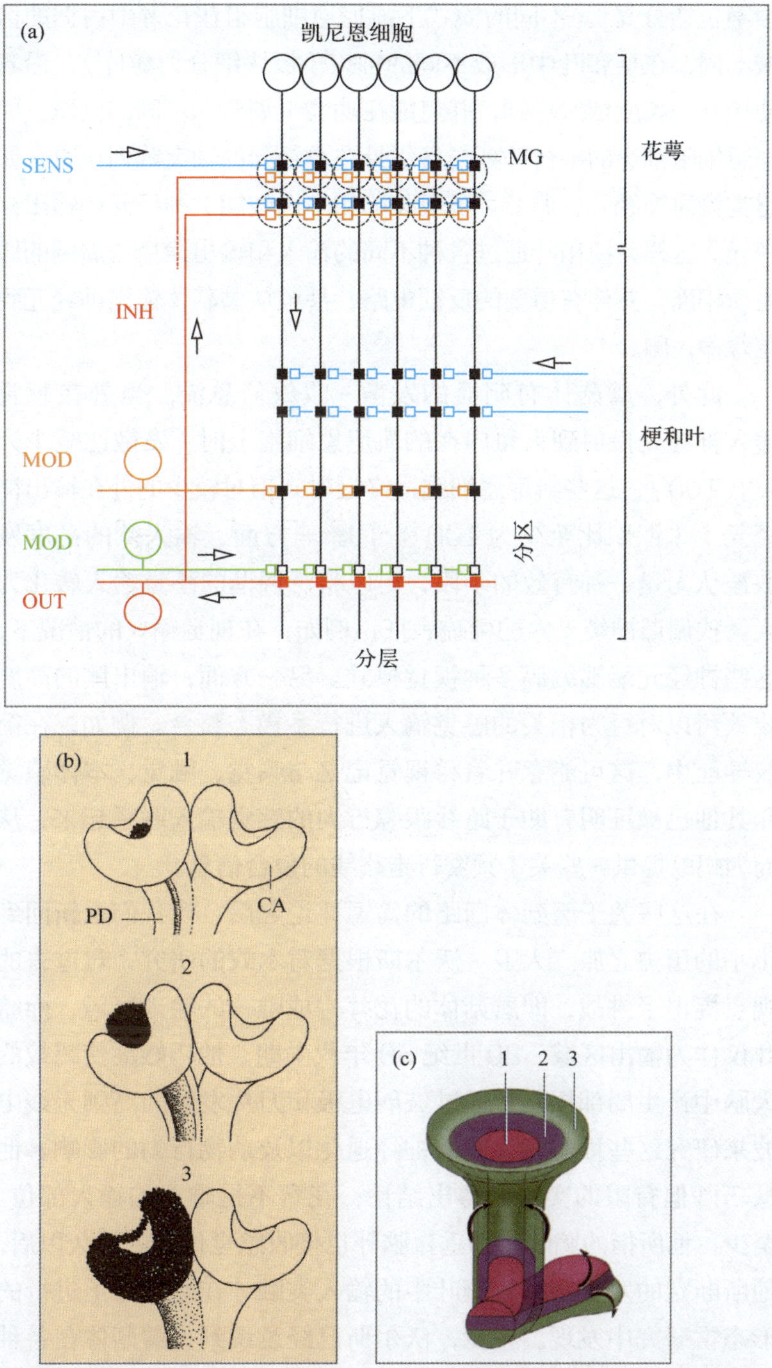

图 6.28 蘑菇体底样草图

（a）电路示意图。在梗和叶中，凯尼恩细胞的平行纤维（黑色）是局部网络的一部分，输入和输出连接在这里以通用和高度示意的方式描述。空心和实心方框分别表示突触前和突触后部位。INH 表示抑制性神经元（参与反馈电路）；MG 表示微团；MOD 表示调节神经元；OUT 表示输出神经元；SENS 表示感觉神经元。（b）沃尔夫冈 · 戈尔的研究表明，形态上不同类型的凯尼恩细胞的细胞体填充并围绕着成对的花萼（CA）碗，它们在那里占据不同的分区（黑色）。1 表示基底环；2 表示领；3 表示唇；PD 表示花序梗。（c）尼古拉斯 · 斯特劳斯菲尔德设计的现代观点，即蘑菇体分室的一般模式。

中不包括分叉）。不同的模式下凯尼恩细胞组在花萼中占据的区域不同，在梗和叶中形成不同的轴束（板块细分为薄片），沿着梗和叶的长度依次排列，并可能在功能上划分为不同的区域。凯尼恩细胞轴突的平行阵列与各组外在神经元的轴突阵列正交，如感觉投射神经元、调节（多巴胺能和辛巴胺能）神经元和输出神经元。这样，梗和叶通过各种不同的输入和输出途径与周围的原生质相连，并伴有重要的反馈电路，甚至从蘑菇体输出神经元到花萼输入侧。

此外，蘑菇体有明显的发散-收敛信息流。当外在感觉输入神经元投射到大量内在的凯尼恩细胞上时（发散比至少为1 ：100），这些凯尼恩细胞最终投射到相对较少的外在输出神经元上（汇聚比至少为100 ：1）。一方面，输入侧的高度发散被认为是一种有效的手段，可以将泛调谐的感觉输入转化为大量狭调谐神经元内的稀疏表征，例如，在视觉输入的情况下，这些神经元能够编码多种视觉模式。另一方面，输出侧的高度收敛可以对行为相关的感觉输入进行多模态整合。例如，在箭蚁导航中，这可能意味着将视觉记忆与嗅觉、触觉、本体感觉和其他已被证明有助于路线跟踪行为的感觉输入联系起来，从而为蚂蚁提供一些关于频繁行走路线的复合信息。

在这些关于蘑菇体回路的简短评论之后，让我们重新回到小小的历史之旅。大卫·沃尔斯根据对木蚁的研究，对过去的观点提出了挑战，即蘑菇体的花萼构成唯一的输入区域，而脑叶仅作为输出区域。20 世纪 50 年代中期，他巧妙地使蚂蚁的大脑中产生局部损伤，通过玻璃电极和刀片发射的高频无线电波来研究这些损伤对大脑的神经退化以及动物行为的影响。他从巧妙但有限的实验中得出结论：花萼不是唯一的输入部位。至少，他所指的脑叶，即垂直脑叶也接收感觉信息。很久以后，他所断定的发生在蚂蚁脑叶中的输入突触才在蟋蟀身上进行的形态学研究中发现。毕竟，沃尔斯已经意识到，蘑菇体在各种感觉、运动和我们现在必须补充的调节性神经元之间的反馈回路系统中发挥着核心作用，因此可以预见蘑菇体网络的复杂性。

十年后，沃尔夫冈·戈尔再次使蚂蚁的大脑发生局部损伤，此外还提供了第一个也是迄今为止最漂亮的蚂蚁高尔基染色研究。他演示了不连续的凯尼恩细胞亚群占据了花萼的不同亚区（图6.28（b）），并以高度有序的方式投射到脑脚和脑叶中。由于他的退化技术有限，没有完全正确地得到这种投射模式的空间细节，但他是第一个演示了在昆虫的蘑菇体中，花萼的区域化被转化为脑脚和脑叶的分化结构。在斯泰格和戈尔具有决定性发现之后的几十年里，没有其他人进一步深入研究蚂蚁的前脑，直到90年代中期，当时德国维尔茨堡大学的乌尔菲拉·格罗南伯格开始对各种蚂蚁的蘑菇体进行广泛的形态测量研究。十年后，免疫荧光追踪、共聚焦显微镜和三维成像等现代技术开始用于这些神经元的细粒度分析，同样是在维尔茨堡大学，但现在是由沃尔夫冈－罗斯勒团队将箭蚁作为模型生物使用这些现代技术开展研究。

在前面的考虑中，始终有一个问题未解决——为什么我们要在获取、储存和使用地标信息的背景下提到蚂蚁的蘑菇体？几乎所有早期研究昆虫大脑的人都指出，蘑菇体的增大和其携带者的群居生活方式之间存在着明显的相关性。因此，这两个特征被认为具有因果关系就不足为奇了（“社会大脑假说”）。但是正如比较形态学和系统发育分析所显示的，情况并非如此。蘑菇体的增大和精细化，以及它们从视叶得到的输入大幅增加，与寄生独居蜂的生活方式高度关联。回顾一下，在为幼虫喂食不能活动的昆虫时，寄生蜂必须学习和记忆其多个常用地下巢穴的位置，以便定期给这些巢穴补充食物。从这个角度看，高等膜翅目动物的蘑菇体增大可能主要是由与中心地觅食和空间学习相关的行为挑战和计算要求所驱动的，因此可能比群居的出现早近1亿年。这一结论被以下事实所证实：大型、复杂的蘑菇体也出现在一些非群居昆虫中，例如，在某些圣甲虫和蛱蝶中，这些昆虫表现出对导航需求的觅食行为。

事实上，蘑菇体的神经结构和计算方式似乎很适合处理和储存大量的地标信息——大量以目标为中心和与路径相一致的全景图，箭蚁能够获得并用于视觉归巢。为此，让我们回到图3.31（c），考虑将视觉信息从视叶传递到蘑菇体的主要视觉通路（MB通道），即前上视神经束，它从髓质延伸到大脑半球形中的蘑菇体花萼的视觉输入区（领）。这种MB通道在箭蚁属中非常明显，在由信息素追踪引导的蚂蚁中较微弱，在迄今为止研究的许多非膜翅目物种中要么不存在、要么很小。

芭芭拉·韦伯和她的合作者将上面勾勒出的蘑菇体结构作为一个关联学习网络来解释蚂蚁中基于视图的路径跟踪行为。该模型最初是作者在果蝇较简单的嗅觉联想学习行为（其中蘑菇体起到了决定性作用）下开发的，足以让模拟蚂蚁完成其看似高级的路径跟踪任务。蘑菇体网络的关键电路特性，特别是它的发散-收敛结构和在大型神经元阵列中对感觉输入的稀疏编码，使模拟蚂蚁能够分离和储存在视觉引导的路线上所经历的大量全景视图，并将这些储存的视图与不同的但高度相似的视图区分开来。如果蚂蚁偏离路线或沿着路线向错误的方向行进，就会遇到这种情况。

然而，储存的模式必须与之相关的强化信号是什么呢？在嗅觉关联任务中，相关信号是由食物奖励提供的。在箭蚁的地标学习任务中，它可能包括某种内部奖励，该奖励与蚂蚁不断运行的路径积分器的状态相关。沿着一条熟悉的路线成功前进不可避免地与旅行向量的“奖励”减少相关联，当蚂蚁到达目标时，旅行向量最终达到零状态。同样，在围绕巢穴入口的学习性行走中，奖励信号可能包括蚂蚁在折返和寻找过程中与巢穴向量一致。然后，可以将所经历的全景图像标记为一个正值。

基于实际蘑菇体电路的视觉记忆模型提供了一个机会——把上一节介绍的用于模拟蚂蚁路线跟踪行为的抽象的“熟悉度模型”置于实际的神经生物学基础上，并以一种计算上要求更低的方式来实现。我们现在有一个模型，与以前模型不同的是，它的主要算法建模是试图基于一个特定的神经回路的计算能力来模拟蚂蚁的一种基本导航行为。然而，目前这主要是一个有前景的想法，因为我们手头还没有太多的直接证据表明蘑菇体实际上是在处理和存储地标信息。但也有一些有希望的提示。将铝箔薄片小心地插入蟑螂大脑，使其大脑中叶受损，结果蟑螂无法完成本地视觉归巢任务。特别是蜜蜂的蘑菇体神经元，当蜜蜂只进行了一次飞行学习或在新领域重新飞行学习后，涉及哺乳动物空间学习的即时早期基因的昆虫同源物激增。此外，正如来自伊利诺伊大学香槟分校的吉恩·罗宾逊和他的同事在蜜蜂中首次观察到的那样，工蜂从进行室内护理到室外觅食任务的行为转变与蘑菇体体积的显著增大有关，特别是与花萼的体积显著增大有关。在这一发现之后，在巢内 - 巢外过渡期间，在黄蜂和蚂蚁（包括箭蚁）中也观察到了这种蘑菇体大小的增加（图 6.29）。随后，类似的研究如雨后春笋般涌现。

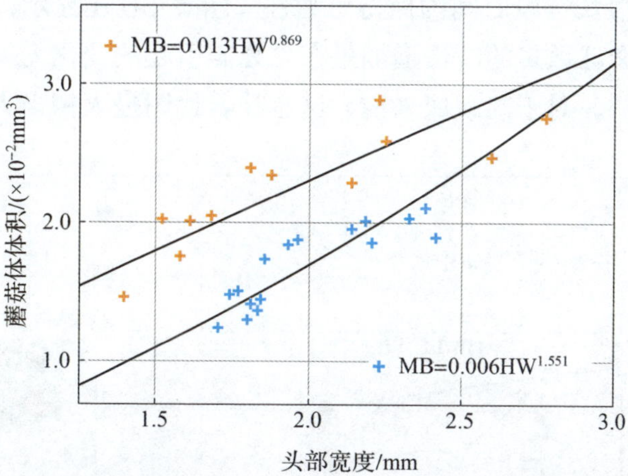

图 6.29 箭蚁蘑菇体任务相关的体积变化（沙漠双色蚁）

觅食工蚁（橙色）与年龄相匹配的非觅食者（蓝色）相比有明显较大的蘑菇体（相对于体形）。

蘑菇体大小的增加不是由成虫的神经元引起的。在成年蜜蜂或蚂蚁的蘑菇体中从未检测到活跃的神经母细胞和新的凯尼恩细胞的形成。这种增加是由视觉输入中心的微球内发生显著的突触重组所致。微球体的数量减少（修剪），但这种减少与突触后凯尼恩细胞树突的生长和分支的大量增加有关。突触效率和从视觉输入神经元到凯尼恩细胞的分化增加。显然，这些突触重组使微球突触复合体适应了明亮的室外环境，从而可能将它们从“默认状态”转变为“功能状态”，为迎接即将到来的视觉信息洪流做好准备。

与人们所预期的相反，这种神经重塑并不是由严格的发育程序所致，而是如对箭蚁的研究所呈现的——由光引发的。这很可能发生在蚂蚁在开始学习行走前不久，出现在地面上搬运土粒时。在这些“挖掘行走”中，它们直接冲出巢穴几厘米，把它们的负载放在地上，进行U形急转弯，然后直接快速返回巢穴。在实验中，上述的突触重组事件的整个序列，任何时候只要生活在巢穴中的蚂蚁暴露在光线下就会引起。即使是只有一天大的、刚孵化出来的工蚁，即幼蚁，通常在4周后才会发生这种转变，或者在完全黑暗的环境中饲养了几个月的动物，也可以激发这种转变（图6.30）。这意味着蚂蚁的视觉微电路必须在很长一段时间内保持可塑性。图6.30还显示，与年龄有关的微球数量的缓慢增加是在与光照引起的变化无关的背景下进行的。对于箭蚁属来说，这意味着代谢投入相当大，因为

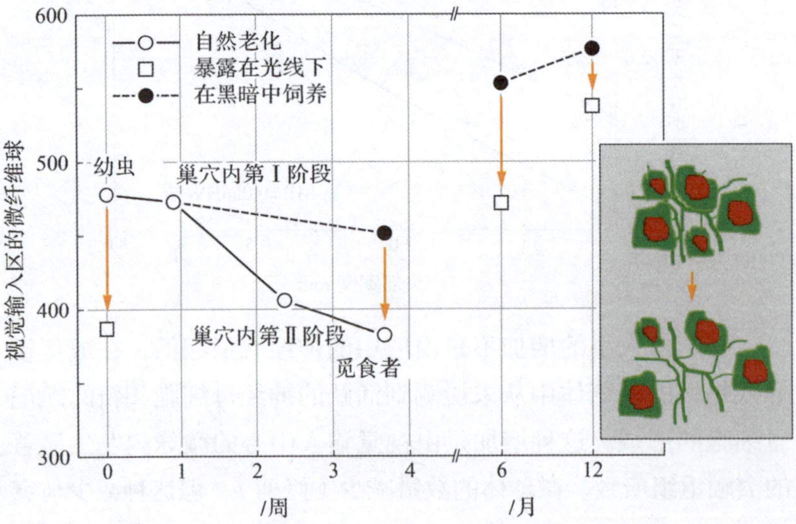

图6.30　蘑菇体花萼视觉输入区的年龄相关和光触发的可塑性（长脚沙漠蚂蚁）

在黑暗中，突触复合体（微球MG）的数量慢慢增加。在自然老化和在黑暗中饲养的动物（分别用空心圆和实心圆表示）中，光照导致一些MG被修剪，MG有了很大外延（插图），导致MG密度下降和整体花萼体积增加。图中用橙色箭头突出显示，MG结构从黑暗中的“默认状态”向光照下的“功能状态”转变。

蘑菇体萼及其密集的微球突触复合体阵列是最活跃的神经元。突触前区含有大型线粒体，并与100多个可塑性强的突触后棘接触（图6.26（c））。因此，与动物和人类在生物衰老过程中通常发生的情况相反，在箭蚁属中，神经元的可塑性和储存能力似乎随着动物的年龄增长而保持，甚至增加。

值得注意的是，结构重组——这个在动物首次出现在户外时发生在微球内的现象，不是基于任何形式的联想学习。单由感官接触触发，它们为蚂蚁在其觅食生活中必须完成的视觉导航任务准备了突触微电路。这些任务中的第一项是获得后来用于归巢的地标信息。正如我们在上面所论证的，正是在挖掘行走之后的学习行走期间，箭蚁获得了来自巢穴周围不同有利位置的多个地标视图的稳定、长期的记忆，而且正如最近的结果所显示的，正是在这些自然天光条件下进行的行走学习期间，蘑菇体花萼视觉输入区的微团复合体的数量和密度有了增加。这种与长期记忆形成有关的结构变化，以前曾在蜜蜂和切叶蚁的嗅觉神经回路中发现过，而这进一步支持了长期以来的观点，即蘑菇体是学习和记忆过程的神经基质。此外，研究还发现，它们至少需要两天的时间才能为动物提供稳定的长期记忆。这也是箭蚁进行行走学习的时间跨度。

说了这么多，最后让我们从学习地标视图回到使用它们。正如从行为实验中得出的结论，视图匹配（将当前视图与学习的视图相对比）是蚂蚁最可能采用的策略。蘑菇体是否包含正确的神经回路来执行这种视图匹配任务？类似的“自适应过滤”功能在脊椎动物后脑的小脑中有发现，只是在不同的感觉-运动背景下才会出现。一个多世纪前，弗雷德里克·凯尼恩在昆虫大脑中进行了开创性的高尔基染色，他已经指出这两种神经元的神经布线方案有一些显著的相似性：由数十万条细小的轴突样突起组成直线网络平行运行，并与外在的神经纤维组正交（图6.28（a））。最近，除了凯尼恩外，一些作者也提到了蘑菇体和小脑之间的这些神经结构和功能的相似性。小脑的一个重要功能是忽略可预测的（再传入的）感觉输入，因为它们是由动物自身的运动活动产生的。发挥这种作用的神经回路可能被用于比较当前的地标视图和存储的视图（这些视图是通过定向学习过程获得的）。蚂蚁已经学会了预测。从这个角度看，将实际的与期望的视图做比较很可能是由蘑菇体网络完成的一项常见的计算任务。事实上，正如下一章所显示的，这种能力在昆虫的导航工具集中发挥着重要作用。

7 行程规划

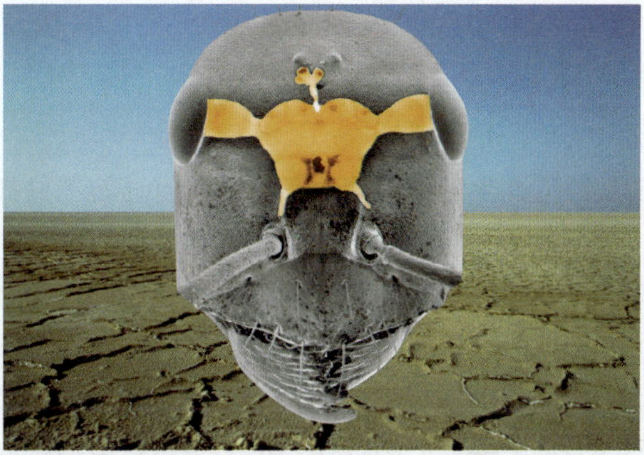

图 7.1 沙漠领航员

沙漠栖息地和叠加了大脑（黄色）的箭蚁头部的正面图

“虫子只是一只虫子”，狄德罗说。“但这只意味着它组织的奇妙复杂性被它的极度渺小所掩盖”。通过用狄德罗的虫子代替箭蚁，现在让我们来讨论一只小昆虫及其导航工具集的“奇妙的复杂性”，并探讨这种复杂性是如何通过各种引导系统和空间记忆的相互作用产生的。正如前几章所描述和讨论的那样，箭蚁导航器利用多种来源的感官信息，从偏光天窗和地球磁场到风向、从自感的图像流到腿部运动的本体感觉测量，从时间补偿的天体线索到陆地视图，所有这些信息被组合到一些导航程序中（通常被称为系统或模块）。疑问比比皆是。这些独立的导航模块是如何组合成一体的？它们是否以严格的等级方式组织起来，在任何一段时间都只使用等级最高的系统，只有当这个系统不起作用时，例如，由于感觉输入不足才会关闭，下一个从属系统才会起作用？或者说，这些系统是按顺序运行的，在回巢的开始阶段使用一个系统，然后在随后的行程阶段使用其他系统？这是否意味着，当一个系统被开启时，之前激活的系统会被关闭？或者这些系统是并行工作的，并不断地竞争表达，因此在有冲突信息的情况下，得到一条最优路线？或者，最后但并非最不重要的是，导航中使用的所有感官信息是否都被输入一个中央平台，其中熟悉的地方其位置按地形表示，这样导航者就能够依赖某种内部化的地图（这个术语将在本章中反复出现）？这些都是我们现在要逐步解答的问题。

7.1 折中轨迹

在正常的觅食生活中，动物可用的所有导航工具都是协调一致的，相互补充，相互支持。因此特别设计的信息冲突实验是必要的，以阐明它们的相对意义和相互作用的种类，并创建出可以更详细地研究导航机制的情况。我们首先让路径积分和地标引导的机制相互竞争。在一个基本的实验中，一个单一的人工地标，即一个黑色的圆柱体，位于巢穴入口的正后方，这样，蚂蚁在从熟悉的喂食器返回时，将始终保持这个信标的图像在它们的正面视场里（图 7.2（a））。后续的测试在一个没有自然地标的远处测试区进行，黑色圆柱体被放置在向量路径旁边的不同位置。释放后，全向量蚂蚁略微转向地标而不直接接近它，但最后恢复其更新的积分向量路径。蚂蚁在旅程中越晚遇到地标，转向地标的现象就越明显。蚂蚁不是从一个导航系统切换到另一个导航系统，而是在两个系统所指示的方位之间选择一个折中的路线，因此必须不断地接收来自两个系统的信息。蚂蚁是如何权衡这些不同的信息来源的？我们假设，在返程之初，蚂蚁的决定是偏向于路径积分器所指示的方向，因为那时旅行向量仍然很大，因此其方向的不确定性也很小。旅行向量越缩小，其方向的不确定性就越大，因此地标引导逐渐主导了蚂蚁的方向选择。

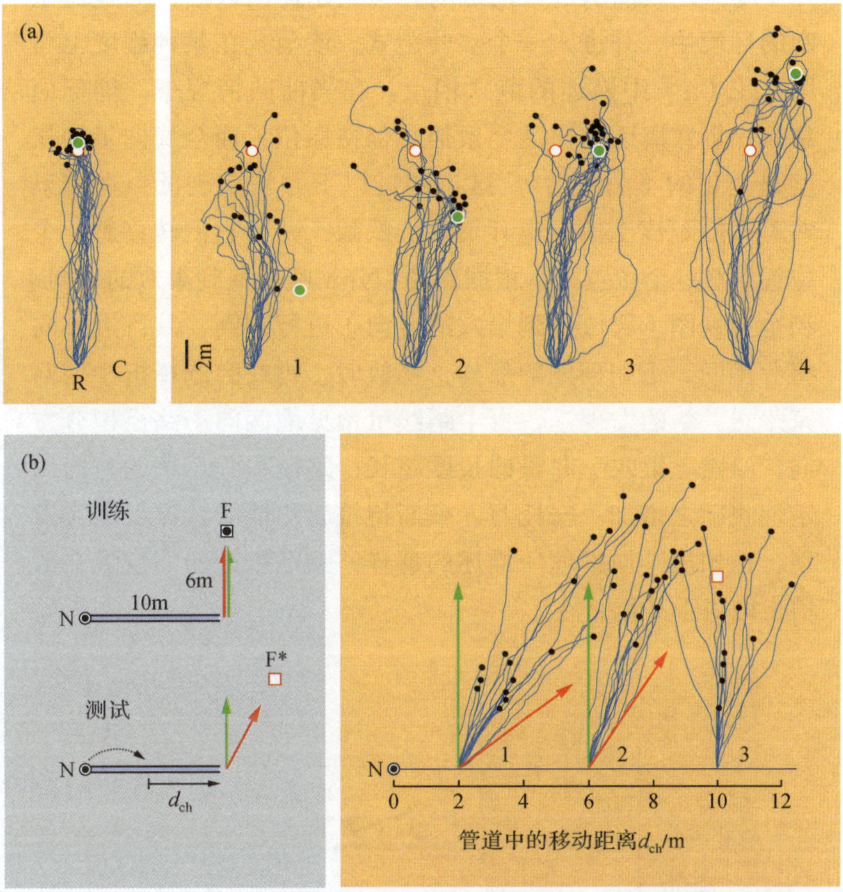

图 7.2 折中路线：路径积分向量与地标视图或局部向量之间的冲突（长脚沙漠蚂蚁）

（a）在关键测试中，一个确定目标的地标（绿圈）出现在恒定路径积分向量的早期阶段，而且是在侧面。红色空心圈为巢穴的假想位置。控制测试（C）与训练情况相对应。在关键测试（1~4）中，地标被移动。蚂蚁轨迹末端的小黑点标志着断开点（搜索的开始）。（b）在路径积分（全局）和局部向量之间引导的中间路线。左图：实验的概要。两段训练路线（上）和测试情况（下），其中蚂蚁在通道中走过的距离（d_{ch}）被缩短。红色和绿色箭头分别是全局和局部向量所指示的方向。右图：结果。N 表示巢穴；F 表示喂食器；F*（红色空心方形）表示喂食器的假想位置。

在第二种类型的“信息冲突”实验中，全局路径积分向量被设定为与基于地标的局部向量“竞优”（图 7.2（b））。正如第 6 章所述，一旦到达一个熟悉的地点，局部向量就确定了蚂蚁的习惯性方向。现在，训练蚂蚁沿着一条从巢穴到喂食器由两个指向不同的直线路段构成的路线行走。当它们在通道中走了一段固定的距离后，离开通道，向左转 90°，然后穿过空地走到喂食器前。在关键测试中，通道以及全局路径积分向量的通道分量被缩短了，因此在通道出口处，全局向量指示的方向与局部向量的方向相冲突。

同样，正如前面的实验所示，蚂蚁向折中的方向走去。

现在让我们从露天的盐场转移到迅捷箭蚁居住的视觉杂乱的环境中，并进入一个实验范式，该范式在某种程度上与图 7.2（a）中描述的范式相反。在当前的情况下，地标信息——巢穴周围的自然全景信息保持原位，而全局向量的长度是变化的（图 7.3）。这是通过以下方法实现的：在离巢穴不同的距离上捕捉离开巢穴的蚂蚁，并将它们转移到一个位置，在这个位置上，根据路径积分（喂食器到巢穴的方向）和全景视图（释放点到巢穴的方向）进行判断，其行进方向将会不同。正如预期的那样，释放时，蚂蚁会选择折中的回家路线。新的发现是，折中路线可预见地偏向于路径积分方向，原点（巢穴）向量的长度越长，路径积分系统的方向确定性也随之增加。安托万·韦斯特拉赫和他的合作者确实发现，正如贝叶斯推理所描述的那样，路径积分器的权重在数值上取决于其可靠性。

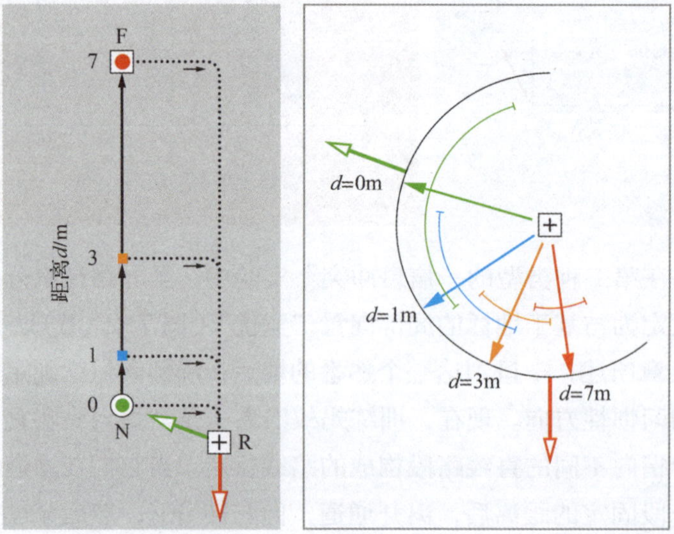

图 7.3 折中路线：路径积分向量和地标视图之间的冲突（迅捷速蚁）

在关键测试中，一个恒定的确定目标的全景图（绿色空心箭头所描述的转向路线）与不同长度的路径积分向量（红色空心箭头所描述的转向路线）相冲突。左图：实验装置。N 表示巢穴；F 表示离巢穴不同距离 d 的食物地点；虚线表示到释放地点 R 的位移。右图：蚂蚁移位到 R 后的中间路线（90% 的置信区间）。

在迄今为止描述的三个信息冲突实验中，两个导航系统通过指示不同的方向来“竞优”。现在我们转向一个测试情景，其中一个系统没有训练期间的信息。在它们的盐池巢穴所在地，训练箭蚁走过一条圆柱形地标的长巷，就像沿着一条树木林立的道路前进一样（图 7.4（b））。在没有地标小巷的关键测试中，蚂蚁会沿着其向量路线走，但不会全部偏离路线。虽然未抵达目标的数量不多，但该实验表明，两个系统——路径积分和地标引导，同时为最终转向路线的计算做出了贡献。赋予这两个系统的权重可能受到物种特定偏差的影响。栖息在澳大利亚内陆杂乱环境中的巴氏负蜜蚁，即使其巢穴位于开阔的地形中，在更小的距离内也会遵循其全局路径积分向量的指令（图 7.4）。森林居住的物种，如新热带巨蚁 Gigantiops Destructor 和 Formica 属的木蚁，可能很少这样做。

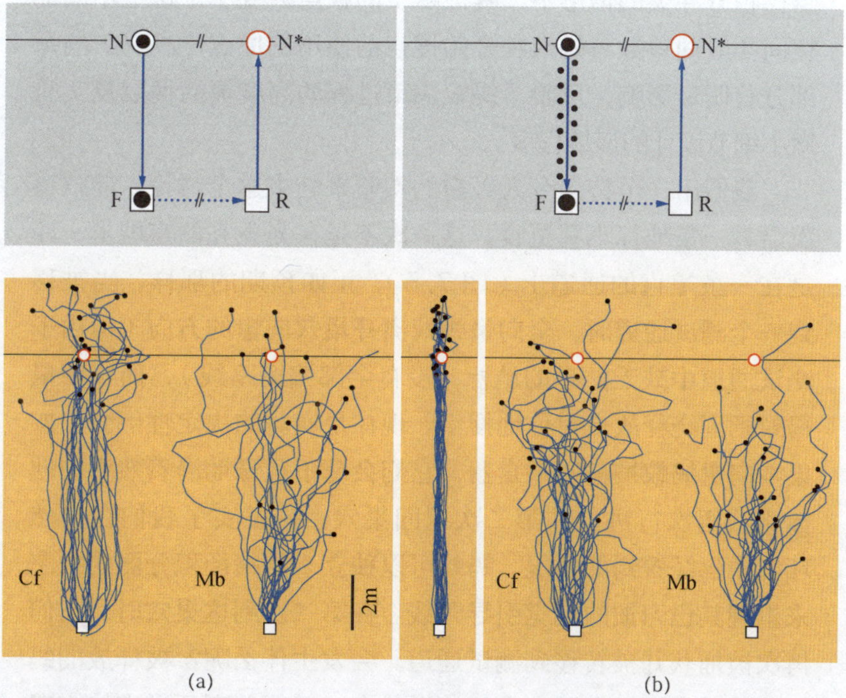

图 7.4 在没有熟悉地标信息的情况下使用路径积分向量

上图：在一个露天的沙漠平原上进行训练和测试的情况。F 表示喂食器；N 表示巢；N*（红色空心圆）表示巢在测试场的虚拟位置；R 表示释放点。下图：蚂蚁在（a）没有圆柱形地标的小巷和（b）有圆柱形地标的小巷（以双列黑点表示）情况下受训后的轨迹。中间部分：出现在训练场和测试场中的地标小巷（用 Cf 记录）。Cf 为长腿沙漠蚂蚁；Mb 为巴氏负蜜蚁。

除了这样的种间倾向性，它在很大程度上取决于环境突发事件，即地标引导对整个决策过程的贡献程度，这个贡献度是动态的。当在杂乱的环境中，蚂蚁建立了熟悉的觅食路线，新的测试区域也是杂乱无章的自然地标，路径积分的距离将取决于一系列因素。熟悉的场景和新的场景之间的视觉差异，以及觅食者对其惯常路线的地标场景的个人熟悉程度都会起主要作用。例如，当负蜜蚁属蚂蚁被释放到不熟悉的地形时，那些已经走过其熟悉路线几十次的个体通过路径积分跑的距离比新来的蚂蚁（沿着其训练路线只走过一次）少得多。显然，相比新觅食者，对于有经验的觅食者来说，一个远的场景看起来更陌生，因此更容易与熟悉的场景区分开来。此外，当蚂蚁被诱导到另一个地方觅食，在一段时间内无法遵循该路线时，特定的路线记忆就不那么可靠了。原有路线的记忆保持不变，但在与路径积分冲突的情形下，其被赋予的权重会变小。这些不同的空间和时间参数对蚂蚁在开始搜索前使用的原点（巢穴）向量部分有明显影响，反映了蚂蚁决策过程的高度灵活性以及实验微小细节设计的谨慎程度。

我们用一个特别令人兴奋的实验来结束这个讨论。箭蚁再次沿着一条地标小巷觅食，这一次不是在光秃秃的空地上，而是在一条笔直的通道上（图 7.5）。正如预期的那样，当被移到一个测试通道时，全向量蚂蚁离开巢穴向量的方向（但由于测试通道中缺乏熟悉的地标，没有全部偏离路线），而零向量蚂蚁则围绕释放点对称地搜索。现在是实验的决定性部分。如果零向量蚂蚁被移回喂食器，它们会毫不犹豫地沿着熟悉的地标路线再次行进，并第二次返回巢穴。这证实了我们在自然环境中已经看到的情况。蚂蚁可以独立于其路径积分器的状态来重现其已习惯的视觉引导路线。在第二次到达巢穴时，它们再次被捕获并被转移到测试通道。会发生什么呢？被释放的蚂蚁满载着猎物，处于完全的归巢状态，但朝着离开巢穴的方向移动。

图 7.5 复绕路径积分器：如何让归巢的蚂蚁离开巢穴（沙漠双色蚁）

沿着地标小巷训练（d 为训练距离）结束后，蚂蚁从喂食器（全向量蚂蚁）被移入无地标测试通道（a）；到达巢穴（零向量蚂蚁）时（b）；到达巢穴后，被移（虚线箭头）回喂食器，随后在地标引导下第二次返回巢穴（负向量蚂蚁，c）。后面的过程最多重复 6 次（用 -6d 表示）。

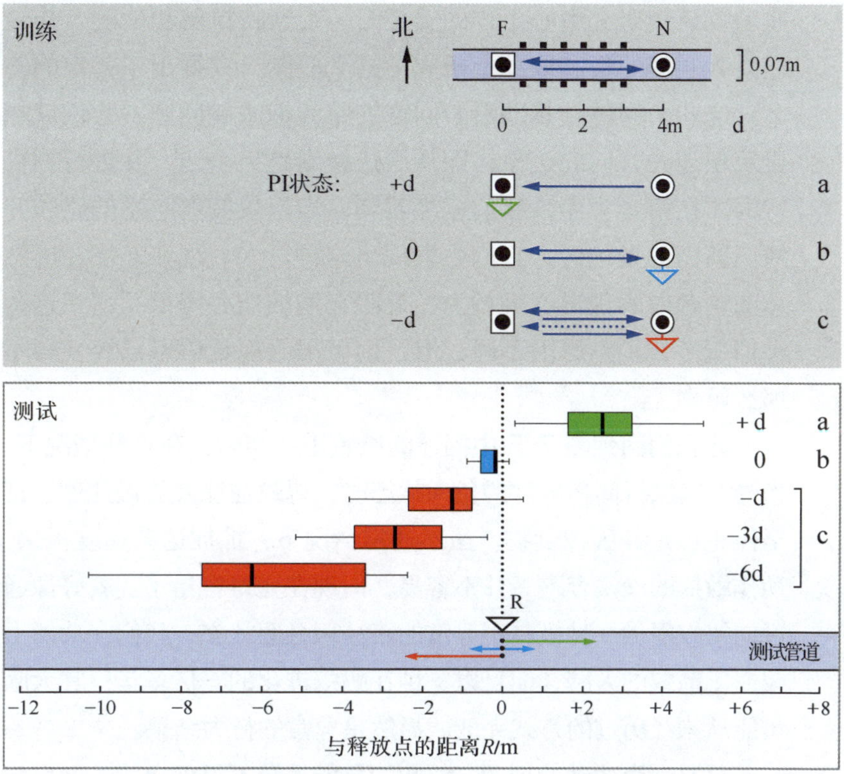

乍看之下尽管这种行为令人吃惊，但这是预料之中的。回顾一下，当蚂蚁在巢穴外时，路径积分器一直在运行。一旦它们第二次到达那里，而且这一次只由地标引导，其路径积分器就会告知它们——已经大大超过了这个地点，也就是说正好超过了喂食器到巢穴的距离。这意味着它们的路径积分器处于原始巢穴向量的相反方向。我们可以重复这个程序，在蚂蚁到达巢穴后捕捉它们，并一次又一次地把它们放回喂食器。蚂蚁始终遵循其习惯的地标路线，因此其行进向量会逐渐变为负值。当被转移到测试通道时，它们会离开巢穴的虚拟位置，跑出越来越远的距离。

此外，人们可能想知道，当蚂蚁反复走过一条熟悉的回家路线，但由于实验干扰而无法进入巢穴时，它们会有什么感受。它们是否会对这条有地标的路线失去信心？最近，在法国图卢兹动物认知研究中心工作的安托万·韦斯特拉赫和他的合作者在澳大利亚的负蜜蚁身上研究了这个问题，并得出了肯定的答案。这些动物越频繁地沿着回家的路线但未能回家，它们就越显示出迷失方向的迹象，即从一边蜿蜒到另一边，并进行扫描行为。在第6章中，我们已经看到，当蚂蚁偏离熟悉的路线并经历新奇的景色时，它们会表现出这种行为。现在，在经历熟悉的景色时表现出这种行为，说明它们的信心降低了。在这两种情况下，虽然原因不同，但它们可用的视觉信息已经变得不那么可靠了。

让我们回到图7.5中描述的原始重绕实验。在这些情况下，当处在其旅行向量异常的负向状态时，蚂蚁往往会放慢速度，甚至停止行走并丢掉食物。虽然通常情况下，捕捉这些速度极快、动作敏捷的沙漠奔跑者并不容易，但现在变得容易了。就好像通过向蚂蚁提供一种极其不寻常的路径积分器状态，我们在功能上改造了箭蚁的大脑，而且以一种在蚂蚁进化的一亿多年里其大脑可能从未经历过的方式完成。显然是异常的行为结果。

这是一个生动的证明，蚂蚁的导航系统不是孤立的，而是与动物的动机状态和整体行为相互作用。同样，它也会影响一个在家的觅食者对外来同种动物做出反应的攻击性状态。在这种攻击性遭遇中，蚂蚁用张开的下颚进行威胁，最终可能导致战斗升级为激烈的撕咬、喷射蚁酸。攻击性状态越高，在迁移到一个远处的试验场后，归巢的蚂蚁就越是跑离它的巢穴向量，也就是说，它越是接近虚拟巢穴的位置。此外，只有在这时，蚂蚁才会对从蚁巢中发出的二氧化碳气味羽流作出反应，并使用这种羽流作为导向。在这两种情况下，观察到的路径积分和其他行为模式之间相互作用的功能意义是显而易见的。对外来蚁群成员的攻击性应该在巢穴内最高，因为外来者可能想进入巢穴，而巢穴的二氧化碳标记应该只有在路径积分器告诉归巢的蚂蚁它已经接近其目标时才有效。否则，蚂蚁就会被其回家途中遇到的外来蚁群所吸引，并成为外来者攻击性行为的受害者。

在本节结束时，似乎可以得出一个必然的结论。无论前面的实验有多么不同——它应该是多样化的，它清楚地表明，在任何时候，路径积分和地标引导都会不间断地对动物的导航决策作出贡献。现在的假设是，这两个系统的贡献是根据它们的确定性来加权的。当一个系统的权重非常高时，它仍然可能占据主导地位，但通常是多个系统混合输出，所以在信息冲突的情况下，会引导出折中路线。我们开发了一种去中心化的模型架构，即“Navinet”，其中导航员的最佳方向选择来自各独立系统所提供的估计值的总和。这种架构足以模拟上述相当多样化的信息冲突实验的结果。在考虑箭蚁属的导航工具集的一些其他方面之后，我们再讨论它。

7.2 误差补偿

在组织一段行程时，减少位置的不确定性是所有导航工作的目的和目标之一，事实上这是导航的本质。由于任何导航系统固有的不完善之处，目标被不确定的区域所包围。外部因素的无意干扰进一步增加了偏离方向的风险，最终导致错过目标。在处理这些问题时，箭蚁属采用了一些类似于备份和错误补偿的策略。

至少从密克罗尼西亚和波利尼西亚的海员在太平洋岛屿上定居以来，人类就开始采用这种策略。在那里，他们驾驶着独木舟穿越数百英里的公海，最后在岛屿上登陆，而这些岛屿在广袤的海洋中只不过是一些小点。在试图沿着直线从一个岛屿到另一个岛屿的过程中，他们使用星光罗盘，并依靠航位推算法作为主要导航方式。然而，由于在漫长的岛际航行中，航海家们不可避免地被容易出错的路径积分系统所束缚，并受到风和水流的冲击，在航行中位置误差就会积累，使得对一个小目标岛屿的定位成为一项不确定和危险的工作。为了减少这种不可避免的位置不确定性，航海家们采用了“扩大目标”的策略，依靠诸如海鸟、云彩和指示陆地存在的涌浪模式等线索。在离岸30~40km的距离上可以探测到这些陆地指征，扩大了目标，从而大大缩短了搜索时间。

沙漠木虱，也就是我们在第5章中认识的箭蚁属的路径积分伙伴，也利用了扩大目标的策略。它们的洞穴周围有类似圆形的粪便堤坝，上面有家族特有的化学标志，因此被归巢的木虱识别为接近目标的标志，即家族拥有的洞穴。类似地，当回家的箭蚁属觅食者到达巢穴入口附近时，它们会经常与巢穴伙伴接触，通过群落特定的角质碳氢化合物信息来识别巢穴。银蚁甚至可以在巢穴入口周围几米远的地方安置巢友。这些前哨蚁在地面上保持不动，但会迅速接近并接触返回的觅食者。

当箭蚁回到一个熟悉的食物地点时，它们采用了另一种策略来处理不可避免的导航错误。当通过散发出来的气味探测和定位食物来源时，它们利用沙漠栖息地中相当稳定的风向，开始了沿一条由两个指向不同的路段构成的路线行走的旅程。它们不是直接从巢穴到目标地，而是绕道而行，在目标地的下风向行驶一段距离，接收气味羽流，顺着它前进，快速而可靠地到达目标地（图7.6）。在早期访问新发现的有利可图的食物

图7.6 前往熟悉的食物来源的两部分行走路径：顺风段和逆风段（长脚沙漠蚂蚁）

（a）蚂蚁第二次、第三次和第四次访问熟悉的食物来源（F）视频跟踪的最后片段。（b）蚂蚁19种最终逆风接近喂食器（上图）和模拟气味源（下图，红色正方形）的比较，模拟气味源是通过沙漠地面附近的 $TiCl_4$ 烟柱的扩散来展示的（一条烟丝被突出显示）。（c）一只蚂蚁单独到熟悉的食物源的3条觅食轨迹（左）和同一蚂蚁在食物被移除后的一条觅食轨迹（右）。注意大范围的侧风行走。最后，喂食器被移走。风向总是来自左边（绿色箭头）。黑色箭头表示行进的方向。

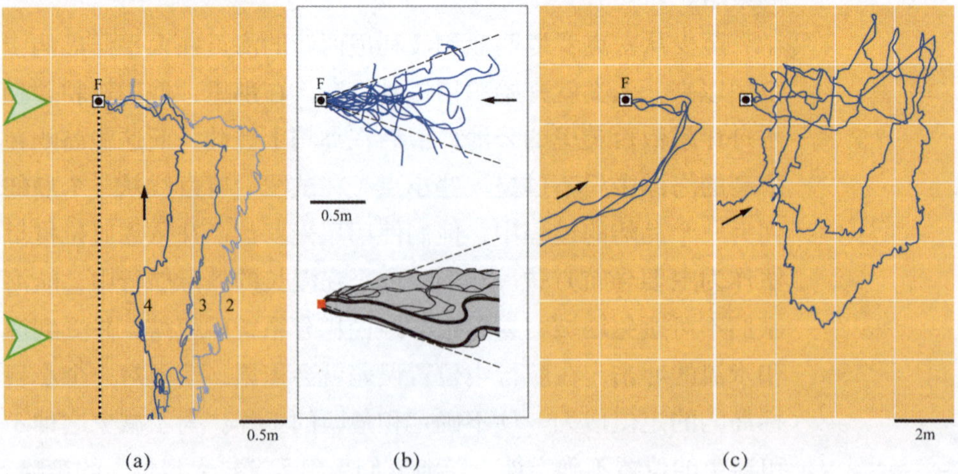

源期间，它们会逐渐减少其逆风的接近距离，但从第四或第五次访问开始，它们会保持这一距离不变。当食物被移走时，它们会在喂食器背风的区域内进行精心的侧风搜索（图 7.6（c）右）。当蚂蚁的触角鞭毛（嗅觉感受器的位置）被剪掉时，也会观察到同样的行为。被操作的动物（图 7.7）或多或少地以正常的迂回方式接近喂食器，但随后却无法识别食物。它们用口器长时间处理食物，往往长达几分钟，最后放下食物继续寻找。它们从不把任何食物带回巢穴。

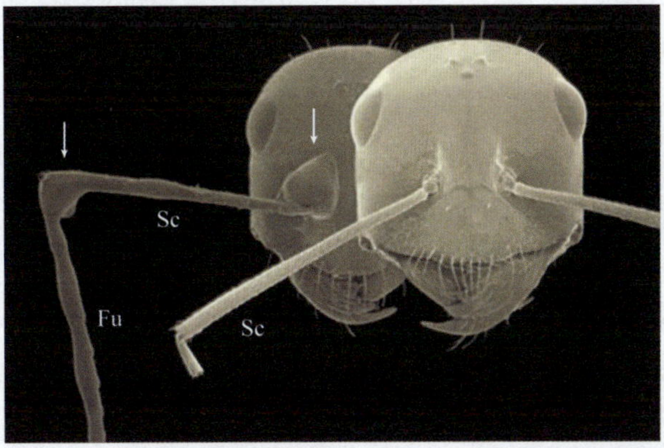

图 7.7 对箭蚁的嗅觉和机械感觉系统进行手术操作（长脚沙漠蚂蚁）

在动物前部的触角中，索状细带（Fu）被剪断，因此动物没有了嗅觉输入，而体柱（Sc）仍然可以自由活动。在动物后部，通过在触角的基部关节处滴上小量的昆虫蜡来固定触角（箭头标记的是头－肩胛骨和肩胛骨－漏斗关节），这样位于这些关节处的机械感受器就不再为动物提供关于风向的信息。

相反，当鞭毛保持完好无损，但通过将几滴昆虫蜡涂抹在基部关节——头－肩胛骨关节（气流传感器的位置）上，使触角的基部固定下来时，蚂蚁就无法再感知到风的方向了。这一操作之后，它们恢复了对喂食器的正常接近（通过使用天空罗盘来引导顺风绕行路线），但是当它们遇到气味羽流时，不会向逆风方向走，而是立即开始搜索，可能只有在经过长时间和大范围的搜索运动之后才能到达食物源。

为了理解刚才描述的那种误差补偿所依据的战略原理，让我们回顾一下 1931 年 6 月发生的一件事，当时飞行员威利 · 波斯特和导航员哈罗德 · 盖蒂正在进行著名的为期 8 天的环球飞行。这次创纪录的飞行是一次勇敢的冒险。例如，在第四天的下午，波斯特和盖蒂驾驶他们的洛克希德飞机“温尼·梅”号穿过西伯利亚东部，朝布拉戈维申斯克附近阿穆尔河上的一个小机场飞去，他们需要在那里加油。那里“没有任何居住的迹象”“没有城镇，没有道路”。当时下着大雨，夜幕降临，飞机的汽油也快用完了。

在这种困难的情况下，盖蒂采用了“故意失误的方法，即不瞄准最终目标的方法”，以尽可能地减少错过目标的危险。后来他在《自然是你的向导》(Nature is Your Guide)一书中描述并解释了他是如何建议波斯特将“温尼·梅”号驶向阿穆尔河岸机场的。“我们知道，不太可能在黄昏前降落，而且机场没有照明。我们不能浪费任何时间去寻找它。我特意设定了一条航线，让飞机驶向目的地左侧 10 英里处的阿穆尔河。到达河边时，我告诉威利·波斯特向右转，我们转了个弯，就找到了机场在光线刚刚好的情况下降落。威利·波斯特不明白为什么我这么肯定地要向右转，直到后来向他作了解释。路线的最后部分没有校准点，而且我们的地图也很有问题。如果设定了一条直接通往机场的路线，而当我们到达阿穆尔河时却错过了它，可能会因为转错方向而耗尽所有的白天”。

之后的一些段落中，他继续说道“这显示了计算而得的故意误差的价值——这种简单的方法可以使旅行者在到达他所期望的目标基线时毫不怀疑（除非他真的犯了严重的计算错误）地转向某个方向。任何正常的无意识的偏差都会被这个有意的偏差所抵消：通过有目的地瞄准目标的右边或左边的一个点，导航员消除了这种不确定性，并确保了他的成功。”当然，哈罗德·盖蒂会惊讶地发现，早在人类航海家开始考虑这个问题之前，箭蚁属就已经发现了“有意误差的方法”。

通过将它们的食物向量转化为两段向量路线，箭蚁属以类似的方式行动（图 7.8（a））。如果它们从一开始就直接向目标行进（它们在无风或顺风条件下通常会这样做），由路径积分系统噪声引起的不确定性范围，以及由此反映蚂蚁对其导航误差估计的搜索区域，是以目标位置为中心的一个范围，导致它

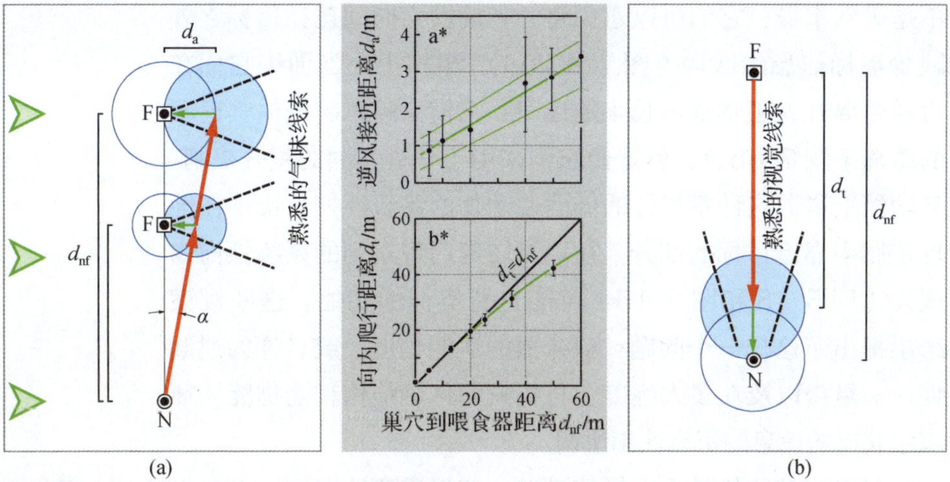

图 7.8 误差补偿：自蚂蚁的巢穴到喂食器的路径积分路线的系统性角度和线性偏差（长脚沙漠蚂蚁）

（a）角度偏差。从巢穴（N）到熟悉的喂食器（F）的转向顺风路线（红色箭头）和从喂食器发出的气味羽流中的短逆风路线（绿色箭头，由虚线划定），风向由绿色箭头表示。（b）线性偏差。低估了内向路线的线性成分（红色箭头）。虚线表示靠近巢穴的熟悉的地标走廊。d_a 表示逆风接近距离；d_{nf} 表示巢穴到喂食器距离；d_t 表示向内爬行距离（在测试情况下记录）；α 表示顺风绕行角度。插图（a* 和 b*）描述了蚂蚁的行为中 d_a 和 d_t 是如何随着巢穴到喂食器的距离而变化的。

们有 50% 的机会最终到达一个缺乏熟悉的嗅觉信息的区域。搜索时间将大大增加。通过从一开始就转向顺风的迂回路线，蚂蚁通过让不确定的范围和气味羽流重叠来说明这个位置的不确定性。正如我们在第 5 章中所看到的，不确定性范围以及蚂蚁搜索密度轮廓的宽度，会随着巢穴到喂食器距离的增加而增加（图 5.11 和图 5.13），而蚂蚁最终逆风接近的距离也会增加（图 7.8a*）。这种逆风接近距离与到目标距离之间的线性关系意味着，位于 3° ~ 8° 范围内的迂回角度与巢穴和喂食器之间的距离无关，可以视为蚂蚁对其导航不确定性的估计。

作为这种“误差补偿策略”的替代方案，可以假设蚂蚁采用了前面描述的古代海员的那种“目标扩展策略”。在箭蚁属的情况下，扩大的目标在空间上由气味羽流的范围界定。然而，由于这个范围独立于巢穴到喂食器的距离，蚂蚁的逆风接近距离也应该独立于这个距离，因此，应该是顺风绕行的角度越小，蚂蚁到目标的距离就越大。但是情况并非如此。显然，箭蚁踏上顺风路线并不是为了走向一个扩大的目标，而是为了补偿它们预估的导航误差。

同样，为了确定目标，箭蚁也可以利用其常规返回巢穴的地标走廊所提供的视觉信息。通过集中搜索靠近巢穴的走廊而不是巢穴本身，它们可以避免将一半的搜索时间花在目标之外缺少地标信息的区域（图7.8（b））。事实上，当训练它们在直道中离开人工喂食器越来越远时，它们会越来越低估其返回的距离（图7.8b*），就好像它们采用了一种泄漏的积分机制。从功能上讲，这种系统性的低估使动物的系统性搜索集中在地标走廊中靠近目标的部分。在单侧转弯后观察到的系统性向内误差（图5.15和图5.16）可能也有类似的功能。这些观察结果提出了这样一个问题：积分器的泄漏程度，或者称为泄漏性——是否以及在多大程度上与蚂蚁的环境结构和动物能从环境中获得的信息的可靠性相协调。

蚂蚁非常依赖基于地标的导航，如果碰巧迷路了，例如无意中偏离了习惯的路线，它们会采用一些后备策略。这些应急计划使它们能够尽可能快地回归到视觉上熟悉的地形。例如，当它们面临被一阵强风吹走的危险时，会停止行走，将身体降低到接近地面，紧紧抓住地面，并在抓住的同时，记录天体罗盘中的风向。当它们最终被风或实验者（实验者在不熟悉的地形和无风的条件下释放它们）移走后，会立即走向与抓地时经历的风向相反的方向。它们在杂乱的环境中可能使用的另一个后备系统是“回溯”。当蚂蚁已经接近目标，看到了周围熟悉的地标，但由于某种原因偏离了熟悉的路线，到达了不熟悉的巢穴另一侧，或者被实验者转移到不熟悉的地形时，这种行为可以被观察到。在这种情况下，回溯是一个有用的选择，即沿着刚刚跑下来的原点向量的反方向行走，增加恢复熟悉地形的机会。因此，最近的视觉经验（靠近目标的视觉环境）会影响蚂蚁的导航决策。这种行为可能会给昆虫的导航系统增加另一个层次的复杂性。

当箭蚁把沉重的食物拖回巢穴时，也可能出现具有高度不确定性的情况。这时，它们记忆中的视觉世界被颠覆了。一方面，它们仍然能够从天空中读取罗盘信息，并利用它来引导路线，几乎与前行时一样。另一方面，当向后走，面对错误的方向时，它们就不能再将当前不熟悉的场景与其视网膜上储存的路线记忆相匹配。为了说明这种情况，让我们考虑一只向后行走的零向量蚂蚁，它沿着一个熟悉的路线被转移，在被释放后，碰巧朝向一个错误的方向（图 7.9）。然后，它表现出一种显著的“窥视”行为。它停止拖动，放下沉重的负荷，并进行一些简短的检查动作，最后开始窥视，即在正确的路线方向上向前走几步，然后转过身来，抓起它的战利品，沿着路线方向向后走。最有可能的是，在向前窥视的过程中，蚂蚁已经将自己与熟悉的全景场景相匹配，从天空中读取相应的罗盘方向，使用这些天体信息来指导它向后行走的路径。

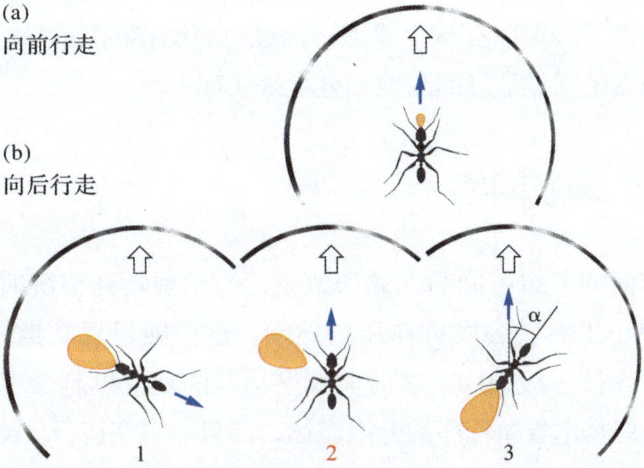

图 7.9 后退归巢过程中的“窥视”：蚂蚁利用熟悉的地标景观来更新天体罗盘路线（迅捷箭蚁）

（a）零向量蚂蚁携带一个小的猎物并在回家的方向向前走；（b）零向量蚂蚁拖着一个大的物品向后走。蚂蚁 1 迷失方向，蚂蚁 2 丢掉物品并在前进方向上“窥视”，蚂蚁 3 再次抓起物品并在原点（巢穴）方向上向后移动。身体方向可以偏离后退的方向（α）。空心箭头表示原点方向；蓝色箭头表示行进方向；圆弧形阴影表示远处的地标全景。

这种窥视行为所讲述的故事也可以揭示在沿着熟悉的路线正常前行时发生的情况。蚂蚁可能只是间歇地使用它们的视图匹配程序，在这之间依靠与匹配的视图相关的天空罗盘信息。此外，对向后移动的蚂蚁做记录，可以看出，这些动物可以保持它们向后、向前，甚至是侧向的行进方向，而不依赖于它们当前的身体方向。这种行进方向与身体方向的主动解耦现象经常在飞行昆虫中被观察到，而且是在各种条件下，例如在苍蝇和黄蜂的横向摇摆飞行（Schiebeflug）中，但箭蚁是爬行昆虫中的首例。

蚂蚁在导航过程中表现出的高度行为灵活性提出了一个令人兴奋的问题：这些动物是否拥有一堆备份策略，以适应特殊情况，或者它们是否被赋予了更普遍的解决问题的能力？它们能否使用各种手段来达到同一目标？这类问题很难回答，主要是因为蚂蚁在进化史上肯定遇到过上述的特殊情况，例如，被一阵风吹走，或者相当频繁地超过目标，因此会进化出解决这些问题的特殊方案。人们受到激励的是向动物提出新的问题，它们及其祖先很可能以前没有遇到过这些问题。目前，我们必须对这些问题保持开放，并转向上面已经宣布的模型。在这个模型中，不同的导航模块可以灵活地互动。我们所说的后备策略很可能最终可以在这个模型中通过改变动物的内部动机状态、相应地调整感觉信息的获取和处理来实现。

7.3 导航网络

前面的考虑可能给人的印象是，当出现特殊情况时，箭蚁的导航小工具就会发挥作用。然而，这可能是具有欺骗性的。看似一套按等级顺序或按时间顺序运行的独立机制，现在被认为是一些基本导航程序的分级表达，而且一直在运行。Navinet 模型（图 7.10）是基于本章前面概述的大量实验工作，试图调和导航行为的各个方面，并提供一个调解导航行为的通用网络架构。实质上，它结合了动物在两种主要的导航模式下使用的空间信息：路径积分（PI，第 5 章）和通过视图匹配的地标导航（VM，第 6 章）。在后一种情况下，让我们把这个词的含义扩大一点，使用“VM 规程”一词，而不考虑是否涉及视觉全景图、天际线、地面图案、静态或动态图像以及其他地标信息。

在该模型中，路径积分（PI）和视图匹配（VM）导航程序是彼此独立的，但同时运行。一种激励单元网络以一种依赖环境的方式对它们进行调节。这是一个为未来行动做决策的阶

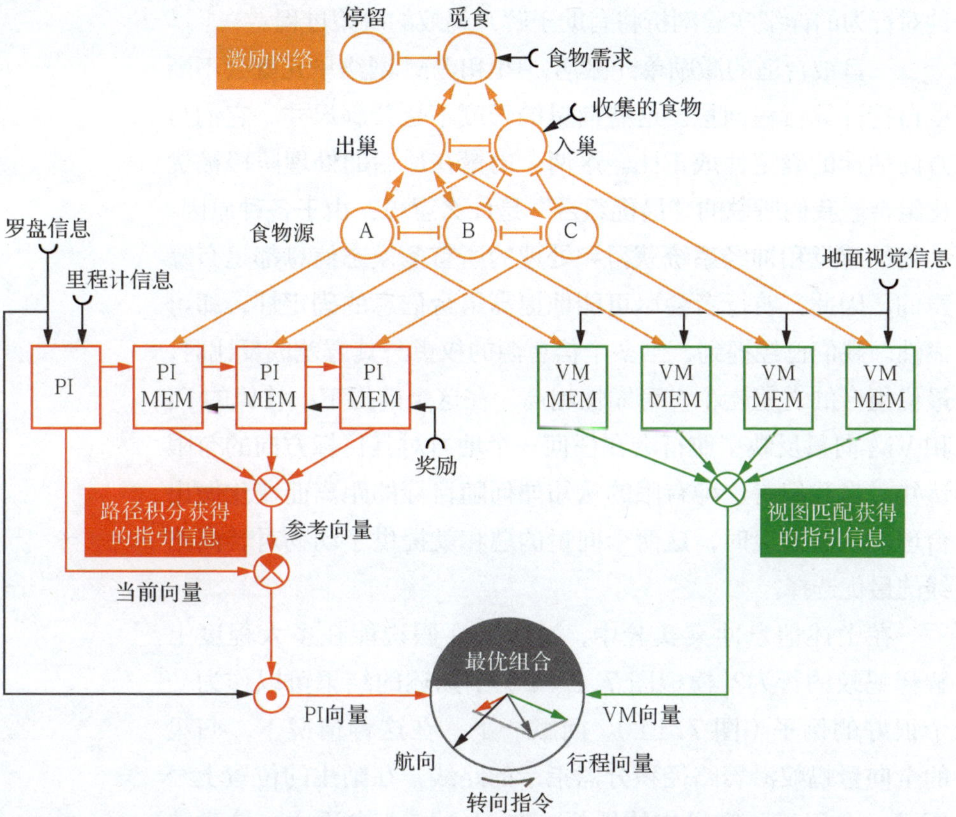

图 7.10 Navinet：一个最优的多源导航积分模型

红框和绿框两组程序性记忆分别为路径积分（PI MEM）和视图记忆（VM MEM）；PI 表示路径积分器；黄圈表示动机单元。

段。最常见的是，这个赢家通吃的动机网络表明动物是否开启了它的觅食情绪，开始它的出行（向食）或回程（向巢）之旅，决定前往什么食物地点，等等。虽然研究主要集中在导航规程的架构上（图 7.10 中的红色和绿色网络），但较少关注这些规程发挥作用的更详细的动机条件（图 7.10 中的黄色网络）。正如在第 4 章中所看到的，在估计行程距离时，当箭蚁主动行走，或主动让巢友将自己从群落的一个巢穴带到另一个巢穴时，它们会使用其光流积分器（图 4.6 和图 4.7），但当它们以图 4.8 所示的方式被动地在地面上运输时，不会开启光流积分器，也就是说，不会进行路径积分。人们可以合理地问，如果把被动运输的蚂蚁放在运输工具上，使它们能够移动自身的腿，甚至可以以它们通常的三足鼎立的方式移动，会发生什么。这种对行为的详细实验剖析将有助于解开蚂蚁的决策过程。

一旦被合适的激励单元激活，PI和VM网络单元就会不断地自行计算行程向量。这些向量的长度不是公制尺寸。它们与方向估计的确定性成正比。这两个向量在最后的处理阶段被优化组合。我们所说的“最优组合”是什么意思？由于各种原因，动物的感觉和神经系统获得和处理的所有多模态信息都是有噪声的。因此，航行者会尽可能地提高组合信息的确定性，即可靠性。我们已经提到，当多个信息源的权重与其方差成反比时，最优组合的方差越小，可靠性越高。在这个前提下，计算的PI和VM向量反映了航行者在任何一个地方对其目标方向的有限认知。当我们对这种有限的认知如何随目标的距离而变化做出合理的定量假设时，这两个向量的总和就提供了动物对转向路线的最优选择。

在上述信息冲突实验中，Navinet假说能在多大程度上解释蚂蚁的行为？模拟图7.2（a）中描述的结果可以作为一个很好的例子（图7.11）。回顾一下，在这种情况下，归巢的全向量蚂蚁沿着路径积分器指示的路线，在陌生的位置上经历了一个用于确定巢穴的地标。在Navinet术语中，这意味着动物在行程中可能到达的任何一点，PI和VM向量都是未对准的。它们的总和得出了最优行程向量。由此产生一个向量场。如图7.11所示，该模型确实很好地复现了蚂蚁的轨迹。当真实和虚拟的蚂蚁两者越趋向于地标，设置的地标离巢穴的虚拟位置越近，两者都会中断回家的行程并且开始在同一区域搜索。其他信息冲突实验的结果同样可以用Navinet方法来模拟。

这时，重要的是要避免一个可能出现的错误认识：向量场可能看起来像一张地图，但它并不是一张地图。在任何一个时间和地点，动物只能获得与其当前位置相对应的信息，并将其与存储在记忆中的信息进行比较。它对该领域的其他部分是“看不见”的。即使动物在其觅食生涯的某个时候碰巧在同一个

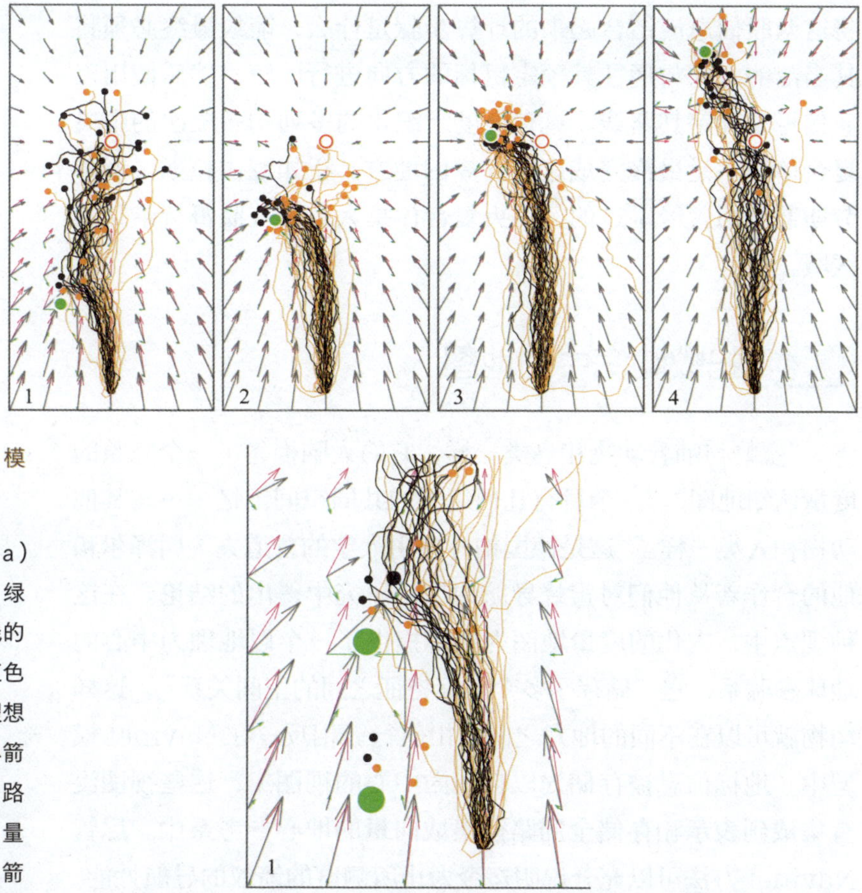

图 7.11 Navinet：模拟信息冲突的实验

实验设置如图 7.2（a）所示，但这次地标（绿圈）在路径积分路线的左边而不是右边。红色空心圆表示巢穴的假想位置；红色和绿色小箭头分别是 PI 向量（路径积分）和 VM 向量（视图匹配）；灰色箭头表示行程向量；黑色和黄色线分别是模拟和实验的蚂蚁轨迹。为了说明问题，请看细节图（下图）。

地方，VM 向量也可能不同，因为在此期间，由于学习效应，动物的视图可靠性可能已经改变，而且路径积分器可能处于不同的状态。因此，向量场是动态的。

尽管 Navinet 是一个功能模型，原理上不需要说明关于神经生物学实现的假说，但它与昆虫前脑的两个主要神经毡所发挥的计算作用是一致的。正如第 5 章所述，中央复合体及其最近发现的神经布线方案容纳了路径积分器，而蘑菇体很可能对全景的长期记忆（见第 6 章）做了编码。关于地标记忆的信息是如何以及以何种形式从蘑菇体传递到中央复合体的，目前尚不清楚。目前也没有发现这两个神经毡之间的直接联系。无论将这两股信息流结合起来的计算步骤是什么，箭蚁最终必须将其当前的方向与通往其预定目标的方向进行比较，然后使用差异信号来确定其路线。具有高度组织化的多列和多层次的中央复合体似乎是最终完成这些计算的地方。正如尼古拉斯·斯特劳斯菲尔德曾经说过的，中央复合体是大脑中“监督行走”的区域。

7.4 蚂蚁脑海中的地图

“蜜蜂与哺乳动物和鸟类一样，它的大脑构建了一个完整的度量认知地图”“一个具有几何组织的共同空间记忆……与其他动物和人类一样。”这是德国柏林自由大学的兰道夫·门泽尔和他的合作者从他们对蜜蜂导航的广泛研究中得出的结论。在这种观点中，内化的度量地图为蜜蜂提供了一个以地理为中心的地球参照系，它“储存了多个地标特征之间的空间关系”，这样动物就可以在不同的地方之间自由航行。相反，在 Navinet 模型中，地标信息被存储为以自我为中心的视图集，这些视图没有集成到表示和存储全局路径集成向量的地心参考系中。尽管 Navinet 方法可以充分说明迄今为止所测试的箭蚁的导航性能，但排除蚂蚁最终能够利用所有这些信息来获取和使用其巢穴周围的地图这一吸引人的可能性是不明智的。如上所述，这里所考虑的认知地图是动物觅食环境的内部地形表征（类似于城市地图），但在较弱的意义上，我们也可以推测，动物使用的是拓扑地图，其中的方向和距离只是近似地保存下来，而不是度量制的（类似于城市地铁地图）。

在使用一个潜在的地图之前，必须先构建它。在这方面，重要的是研究箭蚁在其觅食生涯中是如何获得并不断丰富其空间知识的。将来有一天，单个箭蚁在其整个生命周期中所进行的所有旅程都会被记录下来，这样我们就可以充分了解单个蚂蚁的空间使用模式，这样就能更好地了解蚂蚁的导航记忆是如何发展的。然而，我们手头已经有足够的数据来绘制一幅相当清晰的图景。当箭蚁通过进行第6章所述的学习性行走而开始它们的户外活动时，它们除了读取其路径积分器，以便拍摄以巢穴为中心的地标性环境的全景图像外，什么也做不了。路径积分是一种与生俱来的导航程序，在蚂蚁的第一次学习性行走中就已经发挥作用。例如，在第4章所述的成虫运输中，被巢友从其群体的一个巢穴带到另一个巢穴的动物（图4.6）在大多数情况下，从其内部器官的发育状况来看（图7.12）是“新人”，它们尚未开始其觅食生活，但能够通过路径积分返回到出发的巢穴。从一次学习性行走到下一次，蚂蚁从越来越远的距离获得地标视图，从而覆盖巢穴周围几乎所有的方向。通常它们在第一次觅食时也会继续向不同的方向行走（图7.13），但是根据环境因素，主要取决于猎物的密度，以及以前的觅食成功率，每个个体都会养成一定程度的区域忠诚度。觅食范围的大小在不同的物种之间有很大的不同，而且与当地食物密度有关，在物种内部也可能不同。

觅食的箭蚁多久会回到以前觅食时去过的地方，取决于那里食物的数量和质量，以及以后重返时遇到这个地方的食物的可靠性。通常，一个觅食者——单个觅食者和单个猎物搬运工，

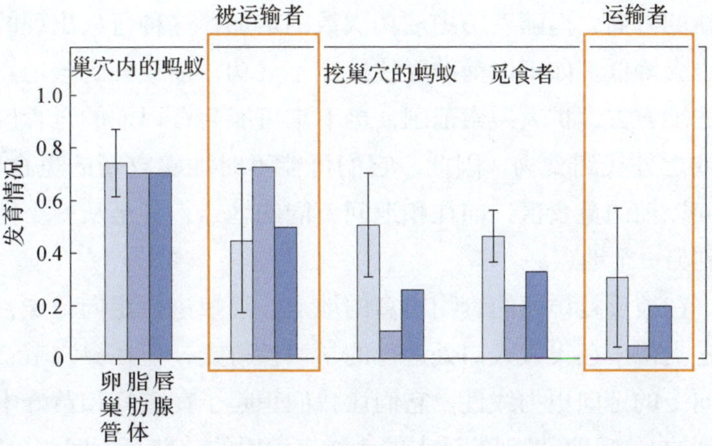

图7.12 临时工蚁种群：一些内部器官的发育情况（沙漠双色蚁）

在成虫运输中，各个蚂蚁（运输者）将巢友（被运输者）从蚁群的一个巢穴运到另一个巢穴，运输者往往是有经验的觅食者。

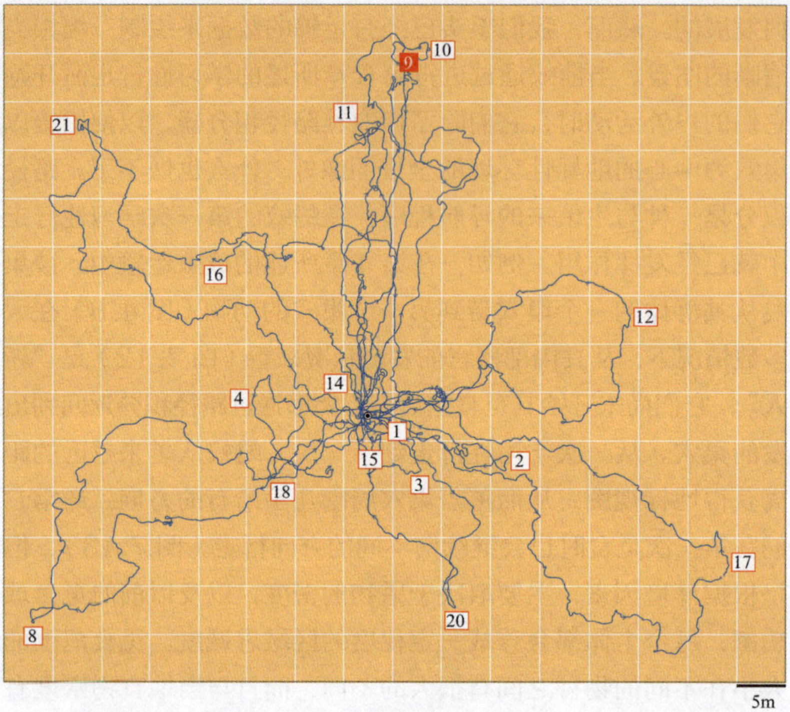

图 7.13　单个箭蚁一生中进行的第一次觅食活动（沙漠双色蚁）

从松散杂乱的灌木沙漠环境中开始觅食生涯时（用灰色边界线表示），这只蚂蚁向不同方向冒险，然后在第 9 次行走中发现了第一个食物。随后的两次旅行都是朝着同一个方向。在这只蚂蚁的前 22 次觅食旅行中，只有 2 次（9 号和 19 号，后一次路径没有记录）成功了。

到一个地方就“搬空”一个食物地点。然而，一个相当简单的行为启发式方法描述了即使在各向同性的食物环境中，观察到的区域真实性是如何产生的。其规则如下：只要前次觅食成功，就继续朝前次觅食的方向觅食；如果不成功，则随机切换到一个新的方向，但随着历史成功次数的增加，这种行为出现的概率也会降低。如果以前的寻找地点不成功，箭蚁会到该地点以外的地方去，扩大搜索范围，接下来可能会在以前的觅食区域内或之外找到食物。因此，它们可能不时地建立新的觅食区，转回以前的觅食区，前往和返回不同的地点，甚至从一个地点移到另一个地点。

在被反复访问的食物丰富的地点，箭蚁进行定向行走，该行走类似于在巢穴入口处进行的学习性行走，但在巢穴喂食器方向上的定向更为线性。它们让我们想起了在蜜蜂和黄蜂中观察到的、离开新发现的诱人的食物来源时的“转身－回头－看”

行为。此外，每当蚂蚁在之前的回家旅程中经历了巢穴周围地标全景的变化，它们就会在巢穴入口处重新进行学习性行走。在许多方面，这种重新学习性行走与蚂蚁户外活动开始时的初始学习性行走是一致的，并且在随后重新定位目标的效果上与它们一致。此外，如第 6 章所示，蚂蚁在这些路线行走时，不断获得关于返回和出行路线的地标信息，并将这些基于路线的信息与基于地点的信息一起储存在长期记忆中。对路径积分向量的记忆会在 24~36h 内慢慢衰减，而对地点和路线的地标性记忆则会持续箭蚁的整个生命期。除了这些学习之外，箭蚁似乎并不以独立于进行其觅食之旅的其他方式调查地形。

然而，通过将在连续的觅食过程中获得的信息联系起来，原则上可以为绘制觅食地形图奠定基础，也就是说，可以将地标放在一个度量框架内。我们假设，箭蚁能够将它们的路径积分器在一个熟悉的食物地点（例如在 A 地）所达到的状态与在这个地方获得的地标记忆联系起来，并将这种联系储存在长期记忆中。进一步假设它们在 B 地也会这样做（见图 7.14，但暂时不考虑此图的所有其他细节）。当动物后来被转移到 A 地

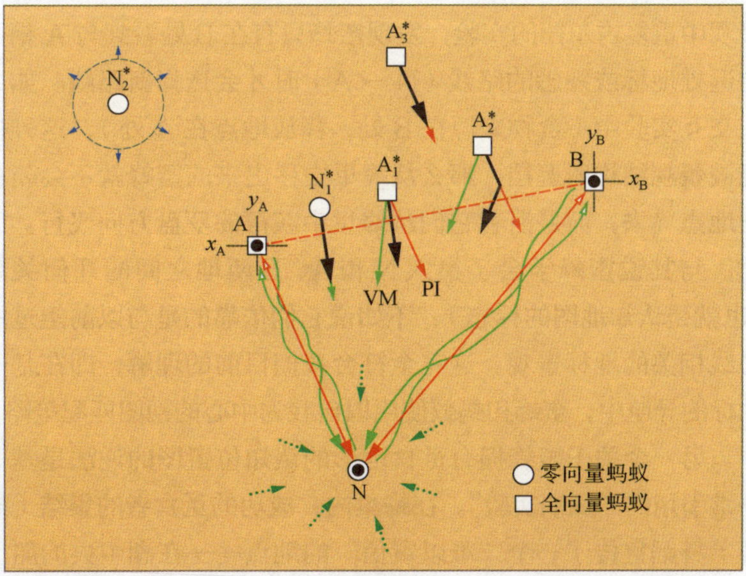

图 7.14 灵活结合路径积分（PI）和视图匹配（VM）程序的信息而产生的类似地图的行为：观察到的行为实例

巢穴（N）和两个进食点（A 和 B）之间的路径积分向量（红色箭头）和习惯路线（绿线）。x，y 表示在 A 和 B 处的路径积分坐标。绿色虚线箭头表示学习行走过程中以巢穴为中心的视图；红色虚线表示路径积分所走的新路线。红色和绿色的小箭头表示蚂蚁的 PI 向量（路径积分）和 VM 向量（视图匹配）分别指示的方向；黑色箭头是实际引导的路线；左上角径向扩展的虚线圈表示蚂蚁的搜索模式。

或B地时——无须主动前往这两个地方，它就能根据记忆中的地标视图认出这些地方，检索以前在那里获得的路径积分坐标，计算它们之间的差异，从而确定从A地到B地的直接路径。这样一来，对一组地点的地标记忆（所有这些地方都有量度坐标）将最终使箭蚁能够独立于其不断运行的路径积分器所发出的指令进行制图作业。也就是说，动物将通过把路径积分坐标附加到环境中的位置来将其“外部化”，从而能够在地心空间进行向量减法。

第一个声称蜜蜂有这种地图的人——“它们会绘制其去过的地方的微型地图”，是普林斯顿大学的詹姆斯·古尔德。他训练蜜蜂从蜂巢N飞到160m外的喂食站A。后来，训练好的觅食者在离开蜂巢前（零向量蜜蜂）被转移到另一个地点B，该地点与蜂巢有相同的距离，但方向不同，N、A和B形成一个等边三角形。在B点被释放后，它们直接飞到了A点。作者从这一结果中得出结论，蜜蜂必然获得过并使用了基于地标的局域认知地图来计算从B到A的新路线。然而，密歇根州立大学（位于东兰辛）的弗雷德·戴尔对这个情况重新进行了细致的研究，他在一个可以更好地控制蜜蜂在地点A和B的视觉经验的景观中重复古尔德的实验，发现蜜蜂只有在B处看到与A相关的远处地标或熟悉的路线（N→A）时才会选择新路线。如果在交互实验中（食物来源在B处，释放地点在A处），这种视野被景观结构所遮挡，那么从蜂巢中移出来的蜜蜂就不会朝食物地点飞去，而是沿着它们从蜂巢中获得的罗盘方向飞行。因此，与其说蜜蜂学会了巢穴N和A、B两地之间的几何关系（也就是认知地图的标志），不如说它们依靠的是与以前走过的路线相关的地标景观。这完全符合我们目前的理解，即在基于地标的导航中，蜜蜂和蚂蚁使用以自我为中心的视图匹配策略。

另一个关于蜜蜂拥有觅食地形的认知位置图的说法是基于经常引用的“湖泊实验”。在蜂巢内，成功的觅食者的集结（摇摆）舞蹈宣传了一个“难以置信”的地点——在湖中央的船上有一个喂食器，读到这个舞蹈信息的被集结蜜蜂通过查阅地图，意识到这个信息会把它们带到一个最不可能出现食物的地方，从而拒绝这个信息。观察发现，在喂食器旁没有新的觅食者。然而，对蜜蜂在蜂巢内的行为进行录像显示，被集结的蜜蜂离开蜂巢的频率完全与觅食成功的蜜蜂是否对湖泊站或类似的陆地站做过宣传无关，而到达湖泊喂食器的速度取决于一些近距离的定向因素。如果后者得到控制，被集结的蜜蜂到达任何一个站点的频率都没有区别。因此，通过巧妙地控制实验条件和仔细评估各种解释实验结果的假设，围绕湖泊实验的长期争议得以解决。

最后，如上所述，兰道夫·门泽尔和他的合作者通过用谐波雷达装置记录觅食蜜蜂的飞行轨迹，进行了一系列精心设计的实验。实验中全向量和零向量的蜜蜂被转移到蜂巢周围的不同位置，并采用了几种实验设置。作者从所有这些实验中得出结论，蜜蜂获得并使用了一个度量图。由于这种地图的度量并不是从行为结果中推导出来的，所以很难想象这种地图是通过什么计算产生和读取的。我们也不了解如何在蜜蜂的大脑中形成一个度量图，更不用说形式的概念了。此外，Navinet 假说甚至足以模拟那些专门设计来加强度量图证据的蜜蜂实验的结果。

关于这些问题，蜜蜂的大个表亲——熊蜂的空间行为也可以提供一些启示。像许多其他授粉的膜翅目昆虫一样，熊蜂访问多个取食地点，并在这些地点之间形成稳定的觅食线路，即所谓的“Traplines”（译者注：翻译不详）。最优秀的 Trapliners 是兰花蜜蜂，它们在新热带雨林栖息地会沿着习惯的路线行进几千米，连续访问几十个花点，但在这种行为下，得到最好研究的昆虫确实是熊蜂。伦敦玛丽皇后大学的拉尔斯·奇特卡和他的小组设计了一系列精巧的大规模野外实验，研究熊蜂如何搭建和优化这种稳定的 Traplines。在一个开阔的牧场上，多排树和零散树木提供了全局和局部地标的开放牧场，他们安置了几组人工喂养站，并用谐波雷达跟踪蜜蜂的飞行路线。对喂食器上的可再生蔗糖奖励进行了调整，使蜜蜂只有在访问了许多喂食器后才能填满它们的嗉囊。在蜜蜂发现了所有的喂食地点后，它们通过逐渐开发高效的路线，接近最优的 Traplines 来减少旅行时间和成本。就好像它们试图解决经典的“旅行推销员问题”（通过只访问每个位置一次并在出发点结束来找到一组地点之间最短的路线）。尽管如此，蜜蜂的路线选择行为可以通过一个相当简单的学习（优化）启发式方法来模拟，而不需要假设这些动物求助于喂食器阵列的地图式表示。在模拟中，它们只需要依靠一套飞行程序——一套基于地点的局部向量，就像我们在上面讨论的箭蚁的行走程序。这一观点得到了以下观察结果的支持：当一个喂食站从熟悉的路线上移开时，至少在一段时间内，蜜蜂会继续按照之前的顺序跟随熟悉的 Traplines，包括空地。因此，一个相当苛刻的空间问题可以由以前在步行蚂蚁中解开的导航程序来解释。

尽管如此，让我们仍然坚持认知地图的概念，并最终测试构建这种地图的一些潜在前提条件是否得到满足？例如，箭蚁能否通过对熟悉地标的观察来重置其路径积分器？下面我们将探讨解决这个问题的两个实验范式。在第一个范例中，一排显眼的人工地标被固定在蚂蚁习惯性觅食路线的最后一段。在评测试验中，这个地标阵列被安置在一个遥远的测试区，但相对于训练情况而言，旋转了45°（图7.15（a））。全向量蚂蚁，即从喂食器转移到这组地标的蚂蚁，偶尔会无视这些地标，并沿着向量确定的归途方向前进（1），但在大多数情况下，它们遵循地标记忆的指示，沿着旋转的地标阵列前进。在到达阵列的末端后，它们可以采取至少四种不同的策略之一。根据我们已经知道的情况，其中前两个选择可以立即被否掉，但为了完整起见，还是要提一下。在回忆它们的地标记忆时，蚂蚁可以关闭它们的路径积分器，这样，在到达地标阵列的末端时，它们要么开始系统搜索程序（2），要么再次打开路径积分器

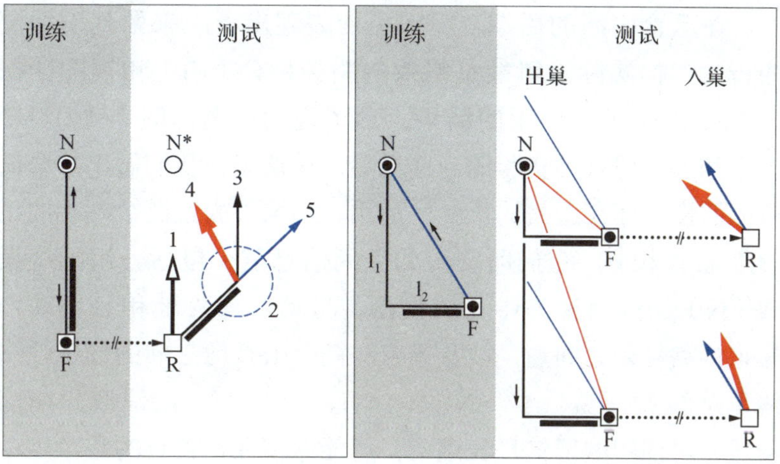

(a) (b)

图 7.15 地标记忆并不能为路径积分坐标的回忆提供条件（长脚沙漠蚂蚁）

从巢穴（N）到喂食器（F）的训练路线的最后部分有明显的地标（用粗黑线标示）。在测试中，蚂蚁从F处被转移到测试场（R为释放点），那里的训练路线的空间布局已经改变。实心红色箭头是蚂蚁实际采取的方向；蓝色箭头和线条是如果路径积分器被重置为先前与地标相关的状态而要采取的方向。(a) 测试地标的训练阵列（左）被旋转45°（右）。数字1~5表示可能的行为决策（见正文）。(b) 沿着两段路线（l_1，l_2）进行训练，其中l_2与地标有关。在测试中，l_1被缩短（顶部）或被延长（底部）。进一步的解释见正文。

（3）。这种情况没有发生，相反，在沿着发散的地标线持续更新路径积分器后，蚂蚁直接前往巢穴的虚拟位置（4）。它们并没有把路径积分器重置到之前在地标阵列末端所经历的状态（5）。

在第二个实验范式中，训练箭蚁沿着一条L形路线通道行进到喂食器。同样，一组明显的地标与路线的最后部分相关联（图7.15（b））。在评测试验中，蚂蚁在一个L形的通道中向食物奔去，其中第一段路径相对于训练情况来说被缩短或延长了。如果靠近喂食器的地标的景象触发了对归巢向量的回忆，而在训练期间，归巢向量是与地标相关联的，那么在任何一种测试条件下，被转移到测试场的动物都应该选择这个归巢向量，但它们没有这样做。相反，它们总是根据在改变的通道中执行的前一次外出旅程来计算归巢路线。这些实验和其他实验没有提供任何证据表明，箭蚁形成了对先前与视觉熟悉的地点相关的路径积分状态的长期记忆。当然，除了采用路径积分，还有其他方法来设计觅食空间的地图式表示，例如，通过像人类测绘员那样的行为，但这种方法既耗时又需要计算。当沙漠蚂蚁在巢穴入口处进行学习性和再学习性行走时，它们并不调查巢穴周围的环境，而是从巢穴周围的不同位置以自我为中心观察巢穴周围的全景。

在觅食生活的后期，箭蚁可能表现出看起来像基于地图的行为，但实际上可能是蚂蚁的路径积分（PI）和视图匹配（VM）程序相互作用的结果。为了说明问题，图 7.14 勾勒出了基于上述各种实验的一些情景。在这里，我们做了一个简单的假设，即在过去的觅食生活中，蚂蚁曾去过两个熟悉的觅食地点 A 和 B。它们所获得的空间信息至少包括一组围绕巢穴（N）的以目标为中心的视图、将巢穴与 A 地和 B 地联合起来的路径积分向量，以及巢穴和两个喂食地之间的标志性路线（路线 N→A、A→N、N→B、B→N）。请注意，如前所述，对视图的记忆是长期的，可能保留在觅食者的整个生命中，但对路径积分向量的记忆是短暂的并逐渐衰减。在评测试验中，蚂蚁作为零向量蚂蚁（从 N 点到 N* 点）或全向量蚂蚁（从 A 点到 A* 点）被转移到新的区域。在这种情况下，它们可能会受益于这样一个事实，即以目标为中心的全景图也可以在离拍摄地点一定距离的地方使用。这种“视图外推”的方式究竟多有效，取决于当地地标环境的视觉结构——全景图如何随与已知地点的距离而变化，以及蚂蚁最初在哪里拍摄下以目标为中心的视图。某些情况下，被转移的零向量蚂蚁能够直接选择它们的归巢路线（如图 7.16（a）左边），而在其他情况下，它们首先进行特有的搜索行为，直到视图匹配策略成功（例子见图 6.16（a））。当然，当被移动距离变得很远，以至于蚂蚁相当于被释放在完全未知的地形中（在 N_2^* 处）时也是这样的情况。经过长时间的搜索，零向量蚂蚁可能就会到达它们的 VM 策略开始发挥作用的区域。全向量蚂蚁从 A 地被转移到 A* 地，可能会在 PI 和 VM 所指示的方向之间选择中间路线。根据任何一个系统的可靠性，这些路线可能更接近，甚至与一个或另一个系统的方向相吻合。图 7.16（a）给出了一个有趣的例子。当被转移的零向量蚂蚁根据远处的地标信息选择地标引导的 VM 程序时，全向量蚂蚁首先遵循其仍然高度可靠的全局 PI 向量，直到随着长度的减少和这个向量方向不确定性的增

图 7.16 从新地点归巢（图（a）为巴氏负蜜蚁；图（b）为多毛牛蚁）

（a）零向量蚂蚁（左）和全向量蚂蚁（右）的归巢轨迹，它们被转移到离喂食器（F）10m 的释放点（R）。实验在澳大利亚爱丽丝泉附近杂乱无章的草原环境中进行，一条由 0.6m 高的黑色圆柱体（黑点）组成的小巷将巢穴（N）和喂食器联合在一起。（b）全向量蚂蚁从喂食器（F）转移到离巢穴 10m 以上的 12 个释放站（空心方框）的归巢轨迹。图示是澳大利亚堪培拉附近的公园环境；绿色阴影表示树顶；红色和绿色箭头分别表示蚂蚁的路径积分和视图匹配程序所指示的方向。

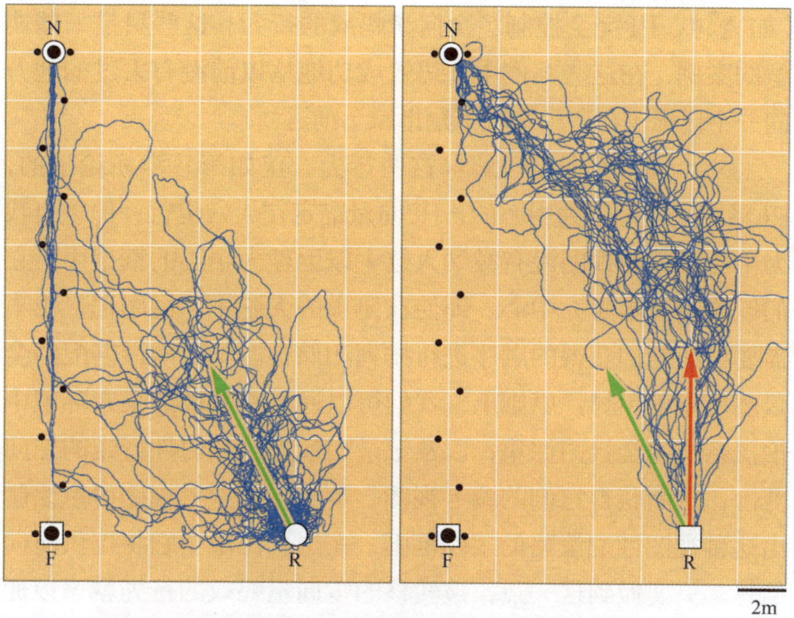

(a)

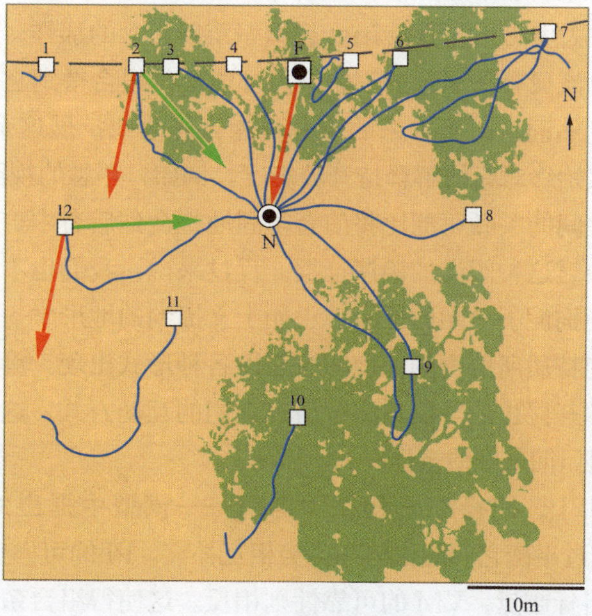

(b)

加，基于地标的VM程序的可靠性也随之增加，后者占主导地位（标记为图7.14中A_2^*的行为）。在远离A和B的释放点（如A_3^*），PI完全控制了全向量蚂蚁的行为。这些只是一些典型的案例，在这些案例中，蚂蚁成功地从以前没有去过的地方向一个目标（在这种情况下是指家）前进。

Navinet模型足以解释这些行为。正如第5章所论证的，PI系统是以地理为中心的，PI向量锚定在巢穴位置，但以自我为中心学习的视图没有被纳入这个以地理为中心的框架中。它们以旅行者本身为中心。即使在昆虫的大脑中，视图记忆也不需要按照它们获得的顺序进行排列和储存。与当前最匹配的全景图可用于引导。原则上，我们可以通过在蚂蚁的巢穴环境中拍摄系统的全景图像集，以及记录蚂蚁进行学习性行走的空间范围，从而获得它们的参考视图。基于这些参考视图可以绘制出这种视图匹配策略的工作范围，在这个范围中它将提供航向信息。只要做到这一点，被转移的零向量蚂蚁的行为就可以通过视图匹配策略得到最合理的解释。

正如去中心化的Navinet模型系统所蕴含的那样，独立的导航信息流只有在遥远的下游站点才能最优组合得到它们的方向估计。然而，由于未来的研究可能会修改或扩展这个模型，我们应该始终对新的解释持开放态度。例如，熟悉的视图和PI坐标系之间的关联可能比将前者牢固地整合到后者中更弱，但目前还缺乏这种假设的确凿证据。反过来说，我们也不应该过于严格地拘泥于地图的比喻。正如上文提到的地形学——拓扑学地图的特质所蕴含的，地图可能以各种形式出现。首要的问题是要解开昆虫的导航策略，研究它们的互动方式。这里提出的模型是目前最好的选择。

事实上，路径积分和视图匹配——模型中提出的PI和VM，通过平衡它们的优势和劣势相互补充。PI的可靠性越高，动物离目标越远，VM的可靠性则相反。这使得组合系统成为一种相当强大的导航方式。这就好比PI把动物从不熟悉的地形中推出来，而 VM 把它拉到熟悉的地方，两者的作用方向是一致的。因此，每当在野外觅食时，箭蚁似乎要依靠导航向量，它告诉旅行者在一个特定的方向上移动有多可靠。

这两个导航子程序所采用的信息的单独处理已经在感知外部信息时开始。考虑一下视觉系统（图 7.17）。单独的输入通道被用于从天空获得偏振光（和光谱）信息，并从地标周围环境中获得全景信息。通过偏振锐化和低分辨率广域视觉，任何一个通道都能从其视觉世界中提取完成其任务所需的相关性最强的鲁棒信息。此外，眼睛的腹侧部分感知自我诱导的光学流，从而参与记录旅行距离。在进入中枢大脑的过程中，所有被小视野视觉单元接收的外部信息都在蚂蚁的大范围全向视野中得到越来越多的整合。粗编码和全景视觉可能是处理从蚂蚁的天体和地面世界获得的导航信息的一种适当方法。沿着这些处理路线，路径积分和视图匹配两个信息流在相当长的下游距离内保持分离（见图 3.31（c）中的中央复合体和蘑菇体路径）。当旅行者在去往目标的路上，任何一个子程序都会计算期望状态（基准路径积分向量或基准地标视图）与当前状态之间的差异信号。动物执行一个动作以达到预期的感觉输入。这有点类似于利用嗅觉信息识别巢穴同伴时发生的情况，其中各个接触部分——“触角”，同巢的蚂蚁将学到的化学信息（模板）

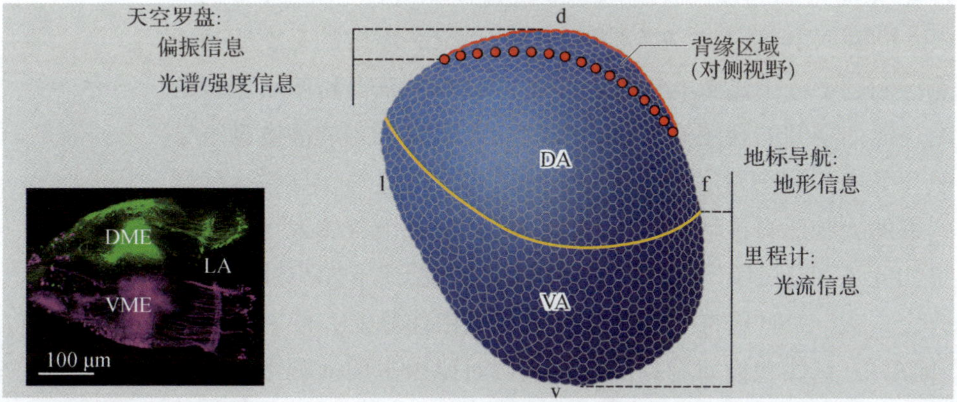

图 7.17 箭蚁复眼的分区（沙漠双色蚁，插图为圆结箭蚁）

眼睛的赤道（弯曲的黄线）被定义为背侧和腹侧不同结构的视网膜之间的边界线。在奔跑中（关于头部常见的俯仰角度，见图 3.11(a)），蚂蚁看的是地平线。插图：将不同颜色的染料注射到背侧和腹侧的髓质中，可以看到这两部分之间有明显的分离。d 表示背侧；DA 表示复眼的背侧区域；DME 表示背侧髓质；f 表示前侧；l 表示侧面；LA 表示神经节层；v 表示腹侧；VA 表示复眼的腹侧区域；VME 表示腹侧髓质。

与目前在这些其他个体中检测到的信息进行比较。在导航网络Navinet中，这两个差异信号产生了制导估计，即PI和VM向量。当在最后的处理阶段——中央复合体进行最优组合时，它们为导航员提供了关于方向的信息。

在未来的研究中，有选择地阻断箭蚁大脑某些部分的神经活动，特别是中央复合体和蘑菇体或其中一部分，并研究这些实验性干扰对动物导航行为的影响，将是一项具有挑战性的任务。在20世纪50年代和70年代，人们进行了两次单独的尝试，即用剃须刀片使木蚁的蘑菇体发生局部损伤，并用细针冷却蜜蜂的蘑菇体的部分，研究这些干预措施对嗅觉学习的影响。除了追求这种显微外科干预外，应用现代基因编辑工具来抑制和激活蚂蚁的两个主要前脑神经毡中的目标神经元组可能是一种大胆的尝试。一般来说，蚂蚁生殖生命周期的特殊性阻碍了神经遗传学工具的直接应用，这些工具已成功用于果蝇，例如在中央复合体的研究中。但是，还是有希望的。最近，纽约洛克菲勒大学的丹尼尔·克罗纳和纽约大学的克劳德·德普朗以及他们的合作者通过敲除无性繁殖的行军蚁和工蚁可转化为有性繁殖的猛蚁的嗅觉共受体，开创了基因编辑的先河。在任何一种情况下，嗅觉介导的行为都严重受损。随着箭蚁属表现出多样的繁殖策略（见第2章），以及基因编辑方法效率的提高，神经系统修改的潜力也可能在我们的沙漠旅行者中实现。

回到Navinet方法及其更广泛的含义，重要的是要明确一点：问题不在于昆虫的微型大脑是否有能力获得和使用更复杂的，比如空间的地图式表示。蚂蚁的大脑缺乏完成高度高级导航任务所需的脑力这一备受推崇的论点肯定具有误导性。尽管蚂蚁的大脑比脊椎动物的大脑小，甚至相对于身体大小而言也是如此（图7.18（a)），正如达尔文所说，“不如小针头的四分之一大”，但它的神经结构的复杂性和计算能力使它不那么“简单”。正如我们所看到的，以我们对昆虫主要前脑中心的了解为基础的计算模型能够模仿沙漠导航员所表现出的主要导航程序，而Navinet模型描述了如何将这些程序最优地结合起来以导出蚂蚁的空间行为。毕竟，从进化的角度来看，问题在于地图式的空间表示是否是处理这些中心觅食者在其短暂的觅食生活中必须完成的导航任务的最有效方式。可以说，从时间和能量消耗的角度来看，对于箭蚁属可能更合适的做法是不断地探索环境并对视觉场景进行采样，换句话说，通过不断地积分路径和比较视图，一直处于在线状态。简而言之，在不知道在哪里的情况下知道要去哪里。它通过快速、空间和时间上预设的学习性行为获得这些知识，这些学习性行为是根据特定的导航需求而定制的（记录和存储以目标为中心的全景图），并确保蚂蚁能够以快速、简单和稳健的方式完成其导航任务，而无须建立一些关于其觅食地位置的内部表征。

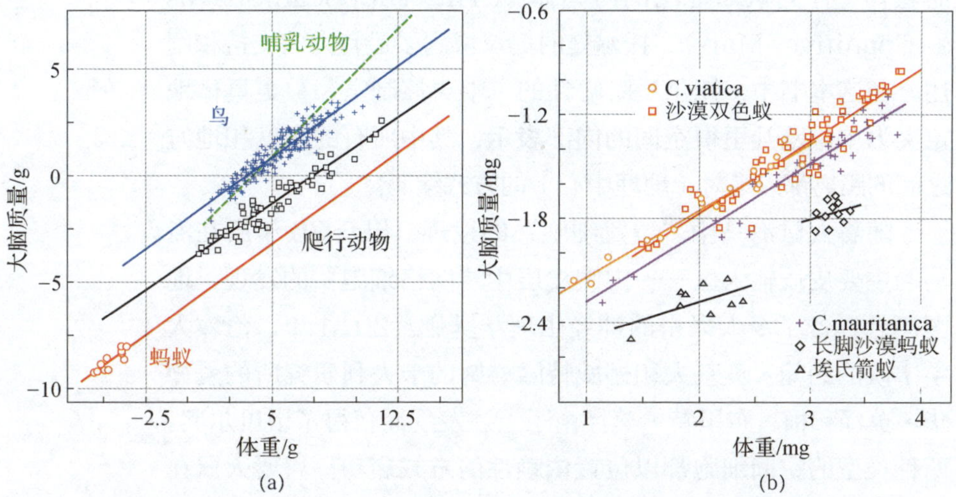

图 7.18 蚂蚁大脑异速生长

（a）蚂蚁（基于箭蚁属、Formica、Camponotus 和 Lasius 属 10 个物种的 247 件标本）的大脑质量和体重与陆生脊椎动物（从各种文献来源收集的数据）的比较。（b）与箭蚁属的 5 个物种的比较。

在过去的几十年里，这种内部表征在哺乳动物皮层中得到了广泛关注，它已经成为神经科学中最令人兴奋的研究领域之一。啮齿动物，尤其是大鼠，还有小鼠、仓鼠和沙鼠，是这些研究中的首选生物。在本书的最后一部分粗略地论述上述问题——即使是“稍微透过箭蚁的眼睛”，就结束我们关于沙漠导航员的探讨。

7.5 啮齿动物的地图和箭蚁的视觉

“传入的脉冲信号在中央控制室里被加工和精心制作成一个临时的、类似于认知的环境地图”。1947 年，心理学家爱德华·托尔曼在加州大学伯克利分校举行的年度学院研究讲座上强调，在老鼠身上进行的大量行为实验可以通过假设动物在探索迷宫时逐渐形成内部表征或对环境的认知地图而得到最好的理解。正如托尔曼自己所承认的那样，这一说法虽然“简短、轻率、教条”，但却是对当时盛行的行为学家的“刺激－反应”学派的有力抨击，该学派认为所有空间行为都是外部刺激和行为反应之间单纯的关联序列，从而标志着行为科学中的认知转向。三十年后，约翰·奥基弗和林恩·纳德尔发表了里程碑式的著作《作为认知地图的海马体》（The Hippocampus as a Cognitive Map），托尔曼的提议得到了最有力的支持和阐述。在这本书中，托尔曼隐喻性的“中央控制室”被更具体地定义为单位欧几里得空间的内部表示，其中所有的角度和地方之间的距离都以绝对（地理中心）的方式编码。

随着大鼠海马中“位置细胞”的发现，以及 30 年后在海马的主要皮质输入区——内嗅皮层中“网格细胞”的发现，地图概念具备了令人兴奋的神经生理学基础。2014 年，伦敦大学学院的约翰·奥基夫和挪威特隆赫姆的卡夫利研究所的爱德华·莫泽和梅·布里特·莫泽由于上述发现而获得了诺贝尔奖。两种类型的空间细胞都以位置依赖性的方式启动：只要大鼠在某个位置，该位置细胞就会启动，而其他地方则不会（图 7.19（a）），而网格细胞有多个启动（位置）区域。一个网格细胞的所有启动场形成一个周期性的六边形网格，以惊人的方式将大鼠的整个环境拼成了一个有规律的图形（图 7.19（b））。换句话说，每当动物穿过其环境中一个假想的六边形网格的点时，一个特定的网格细胞就会最大限度地启动。不同网格细胞的六边形网格相对彼此移动，因此，至少在理论上，海马的位置场

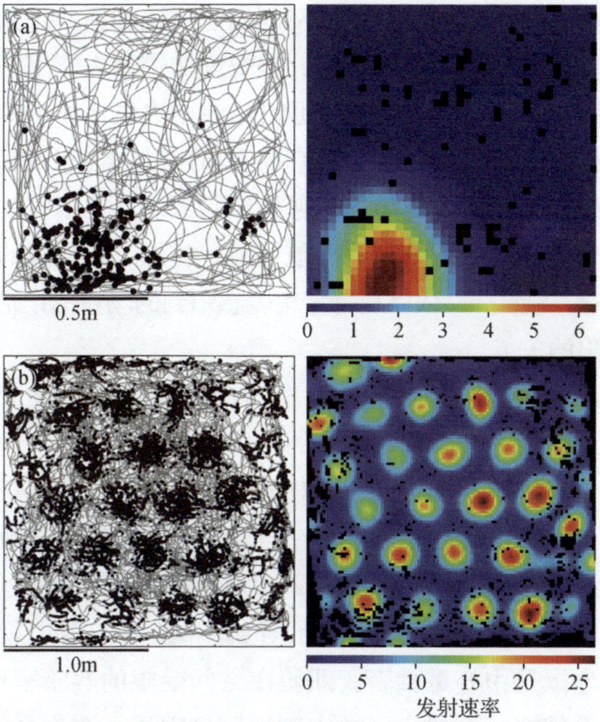

图 7.19　在大鼠大脑中放置细胞和网格细胞

在方形外壳中觅食时，大鼠海马位置细胞（a）和网格细胞（b）的位置依赖性放电活动。左图：老鼠的路径（灰线）和电池发射的地方（黑点）。右图：射击活动的空间分布（射击场）。

可以根据这些网格计算出来。这些和其他一些类型功能特殊的“空间细胞”，特别是与位置无关的头部方向细胞，被认为是度量导航系统“海马－内嗅空间回路”的一部分。近年来的研究表明，这个空间回路在导航中发挥的空间作用比上面描述得更加多样化。空间细胞也可以编码从巢穴到经常访问的目标的目标向量，可以编码距环境中物体的方向和距离，可以调解关于时间流逝（“时间细胞”）和动物速度（“速度细胞”）的信息，可以代表不同感觉模式和不同空间尺度的多种地图，甚至可以映射非空间感觉刺激。在飞行哺乳动物埃及果蝠中，以色列魏茨曼科学研究所的纳库姆·乌拉诺夫斯基和他的同事们在海马细胞的亚群中记录了编码方向或距离，甚至是指向目标的整个向量。大家一致认为，所有这些类型的空间细胞都有助于空间的度量表示，即托尔曼的隐喻地图，但它们在最终绘制动物环境图中的相互作用方式仍有待阐明。

啮齿动物的地图与箭蚁的空间知识相比如何？正如本章所强调的，在旅程中的任何时候，蚂蚁都知道要去哪里，而不是自己在哪里。目标向量是直接通过结合中央复合体中的路径积分和地标导航的信息来确定的（图 7.10 中的 Navinet）。在昆虫的大脑中还没有发现位置依赖性细胞系统，也不需要它们来解释迄今为止研究的蚂蚁的导航性能。显然，箭蚁属的视觉主要是依靠“视图”，依靠从特定角度感知到的场景的记忆，以及从中导出的矢量。

然而，在这种比较中，有一个方面不容小觑：在大鼠和蚂蚁身上进行动物空间行为实验的方式。在野外各种大规模的实验设置下对蚂蚁进行研究，而对老鼠的研究则是在小规模的实验室围栏中自由活动时进行。在自然界中，老鼠可在数百米的范围里漫游，它们走惯常的路线，反复返回以前访问过的地点，经历了箭蚁在其觅食区所应对的导航挑战。事实上，就像箭蚁一样，老鼠是中心觅食者。即使在空间受限的实验室环境中，它们也会建立一个巢穴，并定期返回到那里。在生命的早期，它们会进行探索性行走，这在功能上可能与蚂蚁的学习性尝试相似。幼崽一睁开眼睛，就开始在近距离环境中活动，表现出被称为“好奇心的征兆”或“探索的欲望”，并最终形成对巢穴周围空间特征的“潜意识学习”。在老鼠进行的探索性行走中，缓慢的向外旅行（包括频繁停留）之后是快速的向内旅行，因此至少与箭蚁的学习性行走共享一些形式上的属性。最后，瑞士日内瓦大学已故的阿丽安·艾蒂安进行了一系列精心设计的场地研究，训练仓鼠在进行自源路径积分时学习地标信息，但对这两类信息是否以及如何相互联系只做了初步研究。另一个问题：外部罗盘信息在啮齿动物的觅食行为中起什么作用？

使用更大的实验室场地或自然的栖息地，应该可以让老鼠和其他哺乳动物的中心觅食者接受测试范式，这些范式已应用于昆虫觅食者并在本书中有详细描述。如果从这样的研究中（可能辅之以电生理记录）形成一些导航规程，与那些在箭蚁属研究中所获得的程序具有共同的基本特性，这不足为奇。在处理导航信息方面，确实不太可能当进化路线分化时出现完全的中断。然而，沿着分化的路线演化出来的特性是什么？考虑到这一点，我想知道，在设计相关的测试范式时，即使对理性主义者来说，是否无法从箭蚁身上学到什么经验。箭蚁属生物学家对惊喜持开放态度，因为多年来小沙漠导航员从未停止过给我们带来惊喜，当然也会继续给未来几代的沙漠蚂蚁爱好者带来惊喜。

后记

蚂蚁和任何高等动物一样，将其掌握的所有感官数据及其早期的记忆结合起来进行导航。

——圣地亚哥·拉蒙·卡哈尔

几个世纪以来，蚂蚁如何确定自己的路线一直吸引着科学家和学者。圣地亚哥·拉蒙·卡哈尔——那个时代的一流神经解剖学家，最终也转向研究蚂蚁的定向行为。在他之前有银行家协会主席、伦敦大学副校长艾维伯里勋爵，尤其是查尔斯·达尔文的一位年轻朋友——约翰·卢伯克，他没有任何头衔，却对“蚂蚁思维的力量和灵活性”非常着迷，每当他的“职业和议会职责”有条件使他沉迷于业余研究时，他就进行一些关于昆虫定向的开创性实验。例如，他让蚂蚁带着幼虫穿过一个圆形的桌面，他把这个桌面变成一个精致的实验场地。他通过改变蜡烛的位置并观察蚂蚁如何改变它们的路线，在19世纪末首次描述了任何动物物种中的光罗盘反应。

现在让我们从维多利亚时代的英格兰和艾维伯里勋爵的桌面移到北非沙漠平原和天体半球。在那里，我们进入了“箭蚁实验场”，看到研究人员如何在贫瘠的地面上画上白色的网格，并使用特殊的工具来记录蚂蚁的路径，这些蚂蚁眼睛的特定部分被可拆卸的不透光的漆片覆盖，或者在一个配备有各种光学设备的实验手推车下跑向巢穴。一些蚂蚁的腿被连接在胫骨和跗骨上的高跷拉长，另一些蚂蚁的触角被操纵，还有一些蚂蚁在沙漠中竖立的奇怪的二维和三维开放式通道中行走。刚刚开始觅食生活的新手蚂蚁在一组人工地标内进行学习性行走，或者甚至可能在一个被亥姆霍兹线圈包围的平台上行走，这些线圈以可预测的方式改变地球的磁场。箭蚁实验场的参观者甚至可以体验到一个被拴住的觅食者在一个球形跑步机上进行虚拟的归巢跑步或者可以观察到一个受昆虫启发的机器人在沙漠地上移动。

多年来，整个场景——“在实验场研究箭蚁属”，已经成为一个动态的实验系统，其中新的小工具、设备和程序已经被加速开发。这些发展在很大程度上得益于箭蚁属在这些尝试中惊人的合作意愿，即使我们对它们的感觉和运动系统进行了相当大的干预，并将它们暴露在最离奇的测试环境和设备中。这也就不奇怪为什么它们吸引了越来越多的研究人员，并促使他们中的许多人从研究蜜蜂和黄蜂的空间行为转而关注蜜蜂和黄蜂的表亲。沙漠蚂蚁确实已经成为动物导航研究的模式生物，真正的研究生成器。对这种生物体的研究，不断地在前所未有的、未曾预料到的方向上开辟了新的科学前沿。当研究人员在各种实验方法中操纵箭蚁时，箭蚁也成功地“操纵了研究者”，以各种方式塑造了研究者的态度、概念和实验方法。最后让我们来谈谈他们的一些教训。

首先，当蚂蚁在观察者的眼前欣然展现它们丰富的导航技能时，使得我们不必以自上而下的方式进行研究，也不必依赖经常从人类内省中得出并不加区分地应用于动物类群的总体概念。请注意，妮科·廷伯根建议过我们，“不应该使用相同的实验技术来比较两个物种，因为这些技术对它们来说几乎肯定不一样”。根据一个物种的自然历史，一个给定的实验任务的功能意义将在不同的物种和更高的分类群中有所不同，即使行为结果相似，导致这些结果的神经回路也可能在不同的物种和分类群中有所不同。箭蚁属教会我们在必须解决的生态生理学背景下考虑导航问题。一方面，这意味着要重建一个具有低分辨率、广角视觉的视觉导航者，能够从其自然环境中获得视觉信息的种类和数量。另一方面，有必要尽可能详细地记录蚂蚁在其环境中的行为，并试图发现其特殊性和行为模式。越来越多的光学跟踪设备和高速摄像机的出现，可能会使这一做法在野外变得可行。在这种观察和记录的基础上，可以制定假设和适当的实验方案。

正如我们在沙漠导航之旅中所意识到的，这种实验是开放式的。其结果可能取决于实验策略的微小变化。当我们在第一次关于地标导航的实验中，用安装在空旷沙漠中的人工地标阵列来研究箭蚁属的归巢行为时，假定动物会对目标周围的地标场景进行快照。然而，后来的观察表明，蚂蚁进行了不同的学习性行走，在此期间，它们从目标周围的各个方向拍摄多个目标导向的景象，而不是在目标本身获得一个快照。这一发现极大地改变了我们对动物导航工具集的理解方式：昆虫储存了通往目标的多个视图，而不是储存确定目标的单一视图。总的教训是要让动物指导你的调查方式。以博物学家的身份开始，然后试图通过在提出假设和设计实验之间的战略性摇摆来理解动物的解决方案。

第二，上述研究策略立即将行为生物学家和神经科学家引向了进化的轨道，让他们想知道本书中描述的各种导航程序，它们的神经基础和相互联系是如何为特殊需要而进化的。当然，本书所采用的自下而上的方法作为一种一般的研究策略是合理的，只要低阶机制足以解释观察到的行为，就避免高阶解释。但更重要的是，它植根于进化过程，这个过程历经沧桑，最终形成了目前的导航系统。这个系统的模块结构是其进化历史的直接结果。

在系统发育支系的嵌套层次中，箭蚁不仅是蚂蚁，还是膜翅目、昆虫和节肢动物，因此回顾了其祖先一段漫长的历史和生活方式。由于这种传统，它们的导航技能很可能是通过共同选择和修改更基本的行为机制而进化的，也就是说，通过采用预先存在的神经回路来满足新的需要。例如，蚂蚁的路径积分程序可能与常见的反向转弯倾向有关，许多节肢动物在被迫绕道的情况下会保持最初采用的方向。同样，即使在黑暗中，苍蝇在一个食物点周围行走并反复返回食物点的局部搜索行为，也可以被看作是一种小规模的自源路径积分机动。通过结合外部罗盘系统，为在蚂蚁和蜜蜂中观察到的先进的大尺度路径积分规程奠定了基础。此外，获取和储存大量以目标为中心的全景图的能力可能是从苍蝇和其他昆虫中研究的短期视觉位置记忆演变而来。目前我们所观察到的是一组精心设计的策略，这些策略在一个由多种相互作用的导航程序组成的集合系统中串联起来，构成了蚂蚁目前的导航工具集。

作为我们的远亲，箭蚁属遵循着一条不同的历史道路，因此有一个不同的故事。它们可能会说，其节肢动物祖先几乎没有被鼓励过像几何学家那样行事，逐渐形成"位置感"或"地图感"，从而获得并使用一个统一的内部表征，将所有空间信息组合在一起。从动物目前的行为要求来看，这根本就不是一个缺点。相反，它是一种在系统发育上合理的、经济有效的方式，可以完成箭蚁属在其觅食地内导航时所面临的现实任务。由此看来，蚂蚁在组织良好的行为序列中，在快速学习事件中获得的地标知识是由成套的全景图组成的。昆虫导航员后来使用这些记忆中的视图，加上来自不断运行的路径积分器的信息，在其巢穴环境中找到自己的路线。它对所获得的视图所赋予的特定权重取决于该物种的进化背景和当前的环境和情境突发事件。问题仍然是记忆中的视图是否以及在多大程度上、在何种效果上与来自路径积分的信息相结合，这种方式是否可以使箭蚁属获得一些更详细的空间知识。引出蚂蚁和老鼠（仅提及约 5.5 亿年前分离的进化线的两个代表）出现的历史路径，很可能也导致了特殊的导航解决方案。如果是这样，这些解决方案的特殊性是什么？现在还没有定论。

第三，到目前为止，在大脑水平上探究蚂蚁的导航技能受到了箭蚁属的小体形和繁殖策略的阻碍，这分别影响了电生理学和神经遗传学的研究。然而，随着先进的基因编辑工具的兴起，后一种情况可能会发生改变。此外，由于参与导航的主要前脑神经毡在各昆虫类群中相当类似，因此可以借鉴在较大的昆虫（蝗虫）或者是在基因上更易处理的物种（果蝇）中获得的神经生物学数据。据我们所知，没有一个明确的网络专门用于导航，所以，箭蚁属可能会引导我们关注其大脑的各个区域和子区域，并提示我们研究这些特定神经网络的计算能力。这些能力中的一种或另一种可能已经被导航者用来完成特定的空间行为模式。这样一来，神经拼图就会一步一步地拼凑起来。

对箭蚁大脑的研究近来势头强劲，并以各种方式证明了它的巨大潜力：将神经和行为方法相结合，揭开蚂蚁一生中在大脑发生的、随年龄的显著变化和行为介导的神经重塑过程，并用于探讨物种的具体差异。鉴于维持神经组织的高能量成本，我们当然可以假设，一个给定脑区的物种特定的相对大小是一个可靠的衡量标准，即这个区域在动物的整体行为中发挥了多大的作用。在这方面，对各种脑区相对大小的具体分类差异进行异质性调研是至关重要的。在一个大的范围内，它们表明，蚂蚁的蘑菇体相比蜜蜂的蘑菇体大，但视叶的情况则相反。在较小的范围内，这种规则的例外情况尤其具有启示意义。例如，箭蚁属在其蘑菇体的萼片中的领部（视觉输入）区域比预期的眼睛和视叶大小大很多。这一特征可能与这些视觉导航者在学习、保留和使用基于视图的地标信息时必须执行的计算任务有关。

即使是在箭蚁属中，不同物种大脑的相对大小也是不同的（图 7.18（b））。我们还不知道这些变化的背后可能隐藏着哪些功能上的差异，也不知道具体的子区对观察到的大脑大小的差异有什么贡献。未来这是一个很有前途的研究领域，因为一些行为研究表明，赋予特定导航程序的权重在不同物种之间也可能有所不同。这种神经结构差异可能很小，但由于它们可能与栖息地的类型相关，从而与导航需求、运动敏捷性，甚至与群落结构和相关的生活史模式，以及其他一系列的生态因素相关，它们可以提供一种直接的手段来追踪对特定需求的进化适应，从而可以揭示相应的神经回路是如何逐渐进化的。箭蚁的广泛物种谱将为这种调查提供巨大的潜力。

沙漠领航员的旅程仍在继续。在概念上和技术上，现代方法在分子、生物体和进化生命科学的所有领域都在以惊人的速度发展，但它们主要是在实验室里的少数几个埋想化的模型生物中进行，如苍蝇和老鼠。现在是时候将这些工具联合应用在“野外”的生物体中了。我们的沙漠领航员为这种未来的尝试提供了极好的条件。一方面，人们不能不赞叹箭蚁属所能完成的导航任务的复杂性和丰富性——通过“结合它所掌握的所有感官数据进行导航”，并将它们与“由记忆保存的早期印象”联系起来。另一方面，我们不应低估领航员微型大脑的功效和多功能性，毕竟它包含了近 50 万个神经元，细胞和回路的微型化程度远远超过了人脑。深入解开蚂蚁“驾驶舱”中这些微型化回路的计算能力是一项具有智力挑战的任务，将继续推动未来的研究议程。从这个角度来看，达尔文最终还是正确的，他认为“蚂蚁的大脑是世界上最神奇的物质原子之一，也许比人的大脑更神奇”。

参考文献

References, which have already been cited in a previous Note, are referred to as *nX* (meaning, see note X). Work on insect—especially ant—navigation is presently increasing at an accelerating pace at various fronts. Papers that appeared after fall 2018 could be included only if I had access to them prior to publication.

前言

Epigraph: Darwin C (1871): The Descent of Man, and Selection in Relation to Sex. *London, J. Murray.* Reprint by *Princeton University Press,* 1981, *quot.* p. 145.

1. Krogh A (1929): The progress of physiology. *Am J Physiol 90, 243–251, quot.* p. 247.

2. Wehner R, Fukushi T, Isler K (2007): On being small: ant brain allometry. *Brain Behav Evol 69, 220–228.*

3. Schaffner W (2015): Enhancers, enhancers—from their discovery to today's universe of transcription enhancers. *Biol Chem 396, 311–327.*

4. For an emphasis on natural history, see Edward O. Wilson's foreword in Canfield MR (2011): Field Notes in Science and Nature. *Cambridge MA, Harvard University Press:* "The wellspring of the new biology is scientific natural history," *quot.* p. xi.

5. Excellent books have recently appeared about the superorganisms of social insects, especially of ants and honeybees: Seeley TD (1995): The Wisdom of the Hive. *Cambridge MA, Harvard University Press.* Hölldobler B, Wilson EO (2009): The Superorganism. *New York, Norton.* Seeley TD (2010): Honeybee Democracy. *Princeton NJ, Princeton University Press.*—For treating superorganisms from the computer scientist's point of view, see Dorigo M, Stützle T (2004): Ant Colony Optimization. *Cambridge MA, MIT Press.*

6. Edinburgh International Festival 1957: An Exhibition of Paintings of Claude Monet. *Edinburgh, Royal Scottish Academy, quot.* p. 7.

1 研究背景

1. Taxonomically, *Cataglyphis fortis* was first described as *Myrmecocystus albicans* var. *fortis:* Forel A (1902): Les fourmis du Sahara Algérien. Récoltées par M. le Professeur A. Lameere et le Dr. A. Diehl. *Ann Soc Entomol Belgique 46, 147–158.*—The description was based on a few worker specimens collected in 1896 by the neurologist August Diehl from Lübeck, Germany, in a small salt pan near Touggourt, Algeria. Diehl's personal notes have been published by Auguste Forel: Forel A (1903): Die Sitten und Nester einiger Ameisen der Sahara bei Tugurt und Biskra. *Mitt Schweiz Entomol Ges 10, 453–459.*—In 1982 the author and his wife visited this first finding site in Algeria and collected animals from there and later from many other North African locations; see figure 6 in Wehner R, Wehner S, Agosti D (1994): Patterns of biogeographic distribution within the *bicolor* species group of the North African desert ant, *Cataglyphis*

Foerster 1850. *Senck biol 74, 163–191.*—Based on morphological studies of the workers and the newly discovered and described males and reproductive females, *C. fortis* could be clearly separated from *C. albicans* and raised to species rank: Wehner R (1983): Taxonomie, Funktionsmorphologie und Zoogeographie der saharischen Wüstenameise *Cataglyphis fortis* (Forel 1902) stat. nov. (Insecta: Hymenoptera: Formicidae). *Senck biol 64, 89–132.*

2. In social hymenopterans the concept of central place foraging was first outlined for honeybees: Kacelnik A, Houston AI, Schmid-Hempel P (1986): Central-place foraging in honey bees: the effect of travel time and nectar flow on crop filling. *Behav Ecol Sociobiol 19, 19–24.*—For more recent work in ants, see Dornhaus A, Collins EJ, Dechaume-Moncharmont FX, Houston AI, Franks NR, McNamara JM (2006): Paying for information: partial loads in central place foragers. *Behav Ecol Sociobiol 61, 151–116.* Schmolke A (2009): Benefits of dispersed central-place foraging: an individual-based model of a polydomous ant colony. *Am Nat 173, 772–778.*

3. Stein G (1937): Everybody's Autobiography. *New York, Random House, quot.* p. 289.

4. As the ant's navigational tool set developed over evolutionary time, so did the story of Ariadne's strategy over historical time. In the first published version (Diodoros: *Bibliotheca Historica* 4, 61, 4) the thread is not mentioned at all. We only learn that Ariadne informed Theseus about the general location of the exit door. The trick of using the thread as a safety line is told only later, and in slightly different ways, by Plutarch (*Theseus* 19,1f), Catullus (*Carmina* 64, 112f), and Ovid (*Metamorphoses* 8, 172).

5. Wehner R (1982): Himmelsnavigation bei Insekten. Neurophysiologie und Verhalten. *Neujahrsbl Naturforsch Ges Zürich 184, 1–132.* Collett M, Collett TS, Wehner R (1999): Calibration of vector navigation in desert ants. *Curr Biol 9, 1031–1034.* Collett M, Collett TS (2000): How do insects use path integration for their navigation? *Biol Cybern 83, 245–259.*

6. The rule of thumb of not using a moving landmark for navigation has been derived from experiments in rats. These animals use a landmark as a location cue only if the landmark maintains a stable position within a geometric frame of reference. Biegler R, Morris RGM (1993): Landmark stability is a prerequisite for spatial but not discrimination learning. *Nature 361, 631–633.*—For neurophysiological evidence, see Knierim JJ, Kudrimoti HS, McNaughton BL (1998): Interactions between idiothetic cues and external landmarks in the control of place cells and head direction cells. *J Neurophysiol 80, 425–446.* Jeffery KJ (1998): Learning of landmark stability and instability by hippocampal place cells. *Neuropharmacol 37, 677–687.*

7. Dahmen H, Wahl VL, Pfeffer SE, Mallot HA, Wittlinger M (2017): Naturalistic path integration of *Cataglyphis* desert ants on an air-cushioned lightweight spherical treadmill. *J Exp Biol 220, 634–644.*—Erich Buchner, then at the Max Planck Institute for Biological Cybernetics in Tübingen, Germany, was the first to design an air-suspended spherical treadmill device (for *Drosophila*). Buchner E (1976): Elementary movement detectors in an insect visual system. *Biol Cybern 24, 85–101.*—Recordings of neuronal activity in the brains of *Drosophila* flies walking on a trackball in a virtual reality arena have been performed by Johannes D. Seelig and Vivek Jayaraman. Seelig JD, Jayaraman V (2015): Neural dynamics for landmark orientation and angular path integration. *Nature 521, 186–191.*

8. For optical characteristics as determined by microophthalmological (deep pseudopupil) measurements in the compound eyes of *Cataglyphis,* see Wehner R (1982), *n5.* Zollikofer CPE, Wehner R, Fukushi T (1995): Optical scaling in conspecific *Cataglyphis* ants. *J Exp Biol 198, 1637–1646.*—Given the rather small size and only slightly arched shape of the cataglyphs' compound eyes, the huge visual fields may be surprising. They result from the fact that the optical axes of the ommatidia are normal to the corneal surfaces only in a small dorsal part of the eye and deviate systematically the more toward the periphery, the more lateral the ommatidia are positioned in the eye. In *Melophorus* optical resolution data are derived from histological sections: Schwarz S, Narendra A, Zeil J (2011): The properties of the visual system in the Australian desert ant *Melophorus bagoti. Arthropod Struct Dev 40, 128–134.*

9. Mainly due to the animals' small body and thus eye sizes, the interommatidial divergence angles, $\Delta\varphi$, of compound eyes, as defined by the density of ommatidia per unit visual angle, cannot decrease beyond a certain limit. They are rarely smaller than 1°–2°. The smallest ones ($\Delta\varphi = 0.24°$

and 0.30°) are found in zones of acute vision in the large compound eyes of dragonflies (with about 30,000 ommatidia) and fiddler crabs (with about 8,000 ommatidia), respectively: Sherk TE (1978): Development of the compound eyes of dragonflies (Odonata). III. Adult compound eyes. *J Exp Zool 203, 61–80.* Smolka J, Hemmi JM (2009): Topography of vision and behaviour. *J Exp Biol 212, 3522–3532.*

10. Wystrach A, Dewar ADM, Philippides A, Graham P (2016): How do field of view and resolution affect the information content of panoramic scenes for visual navigation? A computational investigation. *J Comp Physiol A 202, 87–95.* Wystrach A, Beugnon G, Cheng K (2011): Landmarks or panoramas: what do navigating ants attend to for guidance? *Front Zool 8, 21.* See also Philippides A, Baddeley B, Cheng K, Graham P (2011): How might ants use panoramic views for route navigation? *J Exp Biol 214, 445–451.*

11. For matched sensory filters, see Wehner R (1987): "Matched filters"—neural models of the external world. *J Comp Physiol A 161, 511–531.* Krapp HG, Hengstenberg R (1996): Estimation of self-motion by optic flow processing in single visual neurons. *Nature 384, 463–466.* Von der Emde G, Warrant E, eds. (2016): The Ecology of Animal Senses: Matched Filters for Economical Sensing. *Heidelberg, Springer.*

12. In two *Cataglyphis* species behavioral repertoires of 40–50 acts have been recognized: Retana J, Cerdá X (1991): Behavioral repertoire of the ant *Cataglyphis cursor* (Hymenoptera: Formicidae): is it possible to elaborate a standard specific one? *J Insect Behav 4, 139–155.* Cerdá X, Retana J, Carpintero S (1996): The caste system and social repertoire of *Cataglyphis floricola* (Hymenoptera Formicidae). *J Ethol 14, 1–8.*—Myrmecologists have tried hard to inventory the types of behavioral acts that individual workers perform as they age. For task specifications as defined in harvester ants, *Pheidole dentata,* and fire ants, *Solenopsis invicta,* see Wilson EO (1976): Behavioral characterization and the number of castes in an ant species. *Behav Ecol Sociobiol 1, 141–154.* Fagen RM, Goldman RN (1977): Behavioural catalogue analysis methods. *Anim Behav 25, 261–274.* Tschinkel WR (2006): The Fire Ants. *Cambridge MA, Harvard University Press.* See also Herbers JM, Cunningham M (1983): Social organization in *Leptothorax longispinosus. Anim Behav 31, 759–771.* Cole BJ (1985): Size and behavior in ants: constraints on complexity. *Proc Natl Acad Sci USA 82, 8548–8551.*—Honeybee workers have been reported to display nearly 60 distinct and (at least partly) hardwired behavior patterns: Chittka L, Niven J (2009): Are bigger brains better? *Curr Biol 19, R995–R1008.*

13. Retana J, Cerdá X (1991): Behavioural variability and development of *Cataglyphis cursor* ant workers (Hymenoptera: Formicidae). *Ethology 89, 275–286.* Schmid-Hempel P, Schmid-Hempel R (1984): Life duration and turnover of foragers in the ant *Cataglyphis bicolor* (Hymenoptera, Formicidae). *Insect Soc 31, 345–360.* Nowbahari, E, Fénéron R, Malherbe MC (2000): Polymorphism and polyethism in the fomicine ant *Cataglyphis niger* (Hymenoptera). *Sociobiology 36, 485–496.*—In general, concentrally arranged task allocations in social insect colonies have been discussed in Beshers SN, Fewell SH (2001): Models of division of labor in social insects. *Annu Rev Entomol 46, 413–440.*

14. Even though not all individuals are strictly bound to this scheme, and especially smaller individuals tend to start foraging later in life than their larger nestmates, the majority of the cataglyphs does not exhibit distinct size-related divisions of labor (morphological polyethism). An exception to this rule is the extremely dimorphic *Cataglyphis bombycina* (see Chapter 2 and Figure 2.5 therein).

15. Nowbahari E, Scohier A, Durand JL, Hollis KL (2009): Ants, *Cataglyphis cursor,* use precisely directed rescue behavior to free entrapped relatives. *PLoS ONE 4(8), e6573.* Nowbahari E, Hollis KL, Durand JL (2012): Division of labor regulates precision rescue behavior in sand-dwelling *Cataglyphis cursor* ants: to give is to receive. *PLoS ONE 7(11), e48516.*

16. In *Cataglyphis* chemical recognition based on cuticular hydrocarbons is described in various contexts and species: Nowbahari E, Lenoir A, Clément JL, Lange C, Bagnères AG, Joulie C (1990): Individual, geographical and experimental variation of cuticular hydrocarbons of the ant *Cataglyphis cursor* (Hymenoptera: Formicidae): their use in nest and subspecies recognition. *Behav Syst Ecol 18, 63–74.* Dahbi A, Cerdá X, Hefetz A, Lenoir A (1996): Social closure, aggressive behaviour, and cuticular hydrocarbon profiles in the polydomous ant *Cataglyphis iberica* (Hymenoptera, Formicidae). *J Chem Ecol 22, 2173–2186.* Dahbi A, Hefetz A, Cerdá X, Lenoir A (1999): Trophallaxis mediates uniformity of colonial odor in *Cataglyphis iberica* ants (Hymenoptera,

Formicidae). *J Insect Behav 12, 559–567.* Lahav S, Soroker V, Hefetz A, Vander Meer RK (1999): Direct behavioral evidence for hydrocarbon as ant recognition discriminators. *Naturwissenschaften 86, 246–249.* Lahav S, Soroker V, Vander Meer RK, Hefetz A (2001): Segregation of colony odor in the desert ant *Cataglyphis niger. J Chem Ecol 27, 927–943.*—In *Cataglyphis niger* it has been shown that individuals become less aggressive against non-nestmates, when they have encountered these non-nestmates repeatedly before: Nowbahari E (2007): Learning of colony odor in the ant *Cataglyphis niger* (Hymenoptera: Formicidae). *Learn Behav 35, 87–94.* Foubert E, Nowbahari E (2008): Memory span of heterospecific individual odors of an ant, *Cataglyphis cursor. Learn Behav 36, 319–326.*—For task-related cuticular cue composition and recognition by nestmates in other ant species, see Bonavita Cougourdan A, Clement JL, Lange C (1993): Functional subcaste discrimination (foragers and brood tenders) in the ant *Camponotus vagis:* polymorphism of cuticular hydrocarbon patterns. *J Chem Ecol 19, 1461–1477.* Wagner D, Tissot M, Gordon DM (1998): Task-related environment alters the cuticular hydrocarbon composition of harvester ants. *J Chem Ecol 27, 1805–1819.* Greene MJ, Gordon DM (2003): Social insects: cuticular hydrocarbons inform task decisions. *Nature 423, 32.* Bos N, d'Ettorre (2012): Recognition of social identity in ants. *Front Psychol 3, 83.*—See also Lenoir A, Fresneau D, Errard C, Hefetz A (1999): The individuality and the colonial identity in ants: the emergence of the social representation concept. In: Detrain C, Deneubourg JL, Pastells J, eds., Information Processing in Social Insects, pp. 219–237. *Basel, Birkhäuser.*

17. Life duration, life history schedules, and turnover rates in *Cataglyphis* workers with their temporal polyethism were determined in the ants' natural habitats by recording resighting frequencies of animals that had been individually marked at different times of their life history: Harkness RD (1977): The carrying of ants *(Cataglyphis bicolor)* by others of the same nest. *J Zool 183, 419–430.* Wehner R, Harkness RD, Schmid-Hempel P (1983): Foraging Strategies in Individually Searching Ants, *Cataglyphis bicolor* (Hymenoptera: Formicidae). *Mainz, G. Fischer.* Schmid-Hempel P, Schmid-Hempel R (1984), *n13.*—For *Melophorus,* see Muser B, Sommer S, Wolf H, Wehner R (2005): Foraging ecology of the thermophilic Australian desert ant, *Melophorus bagoti. Austr J Zool 53, 301–311.*

18. When in the second half of the nineteenth century biologists realized that bees and ants were able to accomplish quite sophisticated tasks of spatial orientation, object detection, and decision making, they endowed these insects with "intelligence" (Dujardin 1853, Emery 1893); "understanding" (Romanes 1882); "mental faculties" (Brandt 1879); "rationality" (Forel 1886–1888); and "higher psychological functions" (Viallanes 1893, Wasmann 1909). References: Brandt EK (1879): Vergleichend-anatomische Skizze des Nervensystems der Insekten. *Horae Soc Ent Ross 15, 3–19.* Dujardin F (1853): Quelques observations sur les abeilles et particulièrement sur les actes, qui chez ces insectes peuvent être rapportés à l'intelligence. *Ann Sci Nat Sér (Zool Biol Anim) 18, 231–240.* Emery C (1893): Intelligenz und Instinkt der Tiere. *Biol Cbl 13, 151–155.* Forel A (1886–1888): Expériences et remarques critiques sur les sensations des insectes. *Rec Zool Suisse, Tome 4, Nos 1–4.* Romanes G (1882): Animal Intelligence. *London, Kegan Paul and Trench.* Viallanes MH (1893): Études biologiques et organologiques sur les centres nerveux et les organes de sens des animaux articulés. *Ann Sci Nat Sér 7 (Zool Paléont) 14, 405–456.* Wasmann E (1909): Die psychischen Fähigkeiten der Ameisen. Mit einem Ausblick auf die vergleichende Tierpsychologie. 2nd ed. *Stuttgart, Schweizerbart.*

Crediting ants and bees with these top-class mental faculties was also favored by the leading neuroanatomists of the time, who at the end of the nineteenth century did their pioneering work on the hymenopteran forebrain. Dujardin F (1850): Mémoire sur le système nerveux des insectes. *Ann Sci Nat Sér 3 (Zool Biol Anim) 14, 195–206.* Flögel JHL (1878): Über den einheitlichen Bau des Gehirns in den verschiedenen Insektenordnungen. *Z Wiss Zool Suppl 30, 556–592.* Kenyon FC (1896): The meaning and structure of the so-called "mushroom bodies" of the hexapod brain. *Am Nat 30, 643–650.*—For *Formica rufa* Franz Leydig argued in the same way: Leydig F (1864): Vom Bau des thierischen Körpers. Handbuch der vergleichenden Anatomie. Vol. 1, part 1. *Tübingen, Laupp.*

Soon the tide turned. By trying to get rid of any form of "mentalism," physiologists such as Jacques Loeb and Albrecht Bethe regarded animal behavior as the mere outcome of stimulus-dependent forced actions and thus became forerunners of John B. Watson's radical behaviorism. Bethe A (1898): Dürfen wir den Ameisen und Bienen psychische Fähigkeiten zuschreiben? *Pfügers Arch Ges Physiol 70, 15–100.* Loeb J (1899): Einleitung in die vergleichende Gehirnphysiologie und vergleichende Psychologie mit besonderer Berücksichtigung der wirbellosen Tiere. *Leipzig, J. A. Barth.* Watson JB (1913): Psychology as the behaviorist views it. *Psychol Rev 20, 158–177.*—However, Bethe's mechanistic view of insect behavior was already criticized by Hugo Berthold von Buttel-Reepen, a German businessman and gentleman scientist, to whom we owe careful studies of honeybee behavior: von Buttel-Reepen H (1900): Sind die Bienen Reflexmaschinen? *Biol Zbl 20, 97–109, 130–144, 177–193, 209–224, 289–304.*

19. Abbott RL (1931): Instinct or intelligence in the great golden digger? *Proc Iowa Acad Sci 38, 255–258.* Wooldridge DE (1931): The Machinery of the Brain. *New York, McGraw-Hill.*—For "sphexish" behavior, see Hofstadter DR (1982): Can inspiration be mechanized? *Scient Amer 247(3), 18–31.* Dennett DC (1996): Elbow Room. *Cambridge MA, MIT Press.*—The original description of the wasp's apparently inflexible chain of behavioral acts is given in Fabre JH (1879): Souvenirs Entomologiques. Sér 1, pp. 87–92. *Paris, Delagrave.*

20. Keijzer F (2013): The *Sphex* story: how the cognitive sciences kept an old and questionable anecdote. *Phil Psychol 26, 502–519.*—It was already Jean-Henri Fabre, *n19*, who provided evidence that the wasp's prey retrieval behavior could be modulated by experience.

21. Fabre JH (1879), *n19.* Lubbock J (1882): Ants, Bees, and Wasps: A Record of Observations on the Habits of the Social Hymenoptera. *London, Kegan Paul, Trench.*—Fabre, who has often been considered a hard-nosed antievolutionist, cautioned against deducing natural phenomena from a single unifying framework; see the critical account in Yavetz I (1991): Theory and reality in the work of Jean Henri Fabre. *Hist Phil Life Sci 13, 33–72.*

22. Ritter H, Cruse H, Dean J, eds. (2000): Prerational Intelligence: Adaptive Behavior and Intelligent Systems without Symbols and Logic. Vol. 2. *Dordrecht, Kluwer Academic Publishers.*—At present, the tide *(n18)* has turned again. Heisenberg M (1983): Initiale Aktivität und Willkürverhalten bei Tieren. *Naturwissenschaften 70, 70–78.* Brembs B (2011): Towards a scientific concept of free will as a biological trait: spontaneous actions and decision-making in invertebrates. *Proc R Soc B 278, 930–939.* Heisenberg M (2013): Action selection: The brain as a behavioral organizer. In: Menzel R, Benjamin PR, eds., Invertebrate Learning and Memory, pp. 9–13. *Amsterdam, Elsevier.*

2 嗜热生物

1. For insect thermoregulation in general, see Bernd Heinrich's magnum opus: Heinrich B (1993): The Hot-Blooded Insects. *Berlin, Springer.* The author has condensed this broad overview of insect-temperature relationships into a wonderful small book: Heinrich B (1996): The Thermal Warriors. *Cambridge MA, Harvard University Press.*—The term 'thermophiles' usually refers to thermophilic single-celled microorganisms, especially to the hyperthermophilic archaea; see, e.g., Stetter KO (2006): Hyperthermophiles in the history of life. *Phil Trans R Soc B 361, 1837–1843.* Li FL, ed (2015): Thermophilic Microorganisms. *Norfolk UK, Caister Academic Press.*

2. The ants depicted in *Description de l'Égypt* (*Paris, L'Imprimerie Impériale,* 1809–1813) were described as *C. bombycina* and *C. savignyi* only several decades later by Julius Roger and Léon Dufour, respectively. Roger J (1859): Beiträge zur Kenntnis der Ameisenfauna der Mittelmeerländer. *Berliner Ent Z 3, 225–259.* Dufour L (1862): Notices entomologiques. 3. Notice sur la *Formica savignyi. Ann Soc Ent France, Sér 4, 2, 131–148.*

3. The size of these ants, "which very much resemble in form the ants found in the land of the Hellenes" (most probably *C. nodus*), has been poetically exaggerated ("smaller than dogs but larger than foxes," Herodotus), and so has their "ferocity and passion for gold" (Pliny): Herodotus (ca. 450 BC): The History of Herodotus. Book 3, chapter 102. *London, Macmillan, 1904, quot.* p. 260. Plinius C. Secundus (ca. 100): The Natural History of Pliny. Book 11, chapter 36. *London, Bohn, 1855, quot.* p. 39.—In the alluvial sands of the area described by the ancient writers, gold particles can indeed be found. Ball V (1881): A Manual of the Geology of India. Part 3. *Calcutta, Office of the Geological Survey of India,* p. 213. The "ferocity" could refer to *C. bellicosa, n4.* See also

Harkness RD, Wehner R (1977): *Cataglyphis. Endeavour NS 1, 115–121.*

4. Agosti D (1990): Review and reclassification of *Cataglyphis* (Hymenoptera, Formicidae). *J Nat Hist 24, 1457–1505.*—Currently, there are 93 valid species names: Bolton B (2019): An online catalog of the ants of the world. Available from http://antcat.org (accessed 8 May 2019).

The actual number of species will certainly be larger. For example, the present species *C. bicolor* and *C. savignyi* most likely include several separate species, which in the time to come might be recognized by genetic methods. See also Bolton B (1995): A New General Catalogue of the Ants of the World. *Cambridge MA, Harvard University Press.*—As mentioned in the text, the cataglyphs do not sting (all formicine ants have evolutionarily lost their sting apparatus). However, at least one species *(C. bellicosa)* is strongly aggressive. When Vladimir Karavaiev described this species from a stone pit south of Teheran, he already noted that the ants "furiously attacked" the collector by "approaching him in troops," so that he had to retreat. Karavaiev V (1924): Zur Systematik der paläarktischen *Myrmecocystus* (Formicidae), nebst einigen biologischen Notizen. *Konowia 3, 301–308, quot.* p. 308.

5. At this juncture, a note about the proper gender of the *Cataglyphis* species names may be in order. Agosti (1990) and Bolton (1995), see *n4,* use the masculine form throughout. Other authors use either the feminine or the masculine form—see remark in Lenoir et al. (2009), *n35*—mostly in accord with the usage by former researchers. As due to its Greek origin the genus name *Cataglyphis* is feminine (*glyphís,* genitive *glyphídos,* see *n24*), we consistently use the feminine form. Often, when *Cataglyphis* species have originally been described as members of the genus *Myrmecocystus* (e.g., *M. albicans ibericus* Emery 1906, *M. bicolor bellicosus* Karavaiev 1924) or *Monocombus,* and have later been transferred to *Cataglyphis,* the masculine form has been conserved. Note that in *Cataglyphis nodus* the species name is a masculine noun rather than an adjective, and hence must remain masculine.

6. It was already William Morton Wheeler who realized that the ammochaetae reached their greatest development in species inhabiting the driest deserts and that by occurring in several unrelated genera, they represented a striking example of convergent evolution. Wheeler WM (1907): On certain modified hairs peculiar to the ants of arid regions. *Biol Bull 13, 185–202.*—For functional significance in sand-carrying behavior, see Santschi F (1909): Sur la signification de la barbe des fourmis arénicoles. *Rev Suisse Zool 17, 449–458.* Spangler HG, Rettenmeyer CW (1966): The function of the ammochaetae or psammophores of harvester ants, *Pogonomyrmex* spp. *J Kansas Ent Soc 39, 739–745.* Dlussky GM (1981): The Ants of the Desert. *Moscow, Academia Nauk USSR* [in Russian], p. 72.

7. In most *Cataglyphis* species the workers exhibit substantial variations in body size. For that reason alone, they are often called 'polymorphic,' e.g., in Cerdá X, Retana J (1997): Links between worker polymorphism and thermal ecology in a thermophilic ant species. *Oikos 78, 467–474.* Cerdá X (2001): Behavioural and physiological traits to thermal stress tolerance in two Spanish desert ants. *Etologia 9, 15–27.*—However, polymorphism represents the phenomenon that different forms (morphs) occur within a species or caste; see already Wheeler WM (1910): Ants. *New York, Columbia University Press,* p. 86.—The worker caste of *C. bombycina* is a case in point.

8. The only other *Cataglyphis* species possessing a soldier caste is *C. kurdistanica,* a member of the *C. altisquamis* species group. Pisarski B (1965): Les fourmis du genre *Cataglyphis* en Irak (Hymenoptera, Formicidae). *Bull Acad Pol Sci Cl II 13, 417–422.*—In *C. bombycina* there are indications that genetic factors are involved in the determination of the minor workers and soldiers: Leniaud L, Pearcy M, Aron S (2013): Sociogenetic organization of two desert ants. *Insect Soc 60, 337–344.*—As demonstrated by Christian Peeters, the development of the marked dimorphism within the worker caste could result from variations in growth rules. Molet M, Maicher C, Peeters C (2014): Bigger helpers in the ant *Cataglyphis bombycina:* increased worker polymorphism or novel soldier caste? *PLoS ONE 9(1), e84929.*—For the defense function of soldiers, see Délye G (1957): Observations sur la fourmi saharienne *Cataglyphis bombycina. Insect Soc 4, 77–82.* Wehner R, Marsh AC, Wehner S (1992): Desert ants on a thermal tightrope. *Nature 357, 586–587.*—A role in nest construction has been proposed in Bernard F (1951): Adaptation au milieu chez les fourmis sahariennes. *Bull Soc Hist Nat Toulouse 86, 88–96.*—Even a function as

food-storing repletes has been suggested: Molet M, Maicher C, Peeters C (2014), *loc. cit.*

9. *Vanessa cardui* is a regular spring migrant from West and North Africa northward to as far as Britain and southern Scandinavia. Stefanescu C, Páramo F, Åkesson S, Alarcón M, Brereton T, et al., Chapman JW (2013): Multi-generation long-distance migration of insects: studying the painted lady butterfly in the Western Palaearctic. *Ecography 36, 474–486.*

10. Most necromones are fatty acids, which are common compounds of insect cuticles. In bees and ants they have been mainly studied in the context of the removal of dead nestmates from the colony; e.g., Diez L, Moquet L, Detrain C (2013): Post-mortem changes in chemical profile and their influence on corpse removal in ants. *J Chem Ecol 39, 1424–1432.*—A large range of necromones has been tested for plume-following behavior: Bühlmann C, Graham P, Hansson BS, Knaden M (2014): Desert ants locate food by combining high sensitivity to food odors with extensive crosswind runs. *Curr Biol 24, 960–964.*

11. For first accounts on diet composition in *Cataglyphis,* see Délye G (1968): Recherches sur l'écologie, la physiologie et l'éthologie des fourmis du Sahara. *PhD Thesis, Université d'Aix-Marseille.* Harkness RD, Wehner R (1977), *n3.* Wehner R, Harkness RD, Schmid-Hempel P (1983): Foraging Strategies in Individually Searching Ants, *Cataglyphis bicolor* (Hymenoptera: Formicidae). *Mainz, G. Fischer.* Schmid-Hempel P (1983): Foraging ecology and colony structure of two sympatric species of desert ants, *Cataglyphis bicolor* and *Cataglyphis albicans. PhD Thesis, University of Zürich.* Cerdá X (1988): Food collection by *Cataglyphis iberica* (Hymenoptera, Formicidae). *Ann Zool Polsk Akad Nauk 41, 515–525.* Cerdá X, Retana J, Bosch J, Alsina A (1989): Daily foraging activity and food collection of the thermophilic ant *Cataglyphis cursor* (Hymenoptera, Formicidae). *Vie Milieu 39, 207–212.*—Plant material generally accounts for much less than 10% of all collected items. For the unique petal foraging of *C. floricola,* see Cerdá X, Retana J, Carpintero S, Cros S (1992): Petals as the main resource collected by the ant *Cataglyphis floricola* (Hymenoptera, Formicidae). *Sociobiology 20, 315–319.*—In *Ocymyrmex* the collection of plant material may occur to a larger extent, e.g., in *O. picardi.* Prins AJ (1965): African Formicidae: Description of a new species. *S Afr J Agricult Sci 8, 1021–1024.*—In Australia, depending on season *Melophorus bagoti* can collect large amounts of seeds especially of one species of grass. Schultheiss P, Nooten SS (2013): Foraging patterns and strategies in an Australian desert ant. *Austr Ecol 38, 942–951.*

12. In *C. albicans* and *C. bicolor* the distance range that includes 90% of the total search density roughly coincides with the nearest neighbor distance between nests of different colonies. Hence, the foraging ranges of adjacent colonies largely overlap. Wehner R, Harkness RD, Schmid-Hempel P (1983), *n11.* Schmid-Hempel P (1983), *n11.* Wehner R (1987): Spatial organization of foraging behaviour in individually searching desert ants, *Cataglyphis* (Sahara Desert) and *Ocymyrmex* (Namib Desert). *Experientia Suppl 54, 15–42.*

13. For definition and discussion of 'diffuse foraging,' see Oster GF, Wilson EO (1978): Caste and Ecology in the Social Insects. *Princeton NJ, Princeton University Press.* Traniello JFA (1989): Foraging strategies of ants. *Annu Rev Entomol 34, 191–210.*

14. For the development of sector fidelity, see Wehner R (1987), *n12.* Wehner R, Meier C, Zollikofer CPE (2004): The ontogeny of foraging behaviour in desert ants, *Cataglyphis bicolor. Ecol Entomol 29, 240–250.*—Site fidelity has been studied in Bolek S, Wittlinger M, Wolf H (2012): What counts for ants? How return behaviour and food search of *Cataglyphis* ants are modified by variations in food quantity and experience. *J Exp Biol 215, 3218–3222.*

15. For data on the structure and dynamics of the forager force of *C. albicans, C. bicolor,* and *C. nodus,* see *n11* and Schmid-Hempel P (1987): Foraging characteristics of the desert ant *Cataglyphis. Experientia Suppl 54, 43–61.* Wehner R, Rössler W (2013): Bounded plasticity in the ant's navigational tool kit. In: Menzel R, Benjamin PR, eds., Invertebrate Learning and Memory, pp. 514–529. *Amsterdam, Elsevier.*—Studies performed on laboratory colonies: Retana J, Cerdá X (1991): Behavioral variability and development of *Cataglyphis cursor* ant workers (Hymenoptera, Formicidae). *Ethology 89, 275–286.*

16. B. Hölldobler, *in litt;* J. Billen, *in litt.*

17. For recruitment topics in *Cataglyphis,* see especially Schmid-Hempel P (1983), *n11.* Wehner R, Harkness RD, Schmid-Hempel P (1983), *n11.* Wehner R (1987), *n12.* Lenoir

A, Nowbahari E, Quérard L, Pondicq N, Delalande C (1990): Habitat exploitation and intercolonial relationships in the ant *Cataglyphis cursor* (Hymenoptera, Formicidae). *Acta Oecol 11, 3–18.* Amor F, Ortega P, Cerdá X, Boulay RR (2010): Cooperative prey-retrieving in the ant *Cataglyphis floricola:* an unusual short-distance recruitment. *Insect Soc 57, 91–94.*

18. For remarks on the functional roles of the postpharyngeal gland in *Cataglyphis,* see *n20;* the cloacal gland, see *n22;* the mandibular gland, see *n53.*

19. Several aspects of the 'dispersed central-place foraging' that are associated with the cataglyphs' polydomous colony structure are discussed in Schmid-Hempel P, Schmid-Hempel R (1984): Life duration and turnover of foragers in the ant *Cataglyphis bicolor* (Hymenoptera, Formicidae). *Insect Soc 31, 345–360.* Cerdá X, Retana J, de Haro A (1994): Social carrying between nests in polycalic colonies of the monogynous ant *Cataglyphis iberica* (Hymenoptera: Formicidae). *Sociobiology 23, 215–231.* Cerdá X, Dahbi A, Retana J (2002): Spatial patterns, temporal variability, and the role of multi-nest colonies in a monogynous Spanish desert ant. *Ecol Entomol 27, 7–15.* Dillier FX, Wehner R (2004): Spatio-temporal patterns of colony distribution in monodomous and polydomous species of North African desert ants, genus *Cataglyphis. Insect Soc 51, 186–196.* Dahbi A, Retana J, Lenoir A, Cerdá X (2008): Nest-moving by the polydomous ant *Cataglyphis iberica. J Ethol 26, 119–126.*—Modeling attempts show that polydomy increases foraging success in randomly scattered food source distributions: Schmolke A (2009): Benefits of dispersed central place foraging: an individual-based model of a polydomous ant colony. *Am Nat 173, 772–778.* Debout G, Schatz B, Elias M, McKay D (2007): Polydomy in ants: what we know, what we think we know, and what remains to be done. *Biol J Linn Soc 90, 319–348.*

20. Soroker V, Vienne C, Hefetz A, Nowbahari E (1994): The postpharyngeal gland as a 'gestalt' organ for nestmate recognition in the ant *Cataglyphis niger. Naturwissenschaften 81, 510–513.* Dahbi A, Cerdá X, Hefetz A, Lenoir A (1997): Adult transport in the ant *Cataglyphis iberica:* a means to maintain a uniform colonial odour in a species with multiple nests. *Physiol Entomol 22, 13–19.* Dahbi A, Hefetz A, Cerdá X, Lenoir A (1999): Trophallaxis mediates uniformity of colonial odor in *Cataglyphis iberica* ants (Hymenoptera, Formicidae). *J Insect Behav 12, 559–567.* Lahav S, Soroker V, Vander Meer RK, Hefetz A (2001): Segregation of colony odor in the desert ant *Cataglyphis niger. J Chem Ecol 27, 927–943.*

21. Schmid-Hempel P (1983), *n11.*

22. Laboratory experiments indicate that secretions of the cloacal gland *(C. nigra)* or fecal deposits *(C. cursor)* may serve as nest-site markings: Mayade S, Cammaerts MC, Suzzoni JP (1993): Home-range marking and territorial marking in *Cataglyphis cursor* (Hymenoptera: Formicidae). *Behav Processes 30, 131–142.* Wenseleers T, Billen J, Hefetz A (2002): Territorial marking in the desert ant *Cataglyphis niger:* does it pay to play bourgeois? *J Insect Behav 15, 85–93.*—For factors determining levels of nest-site aggressiveness, see Knaden M, Wehner R (2003): Nest defense and conspecific enemy recognition in the desert ant *Cataglyphis fortis. J Insect Behav 16, 717–730.* Knaden M, Wehner R (2004): Path integration in desert ants controls aggressiveness. *Science 305, 60.*—For aggressive behavior in *C. bellicosa,* see Karavaiev V (1924), *n4.*

23. Attacks of *Zodarion* spiders on *Cataglyphis* species have been described by Harkness RD, Wehner R (1977), *n3.* See also Cushing PE, Santangelo RG (2002): Notes on the natural history and hunting behavior of an ant-eating zodariid spider (Arachnida, Araneae). *J Arachnol 30, 618–621.* Pekár S (2004): Predatory behavior of two European ant-eating spiders (Araneae, Zodariidae). *J Arachnol 32, 31–41.*—For the ecological prey-predator interactions between desert lizards and silver ants, see Wehner R (1989): Strategien gegen den Hitzetod. Thermophilie und Thermoregulation bei Wüstenameisen *(Cataglyphis bombycina). Jb Akad Wiss Lit Mainz 89, 101–112.* Wehner R, Marsh AC, Wehner S (1992), *n8.*—Ants are mentioned as a food source of the Lake Eyre Dragon by Mitchell FJ (1973): Studies on the ecology of the agamid lizard *Amphibolurus maculosus. Trans R Soc South Austr 97, 47–76.* Pedler R, Neilly H (2010): A re-evaluation of the distribution and status of the Lake Eyre Dragon *(Ctenophorus maculosus):* an endemic South Australian salt lake specialist. *South Austr Naturalist 84, 15–29.*—The attacks of parasitoid wasps of the genus *Kollasmosoma* on *Cataglyphis* workers are described in Huddleston T (1976): A revision of *Elasmosoma* (Hymenoptera, Braconidae) with two new species from Mongolia. *Ann Hist Nat Mus Natl Hung 68, 215–*

225. Durán JMG, van Achterberg C (2011): Oviposition behaviour of four parasitoids (Hymenoptera, Braconidae, Euphorinae, Neoneurini and Ichneumonidae, Hybrizontinae), with the description of three new European species. *ZooKeys 125.*

24. Foerster A (1850): Eine Centurie neuer Hymenopteren, zweite Decade. *Verh Nat Hist Ver Preuss Rheinl Westf 7, 485–500.*—The Greek name *Cataglyphis* (*kata,* κατα: down there, caudal; glyphis, γλυφίς: groove) is related to the fact that the original description was based on a male. It refers to the marked segmental constrictions identifying the male's gaster: "omnibus apice transversim impressis"; see Figures 2.14a and 2.30. In Greek architecture, compare the triglyph frieze of Doric temples.—Santschi F (1929): Étude sur les *Cataglyphis. Rev Suisse Zool 36, 25–70.* Agosti D (1990), *n4.*—Agosti's synopsis was complemented by a study by Alexander Radchenko, who used morphological characters of the workers to provide a species-group classification. Radchenko AG (2001): The phylogeny and faunogenesis of the genus *Cataglyphis* (Hymenoptera, Formicidae). *Ent Oboz 80, 885–895* [in Russian].—For references to species numbers, see *n4.*

25. Collingwood CA (1960): The 3rd Danish expedition to Central Asia. Zoological results 27. Formicidae (Insecta) from Afghanistan. *Vidensk Medd Dansk Nat For Kjobenhavn 123, 51–79.* Schneider P (1971): Vorkommen und Bau von Erdhügelnestern bei der Afghanischen Wüstenameise *Cataglyphis bicolor. Zool Anz 187, 202–213.* Collingwood CA (1985): Hymenoptera: Fam. Formicidae of Saudi Arabia. In: Büttiker W, Krupp F, eds., Fauna of Saudi Arabia, vol. 7, pp. 230–302. *Basel, Pro Entomologia.*—A *Cataglyphis* species belonging to the *aenescens* species group has been collected at Tashkurghan on the Silk Road in western Xinjiang at 3,010 m above sea level (E. P. Meyer and M. Frischknecht, *in litt.*). Obviously for thermoregulatory reasons, in the high-altitude gravel plains of the Dasht-e-Khoshi (Logar Province, Afghanistan) a *Cataglyphis* species of the *C. bicolor* species group constructs conspicuous gravel mounds. Schneider P (1971), *loc. cit.*

26. Moreau CS, Bell CD, Vila R, Archibald SB, Pierce NE (2006): Phylogeny of the ants: diversification in the age of angiosperms. *Science 312, 101–104.* Blaimer BB, Brady SG, Schulz TR, Lloyd MW, Fisher BL, Ward PS (2015): Phylogenomic methods outperform traditional multi-locus approaches in resolving deep evolutionary history: a case study of formicine ants. *BMC Evol Biol 15, 271.*

27. Dlussky GM (1981), *n6,* pp. 204–205; Agosti D (1990), *n4;* Radchenko AG (2001), *n24;* Agosti D (1994): The phylogeny of the ant tribe Formicini (Hymenoptera: Formicidae), with the description of a new genus. *Syst Ent 19, 93–117.*—On the basis of morphological characters *Alloformica* is considered to be phylogenetically closest to *Cataglyphis.* It was first described as a subgenus of *Proformica:* Dlussky GM (1969): Ants of the genus *Proformica* of the USSR and contiguous countries (Hymenoptera: Formicidae). *Zool J 48, 218–232* [in Russian]; but it was later raised to genus rank by Dlussky GM, Fedoseeva EB (1988): Origin and early evolution of ants. In: Pomomarenko AG, ed., Origin and Early Stages of Evolution in Ants, pp. 70–144. *Moscow, Akademiia Nauk* [in Russian].—Molecular data render *Rossomyrmex,* a slave-maker of several *Proformica* host species, the sister genus of *Cataglyphis.* Blaimer BB, Brady SG, Schulz TR, Lloyd MW, Fisher BL, Ward PS (2015), *n26.*—For arguments of the ancestral status of *C. emeryi,* see Kusnezov NN (1926): Die Entstehung der Wüstenameisenfauna Turkestans. *Zool Anz 65, 140–160.* Dlussky GM (1981), *n6,* pp. 38, 75, 82.

28. Emery C (1912): Der Wanderzug der Steppen-und Wüstenameisen von Zentral-Asien nach Süd-Europa und Nord-Afrika. *Zool Jb Suppl 15(1), 95–104.* Radchenko AG (2001), *n24.*—A Miocene origin of the *Cataglyphis* crown group is also supported by molecular data; see Blaimer BB, Brady SG, Schulz TR, Lloyd MW, Fisher BL, Ward PS (2015), *n26.*

29. Wehner R, Wehner S, Agosti D (1994): Patterns of biogeographic distribution within the *bicolor* species group of the North African desert ant, *Cataglyphis* Foerster 1850. *Senck biol 74, 163–191.*

30. The Sicilian cataglyphs reached the island from the north, from the Italian mainland. They belong to the *C. cursor* species group: Baroni Urbani C (1971): Catalogo delle specie di Formicidae d'Italia. Studi sulla mirmecofauna d'Italia, X. *Mem Soc Entomol Ital 50, 5–287.* The same most certainly also pertains to the cataglyphs of Corsica and Sardinia: Borowiec L (2014): Catalogue of ants of Europe, the Mediterranean Basin and adjacent regions (Hymenoptera: Formicidae). *Biol Silesiae 25(1–2),* 56.

31. For details on the biogeography and possible evolutionary history of *C. fortis,* see Wehner R (1983): Taxonomie, Funktionsmorphologie und Zoogeographie der saharischen Wüstenameise *Cataglyphis fortis* (Forel 1902) stat. nov. (Insecta: Hymenoptera: Formicidae). *Senck biol 64, 89–132.*

32. Knaden M, Tinaut A, Stökl J, Cerdá X, Wehner R (2012): Molecular phylogeny of the desert ant genus *Cataglyphis* (Hymenoptera: Formicidae). *Myrm News 16, 123–132.* Aron S, Mardulyn P, Leniaud L (2016): Evolution of reproductive traits in *Cataglyphis* desert ants: mating frequency, queen number, and thelytoky. *Behav Ecol Sociobiol 70, 1367–1379.—Alloformica* has not yet been included in the molecular phylogenies, in which *Rossomyrmex,* a slavemaker of *Proformica* ants, features as the sister group of *Cataglyphis:* Blaimer BB, Brady SG, Schulz TR, Lloyd MW, Fisher BL, Ward PS (2015), *n26.*—Earlier chemotaxonomic studies based on cuticular hydrocarbons and Dufour gland secretions have been performed in a few *Cataglyphis* species groups in some geographical regions: Dahbi A, Cerdá X, Hefetz A, Lenoir A (1996): Social closure, aggressive behavior, and hydrocarbon profiles in the polydomous ant *Cataglyphis iberica* (Hymenoptera, Formicidae). *J Chem Ecol 22, 2173–2186.* Oldham NJ, Morgan ED, Agosti D, Wehner R (1999): Species recognition from postpharyngeal gland contents of ants of the *Cataglyphis bicolor* group. *J Chem Ecol 25, 1383–1393.* Gökcen OA, Morgan ED, Dani FR, Agosti D, Wehner R (2002): Dufour gland contents of ants of the *Cataglyphis bicolor* group. *J Chem Ecol 28, 71–87.* Dahbi A, Hefetz A, Lenoir A (2008): Chemotaxonomy of some *Cataglyphis* ants from Morocco and Burkina Faso. *Biochem Syst Ecol 36, 564–572.*—A first molecular (mtDNA) phylogenetic analysis dealt with the Tunisian species of the *bicolor* species group and separated three parapatric species, which had previously been described as *C. bicolor.* Knaden M, Tinaut A, Cerdá X, Wehner S, Wehner R (2005): Phylogeny of three parapatric species of desert ants, *Cataglyphis bicolor, C. viatica,* and *C. savignyi:* a comparison of mitochondrial DNA, nuclear DNA, and morphological data. *Zoology 108, 169–177.*—Molecular mtDNA analyses were also used to determine the genetic population structures of *C. bicolor* and *C. mauritanica* in Tunisia. Knaden M, Wehner R (2006): Fundamental differences in life history traits of two species of *Cataglyphis* ants. *Front Zool 3, 21.*

33. The cataglyphoid ants were first described as *Camponotus constrictus* by Mayr GL (1868): Die Ameisen des baltischen Bernsteins. *Beitr Naturk Preuss Königl Phys Ökon Ges Königsberg 1, 1–102;* later as *Formica constricta* by Wheeler WM (1915): The ants of the Baltic amber. *Schr Phys Ökon Ges Königsberg 55, 1–142;* finally as *Cataglyphoides constrictus* by Dlussky GM (2008): Ants of the tribe Formicini (Hymenoptera, Formicidae) from Late Eocene amber of Europe. *Paleont J 42, 500–513.*—For micro-CT analyses, see Wehner R, Rabenstein R, Habersetzer J: Long-leggedness in cataglyphoid Baltic amber ants, *Palaeobiodiv Palaeoenviron, in press.*

34. Ward PS (2014): The phylogeny and evolution of ants. *Annu Rev Ecol Evol Syst 45, 23–43.*

35. The variety of sociogenetic systems that sharply contrasts with the uniformity of foraging strategies has been emphasized by Serge Aron. We owe him and his collaborators a growing number of analyses and conceptualizations of the various ways of sociogenetic organization and reproductive systems occurring in *Cataglyphis* species: Leniaud L, Pearcy M, Aron S (2013), *n8.* Eyer PA, Leniaud L, Darras H, Aron S (2013): Hybridogenesis through thelytokous parthenogenesis in two *Cataglyphis* desert ants. *Mol Ecol 22, 947–955.* Darras H, Leniaud L, Aron S (2014): Large-scale distribution of hybridogenetic lineages in a Spanish desert ant. *Proc R Soc B 281, 20132396.* Aron S, Mardulyn P, Leniaud L (2016), *n32.*—For reviews, see Lenoir A, Aron S, Cerdá X, Hefetz A (2009): *Cataglyphis* desert ants: a good model for evolutionary biology in Darwin's anniversary year. *Isr J Entomol 39, 1–32.* Boulay RR, Aron S, Cerdá X, Doums C, Graham P, Hefetz A, Monnin T (2017): Social life in arid environments: the case study of *Cataglyphis* ants. *Annu Rev Entomol 62, 305–321.*

36. It came as a real surprise when, in 1973, Henry Cagniant reported that in a cataglyph the workers were able to produce female offspring by so-called thelytokous parthenogenesis—a phenomenon discovered many decades earlier by George Onions in the Cape honeybee, *Apis mellifera capensis.* First considered to be a peculiar case in *C. cursor,* this way of worker and queen reproduction has now been found also in several other *Cataglyphis* species, so that one might wonder whether it is even an ancestral trait of the genus rather than a peculiarity. Onions GW (1912): South

African "fertile worker bees." *S Afr Agricult J 1, 720–728.* Cagniant H (1973): Apparition d'ouvrières à partir d'œufs pondus par les ouvrières chez la fourmi *Cataglyphis cursor. C R Acad Sci Paris D 277, 2197–2198.*—Several thelytokous *Cataglyphis* species are listed in Rabeling C, Kronauer DJC (2013): Thelytokous parthenogenesis in eusocial hymenoptera. *Annu Rev Entomol 58, 273–292.* See also Aron S, Mardulyn P, Leniaud L (2016), *n32.*

37. Sexual selection is widely considered to be a driving force for genital divergence. In this context polyandrous mating systems are often correlated with pronounced structural divergences of genitalia. Arnquist G (1998): Comparative evidence for the evolution of genitalia by sexual selection. *Nature 393, 784–786.* Hosken DJ, Stocley P (2004): Sexual selection and genital evolution. *Trends Ecol Evol 19, 87–93.*—See also Rowe L, Arnquist G (2011): Sexual selection and the evolution of genital shape and complexity in water striders. *Evolution 66, 40–54.* Simmons LW (2014): Sexual selection and genital evolution. *Austral Entomol 53, 1–17.*—Polyandry is widespread in the cataglyphs; see, e.g., Leniaud L, Pearcy M, Aron S (2013), *n8.* Aron S, Mardulyn P, Leniaud L (2016), *n32.*—Polyandry could be beneficial for a scavenger in increasing colony resistance to pathogens. It could also promote the division of labor. For the latter, see Eyer PA, Freyer J, Aron S (2013): Genetic polyethism in the polyandrous desert ant *Cataglyphis cursor. Behav Ecol 24, 144–151.*

38. Knaden M, Wehner R (2005): The coexistence of two large-sized thermophilic desert ants: the question of niche differentiation in *Cataglyphis bicolor* and *Cataglyphis mauritanica* (Hymenoptera: Formicidae). *Myrm News 7, 31–42.*

39. For example, Knaden M, Wehner R (2006), *n32.* Timmermans I, Grumiau L, Hefetz A, Aron S (2010): Mating system and population structure in the desert ant *Cataglyphis livida. Insect Soc 57, 39–46.* Leniaud L, Hefetz A, Grumiau L, Aron S (2011): Multiple mating and supercoloniality in *Cataglyphis* desert ants. *Biol J Linn Soc 104, 866–876.* Jowers MJ, Leniaud L, Cerdá X, Alasaad S, et al., Boulay RR (2013): Social and population structure in the ant *Cataglyphis emmae. PLoS ONE 8(9), e72941.* Peeters C, Aron S (2017): Evolutionary reduction of female dispersal in *Cataglyphis* desert ants. *Biol J Linn Soc 20, 1–13.*

40. Local analyses already show that species ranges can be extremely small, as in two *Cataglyphis* sibling species in southwestern Spain, or may form band-like zones adjacent to each other along a geographical gradient; see Figure 2.11 and Wehner R, Wehner S, Agosti D (1994), *n29.* Jowers MJ, Amor F, Ortega P, Lenoir A, et al., Galarza JA (2014): Recent speciation and secondary contact in endemic ants. *Mol Ecol 23, 2529–2542.*

41. Arnold G (1916): A monograph of the Formicidae of South Africa, part 2. *Ann S Afr Mus 14, 159–270.* Bolton B, Marsh AC (1989): The Afrotropical thermophilic ant genus *Ocymyrmex* (Hymenoptera: Formicidae). *J Nat Hist 23, 1267–1308.*—The latter authors not only provide a description of, and key to, the 37 known *Ocymyrmex* species, but also treat the behavioral biology and ecology of the genus.

42. For the discovery and description of ergatoid females in *Ocymyrmex,* see Bolton B (1981): A revision of six minor genera of Myrmicinae in the Ethiopian zoogeographical region. *Bull Brit Mus Nat Hist (Entomol) 45, 307–370.* Bolton B, Marsh AC (1989), *n41.* Forder JC, Marsh AC (1989): Social organisation and reproduction in *Ocymyrmex foreli. Insect Soc 36, 106–115.*—Ergatoid (small, wingless, worker-like) queens have been described also for one *Cataglyphis* species, the Iberian *C. tartessica* (in the original paper assigned to *C. floricola*), where they occur alongside small-winged (brachypterous) queens: Amor F, Ortega P, Jowers MJ, Cerdá X, et al., Boulay RR (2011): The evolution of worker-queen polymorphism in *Cataglyphis* ants: interplay between individual- and colony-level selections. *Behav Ecol Sociobiol 65, 1473–1482.*—For a survey of the occurrence of "ergatoid queens" in ants in general, see Peeters C (2012): Convergent evolution of wingless reproductives across all subfamilies of ants, and sporadic loss of winged queens (Hymenoptera: Formicidae). *Myrm News 16, 75–91.*

43. Marsh AC (1985): Microclimatic factors influencing foraging patterns and success of the thermophilic desert ant, *Ocymyrmex barbiger. Insect Soc 32, 286–296.* Wehner R (1987), *n12.* Sommer S, Weibel D, Blaser N, Furrer A, Wenzler NE, Rössler W, Wehner R (2013): Group recruitment in a thermophilic desert ant, *Ocymyrmex robustior. J Comp Physiol A 199, 711–722.*—The kind of recruitment observed in *Ocymyrmex* comes closest to that of *Camponotus socius* and *Myrmecocystus mimicus:* Hölldobler B (1971): Recruitment behavior in *Camponotus socius* (Hym. Formicidae). *Z vergl Physiol 75, 123–142.* Hölldobler B (1981): Foraging and spatiotemporal

territories in the honey ant *Myrmecocystus mimicus* (Hymenoptera: Formicidae). *Behav Ecol Sociobiol 9, 301–314.*—For *Melophorus,* see Schultheiss P, Schwarz S, Cheng K, Wehner R (2013): Foraging ecology of an Australian salt-pan desert ant (genus *Melophorus*). *Austr J Zool 60, 311–319.* Schultheiss P, Nooten SS (2013), *n11.*

44. For the large-scale distribution of *Melophorus,* see Shattuck SO (1999): Australian Ants. *Melbourne, CSIRO Publishing.* Andersen AN (2000): The Ants of Northern Australia: A Guide to the Monsoonal Fauna. *Collingwood, CSIRO Publishing.* Andersen AN (2003): Ant biodiversity in arid Australia: productivity, species richness, and community organization. *S Austr Mus Monogr Ser 7, 79–92.*—Alan Andersen estimated about 500 species in arid Australia alone. A recent revision based on morphometric, mtDNA and ncDNA lists a total of 93 species, of which 74 species are newly described. Heterick B, Castalanelli M, Shattuck SO (2017): Revision of the ant genus *Melophorus* (Hymenoptera, Formicidae): *ZooKeys 700, 1–420.*

45. The lifestyles of a variety of *Melophorus* species have been described by Greenslade PJM (1979): A Guide to Ants of South Australia. *Adelaide, South Australian Museum.* General predators: Andersen AN (2000), *n44,* p. 78.—Specialists on termite prey: McAreavey JJ (1947): New species of the genera *Prolasius* and *Melophorus* (Hymenoptera: Formicidae). *Mem Natl Mus Victoria 15, 7–27.*—Brood raiding of other ants: Clark J (1941): Australian Formicidae. Notes and new species. *Mem Natl Mus Victoria 12, 71–94.* Agosti D (1997): Two new enigmatic *Melophorus* species (Hymenoptera: Formicidae) from Australia. *J New York Ent Soc 105, 161–169.*—Specialized seed harvesters: Briese DT, Macauley BJ (1980): Temporal structure of an ant community in semiarid Australia. *Austr J Ecol 5, 121–134.* Morton SR, Davidson DW (1988): Comparative structure of harvester ant communities in arid Australia and North America. *Ecol Monogr 58, 19–38.*

46. Keith Christian and Stephen Morton, then at the CSIRO Field Station in Alice Springs, Australia, have provided a paradigmatic study in the thermal biology of desert ants: Christian KA, Morton SR (1992): Extreme thermophilia in a central Australian ant, *Melophorus bagoti. Physiol Zool 65, 885–905.*

47. Even though the nests of most *Cataglyphis fortis* colonies are located at the edges of the salt lakes, and the entrances of some especially large colonies are surrounded by conspicuous mounds of excavated soil, many nest openings are on level ground and thus must get flooded in winter. Nevertheless the colonies survive and have been recorded at the same place for many years. Dillier FX, Wehner R (2004), *n19.*—This poses the ecophysiological question of how these colonies protect themselves from getting drowned. Could they breathe from a plastron or physical gill, as some water beetles and bugs do? Computations show that for refilling, the air bubble must be rather small, in the size order of an individual ant rather than a nest chamber.

48. Heterick B, Castalanelli M, Shattuck SO (2017), *n44.* For a first behavioral ecological study of this species, see Schultheiss P, Schwarz S, Cheng K, Wehner R (2013), *n43.*

49. *Melophorus:* "Furnace ants" in Andersen AN (2002): Common names for Australian ants (Hymenoptera: Formicidae). *Austr J Entomol 41, 285–293.* "Ituny, ituny" in Conway JR (1992): Notes on the excavation of a nest of *Melophorus bagoti* in the Northern Territory, Australia (Hymenoptera: Formicidae). *J Austr Ent Soc 31, 247–248.*—*Cataglyphis:* "Englishmen" in Harkness RD, Wehner R (1977), *n3.*

50. The maximal values of solar radiation recorded under the conditions of our measurements (Figure 2.19) come close to the solar constant, the extra-atmospheric solar radiation per square meter ($1.37\ kW \cdot m^{-2}$). About one month after the measurements were taken, i.e., at the summer solstice, the sun culminated nearly in the zenith. The asymmetric shape of the surface-temperature curve is due to the fact that at night heat is radiated off the ground, and that the heat capacity of sand is larger than that of air. The shape of the soil-temperature curve results nearly exclusively from the diffusion of heat within the soil, so that in this case the 24-h temperature cycle can be directly described by the heat diffusion equation complemented by a term, which represents the daily variation of solar radiation. Given the thermal diffusivity of sand (SiO_2) of about $1\ mm^2 \cdot s^{-1}$, such computations show that the maximum of the soil temperature recorded at a depth of 0.2 m should lag behind the temperature maximum at the surface by about 8–10 h. This is roughly what we observe.

51. For some examples, see *n10* and Heatwole H, Muir R (1989): Seasonal and daily activity of ants in the pre-Saharan steppe of Tunisia. *J Arid Environ 16, 49–67.* Wehner R, Wehner S (2011): Parallel evolution of thermophilia: daily and seasonal foraging patterns of heat-adapted desert ants, *Cataglyphis* and *Ocymyrmex* species. *Physiol Entomol 36, 271–281.* Amor F, Ortega P, Cerdá X, Boulay RR (2011): Solar elevation triggers activity in a thermophilic ant. *Ethology 117, 1031–1039.*—For *Melophorus,* see Christian KA, Morton SR (1992), *n46.*

52. Marsh AC (1985), *n43.* Wehner R, Wehner S (2011), *n51.*—The latter authors found that in the northern and southern winter *Cataglyphis desertorum* and *Ocymyrmex velox* exhibited similar daily activity patterns at the Tropic of Cancer and the Tropic of Capricorn, respectively *(unpubl. data).* Schultheiss P, Nooten SS (2013), *n11.*

53. The well-developed mandibular gland of *C. bombycina* produces citronellol and geraniol, which have been found to elicit 'alarm and recruitment' behavior. Hefetz A, Lloyd HA (1985): Mandibular gland secretions as alarm pheromones in two species of the desert ant *Cataglyphis. Z Naturforsch C 40, 665–666.*

54. For the influence of light on the onset and offset of the foraging activity in ants, see Hodgson ES (1955): An ecological study of the behavior of the leaf-cutting ant *Atta cephalotes. Ecology 36, 293–304.* Curtis BA (1985): Activity of the Namib Desert dune ant, *Camponotus detritus. S Afr J Zool 20, 41–48.* Narendra A, Reid SF, Hemmi JM (2010): The twilight zone: ambient light levels trigger activity in primitive ants. *Proc R Soc B 277, 1531–1538.* Amor F, Ortega P, Cerdá X, Boulay RR (2011): Solar radiation triggers foraging activity in a thermophilic ant. *Ethology 117, 1031–1039.*—Further note that for these thermophilic scavengers prey density will increase during the course of the day, and hence might shift foraging offset to higher temperatures than foraging onset.

55. Marsh AC (1985): *Ocymyrmex robustior [barbiger]:* Thermal responses and temperature tolerance in a diurnal desert ant, *Ocymyrmex barbiger. Physiol Zool 58, 629–636.* Wehner R, Wehner S (2011), *n51.—Melophorus bagoti:* Christian KA, Morton SR (1992), *n46.* Schultheiss P, Nooten SS (2013), *n11.—Cataglyphis bombycina:* Délye G (1968), *n11.*

56. For North American harvester ants, see Whitford WG, Ettershank G (1975): Factors affecting foraging activity in Chihuahuan desert harvester ants. *Environ Ecol 4, 689–696.* Whitford WG, Johnson P, Ramirez J (1976): Comparative ecology of the harvester ants *Pogonomyrmex barbatus* and *Pogonomyrmex rugosus. Insect Soc 23, 117–132.* Mehlhop P, Scott NJ (1983): Temporal patterns of seed use and availability in a guild of desert ants. *Ecol Entomol 8, 69–85.* Cole BJ, Smith AA, Huber ZJ, Wiernasz DC (2010): The structure of foraging activity in colonies of the harvester ant, *Pogonomyrmex occidentalis. Behav Ecol 21, 337–342.*—For ants in general, see the tabulated temperature preferences in Hölldobler B, Wilson EO (1990): The Ants. *Cambridge MA, Harvard University Press,* pp. 380–381.

57. Lutterschmidt WJ, Hutchinson VH (1997): The critical thermal maximum: history and critique. *Canad J Zool 75, 1561–1574.*—The technique of thermolimit respirometry developed by John Lighton and Robbin Turner circumvents the necessity of visual observation by using the steep decline in the rate of CO_2 emission and the loss of spiracular control as endpoint criteria. Lighton JRB, Turner RJ (2004): Thermolimit respirometry: an objective assessment of critical thermal maxima in two sympatric desert harvester ants, *Pogonomyrmex rugosus* and *P. californicus. J Exp Biol 207, 1903–1913.*—For a thorough treatment of some confounding effects and their ecological relevance, see Terblanche JS, Hoffmann AA, Mitchell KA, Rako L, Le Roux PC, Chown SL (2011): Ecologically relevant measures of tolerance to potentially lethal temperatures. *J Exp Biol 214, 3713–3725.*

58. CT_{max} values determined by the same version of the dynamic method applied in *Cataglyphis* are 51.5°C for *Ocymyrmex robustior* (Marsh AC (1985), *n55*) and 56.7°C; 56.9°C for *Melophorus bagoti* (Christian KA, Morton SR (1992), *n46;* Wehner R, Wehner S (2011), *n51,* respectively). See also de Bie G, Hewitt PH (1990): Thermal responses of the semi-desert zone ants *Ocymyrmex weitzeckeri* and *Anoplolepis custodiens. J Ent Soc S Afr 53, 65–73.*

59. Lutterschmidt WJ, Hutchinson VH (1997), *n57.* At present, the dynamic method is used most frequently. In *Cataglyphis* the static method has been applied by Délye G (1968), *n11,* p. 102. Heatwole H, Harrington S (1989): Heat tolerance of some ants and beetles from the pre-Saharan steppe of Tunisia. *J Arid Environ 16, 69–77.* Cerdá X, Retana J, Manzaneda A (1998): The role of competition by dominants and temperature in the foraging of subordinate species in

Mediterranean ant communities. *Oecologia 117, 404–412.* Clémencet J, Cournault L, Odent A, Doums C (2010): Worker thermal tolerance in the thermophilic ant *Cataglyphis cursor* (Hymenoptera, Formicidae). *Insect Soc 57, 11–15.*—In *Melophorus bagoti* static and dynamic methods have been applied in parallel by Christian KA, Morton SR (1992), *n46.*

60. Wu GC, Wright JC (2015): Exceptional thermal tolerance and water resistance in the mite *Paratarsotomus macropalpis* (Erythracaridae) challenge prevailing explanations of physiological limits. *J Insect Physiol 82, 1–7.*—In a suite of superb studies Jonathan Wright and his collaborators from Pomona College, Claremont, CA, have made this mite a model organism for studies in thermal tolerance, desiccation resistance, and locomotor behavior. See also *n81* and *n97.*

61. Heatwole H, Muir R (1979): Thermal microclimates in the pre-Saharan steppe of Tunisia. *J Arid Environ 2, 119–136.* Marsh AC (1985), *n43.* Wehner R, Marsh AC, Wehner S (1992), *n8.* Wehner R, Wehner S (2011), *n51.*

62. Shi NN, Tsai CC, Camino F, Bernard GD, Yu N, Wehner R (2015): Keeping cool: enhanced optical reflection and radiative heat dissipation in Saharan silver ants. *Science 349, 298–301.* Willot Q, Simonis P, Vigneron JP, Aron S (2016): Total internal reflection accounts for the bright color of the Saharan silver ant. *PLoS ONE 11(4), e152325.*

63. For heat shock responses in general, see, e.g., Moseley PL (1997): Heat shock proteins and heat adaptation of the whole organism. *J Appl Physiol 83, 1413–1417.* Feder ME, Hofmann GE (1999): Heat-shock proteins, molecular chaperons, and the stress response: evolutionary and ecological physiology. *Annu Rev Physiol 61, 243–282.* Evgen'ev MB, Garbuz DG, Zatsepina OG (2014): Heat Shock Proteins and Whole Body Adaptation to Extreme Environments. *Berlin, Springer.* Nguyen AD, Gotelli NJ, Cahan SH (2016): The evolution of heat shock protein sequences, cis-regulatory elements, and expression profiles in the eusocial Hymenoptera. *BMC Evol Biol 16, 15.*

64. Gehring W, Wehner R (1995): Heat shock protein synthesis and thermotolerance in *Cataglyphis,* an ant from the Sahara Desert. *Proc Natl Acad Sci USA 92, 2994–2998.* Willot Q, Gueydan C, Aron S (2017): Proteome stability, heat hardening, and heat-shock protein expression profiles in *Cataglyphis* desert ants. *J Exp Biol 220, 1721–1728.* Willot Q, Mardulyn P, Defrance M, Gueydan C, Aron S (2018): Molecular chaperoning helps safeguarding mitochondrial integrity and motor functions in the Sahara silver ant *Cataglyphis bombycina. Sci Rep 8, 9220.*—For comparable studies in other ant species (genera *Formica, Aphaenogaster, Pogonomyrmex*), see Gehring W, Wehner R (1995), *loc. cit.* Ślipiński P, Pomorski JJ, Kowalewska K (2015): Heat shock protein expression during thermal risk exposure in the xerothermic ant *Formica cinerea. Sociobiology 62, 457–459.* Nguyen AD, Gotelli NJ, Cahan SH (2016), *n63.*

65. For comparison, lizard species inhabiting the Middle Asian deserts are characterized by higher constitutive HSG expressions and higher thermal thresholds for HSG induction than species from more mesic habitats. Ulmasov KA, Shammakov S, Karaev K, Evgen'ev MB (1992): Heat shock proteins and thermoresistance in lizards. *Proc Natl Acad Sci USA 89, 1666–1670.* Zatsepina OG, Ulmasov KA, Beresten SF, Molodtsov VB, Rybtsov SA, Evgen'ev MB (2000): Thermotolerant desert lizards characteristically differ in terms of heat-shock system regulation. *J Exp Biol 203, 1017–1025.*—For ecological significance, see also Hoffmann AA, Chown SL, Clusella-Trullas S (2013): Upper thermal limits in terrestrial ectotherms: how constrained are they? *Funct Ecol 27, 934–949.*

66. Principal aspects of microclimatology dealing with the climatic conditions close to the ground are treated in Oke TR (1978): Boundary Layer Climates. *London, Methuen.* Geiger R, Aron RH, Todhunter P (2009): The Climate near the Ground. 2nd ed. *Lanham MD, Rowman and Littlefield.* Implications for the microenvironmental physiology of insects are discussed in Willmer PG (1982): Microclimate and the environmental physiology of insects. *Adv Insect Physiol 16, 1–57.* Casey TM (1988): Thermoregulation and heat exchange. *Adv Insect Physiol 20, 119–146.* Gates DM (2003): Biophysical Ecology. *Mineola NY, Dover.*

67. The operative environmental temperature (OET) is an integrative measure of all heat gains and losses due to physical (radiant and convective) thermal exchanges between animal and environment, provided that neither metabolic heat production nor evaporative heat losses occur. For a small arthropod the latter two factors are normally insignificant compared to radiative and convective heat exchanges. The concept of the OET was introduced by Bakken GS, Gates

DM (1975): Heat-transfer analysis of animals: some implications for field ecology, physiology, and evolution. In: Gates DM, Schmerl RB, eds., Perspectives in Biophysical Ecology, pp. 255–290. *New York, Springer.*—For technical aspects, see Unwin DM (1980): Microclimate Measurement for Ecologists. *London, Academic Press.*—The microenvironmental physiology of insects is comprehensively treated in Willmer PG (1982), *n66;* Casey TM (1988), *n66.*

68. Actual measurements of T_e in thermophilic desert ants have been provided by Marsh AC (1985), *n55.* Christian KA, Morton SR (1992), *n46.* Wehner R, Marsh AC, Wehner S (1992), *n8.*

69. Heat-stressed honey bees display 'tongue-lashing' behavior by extending their tongues and evaporating collected nectar; see, e.g., Heinrich B (1980): Mechanisms of body temperature regulation in honeybees, *Apis mellifera.* I. Regulation of head temperature. *J Exp Biol 85, 61–72.*

70. For general treatments and literature surveys of water relations in insects and other arthropods, see the monographs and reviews by Edney EB (1977): Water Balance in Land Arthropods. *Berlin, Springer.* Noble-Nesbitt J (1991): Cuticular permeability and its control. In: Binnington K, Retnakaran A, eds., Physiology of the Insect Epidermis, pp. 252–283. *Melbourne, CSIRO Publishing.* Hadley NF (1994): Water Relations of Terrestrial Arthropods. *San Diego, Academic Press.*

71. For measurements in *Pogonomyrmex, Messor,* and *Forelius* species, see Quinlan MC, Lighton JRB (1999): Respiratory physiology and water relations of three species of *Pogonomyrmex* harvester ants (Hymenoptera: Formicidae). *Physiol Entomol 24, 293–302.* Schilman PE, Lighton JRB, Holway DA (2005): Respiratory and cuticular water loss in insects with continuous gas exchange: comparison across five ant species. *J Insect Physiol 51, 1295–1305.* Johnson RA, Kaiser A, Quinlan MC, Sharp W (2011): Effect of cuticular abrasion and recovery on water loss rates in queens of the desert harvester ant *Messor pergandei. J Exp Biol 214, 3495–3506.*—For a general treatment of the temperature-humidity envelope in ants, see Hölldobler B, Wilson EO (1990), *n56,* pp. 379–381.

72. In several *Cataglyphis* species the cuticular water loss per unit surface area is significantly smaller and the relative content of saturated, longer-chain hydrocarbons is considerably higher than in *Myrmica rubra,* an ant inhabiting the temperate climatic zone: Lenoir A, Aron S, Cerdá X, Hefetz A (2009), *n35.*—An interspecific difference in water loss rates has been found in size-matched small specimens of *C. rosenhaueri* and *C. velox.* Cerdá X, Retana J (2000): Alternative strategies by thermophilic ants to cope with extreme heat: individual versus colony level traits. *Oikos 89, 155–163.*—In general, transpiration rates in xeric as compared to mesic ant species are given in, e.g., Lighton JRB, Feener DH (1989): Water-loss rate and cuticular permeability in foragers of the desert ant *Pogonomyrmex rugosus. Physiol Zool 62, 1232–1256.* Hood WG, Tschinkel WR (1990): Desiccation resistance in arboreal and terrestrial ants. *Physiol Entomol 15, 23–35.*—The water-proofing properties of cuticular lipids are comprehensively treated in Lockey KH (1988): Lipids of the insect cuticle: origin, composition and function. *Comp Biochem Physiol B 89, 595–645.* Buckner JS (1993): Cuticular polar lipids of insects. In: Stanley-Samuelson DW, Nelson DR, eds., Insect Lipids: Chemistry, Biochemistry and Biology, pp. 227–270. *Lincoln, University of Nebraska Press.* Gibbs AG (1998): Water-proofing properties of cuticular lipids. *Am Zoologist 38, 471–482.*

73. In *Pogonomyrmex barbatus* harvester ants, foragers have higher amounts of linear as compared to branched alkanes than ants of indoor life stages. Wagner D, Tissot M, Gordon D (2001): Task-related environment alters the cuticular hydrocarbon composition of harvester ants. *J Chem Ecol 27, 1805–1819.*

74. See *n16* in Chapter 1.

75. Lighton JRB, Wehner R (1993): Ventilation and respiratory metabolism in the thermophilic desert ant, *Cataglyphis bicolor* (Hymenoptera: Formicidae). *J Comp Physiol B 163, 11–17.* In *C. albicans* a sudden increase of water loss occurs at an ambient temperature of 50°C: Délye G (1967): Physiologie et comportement de quelques fourmis (Hym. Formicidae) du Sahara en rapport avec les principaux facteurs du climat. *Insect Soc 14, 323–338.*—Desert harvester ants, *Pogonomyrmex,* lose motor coordination and die when their hydration level reaches a critical value of 52%: Lighton JRB, Feener DH (1989), *n72.* See also Feener DH, Lighton JRB (1991): Is foraging in the desert ant, *Messor pergandei* (Hymenoptera: Formicidae), limited by water? *Ecol Entomol 16, 183–191.*—For the grasshopper study, see Rourke BC (2000): Geographic and altitudinal variation in water balance

and metabolic rate in a Californian grasshopper, *Melanoplus sanguinipes. J Exp Biol 203, 2699–2712.*

76. A critical review is given in Chown SL, Gibbs AG, Hetz SK, Klok CJ, Lighton JRB, Marais E (2006): Discontinuous gas exchange in insects: a clarification of hypotheses and approaches. *Physiol Biochem Zool 79, 333–343.*—More recent evidence for the hygrig (water conservation) hypothesis is provided, e.g., by Schimpf NG, Matthews PGD, Wilson RS, White CR (2009): Cockroaches breathe discontinuously to reduce respiratory water loss. *J Exp Biol 212, 2773–2780, quot.* p. 2773.—For the sleep hypothesis, see Matthews PGD, White CR (2011): Discontinuous gas exchange in insects: is it all in their heads? *Am Nat 177, 130–134.*—Of course, the various hypotheses are not mutually exclusive. Matthews PGD, Terblanche JS (2015): Evolution of the mechanisms underlying insect respiratory gas exchange. *Adv Insect Physiol 49, 1–24.*

77. For the shape of propodeal spiracles in desert ants, see Dlussky GM (1981), *n6,* pp. 91–92. In *Cataglyphis,* respiration patterns have been measured independently and simultaneously in different body parts. Lighton JRB, Fukushi T, Wehner R (1993): Ventilation in *Cataglyphis bicolor:* regulation of carbon dioxide release from thoracic and abdominal spiracles. *J Insect Physiol 39, 687–699.*

78. Remarks on the extreme celerity of the thermophiles date back to the eighteenth century. The quotations are from Fabricius JC (1787): Mantissa Insectorum. Tom 1. *Hafniae, C. G. Proft, quot.* p. 308. Latreille PA (1802): Histoire naturelle des fourmis, et recueil de mémoires et d'observations sur les abeilles, les araignées, les faucheurs, et autres insectes. *Paris, Barrois Père, quot.* p. 174. Cornetz V (1910): Trajets de fourmis et retours au nid. *Mém Inst Gen Psychol, Sect Psychol Zool 2, 1–167, quot.* p. 93. Karavaiev V (1912): Ameisen aus Tunesien und Algerien, nebst einigen unterwegs in Italien gesammelten Arten. *Russk Ent Obozr 12, 1–22, quot.* p. 18. Arnold G (1916), *n41, quot.* p. 194.

79. In the cataglyphs, the highest walking speeds as revealed by high-speed video recordings (500 frames $\cdot s^{-1}$) at surface temperatures $T_s = 45°C–50°C$ are 855 mm $\cdot s^{-1}$ (*C. bombycina,* M. Wittlinger, *in litt.*). Speeds of up to 1.0 m per second have been clocked in this species at $T_s = 55°C–60°C$ along a 1.0 m calibration distance (R. Wehner and S. Wehner, *unpubl.*).

80. Nicolson SW, Bartholomew GA, Seely MK (1984): Ecological correlates of locomotion speed, morphometrics and body temperature in three Namib Desert tenebrionid beetles. *S Afr J Zool 19, 131–134.* Full RJ, Tu MS (1991): Mechanics of rapid running insects: two-, four- and six-legged locomotion. *J Exp Biol 156, 215–231.* Kamoun S, Hogenhout SA (1996): Flightlessness and rapid terrestrial locomotion in tiger beetles of the *Cicindela* subgenus *Rivacindela* from saline habitats of Australia (Coleoptera: Cicindelidae). *Coleopt Bull 50, 221–230.*

81. Rubin S, Young MHY, Wright JC, Whitaker DL, Ahn AN (2016): Exceptional running and turning performances in a mite. *J Exp Biol 219, 676–685.*

82. For considerations on how running speed scales with body mass, see Schmidt-Nielsen K (1984): Scaling: Why Is Animal Size so Important? *Cambridge, Cambridge University Press,* p. 174. Biewener AA (2003): Animal Locomotion. *Oxford, Oxford University Press,* p. 62. Rubin S, Young MHY, Wright JC, Whitaker DL, Ahn AN (2016), *n81,* figure 7.

83. Sommer S, Wehner R (2012): Leg allometry in ants: extreme long-leggedness in thermophilic species. *Arthropod Struct Dev 41, 71–77.* M. Wittlinger, *in litt.*

84. According to the size-grain hypothesis the rugosity of the ground has been influential in the evolution of leg allometries in ants, and in insects in general. For the pros and cons of this hypothesis, see Kaspari M, Weiser MD (1999): The size-grain hypothesis and interspecific scaling of ants. *Funct Ecol 13, 530–538.* Teuscher M, Brändle M, Traxel V, Brandl R (2009): Allometry between leg and body length of insects: lack of support for the size-grain hypothesis. *Ecol Entomol 34, 718–724.*

85. Cornetz V (1933): L'homme et la fourmi. *Alger, L'Association des Écrivains Algériens, quot.* p. 52.

86. McMeeking RM, Arzt E, Wehner R (2012): *Cataglyphis* desert ants improve their mobility by raising the gaster. *J Theor Biol 297, 17–25.*—The forward and upward shift of the center of mass associated with the upward tilt of the gaster has already been proposed by Arnoldi KV (1964): The most highly specialized running ants and the phaetons of the genus *Cataglyphis* (Hymenoptera, Formicidae) in the fauna of the Soviet Union. *Zool Zh 43, 1800–1814* [in Russian].—Details of changes in the skeletal and muscular

system associated with the ability to raise the gaster are given in Dlussky GM (1981), *n6*, pp. 75–83.

87. It has been claimed that the primary function of raising the gaster is to protect the vital organs contained in it from high temperatures. Cerdá X (2001), *n7*.—Of course, both hypotheses are not mutually exclusive. However, in terms of ultimate reasoning it is more likely that the behavioral trait of elevating the gaster has evolved for increasing locomotor agility. It also occurs in several other very agile ants, e.g., in the arboreal weaver ants *Oecophylla*.

88. Two publications can be regarded as the classical accounts on inter-leg coordination in insect walking: Hughes GM (1952): The coordination of insect movements. I. The walking movements of insects. *J Exp Biol 29, 267–284.* Wilson DM (1966): Insect walking. *Annu Rev Entomol 11, 103–122.*—For later work, see, e.g., Graham D (1985): Pattern and control of walking in insects. *Adv Insect Physiol 18, 31–140.* Full RJ, Tu MS (1990): Mechanics of six-legged runners. *J Exp Biol 148, 129–146.* Ting LH, Blickhan R, Full RJ (1994): Dynamic and static stability in hexapod runners. *J Exp Biol 197, 251–269.* Cruse H, Dürr V, Schilling M, Schmitz J (2009): Principles of insect locomotion. In: Arena P, Patane L, eds., Spatial Temporal Patterns from Action-Oriented Perception in Roving Robots, pp. 43–96. *Berlin, Springer.*—On wood ants: Reinhardt L, Weihmann T, Blickhan R (2009): Dynamics and kinematics of ant locomotion: do wood ants climb on level surfaces? *J Exp Biol 212, 2426–2435.* Reinhardt L, Blickhan R (2014): Level locomotion in wood ants: evidence for grounded running. *J Exp Biol 217, 2358–2370.*

89. After the original work of Christoph Zollikofer, the walking kinematics of the cataglyphs have been investigated by Matthias Wittlinger, now at the University of Freiburg, Germany, and his students. Zollikofer CPE (1988): Vergleichende Untersuchungen zum Laufverhalten von Ameisen. *PhD Thesis, University of Zürich.* Shorter versions of this study have appeared in Zollikofer CPE (1994a): Stepping patterns in ants. I. Influence of speed and curvature. *J Exp Biol 192, 95–106.* Zollikofer CPE (1994b): Stepping patterns in ants. II. Influence of body morphology. *J Exp Biol 192, 107–118.* Zollikofer CPE (1994c): Stepping patterns in ants. III. Influence of load. *J Exp Biol 192, 119–127.*—For conclusions drawn from high-speed video recordings of walking cataglyphs, see Wittlinger M, Wehner R, Wolf H (2007): The desert ant odometer: a stride integrator that accounts for stride length and walking speed. *J Exp Biol 210, 198–207.* Seidl T, Wehner R (2008): Walking on inclines: how do desert ants monitor slope and step length. *Front Zool 5, 8.* Steck K, Wittlinger M, Wolf H (2009): Estimation of homing distance in desert ants, *Cataglyphis fortis,* remains unaffected by disturbance of walking behaviour. *J Exp Biol 212, 2893–2901.* Wittlinger M, Wolf H (2013): Homing distance in desert ants, *Cataglyphis fortis,* remains unaffected by disturbances of walking behaviour and visual input. *J Physiol 107, 130–136.* Wahl VL, Pfeffer SE, Wittlinger M (2015): Walking and running in the desert ant *Cataglyphis fortis. J Comp Physiol A 201, 645–656.* Pfeffer SE, Wahl VL, Wittlinger M (2016): How to find home backwards? Locomotion and inter-leg coordination during rearward walking of *Cataglyphis fortis* desert ants. *J Exp Biol 219, 2110–2118.*

90. Hoyt DF, Taylor CR (1981): Gait and energetics of locomotion in horses. *Nature 292, 239–240.*—In quadruped mammals the transition from trot to gallop, and at a lower speed from walk to trot, occurs in a discontinuous way. At any one speed the energetically most efficient gait is used. Even when in some insect species at low speeds other than tripod leg coordination patterns occur, the transitions are always continuous. Schilling M, Hoinville T, Schmitz J, Cruse H (2013): Walknet, a bio-inspired controller for hexapod walking. *Biol Cybern 107, 397–419.* Wosnitza A, Bockemühl T, Dübbert M, Scholz H, Büschges A (2013): Inter-leg coordination in the control of walking speed in *Drosophila. J Exp Biol 216, 480–491.*

91. See Simon Sponberg and Richard J. Full's comprehensive treatment of locomotor control on rough terrain in a large (2 g) cockroach, *Blaberus discoidalis.* Sponberg S, Full RJ (2008): Neuromechanical response of muscular-skeletal structures in cockroaches during rapid running on rough terrain. *J Exp Biol 211, 433–446.*

92. For the development and use of highly sensitive three-dimensional, ultra-miniature force platforms, see Bartsch MS, Federle W, Full RJ, Kenny TW (2007): A multiaxis force sensor for the study of insect biomechanics. *J Microelectromech Syst 16, 709–718.* Reinhardt L, Blickhan R (2014): Ultra-miniature force plate for measuring triaxial forces in the micronewton range. *J Exp Biol 217,*

704–710. Reinhardt L, Blickhan R (2014): Level locomotion in wood ants: evidence for grounded running. *J Exp Biol 217, 2358–2370.*

93. Wöhrl T, Reinhardt L, Blickhan R (2017): Propulsion in hexapod locomotion: how do desert ants traverse slopes? *J Exp Biol 220, 1618–1625.*

94. For comparison, see the masterly studies of Walter Federle at the University of Cambridge, UK: Federle W, Brainerd EL, McMahon TA, Hölldobler B (2001): Biomechanics of the movable pretarsal adhesive organ in ants and bees. *Proc Am Acad Sci USA 98, 6215–6220.* Federle W, Endlein T (2004): Locomotion and adhesion: dynamic control of adhesive surface contact in ants. *Arthropod Struct Dev 33, 67–75.* Endlein T, Federle W (2008): Walking on smooth or rough ground: passive control of pretarsal attachment in ants. *J Comp Physiol A 194, 49–60.* Endlein T, Federle W (2015): On heels and toes: how ants climb with adhesive pads and tarsal friction hair arrays. *PLoS ONE 10, e0141269.*

95. In a partly autobiographical book originally titled *Racing the Antelope,* biologist and ultra-endurance runner Bernd Heinrich provides a lucid account on the physiology and evolution of animal and human locomotion. Heinrich B (2001): Why We Run: A Natural History. *New York, HarperCollins.*—Definition: Stride length is the distance between two successive footfall points of the same leg (see Figure 2.32b). In bipedal walking it consists of the length of the right step plus the length of the left step. Hence, stride length equals twice the step length.

96. The longest foraging trajectory described as yet for a cataglyph (*C. fortis,* 1238 m) has been recorded by GPS methods and hence will not have included all small scale details, so that the ant's actual path length and walking speed might have certainly been larger than indicated in the text. Bühlmann C, Graham P, Hansson BS, Knaden M (2014), *n10.*

97. Stride frequency scales negatively with body mass over a wide range of body sizes in vertebrates and invertebrates (with an allometric exponent of about −0.17): Full RJ (1989): Mechanics and energetics of terrestrial locomotion: bipeds to polypeds. In Wieser W, Gnaiger E, eds., Energy Transformations in Cells and Organisms, pp. 175–182. *Stuttgart, Thieme.* Full RJ, Tu MS (1991), *n80.* Ting LH, Blickhan R, Full RJ (1994), *n88.* Wu GC, Wright JC, Whitaker DL, Ahn AN (2010): Kinematic evidence for superfast locomotory muscle in two species of teneriffiid mites. *J Exp Biol 213, 2551–2556.*—Even the maximal stride frequencies ever reported for an animal (135 s^{-1} in the mite *Paratarsotomus macropalpis*) are largely in accord with scaling predictions: Rubin S, Young MHY, Wright JC, Whitaker DL, Ahn AN (2016), *n81.*

98. In terms of speed the pronghorn antelope is rivaled, and even outperformed, only by the cheetah, which was clocked to reach 104 $km \cdot h^{-1}$ when lured to run in a straight line over 200 m, and 93 $km \cdot h^{-1}$ when running freely in the wild. In contrast to antelopes, cheetahs, which prey on antelopes, reach their maximum speeds only during short, highly accelerated bursts of chasing activity. Sharp NCC (1997): Timed running speed of the cheetah *(Acinonyx jubatus). J Zool 241, 493–494.* Wilson AM, Lowe JC, Roskilly K, Hudson P, Golabek KA, McNutt JW (2013): Locomotion dynamics of hunting in wild cheetahs. *Nature 498, 185–189.*—Data on maximal mass-specific O_2 consumption rates of pronghorn antelopes and other mammals are given in Lindstedt SL, Hokanson JF, Wells DJ, Swain SD, Hoppeler H, Navarro V (1991): Running energetics in the pronghorn antelope. *Nature 353, 748–749.* Lindstedt SL, Schaeffer PJ (2002): Use of allometry in predicting anatomical and physiological parameters of mammals. *Lab Animals 36, 1–19.*—The current "best guess" of a pronghorn's standard (resting) metabolism is 0.2 $mlO_2 \cdot kg^{-1} \cdot s^{-1}$ (S. L. Lindstedt, *in litt.*).

99. After in the 1970s Torben Jensen and Mogens Nielsen from the University of Aarhus, Denmark, had applied micro-Warburg techniques to determine respiratory rates in a number of ant species, in the past three decades John Lighton has profoundly developed and refined techniques for measuring metabolic rates, e.g., by recording CO_2 production rates in individual ants by using high-resolution, flow-through respirometry systems: Jensen TF, Nielsen MG (1975): The influence of body size and temperature on worker ant respiration. *Nat Jutland 18, 21–25.* Bartholomew GA, Lighton JRB, Feener DH (1988): Energetics of trail-running, load carriage, and emigration in the column-raiding army ant, *Eciton hamatum. Physiol Zool 61, 57–68.* Lighton JRB (2009): Measuring Metabolic Rates: A Manual

for Scientists. *Oxford, Oxford University Press.* Halsay LG, Lighton JRB (2011): Flow-through respirometry applied to chamber systems: pros and cons, hints and tips. *Comp Biochem Physiol A 158, 265–275.*—Data on ventilation patterns and respiratory metabolism of *Cataglyphis bicolor* are given in Lighton JRB, Wehner R (1993), *n75.* Lighton JRB, Fukushi T, Wehner R (1993), *n77.*—The metabolic rates of *C. velox* lie in the same ballpark as the ones recorded in *C. bicolor:* Cerdá X, Retana J (2000), *n72.*

100. The hypothesis that lowered standard metabolic rates are an adaptation to arid conditions received some early support from studies on desert beetles and ants. Bartholomew GA, Lighton JRB, Louw GN (1985): Energetics of locomotion and patterns of respiration in tenebrionid beetles from the Namib Desert. *J Comp Physiol B 155, 155–162.* Lighton JRB, Bartholomew GA (1988): Standard energy metabolism of a desert harvester ant, *Pogonomyrmex rugosus:* effects of temperature, body mass, group size, and humidity. *Proc Natl Acad Sci USA 85, 4765–4769.*—A survey of all currently available data in ants including *Cataglyphis* does not lend further support to this hypothesis. Lighton JRB, Wehner R (1993), *n75.* Vogt JT, Appel AG (1999): Standard metabolic rate of the fire ant, *Solenopsis invicta:* effects of temperature, mass, and caste. *J Insect Physiol 45, 655–666.* Hou C, Kaspari M, Vander Zanden HB, Gillooly JF (2010): Energetic basis of colonial living in social insects. *Proc Natl Acad Sci USA 107, 3634–3638.* Käfer H, Kovac H, Stabentheiner A (2012): Resting metabolism and critical thermal maxima of vespine wasps (*Vespula* sp.). *J Insect Physiol 58, 679–689,* including data on some ant species.

101. A thorough analysis based on a comprehensive survey of standard and flight metabolic rates in insects has been provided by Niven JE, Scharlemann JPW (2005): Do insect metabolic rates at rest and during flight scale with body mass? *Biol Lett 1, 346–349.*—It supports the 'aerobic capacity hypothesis,' which is discussed for insects in Reinhold K (1999): Energetically costly behaviour and the evolution of resting metabolic rate in insects. *Funct Ecol 13, 217–224.*—See also Käfer H, Kovac H, Stabentheiner A (2012), *n100.*

102. For metabolic rates in walking ants, see Jensen TF, Holm-Jensen I (1980): Energetic cost of running in workers of three ant species, *Formica fusca* L. *Formica rufa* L., and *Camponotus herculeanus* L. (Hymenoptera, Formicidae). *J Comp Physiol 137, 151–156.* Lighton JRB, Feener DH (1989): A comparison of energetics and ventilation of desert ants during voluntary and forced locomotion. *Nature 342, 174–175.* Lighton JRB, Fukushi T, Wehner R (1993), *n77.* Roces F, Lighton JRB (1995): Larger bites of leaf-cutting ants. *Nature 373, 392–393.*—The energetic costs of walking differ very little between running on inclines and level running. Lipp A, Wolf H, Lehmann FO (2005): Walking on inclines: energetics of locomotion in the ant *Camponotus. J Exp Biol 208, 707–719.*—For an excellent study based on treadmill running in cockroaches, see Full RJ, Tullis A (1990): Capacity for sustained terrestrial locomotion in an insect: energetics, thermal dependence, and kinematics. *J Comp Physiol B 160, 573–581.*—The maximal aerobic capacity ever recorded in any nonflying animal is reached in leaf-cutter ants, *Atta sexdens,* during leaf cutting. In this case the ants increase their metabolic rate 31 times over their standard metabolic rate. Roces F, Lighton JRB (1995), *loc. cit.*

103. The relative importance of physiological and behavioral adaptations of small ectotherms to extremes of temperature and aridity has long occupied physiologists and ecologists; see Edney EB (1974): Desert arthropods. In: Brown GW, ed., Desert Biology, vol. 2, pp. 311–384. *New York, Academic Press.* Stevenson RD (1985): The relative importance of behavioral and physiological adjustments controlling body temperatures in terrestrial ectotherms. *Am Nat 126, 362–386.* Seely MK (1989): Desert invertebrate physiological ecology: is anything special? *S Afr J Sci 85, 266–270.*

104. Forel A (1878): Etudes myrmécologiques en 1878 avec l'anatomie du gésier des fourmis. *Bull Soc Vaud Sci Nat 15, 337–392.* Emery C, Forel A (1879): Catalogue des Formicides d'Europe. *Mitt Schweiz Ent Ges 5, 441–481.*—The situation was later resolved by Wheeler WM (1908): Honey ants, with a revision of the American Myrmecocysti. *Bull Am Mus Nat Hist 24, 345–397.*

105. Even though in *Myrmecocystus* the diurnal species (e.g., *M. mimicus,* CT_{max} = 47.7°C–48.4°C) exhibit higher thermal tolerances than the nocturnal ones (e.g., *M. mexicanus,* CT_{max} = 43.7°C–44.7°C), they cannot tolerate the extremely high temperatures at which the cataglyphs are active.

They stop foraging at $T_s = 45°C$. Kay CAR (1978): Preferred temperatures of desert honey ants (Hymenoptera: Formicidae). *J Therm Biol 3, 213–217.*

106. Diet preferences of *Myrmecocystus* species: Snelling RR (1976): A revision of the honey ants, genus *Myrmecocystus* (Hymenoptera: Formicidae). *Nat Hist Mus Los Angeles Cty Sci Bull 24, 1–163.* Conway JR (1980): Foraging behavior of the honey ant, *Myrmecocystus mexicanus,* in Colorado. *Trans Illinois State Acad Sci 72, 81–93.* Cole BJ, Haight K, Wiernasz DC (2001): Distribution of *Myrmecocystus mexicanus* (Hymenoptera: Formicidae): association with *Pogonomyrmex occidentalis* (Hymenoptera: Formicidae). *Ecol Pop Biol 94, 59–63.*—Foraging territories as studied in *M. mimicus:* Hölldobler B (1976): Tournaments and slavery in a desert ant. *Science 192, 912–914.* Hölldobler B (1981), *n43.*

107. Cole AC (1968): *Pogonomyrmex* Harvester Ants: A Study of the Genus in North America. *Knoxville, University of Tennessee Press, quot.* p. 3.—A vivid illustration of the high population densities, which *Pogonomyrmex* species can reach, is given by Diane Wiernasz and Blaine Cole, who mapped the nest sites of more than 1,300 colonies of one species in the Colorado saltbush desert. Wiernasz DC, Cole BJ (1995): Spatial distribution of *Pogonomyrmex occidentalis:* recruitment, mortality and overdispersion. *J Anim Ecol 64, 519–527.*—Foraging and recruitment: Hölldobler B (1971): Homing in the harvester ant *Pogonomyrmex badius. Science 171, 1149–1151.* Hölldobler B (1974): Home range orientation and territoriality in harvesting ants. *Proc Natl Acad Sci USA 71, 3274–3277.* Hölldobler B (1976): Recruitment behavior, home range orientation and territoriality in harvester ants, *Pogonomyrmex. Behav Ecol Sociobiol 1, 3–44.*—Even though *Pogonomyrmex* ants are seed harvesters par excellence, they include dead insects and even live termites into their diet. In most species such insect matter represents less than 5% of all collected items, e.g., Rissing SW (1988): Dietary similarity and foraging range of two seed-harvester ants during resource fluctuations. *Oecologia 75, 362–366.* Morehead SA, Feener DH (1998): Foraging behavior and morphology: seed selection in the harvester ant, *Pogonomyrmex. Oecologia 114, 548–555.* Cole BJ, Haight K, Wiernasz DC (2001), *n106.*—However, some species are quite omnivorous and may collect seeds and insect corpses in about equal amounts. Traniello JFA, Beshers SN (1991): Polymorphism and size-pairing in the harvester ant *Pogonomyrmex badius:* a test of the ecological release hypothesis. *Insect Soc 38, 121–127.* Ferster B, Traniello JFA (1995): Polymorphism and foraging behavior in *Pogonomyrmex badius* (Hymenoptera: Formicidae): worker size, foraging distance, and load size association. *Environ Entomol 24, 673–678.*—Thermal tolerances are given in Whitford WG, Ettershank G (1975), *n56,* and Lighton JRB, Turner RJ (2004), *n57.*—Blaine Cole and his colleagues provide a detailed analysis of intercolony differences in the thermal foraging ranges of *P. occidentalis.* Cole BJ, Smith AA, Huber ZJ, Wiernasz DC (2010), *n56.* On extremely hot summer days, *P. rugosus* even switches to nocturnal foraging: Hölldobler B (1976), *loc. cit.;* R. A. Johnson, *in litt.*

108. Philippi RA (1860): Reise durch die Wüste Atacama. *Halle, E. Anton, quot.* p. 7. Rauh W (1985): The Peruvian-Chilean deserts. In: Evenari M, Noy-Meir I, Goodall DW, eds., Hot Deserts and Arid Shrublands: Ecosystems of the World, vol. 12A, pp. 239–267. *Amsterdam, Elsevier.* Gómez-Silva B (2009): On the limits imposed to life by the hyperarid Atacama Desert in northern Chile. In: Basiuk VA, ed., Astrobiology, pp. 1–13. *Stevenson Ranch CA, American Scientific Publishers.*

109. Wilhelm Goetsch, who has worked substantially on the biogeography and biology of Chilean ants, described *Dorymyrmex goetschi* as the "real desert species," extremely long-legged and fast running, even "resembling the desert solifuges." Goetsch W (1932): Beiträge zur Biologie südamerikanischer Ameisen. I. Teil: Wüstenameisen. *Z Morph Ökol Tiere 25, 1–30, quot.* p. 2. Goetsch W (1935): Biologie und Verbreitung chilenischer Wüsten-, Steppen- und Waldameisen. *Zool Jb Syst Ökol Geogr Tiere 67, 235–318, quot.* p. 239. Dlussky GM (1981), *n6,* pp. 49–50.—However, like other species of this genus (e.g., *D. antarcticus*) *D. goetschi* is not a thermophile. It restricts its foraging to $T_s < 50°C$. Hunt JH (1974): Temporal activity patterns in two competing ant species (Hymenoptera: Formicidae). *Psyche 81, 237–242.* Torres-Contreras H, Vásquez RA (2007): Spatial heterogeneity and nestmate encounters affect locomotion and foraging success in the ant *Dorymyrmex goetschi. Ethology 113, 76–86.* Wehner R, Wehner S, *unpubl. data.*—Several species of the genus, e.g., *D. exsanguis,* are active even at extremely low temperatures: Bestelmeyer BT (1997): Stress tolerance in

some Chacoan dolichoderine ants: implications for community organization and distribution. *J Arid Environ 35, 297–310.*—Furthermore, as regard to diet, insects comprise only 27%–47% of all collected items, so that *D. goetschi* has also been listed as a harvester ant, see Medel RG, Vásquez RA (1994): Comparative analysis of harvester ant assemblages of Argentinian and Chilean arid zones. *J Arid Environ 26, 363–371.*

110. Snelling RR, Hunt JH (1975): The ants of Chile. *Rev Chil Entomol 9, 63–129.* Heatwole H (1996): Ant assemblages at their dry limits: the northern Atacama Desert, Peru, and the Chott El Djerid, Tunisia. *J Arid Environ 33, 449–456.*

111. Heatwole H, Muir R (1991): Foraging abundance and biomass of ants in the pre-Saharan steppe of Tunisia. *J Arid Environ 21, 337–350.*—Granivorous ants are the dominant trophic group in all desert ant communities. Especially detailed studies on species richness and species distribution, dietary relationships, and food availability have been performed by Alan Marsh in 27 ant species of the Namib Desert gravel plains. Marsh AC (1985): Forager abundance and dietary relationships in a Namib Desert ant community. *S Afr J Zool 20, 197–203.* Marsh AC (1986): Ant species richness along a climatic gradient in the Namib Desert. *J Arid Environ 11, 235–241.* Marsh AC (1987): The foraging ecology of two Namib Desert harvester ant species. *S Afr J Zool 22, 130–136.*

112. The dominance status is usually determined by the outcome of interspecific competitive interactions at artificial baits. In ants of semiarid habitats consistent correlations have been found between thermal tolerance and submissive behavior at feeding sites. Bestelmeyer BT (1997), *n109.* Cerdá X, Retana J, Manzaneda A (1998), *n59.* Bestelmeyer BT (2000): The trade-off between thermal tolerance and behavioural dominance in a subtropical South American ant community. *J Anim Ecol 69, 998–1009.*

113. Even though meat ants are strictly diurnal foragers, they cease foraging when temperatures at ant height reach 43.5°C. Greenaway P (1981): Temperature limits to trailing activity in the Australian arid-zone meat ant *Iridomyrmex purpureus* form *viridiaenus. Austr J Zool 29, 621–630.*—In contrast, *Melophorus bagoti* commences foraging only when ant-height temperatures exceed 43.9°C. Christian KA, Morton SR (1992), *n46.*—In turn, in competition with the behaviorally dominant invasive Argentine ant, *Linepithema humile,* the meat ants are the subordinate ones. They occupy feeding sites only at surface temperatures of T_s = 30°C–40°C, not tolerated by the Argentine ants, which occupy the baiting stations at even lower temperatures (T_s = 18°C–25°C): Thomas ML, Holway DA (2005): Condition-specific competition between invasive Argentine ants and Australian *Iridomyrmex. J Anim Ecol 74, 532–542.*

3 定向机制

1. It is a matter of debate whether the magnetic compass used for marine navigation was invented independently in China and Europe, or whether it had been passed from China to the West. May WE (1955): Alexander Neckam and the pivoted compass needle. *J Navigation 8, 283–284.* Kreutz BM (1973): Mediterranean contribution to the medieval mariner's compass. *Techn Cult 14, 367–383.* May WE (1981): Were compasses used in antiquity? *J Navigation 34, 414–423.*—Literally, 'navigation' means to steer a ship to its destination; derived from Latin: *navis,* ship; *agere,* to drive.

2. Dominique Arago published his skylight observations two years after he had made them: Arago DFJ (1811): Mémoire sur une modification remarquable qu'éprouvent les rayons lumineux dans leur passage à travers certains corps diaphanes, et sur quelques autres nouveaux phénomènes d'optique. *Mém Cl Sci Math Phys Inst France 1, 93–134.* Brewster D (1863): On the polarization of light by rough and white surfaces. *Trans R Soc Edinburgh 23, 205–210, quot.* p. 210. Brewster D (1847): On the polarization of the atmosphere. *Phil Mag 31, 444–454.* Tyndall J (1888): The sky. *Forum 1888/2, 595–603.*

3. It has been a long-held view, derived in the 1970s from spectroscopic measurements in frog rod outer segments, that in vertebrate photoreceptors the rhodopsin molecules are completely free to rotate. This view has recently been challenged. The dimerization and higher-order oligomerization of rhodopsin molecules could form the basis of dichroism at least in some morphologically distinct types of cells, e.g., double cones in fish. Roberts NW (2014): Polarization vision of fishes. In: Horváth G, ed., Polarized Light and Polarization Vision in Animal Sciences, pp. 225–247. *Berlin, Springer.*

4. Santschi F (1923): L'orientation sidérale des fourmis, et quelques considérations sur leurs différentes possibilités d'orientation. *Mém Soc Vaud Sci Nat 4, 137–175.* Von Frisch K (1949): Die Polarisation des Himmelslichts als orientierender Faktor bei den Tänzen der Bienen. *Experientia 5, 142–148.* Von Frisch K (1965): Tanzsprache und Orientierung der Bienen. *Berlin, Springer,* pp. 384–421.

5. In chronological order: Wehner R, Duelli P (1971): The spatial orientation of desert ants, *Cataglyphis bicolor,* before sunrise and after sunset. *Experientia 27, 1364–1366.* Kirschfeld K (1972): Die notwendige Anzahl von Rezeptoren zur Bestimmung der Richtung des elektrischen Vektors linear polarisierten Lichtes. *Z Naturforsch C 27, 578–579.* Zolotov V, Frantsevich L (1973): Orientation of bees by polarized light of a limited area of the sky. *J Comp Physiol 85, 25–36.* Von Helversen O, Edrich W (1974): Der Polarisationsempfänger im Bienenauge: ein Ultraviolettrezeptor. *J Comp Physiol 94, 33–47.* Van der Glas HW (1974): Polarization induced colour patterns: a model of the perception of the polarized skylight by insects. *Netherl J Zool 25, 476–505.* Brines ML, Gould JL (1979): Bees have rules. *Science 206, 571–573.*—For a historical treatment, see Wehner R (2014): Polarization vision: a discovery story. In: Horváth G, ed., Polarized Light and Polarization Vision in Animal Sciences, pp. 3–25. *Berlin, Springer.* Wehner R (2016): Early ant trajectories: spatial behaviour before behaviourism. *J Comp Physiol A 202, 247–266.*

6. Wehner R, Bernard GD, Geiger E (1975): Twisted and non-twisted rhabdoms and their significance for polarization detection in the bee. *J Comp Physiol 104, 225–245.* Herrling PL (1975): Topographische Untersuchungen zur funktionellen Anatomie der Retina von *Cataglyphis bicolor. PhD Thesis, University of Zürich.*

7. Strutt JW (Lord Rayleigh) (1871): On the light from the sky, its polarization and colour. *Phil Mag 41, 107–120, 274–279.* Coulson KL (1988): Polarization and Intensity of Light in the Atmosphere. *Hampton VA, Deepak.*

8. Brines ML, Gould JL (1982): Skylight polarization patterns and animal orientation. *J Exp Biol 96, 69–91.* Pomozi I, Horváth G, Wehner R (2001): How the clear-sky angle of the polarization pattern continues underneath clouds: full-sky measurements and implications for animal orientation. *J Exp Biol 204, 2933–2942.*

9. Horváth G, Wehner R (1999): Skylight polarization as perceived by desert ants and measured by video polarimetry. *J Comp Physiol A 184, 1–7, 347–349.* Labhart T (1999): How polarization-sensitive interneurons of crickets see the polarization pattern of the sky: a field study with an optoelectronic model neurone. *J Exp Biol 202, 757–770.* Pomozi I, Horváth G, Wehner R (2001), *n8.*—E-vector patterns under various environmental conditions are discussed in several chapters of Horváth G, ed. (2014): Polarized Light and Polarization Vision in Animal Sciences. *Berlin, Springer.* The polarization pattern of the moonlit sky is portrayed in Gál J, Horváth G, Barta A, Wehner R (2001): Polarization of the moonlit clear night sky measured by full-sky imaging polarimetry at full noon: comparison of the polarization of moonlit and sunlit skies. *J Geophys Res 106, 22647–22653.*—It can be used by nocturnal dung beetles, *Scarabaeus zambesianus,* for steering straight courses: Dacke M, Nilsson DE, Scholtz CH, Byrne M, Warrant EJ (2003): Insect orientation to polarized moonlight. *Nature 424, 33.*

10. Rozenberg GV (1966): Twilight. A Study in Atmospheric Optics. *New York, Plenum Press.* Coulson KL (1988), *n7.* Cronin TW, Warrant EJ, Greiner B (2006): Celestial polarization pattern during twilight. *Appl Optics 45, 5582–5589.* —For the twilight experiment in *Cataglyphis,* see Figure 3.25. Wehner R, Duelli P (1971), *n5.*—For bull ants and dung beetles active at nocturnal and crepuscular times, respectively, see Reid SF, Narendra A, Hemmi JM, Zeil J (2011): Polarized skylight and landmark panorama provide night-active bull ants with compass information during route following. *J Exp Biol 214, 363–370.* Freas CA, Narendra A, Lemesle C, Cheng K (2017): Polarized light use in the nocturnal bull ant, *Myrmecia midas. R Soc Open Sci 4, 170598.* Dacke M, Nordström P, Scholtz CH (2003): Twilight orientation to polarized light in the crepuscular dung beetle *Scarabaeus zambesianus. J Exp Biol 206, 1535–1543.*

11. For different versions of the experimental trolley, with which the cataglyphs' sky compass has been unraveled behaviorally, see Duelli P, Wehner R (1973): The spectral sensitivity of polarized light orientation in *Cataglyphis bicolor* (Formicidae, Hymenoptera). *J Comp Physiol 86, 37–53.* Lanfranconi B (1982): Kompassorientierung nach dem rotierenden Himmelsmuster bei der Wüstenameise *Cataglyphis bicolor. PhD Thesis, University of Zürich.* Fent K

(1985): Himmelsorientierung bei der Wüstenameise *Cataglyphis bicolor*: Bedeutung von Komplexaugen und Ocellen. *PhD Thesis, University of Zürich.* Müller M (1989): Mechanismus der Wegintegration bei *Cataglyphis fortis. PhD Thesis, University of Zürich.* Lebhardt F, Ronacher B (2014): Interactions of the polarization and the sun compass in path integration of desert ants. *J Comp Physiol A 200, 711–720.* See also Wehner R (2019): The *Cataglyphis* Mahrèsienne. Fifty years of *Cataglyphis* research at Mahrès. *J Comp Physiol A, in press.*

12. Duelli P, Wehner R (1973), *n11.* Von Helversen O, Edrich W (1974), *n5.*—For references to other insects, see review in Wehner R, Labhart T (2006): Polarization vision. In: Warrant EJ, Nilsson DE, eds., Invertebrate Vision, pp. 291–348. *Cambridge, Cambridge University Press.*

13. See the tabulated data in Coulson KL (1988), *n7.* In addition, Lythgoe JN (1979): The Ecology of Vision. *Oxford, Clarendon Press.* Johnsen S, Kelber A, Warrant EJ, Sweeney AM, et al., Widder EA (2006): Crepuscular and nocturnal illumination and its effects on color perception by the nocturnal hawkmoth *Deilephia elpenor. J Exp Biol 209, 789–800.*

14. Brines ML, Gould JL (1982), *n8.* Pomozi I, Horváth G, Wehner R (2001), *n8.* Barta A, Horváth G (2004): Why is it advantageous for animals to detect celestial polarization in the ultraviolet? Skylight polarization under clouds and canopies is strongest in the UV. *J Theor Biol 226, 429–437.* Wang X, Gao J, Fan Z (2014): Empirical corroboration of an earlier theoretical resolution to the UV paradox of insect polarized skylight orientation. *Naturwissenschaften 101, 95–103.*

15. For the DRA as the retinal input area of the polarized-light compass, see Wehner R (1982): Himmelsnavigation bei Insekten. Neurophysiologie und Verhalten. *Neujahrsbl Naturf Ges Zürich 184, 1–132.* Fent K (1985), *n11.* The stringent necessity / sufficiency tests have been performed by M. Müller and R. Wehner *(unpubl. data).* As shown later in the text, there is a slight twist in this story. Bees and ants tested with small patches of the sky do not expect individual evectors to occur exactly at the positions at which they are present in the sky (Figure 3.13b). This refinement has already been taken into account in evaluating the data shown in Figure 3.9e, f.

16. Wehner R, Müller M (1985): Does interocular transfer occur in visual navigation by ants? *Nature 315, 228–229.*—After occlusion of one eye, the cataglyphs consistently deviate by a certain angular amount toward the seeing side. This deviation has been taken into account in the data analysis; for details, see Wehner R (1997): The ant's celestial compass system: spectral and polarization channels. In: Lehrer M, ed., Orientation and Communication in Insects, pp. 145–185. *Basel, Birkhäuser.*

17. Peter Duelli recorded the inclination of the ant's head and body by using a macrozoom camera mounted inside the trolley and focused on the trolley center, where the ant was steadily walking in its home direction. Duelli P (1974): Polarisationsmusterorientierung bei der Wüstenameise *Cataglyphis bicolor* (Formicidae, Hymenoptera). *PhD Thesis, University of Zürich.* Duelli P (1975): A fovea for e-vector orientation in the eye of *Cataglyphis bicolor* (Formicidae, Hymenoptera). *J Comp Physiol 102, 43–56.* Of course, in this context the term 'fovea' has not its usual meaning of a zone of acute vision.—Duelli's results are in accord with a previous set of experiments in which the ants could see the entire sky, but had parts of their eyes painted over. Weiler R, Huber M (1972): The significance of different eye regions for astromenotactic orientation in *Cataglyphis bicolor.* In: Wehner R, ed., Information Processing in the Visual Systems of Arthropods, pp. 287–294. *Berlin, Springer.*

18. In the experiments described in the text the sun was occluded, but intensity / spectral gradients were available alongside the polarization gradients and could have been used by the polarization insensitive parts of the contralateral eye.

19. For various theoretical treatments of the compass problem, see Kirschfeld K (1972), *n5.* Kirschfeld K, Lindauer M, Martin H (1975): Problems of menotactic orientation according to the polarized light of the sky. *Z Naturforsch C 30, 88–90.* Brines ML (1978): Skylight polarization patterns as cues for honey bee orientation: physical measurements and behavioral experiments. *PhD Thesis, Rockefeller University.* Brines ML, Gould JL (1979), *n5.*—All these theoretical concepts were developed before the dorsal rim area as the exclusive input channel of the ant's and bee's polarized-light compass had been discovered.

20. Müller M (1989), *n11*. Wehner R, Müller M (2006): The significance of direct sunlight and polarized skylight in the ant's celestial system of navigation. *Proc Natl Acad Sci USA 103, 12575–12579.*

21. Wehner R (1991): Visuelle Navigation—Kleinstgehirn-Strategien. *Verh Dtsch Zool Ges 84, 89–104,* table 1 therein.

22. For *Cataglyphis,* see Fent K (1985), *n11*. Fent K (1986): Polarized skylight orientation in the desert ant *Cataglyphis. J Comp Physiol A 158, 1–7.*—For *Apis,* see Rossel S, Wehner R (1984): How bees analyse the polarization patterns in the sky. *J Comp Physiol A 154, 607–615.* Wehner R, Rossel S (1985): The bee's celestial compass—a case study in behavioural neurobiology. *Fortschr Zool 31, 11–53.* Rossel S, Wehner R (1986): Polarization vision in bees. *Nature 323, 128–131.*—For the bees' waggle dance, see Couvillon MJ (2012): The dance legacy of Karl von Frisch. *Insect Soc 59, 297–306.*

23. In contrast to the cataglyphs, the dancing honeybees tested with the same natural sky window apply the convention to interpret e-vectors in the solar half of the sky as invariably lying in the antisolar half. This behavior may be a recruitment dance convention.

24. Réaumur RAF (1740): Mémoires pour servir à l'histoire des insectes. Tome 5. *Paris, L'Imprimerie Royale,* p. 287. Homann H (1924): Zum Problem der Ocellenfunktion bei den Insekten. *Z Vergl Physiol 1, 541–578.* Stockhammer K (1959): Die Orientierung nach der Schwingungsrichtung linear polarisierten Lichtes und ihre sinnesphysiologischen Grundlagen. *Ergeb Biol 21, 23–56.* Von Frisch K (1965), *n4,* p. 412–413.

25. Wilson M (1978): The functional organization of the insect ocelli. *J Comp Physiol 124, 297–316, quot.* p. 297. Warrant EJ, Kelber A, Wallén R, Wcislo WT (2006): Ocellar optics in nocturnal and diurnal bees and wasps. *Arthropod Struct Dev 35, 293–305, quot.* p. 29.

26. Hesse R (1908): Das Sehen der niederen Tiere. *Jena, G. Fischer,* pp. 44–45. Wilson M (1978), *n25*. Stange G (1981): The ocellar component of flight equilibrium control in dragonflies. *J Comp Physiol 141, 335–347.* Taylor CP (1981): Contribution of compound eyes and ocelli to steering of locusts in flight. I. Behavioural analysis. *J Exp Biol 93, 1–18.* —For an upsurge of interest in ocellar function, see Taylor GK, Krapp HG (2007): Sensory systems and flight stability: what do insects measure and why? *Adv Insect Physiol 34, 231–316.*—There are recent indications that in some flying insects ocelli might even be able to resolve images, as in these cases the focal plane of the lens does not lie too far off the retina: Berry RP, Stange G, Warrant EJ (2007): Form vision in the insect dorsal ocelli: an anatomical and optical analysis of the dragonfly median ocellus. *Vision Res 47, 1394–1409.* Warrant EJ, Kelber A, Wallén R, Wcislo WT (2006), *n25*. Hung YS, Ibbotson MR (2014): Ocellar structure and neural innervation in the honeybee. *Front Neuroanat 19(8), 6.*

27. Fent K (1985), *n11*. Fent K, Wehner R (1985): Ocelli: a celestial compass in the desert ant, *Cataglyphis. Science 228, 192–194.*—Recently, it has been shown that also in *Melophorus bagoti* the ocelli can derive compass information from the sunfree sky (with the sun occluded), but whether polarized light is the decisive cue, remains to be elucidated. Schwarz S, Albert L, Wystrach A, Cheng K (2011): Ocelli contribute to encoding of celestial compass information in the Australian desert ant *Melophorus bagoti. J Exp Biol 214, 901–906.*—In a short note William Wellington described some observations that bumblebees, *Bombus terricola,* in which the compound eyes had been occluded, could select their homeward courses, at least over short distances. Spectral / intensity gradients have not been considered, let alone excluded, as cues. Wellington WG (1974): Bumblebee ocelli and navigation at dusk. *Science 183, 550–551.*

28. Mote MI, Wehner R (1980): Functional characteristics of photoreceptors in the compound eye and ocellus of the desert ant, *Cataglyphis bicolor. J Comp Physiol 137, 63–71.* Geiser FX (1985): Elektrophysiologische Charakterisierung der Ocellen von *Apis mellifera* und *Cataglyphis bicolor. PhD Thesis, University of Zürich.*

29. Karl Kral from the University of Graz, Austria, was the first to measure the angular distribution of the axes of rhabdom cross sections in entire retinae of insect ocelli. He found random orientation in honeybees, but a significant preference orientation in a species of vespid wasps: Kral K (1978): Orientierung der Rhabdome in den Ocellen der Honigbiene *Apis mellifica carnica* und der Erdwespe *Vespa vulgaris. Zool Jb Physiol 82, 263–271.*—In the ocelli of honeybee workers recent studies revealed a gross fanlike pattern as well as a prevalence of receptors sensitive to vertically polarized light in regions looking at the horizon:

Ribi WA, Warrant EJ, Zeil J (2011): The organization of honeybee ocelli: regional specializations and rhabdom arrangements. *Arthropod Struct Dev 40, 509–520.* Ogawa Y, Ribi WA, Zeil J, Hemmi JM (2017): Regional differences in the preferred e-vector orientation of honeybee ocellar photoreceptors. *J Exp Biol 220, 1701–1708.*—For a revival of interest in such measurements in a variety of insects, see, e.g., Zeil J, Ribi WA, Narendra A (2014): Polarisation vision in ants, bees and wasps. In: Horváth G, ed., Polarized Light and Polarization Vision in Animal Sciences, pp. 41–60. *Berlin, Springer.* Narendra A, Ramirez-Esquivel F, Ribi WA (2016): Compound eye and ocellar structure for walking and flying modes of locomotion in the Australian ant, *Camponotus consobrinus. Sci Rep 6, 22331.*

30. For example, Ribi WA, Warrant EJ, Zeil J (2011), *n29.*

31. Link E (1909): Über die Stirnaugen der hemimetabolen Insekten. *Zool Jb Anat Ontog 27, 281–376, quot.* p. 372. Rowell CHF, Reichert H (1986): Three descending interneurons reporting deviation from course in the locust. II. Physiology. *J Comp Physiol A 158, 775–794.* Parsons MM, Krapp HG, Laughlin SB (2010): Sensor fusion in identified visual interneurons. *Curr Biol 20, 624–628.*

32. When moving in uneven and cluttered terrain, the cataglyphs are subject to quite substantial inadvertent pitch movements of their heads. Ardin P, Mangan M, Wystrach A, Webb B (2015): How variation in head pitch could affect image matching algorithms for ant navigation. *J Comp Physiol A 201, 585–597.*

33. For early work in honeybees in this context, see Schricker B (1965): Die Orientierung der Honigbiene in der Dämmerung. Zugleich ein Beitrag zur Frage der Ocellenfunktion bei Bienen. *Z Vergl Physiol 49, 420–458.* Gould JL (1975): Communication of distance information by honeybees. *J Comp Physiol 104, 161–173.*—Nocturnal insects are characterized by especially large lenses and rhabdoms; see, e.g., Berry RP, Wcislo WT, Warrant EJ (2011): Ocellar adaptations for dim light vision in a nocturnal bee. *J Exp Biol 214, 1283–1293.*

34. Note that the presence of ocelli in the worker caste is not special for *Cataglyphis,* but is shared with several formicine ants, e.g., with *Formica* and *Melophorus,* while nearly all myrmicine workers (including *Ocymyrmex*) lack ocelli. As Figure 3.14c shows, some rudiments seem to occur in *Ocymyrmex* ergatoids.

35. For early descriptions of underwater polarization, see Waterman TH (1954): Polarization patterns in submarine illumination. *Science 120, 927–932.* Ivanoff A (1974): Polarization measurements in the sea. In: Jerlov NG, Nielsen ES, eds., Optical Aspects of Oceanography, pp. 151–175. *London, Academic Press.* Jerlov NG (1976): Optical Oceanography. *Amsterdam, Elsevier.*—Contrast enhancement has been treated by Lythgoe JN (1971): Vision. In: Woods JD, Lythgoe JN, eds., Underwater Science, pp. 103–139. *London, Oxford University Press.* Shashar N, Johnsen S, Lerner A, Sabbah S, Chiao CC, Mathger LM, Hanlon RT (2011): Underwater linear polarization: physical limitations to biological functions. *Phil Trans R Soc B 366, 649–654.* Marshall J, Cronin TW (2014): Polarization vision of crustaceans. In: Horváth G, ed., Polarized Light and Polarization Vision in Animal Sciences, pp. 171–216. *Berlin, Springer.*

36. The proto-arthropod fauna has been extensively described and portrayed in Whittington HB (1985): The Burgess Shale. *New Haven CT, Yale University Press.* Hou X, Ramsköld L, Bergström J (1991): Composition and preservation of the Chengjiang fauna—a Lower Cambrian softbodied biota. *Zool Scr 20, 395–411.* Conway Morris S (1998): The Crucible of Creation. The Burgess Shale and the Rise of Animals. *Oxford, Oxford University Press.*

37. On trilobite and early crustacean compound eyes, see Clarkson ENK (1997): The eye: morphology, function and evolution. In: Moore RC, Kaesler RL, eds., Treatise on Invertebrate Paleontology, Part O, Arthropoda 1, Trilobita, revised, pp. 114–132. *Boulder CO, Geological Society of America.* Levi-Setti R (2014): The Trilobite Book: A Visual Journey. *Chicago, University of Chicago Press.* Clarkson ENK, Levi-Setti R, Horváth G (2006): The eyes of trilobites: the oldest preserved visual system. *Arthropod Struct Dev 35, 247–259.* Schoenemann B (2013): The eyes of a tiny 'Orsten' crustacean—a compound eye at receptor level? *Vision Res 76, 89–93.*

38. Coulson KL, Dave JV, Sekera Z (1960): Tables Related to Radiation Emerging from a Planetary Atmosphere with Rayleigh Scattering. *Berkeley, University of California Press.* Coemans MAJM, Vos Hzn JJ, Nuboer JFW (1994): The relation between celestial colour gradients and the position

of the sun, with regard to the sun compass. *Vision Res 34, 1461–1470.*

39. Even though the computations performed by the spectral opponent unit in Figure 3.17b are hypothetical, interneurons of the type assumed here have indeed been found in the visual systems of honeybees, bumblebees, and some other insects, e.g., by Chittka L, Beier W, Hertel H, Steinmann E, Menzel R (1992): Opponent colour coding is a universal strategy to evaluate the photoreceptor input in Hymenoptera. *J Comp Physiol A 170, 545–563.* Yang EC, Lin HC, Yung YS (2004): Patterns of chromatic information processing in the lobula of the honeybee. *J Insect Physiol 50, 913–925.* Paulk A, Dacks A, Gronenberg W (2009): Color processing in the medulla of the bumblebee (Apidae: *Bombus impatiens*). *J Comp Neurol 513, 41–456.* Schnaitmann C, Garbers C, Wachtler T, Tanimoto H (2013): Color discrimination with broadband photoreceptors. *Curr Biol 23, 2375–2382.* Kelber A, Henze MJ (2013): Colour vision: parallel pathways intersect in *Drosophila. Curr Biol 23, R1043–R1045.*—Let us assume that the azimuth-specific responses of S-neurons are integrated along celestial meridians. Then one would predict that visual interneurons with palisade-like meridional dendritic trees occurred in the dorsal but not ventral half of the visual system; candidates could be types of transmedulla neurons found in honeybees and bumblebees: Pfeiffer K, Kinoshita M (2012): Segregation of visual inputs from different regions of the compound eye in two parallel pathways through the anterior optic tubercle of the bumblebee *(Bombus ignites). J Comp Neurol 520, 212–229.* Zeller M, Held M, Bender J, Berz A, Heinloth T, et al., Pfeiffer K (2015): Transmedulla neurons in the sky compass network of the honeybee *(Apis mellifera)* are a possible site of circadian input. *PLoS ONE 10(12), e0143244.*—"Azimuth tuning" for unpolarized light stimuli has been described for medullar neurons in locusts: el Jundi B, Pfeiffer K, Homberg U (2011): A distinct layer of the medulla integrates sky compass signals in the brain of an insect. *PLoS One 6(11), e27855.*—With respect to unpolarized beams of light, honeybees take a long-wavelength stimulus for the sun and expect a short-wavelength stimulus to lie within the antisolar half of the sky. Edrich W, Neumeyer C, von Helversen O (1979): "Anti-sun orientation" of bees with regards to a field of ultraviolet light. *J Comp Physiol 134, 151–157.* Brines ML, Gould JL (1979), *n5.* Rossel S, Wehner R (1984): Celestial orientation in bees: the use of spectral cues. *J Comp Physiol A 155, 605–613.*—This behavior directly results from the S-responses as computed in Figure 3.17b.

40. The phototactic response superimposed on the ants' compass bearings can be computationally excluded by performing all experiments in a twin-type way with the sun being either to the left or, by the same angular amount, to the right of the training direction. Wehner R (1997), *n16.* For a systematic study of this phototactic effect under monochromatic conditions, see Lanfranconi B (1982), *n11.*

41. Santschi F (1911): Observations et remarques critiques sur le mécanisme de l'orientation chez les fourmis. *Rev Suisse Zool 19, 305–338.* Santschi's 'mirror experiment' shows that the ants can keep a straight course by using the sun as a visual cue, but it does not show that the ant can set arbitrary directions within an earthbound system of reference centered about the position of the nest.

42. Notice that the spatial sampling interval of the compound eye is given by the interommatidial angle $\Delta\varphi$ (the so-called divergence angle), i.e., by the angle between the optical axes of two adjacent ommatidia. It defines the minimum angular distance by which two positions of a point-light source such as the sun can be resolved. As for the sun compass, $\Delta\varphi$ must be related to the azimuthal distance $\Delta\alpha$ between the two positions of the sun. This depends strongly on the elevation μ_s of the sun (Figure 3.18a): the larger μ_s, the larger $\Delta\alpha$, and hence the lower the precision with which the azimuthal position of the sun can be measured. Moreover, note that in *Cataglyphis* $\Delta\varphi$ increases steadily from 3.0° at the equator to 7.0° at the most dorsal part of the eye (see Figure 1.9b).

43. For details, see Lanfranconi B (1982), *n11.* Müller M, Wehner R (2007): Wind and sky as compass cues in desert ant navigation. *Naturwissenschaften 94, 589–594.*—Even though the ants' precision (the scatter of the data about the mean) varies with the elevation of the sun, the accuracy with which the ants selected their homeward courses (the deviation of the mean value from the true homeward course) does not depend on solar elevation.

44. For the sun and polarized-light compass set in competition and replacing each other, see Lebhardt F, Ronacher B (2014), *n11.* Wystrach A, Schwarz S, Schultheiss P, Baniel A,

Cheng K (2014): Multiple sources of celestial compass information in the Central Australian desert ant *Melophorus bagoti. J Comp Physiol A 200, 591-601.*—Information transfer between the two compass systems has been shown by Wehner R (1997), *n16.* Lebhardt F, Ronacher B (2015): Transfer of directional information between the polarization compass and the sun compass in desert ants. *J Comp Physiol A 201, 599-608.*

45. The first attempts to demonstrate whether an animal's celestial compass would take account of the daily movement of the sun did not yet show time compensation in either ants or bees. Brun R (1914): Die Raumorientierung der Ameisen und das Orientierungsproblem im allgemeinen. *Jena, G. Fischer,* pp. 176–184. Wolf E (1927): Über das Heimfindevermögen der Bienen. II. *Z Vergl Physiol 6, 221–254.* The latter study does not allow for a definite conclusion.

46. The classical accounts, in which time compensation was demonstrated for the first time in bees, ants, crustaceans, spiders, and birds, are von Frisch K (1950): Die Sonne als Kompass im Leben der Bienen. *Experientia 6, 210–222.* Kramer G (1953): Die Sonnenorientierung der Vögel. *Verh Dtsch Zool Ges 52, 72–84.* Papi F (1955): Experiments on the sense of time in *Talitrus saltator* (Crustacea: Amphipoda). *Experientia 11, 201–202.* Renner M (1957): Neue Versuche über den Zeitsinn der Honigbiene. *Z Vergl Physiol 40, 85–118.* Jander R (1957): Die optische Richtungsorientierung der roten Waldameise *(Formica rufa). Z Vergl Physiol 40, 162–238.* Meder E (1958): Über die Einberechnung der Sonnenwanderung bei der Orientierung der Honigbiene. *Z Vergl Physiol 40, 610–641.* Lindauer M (1959): Angeborene und erlernte Komponenten in der Sonnenorientierung der Bienen. Bemerkungen und Versuche zu einer Mitteilung von Kalmus. *Z Vergl Physiol 42, 43–62.*

47. For honeybees, see Renner M (1959): Über ein weiteres Versetzungsexperiment zur Analyse des Zeitsinns und der Sonnenorientierung der Honigbiene. *Z Vergl Physiol 42, 449–483.* Beier W, Lindauer M (1970): Der Sonnenstand als Zeitgeber für die Biene. *Apidologie 1, 5–28.* Cheeseman JF, Winnebeck EC, Millar CD, Kirkland LS, Sleigh J, et al., Warman GR (2012): General anesthesia alters time perception by phase shifting the circadian clock. *Proc Natl Acad Sci USA 109, 7061–7066.*

48. Brines ML (1980): Dynamic patterns of skylight polarization as clock and compass. *J Theor Biol 86, 507–512.*

49. Gould JL (1980): Sun compensation by bees. *Science 207, 545–547.* Gould JL (1984): Processing of sun-azimuth information by honey bees. *Anim Behav 32, 149–152.*

50. Wehner R, Lanfranconi B (1981): What do the ants know about the rotation of the sky? *Nature 293, 731–733.* Dyer FC (1987): Memory and sun compensation by honey bees. *J Comp Physiol A 160, 621–633.*

51. The skyline as a reference frame for the calibration of the ephemeris function was first proposed by New DAT, New JK (1962): The dances of honeybees at small zenith distances of the sun. *J Exp Biol 39, 271–291.* Dyer FC, Gould JL (1981): Honey bee orientation: a backup system for cloudy days. *Science 214, 1041–1042.* Dyer FC (1987), *n50.*

52. Towne WF, Moscrip H (2008): The connection between landscapes and the solar ephemeris in honeybees. *J Exp Biol 211, 3729–3736.* Towne WF (2008): Honeybees can learn the relationship between the solar ephemeris and a newly-experienced landscape. *J Exp Biol 211, 3737–3743.* Kemfort JR, Towne WF (2013): Honeybees can learn the relationship between the solar ephemeris and a newly experienced landscape: a confirmation. *J Exp Biol 216, 3767–3771.*

53. Dyer FC, Dickinson JA (1994): Development of sun compensation by honeybees: how partially experienced bees estimate the sun's course. *Proc Natl Acad Sci USA 91, 4471–4474.*—For *Cataglyphis,* see Wehner R, Müller M (1993): How do ants acquire their celestial ephemeris function? *Naturwissenschaften 80, 331–333.*

54. Lindauer M (1959), *n46.* Dyer FC, Dickinson JA (1994), *n53.*

55. Dyer FC, Dickinson JA (1996): Sun-compass learning in insects: representation in a simple mind. *Curr Direct Psychol Sci 5, 67–72.*

56. Wehner R, Meier C, Zollikofer CPE (2004): The ontogeny of foraging behaviour in desert ants, *Cataglyphis bicolor. Ecol Entomol 29, 240–250.* Fleischmann PN, Christian M, Müller VL, Rössler W, Wehner R (2016): Ontogeny of learning walks and the acquisition of landmark information in desert ants, *Cataglyphis fortis. J Exp Biol 219, 3137–3145.* Fleischmann PN, Grob R, Wehner R, Rössler W (2017): Species-specific differences in the fine structure of learning walk elements in *Cataglyphis* ants. *J Exp Biol 220, 2426–2435.*

57. Grob R, Fleischmann PN, Grübel K, Wehner R, Rössler W (2017): The role of celestial compass information in *Cataglyphis* ants during learning walks and for neuroplasticity in the central complex and mushroom bodies. *Front Behav Neurosci 11, 226.* Fleischmann PN, Grob R, Müller VL, Wehner R, Rössler W (2018): The geomagnetic field as a compass cue in *Cataglyphis* ant navigation. *Curr Biol 28, 1440–1444.*

58. Collett TS, Baron J (1994): Biological compasses and the coordinate frame of landmark memories in honeybees. *Nature 368, 137–140.* Jander R, Jander U (1998): The light and magnetic compass of the weaver ant, *Oecophylla smaragdina* (Hymenoptera: Formicidae). *Ethology 104, 743–758.* Riveros AJ, Srygley RB (2008): Do leafcutter ants, *Atta colombica,* orient their path-integrated home vector with a magnetic compass? *Anim Behav 75, 1273–1281.* For a review, see Wajnberg E, Acosta-Avalos D, Alves OC, de Oliveira JF, Srygley RB, Esquivel DMS (2010): Magnetoreception in eusocial insects: an update. *J R Soc Interface 7, S207–S225.*—Moreover, *Cataglyphis nodus* can be trained to use an artificial disturbance of the geomagnetic field as home-site cue. Bühlmann C, Hansson BS, Knaden M (2012): Desert ants learn vibration and magnetic landmarks. *PLoS One 7, e33117.*

59. The blind mole rat, *Spalax ehrenbergi,* has been reported to use the geomagnetic field for path integration in the dark. Kimchi T, Etienne AS, Terkel J (2004): A subterranean mammal uses the magnetic compass for path integration. *Proc Natl Acad Sci USA 101, 1105–1109.*

60. There are some indications that a magneto-mechanotransducer mechanism may be involved in the magnetic sense of at least some insect species. See Lindauer M, Martin H (1968): Die Schwereorientierung der Bienen unter dem Einfluss des Erdmagnetfelds. *Z Vergl Physiol 60, 219–243.* Wehner R, Labhart T (1970): Perception of the geomagnetic field in the fly *Drosophila melanogaster. Experientia 26, 967–968.*—Could the Johnston organ with its bowl-shaped array of mechanoreceptors in the ant's antennae play a role?

61. Wehner R, Duelli P (1971), *n5.* Duelli P (1971): Die Konkurrenz von Polarisationsmuster des Himmels, Mondazimut und Windrichtung bei der Orientierung der Wüstenameise *Cataglyphis bicolor* im Zeitintervall zwischen Sonnenunter- und Sonnenaufgang. *Diploma Thesis, University of Zürich.*—The ants' immediate response to the e-vector pattern appearing in the sky at dawn can also be deduced from experiments in which the ants are deprived of any wind information (by testing them with our trolley device). Under these conditions the switch from completely disoriented to fully oriented behavior occurs 30–35 min before sunrise, exactly at the time when in the open the ants switch from wind-based to sky-based orientation.

62. In early experiments Karl Eduard Linsenmair showed that walking tenebrionid and scarabaeoid beetles can keep a constant course relative to the direction of the wind. Linsenmair KE (1969): Anemotaktische Orientierung bei Tenebrioniden und Mistkäfern (Insecta, Coleoptera). *Z Vergl Physiol 64, 154–211.* Linsenmair KE (1970): Die Interaktion der paarigen antennalen Sinnesorgane bei der Windorientierung laufender Mist- und Schwarzkäfer (Insecta, Coleoptera). *Z Vergl Physiol 70, 247–277.*

63. Müller M, Wehner R (2007), *n43.*

64. Anatomy: Wehner R, Bernard GD, Geiger E (1975), *n6.* Herrling PL (1976): Regional distribution of three ultrastructural retinula types in the retina of *Cataglyphis bicolor* (Formicidae, Hymenoptera). *Cell Tiss Res 169, 247–266.* Meyer EP (1979): Golgi-EM-study of first and second order neurons in the visual system of *Cataglyphis bicolor* (Hymenoptera, Formicidae). *Zoomorphologie 92, 115–139.* Räber F (1979): Retinatopographie und Sehfeldtopologie des Komplexauges von *Cataglyphis bicolor* (Formicidae, Hymenoptera). *PhD Thesis, University of Zürich.* Meyer EP (1984): Retrograde labelling of photoreceptors in different eye regions of the compound eyes of bees and ants. *J Neurocytol 13, 825–836.* Meyer EP, Nässel DR (1986): Terminations of photoreceptor axons from different regions of the compound eye of the desert ant *Cataglyphis bicolor. Proc R Soc B 228, 59–69.* Meyer EP, Domanico V (1999): Microvillar orientation in the photoreceptors of the ant *Cataglyphis bicolor. Cell Tiss Res 295, 355–361.*—Physiology: Mote MI, Wehner R (1980), *n28.* Labhart T (1986): The electrophysiology of photoreceptors in different eye regions of the desert ant, *Cataglyphis bicolor. J Comp Physiol A 158, 1–7.*—Fan array: Wehner R (1982), *n15.*

65. For early studies on polarization opponency based on anatomical evidence and computational work, see Wehner

R (1982), *n15*.—Physiological evidence: Labhart T (1986), *n64*.—Behavioral evidence: Rossel S, Wehner R (1986), *n22*.—In an elegant functional imaging study the sites of reciprocal interactions between 'crossed analyzer' photoreceptors have been elucidated in individual columns of the *Drosophila* medulla by Weir PT, Henze MJ, Bleul C, Baumann-Klausener F, Labhart T, Dickinson MH (2016): Anatomical reconstruction and functional imaging reveal an ordered array of skylight polarization detectors in *Drosophila. J Neurosci 36, 5397–5404*.—For a review of polarization-opponent neurons in insects, see Heinze S (2014): Polarized light processing in insect brains: recent insights from the desert locust, the monarch butterfly, the cricket, and the fruit fly. In: Horváth G, ed., Polarized Light and Polarization Vision in Animal Sciences, pp. 61–111. *Berlin, Springer.*

66. Theoretical arguments are provided by Nilsson DE, Labhart T, Meyer EP (1987): Photoreceptor design and optical properties affecting polarization sensitivity in ants and crickets. *J Comp Physiol A 161, 645–658.*

67. For *Gryllus:* Labhart T (1988): Polarization opponent interneurons in the insect visual system. *Nature 331, 435–437.* Labhart T, Petzold J (1993): Processing of polarized light information in the visual system of crickets. In: Wiese K, Gribakin FG, Popov AV, Renninger G, eds., Sensory Systems of Arthropods, pp. 158–168. *Basel, Birkhäuser.* Petzold J (2001): Polarisationsempfindliche Neuronen im Sehsystem der Feldgrille, *Gryllus campestris:* Elektrophysiologie, Anatomie und Modellrechnungen. *PhD Thesis, University of Zürich.*—For *Cataglyphis*, see: Labhart T (2000): Polarization-sensitive interneurons in the optic lobes of the desert ant, *Cataglyphis bicolor. Naturwissenschaften 87, 133–136.*

68. In contrast to the POL1 neurons of crickets the medullar POL neurons of locusts respond also to unpolarized light, and most of them do not exhibit polarization opponency. el Jundi B, Homberg U (2010): Evidence for the possible existence of a second polarization-vision pathway in the locust brain. *J Insect Physiol 56, 971–979.* el Jundi B, Pfeiffer K, Homberg U (2011), *n39.*

69. Polarization sensitivities in photoreceptors of the DRA and non-DRA amount to PS>10 and PS<2, respectively: Labhart T (1980): Specialized photoreceptors at the dorsal rim of the honeybee's compound eye: polarizational and angular sensitivity. *J Comp Physiol 141, 19–30.*—The ontogenetic development of the twist is described in Wagner-Boller E (1987): Ontogenese des peripheren visuellen Systems der Honigbiene *(Apis mellifera). PhD Thesis, University of Zürich.*—For rhabdomeric disorders and polarization sensitivity in *Cataglyphis,* see Meyer EP, Domanico V (1999), *n64.* Labhart T (2000), *n67.* Rhabdomeric twist in flies: Smola U, Wunderer H (1981): Fly rhabdomeres twist in vivo. *J Comp Physiol 142, 43–49.*—The functional significance of photoreceptor twist is analyzed in Wehner R, Bernard GD (1993): Photoreceptor twist: a solution to the false-color problem. *Proc Natl Acad Sci USA 90, 4132–4135.* Horváth G, Hegedüs R (2014): Polarization-induced false colours. In: Horváth G, ed., Polarized Light and Polarization Vision in Animal Sciences, pp. 293–302. *Berlin, Springer.*

70. Labhart T, Meyer EP (1999): Detectors for polarized skylight in insects: a survey of ommatidial specializations in the dorsal rim area of the compound eye. *Micr Res Tech 47, 368–379.* Wehner R, Labhart T (2006), *n12.* Heinze S (2014), *n65.*

71. el Jundi B, Foster JJ, Khaldy L, Byrne MJ, Dacke M, Baird E (2016): A snapshot-based mechanism for celestial orientation. *Curr Biol 26, 1456–1462.*—For comparison, see Hölldobler B (1980): Canopy orientation: a new kind of orientation in ants. *Science 210, 86–88.*

72. Schmitt F, Stieb SM, Wehner R, Rössler W (2016): Experience-related reorganization of giant synapses in the lateral complex: potential role in plasticity of the sky-compass pathway in the desert ant *Cataglyphis fortis. Dev Neurobiol 76, 390–404.* Grob R, Fleischmann PN, Grübel K, Wehner R, Rössler W (2017), *n57.* Rössler W (2019): Neuroplasticity in desert ants (Hymenoptera: Formicidae)—importance for the ontogeny of navigation. *Myrm News 29, 1–20.*

73. Wehner R, Müller M (1985), *n16.* In *Cataglyphis,* the two major visual pathways were traced by Schmitt F, Stieb SM, Wehner R, Rössler W (2016), *n72,* and Grob R, Fleischmann PN, Grübel K, Wehner R, Rössler W (2017), *n72.*

74. Heinze S, Homberg U (2007): Map-like representation of celestial E-vector orientations in the brain of an insect. *Science 315, 995–997.*

75. The seminal Heinze and Homberg (2007) paper, *n74,* started amazing research activities on the central polarization pathway in a quite diverse variety of insects, not only in locusts and crickets, but also in monarch butterflies, honeybees, fruit flies, and dung beetles. Important references covering these insect groups are Homberg U, Heinze S, Pfeiffer K, Kinoshita M, el Jundi B (2011): Central neural coding of sky polarization in insects. *Phil Trans R Soc B 366, 680–687.* el Jundi B, Pfeiffer K, Heinze S, Homberg U (2014): Integration of polarization and chromatic cues in the insect sky compass. *J Comp Physiol A 200, 575–589.* Pfeiffer K, Homberg U (2014): Organization and functional roles of the central complex in the insect brain. *Annu Rev Entomol 59, 165–184.* Heinze S (2014), *n65,* a well-designed comprehensive review. Held M, Berz A, Hensgen B, Muenz TS, et al., Pfeiffer K (2016): Microglomerular complexes in the sky-compass network of the honeybee connect parallel pathways from the anterior optic tubercle to the central complex. *Front Behav Neurosci 10: 186.* el Jundi B, Warrant EJ, Pfeiffer K, Dacke M (2018): Neuroarchitecture of the dung beetle central complex. *J Comp Neurol 526, 2612–2630.* For phylogenetic aspects, see Thoen HH, Marshall J, Wolff GH, Strausfeld NJ (2017): Insect-like organization of the stomatopod central complex: functional and phylogenetic implications. *Front Behav Neurosci 11, 12.*

76. Träger U, Wagner R, Bausenwein B, Homberg U (2008): A novel type of microglomerular synaptic complex in the polarization vision pathway of the locust brain. *J Comp Neurol 506, 288–300.* Schmitt F, Stieb SM, Wehner R, Rössler W (2016), *n72.*—For reference to the mammalian auditory pathway, see Borst JGG, Rusu SI (2012): The Calyx of Held synapse. In: Trussell LO, Popper A, Fay R, eds., Synaptic Mechanisms in the Auditory System, pp. 95–134. *New York, Springer.*

77. Strausfeld NJ (2012): Arthropod Brain: Evolution, Functional Elegance, and Historical Significance. *Cambridge MA, Harvard University Press, quot.* p. 310.

78. Right-left bargaining in the central complex: Strauss R (2002): The central complex and the genetic dissection of locomotor behaviour. *Curr Opin Neurobiol 12, 633–638.* The dual compass representation is most likely perpetuated in the organization of the path integrator in the central complex: Stone T, Webb B, Adden A, Wedding NB, Honkanen A, et al., Heinze S (2017): An anatomically constrained model for path integration in the bee brain. *Curr Biol 27, 3069–3085.* Collett M, Collett TS (2017): Path integration: combining optic flow with compass orientation. *Curr Biol 27, R1113–R1116.*

79. The term "compass neurons" has previously been used in neural network studies: Hartmann G, Wehner R (1995): The ant's path integration system: a neural architecture. *Biol Cybern 73, 483–497.*

80. Giraldo YM, Leitch KJ, Ros IG, Warren TL, Weir PT, Dickinson MH (2018): Sun navigation requires compass neurons in *Drosophila. Curr Biol 28, 2845–2852.* Warren TL, Weir PT, Dickinson MH (2018): Flying *Drosophila melanogaster* maintain arbitrary but stable headings relative to the angle of polarized light. *J Exp Biol 221, 1–12.*—In fruit flies the CL1 cells (here called E-PG cells) of the ellipsoid body are described to represent the compass neurons, but also there the TB1 cells of the protocerebral bridge exhibit compass properties. As the two cell types exchange information bidirectionally, the CL1-TB1 system could be considered the inner compass.

81. Seelig JD, Jayaraman V (2015): Neural dynamics for landmark orientation and angular path integration. *Nature 521, 186–191.* Turner-Evans D, Wegener S, Rouault H, Franconville R, Wolff TT, et al., Jayaraman V (2017): Angular velocity integration in a fly heading circuit. *eLife 6, e23496.*—The fly's CL1 neurons are studied by two-photon calcium imaging in head-fixed animals walking within a virtual reality environment. They are equivalent to the head direction cells in the mammalian cortex, also in the sense that they receive information not only about landmarks but also self-generated movements. Taube JS (2007): The head direction signal: origins and sensory-motor integration. *Annu Rev Neurosci 30, 181–207.*

82. Bech M, Homberg U, Pfeiffer K (2014): Receptive fields of locust brain neurons are matched to polarization patterns in the sky. *Curr Biol 24, 2124–2129.*

83. For walking and flying locusts, see Eggers A, Weber T (1993): Behavioural evidence for polarization vision in locusts. *Proc Neurobiol Conf Göttingen 21, 336.* Mappes M, Homberg U (2004): Behavioral analysis of polarization vision in tethered flying locusts. *J Comp Physiol A 190, 61–68.*—Similar behavioral responses have been recorded

in tethered walking or flying crickets, houseflies and fruit flies. The flies align their longitudinal body axis preferably parallel or perpendicularly to the e-vector axis ('polarotaxis'): Brunner D, Labhart T (1987): Behavioural evidence for polarization vision in crickets. *Physiol Entomol 12, 1–10.* von Philipsborn A, Labhart T (1990): A behavioral study of polarization vision in the fly, *Musca domestica. J Comp Physiol A 167, 737–743.* Henze MJ, Labhart T (2007): Haze, clouds and limited sky visibility: polarotactic orientation of crickets under difficult stimulus conditions. *J Exp Biol 210, 3266–3276.* Wernet MF, Velez MM, Clark DA, Baumann-Klausener F, Brown JR, Klovstad M, Labhart T, Clandinin TR (2012): Genetic dissection reveals two separate retinal substrates for polarization vision in *Drosophila. Curr Biol 22, 12–20.* Velez MM, Wernet MF, Clark DA, Clandinin TR (2014): Walking *Drosophila* align with the e-vector of linearly polarized light through directed modulation of angular acceleration. *J Comp Physiol A 200, 603–614.*

84. According to some classical studies large-scale movements of *Schistocerca gregaria* are largely downwind: Rainey, RC (1963): Meteorology and the migration of desert locusts. World Meteorological Organization Technical Note. No. 54, *Geneva.* Schaefer GW (1976): Radar observations of insect flight. *Symp R Ent Soc 7, 157–197.*—There is no satisfactory evidence yet that the sun has any lasting influence on migratory flight orientation (see some mirror experiments): Kennedy JS (1951): The migration of the desert locust *(Schistocerca gregaria). Phil Trans R Soc B 235, 163–290.* Ellis PE, Ashall C (1957): Field studies on diurnal behaviour, movement and aggregation in the desert locust. *Anti Locust Bull 25, 1–94.*—For a short and lucid synopsis of the behavior of solitarious and gregarious locusts, see Homberg U (2015): Sky compass orientation in desert locusts—evidence from field and laboratory studies. *Front Behav Neurosci 9, 346.*

85. Weissmann C (1978): Reverse genetics. *Trends Biochem Sci 3, N109–N111.* Wehner R (2005): Brainless eyes. *Nature 435, 157–158.*—See also Li YF, Costello JC, Holloway AK, Hahn MW (2008): 'Reverse ecology' and the power of population genomics. *Evolution 62, 2984–2994.*

86. Heiligenberg WF (1991): Neural Nets in Electric Fish. *Cambridge MA, MIT Press.*

87. In the study of insect navigation, some recent examples in which 'reverse' and 'forward' approaches have been combined in exciting ways, are Seelig JD, Jayaraman V (2015), *n81.* Martin J, Guo P, Mu L, Harley CM, Ritzmann RE (2015): Central-complex control of movement in the freely walking cockroach. *Curr Biol 25, 2795–2803.* Stone T, Webb B, Adden A, Wedding NB, Honkanen A, et al., Heinze S (2017), *n78.* Giraldo YM, Leitch KJ, Ros IG, Warren TL, Weir PT, Dickinson MH (2018), *n80.*

4 里程估计

1. For the earliest known explicit description of the chip log, see Bourne W (1574): A Regiment for the Sea: Conteyning most profitable Rules, Mathematical experiences, and perfect knowledge of Navigation, for all Coastes and Countreys. *London, Hacket.* References are from Taylor ERG (1963): A Regiment for the Sea and Other Writings on Navigation by William Bourne. *Cambridge, Cambridge University Press,* pp. 126–128.—Early refinements of the log line are described in Hewson JB (1983): A History of the Practice of Navigation. 2nd ed. *Glasgow, Brown, Son and Ferguson,* p. 160.—For the remark on Magellan's voyage in 1521, see Hutchins E (1995): Cognition in the Wild. *Cambridge MA, MIT Press,* p. 104.

2. "Derived from its own movements" is often described as 'idiothetic' behavior. However, when Horst and Marie-Luise Mittelstaedt introduced this term in a study of path integration, they argued that idiothetic information can only be gained by internally generated (e.g., proprioceptive) cues without any reference to external cues. Mittelstaedt H, Mittelstaedt ML (1973): Mechanismen der Orientierung ohne richtende Aussenreize. *Fortschr Zool 21, 46–58.* See also Mittelstaedt H (2000): Triple-loop model of path integration control by head direction and place cells. *Biol Cybern 83, 261–270.*—If external cues are used, the path integration system is usually called 'allothetic.' However, sometimes the use of sensory information obtained by external stimuli only for determining the animal's rate of linear or angular motion, e.g., by exploiting self-induced optic-flow or celestial cues merely to estimate the translational and rotational components of movement, is also subsumed under the term 'idiothetic.' See also Cheung A, Zhang SW, Stricker C, Srinivasan MV (2008): Animal navigation: general properties of directed walks. *Biol Cybern 99, 197–217.* Vickerstaff RJ, Cheung A

(2010): Which coordinate system for modelling path integration? *J Theor Biol 263, 242–261.* Cheung A (2014): Animal path integration: a model of positional uncertainty along tortuous paths. *J Theor Biol 341, 17–33.*—As the terms 'idiothetic' and 'allothetic,' which now flit about the literature on animal navigation, might appear a bit enigmatic, let me hint at their Greek etymological roots: ídios (ιδιος), own, self; állos (αλλος), alien; thetós (θετος), determined.

3. Measuring distance by 'protocounting' within a series of artificial landmarks experimentally set up between the hive and the feeder has been reported for honeybees: in cue-conflict tests, in which the spacing interval was varied, a minority (about 10%–25%) of bees referred to the landmark number; the majority relied on distance flown. Chittka L, Geiger K (1995): Can honey bees count landmarks? *Anim Behav 49, 159–164.* Menzel R, Fuchs J, Nadler L, Weiss B, et al., Greggers U (2010): Dominance of the odometer over serial landmark learning in honeybee navigation. *Naturwissenschaften 97, 763–767.*—For the limited capacity of landmark counting as tested in flight tunnels (upper limit: four landmarks), see Dacke M, Srinivasan MV (2008): Evidence for counting in insects. *Anim Cogn 11, 683–689.*

4. Heran H, Wanke L (1952): Beobachtungen über die Entfernungsmeldungen der Sammelbienen. *Z Vergl Physiol 34, 383–393.* Heran H (1956): Ein Beitrag zur Frage nach der Wahrnehmungsgrundlage der Entfernungsmessung der Biene. *Z Vergl Physiol 38, 168–218.* Scholze E, Pichler H, Heran H (1964): Zur Entfernungsschätzung der Bienen nach dem Kraftaufwand. *Naturwissenschaften 51, 69–70.*—For first doubts on the energy expenditure hypothesis in honeybees, see Goller F, Esch HE (1990): Waggle dances of honey bees: is distance measured through energy expenditure on outward flight? *Naturwissenschaften 77, 594–595.* Esch HE, Burns JE (1996): Distance estimation by foraging honeybees. *J Exp Biol 199, 155–162.*

5. Schäfer M, Wehner R (1993): Loading does not affect measurement of walking distance in desert ants, *Cataglyphis fortis. Verh Dtsch Zool Ges 86, 270.* Pfeffer SE, Wittlinger M (2016): How to find home backwards? Navigation during rearward homing of *Cataglyphis fortis* desert ants. *J Exp Biol 219, 2119–2126.*

6. Medawar PB (1964): Is the scientific paper a fraud? In: Edge D, ed., Experiment: A Series of Scientific Case Histories, pp. 7–13. *London, British Broadcasting Corporation, quot.* p. 7.

7. Heusser D, Wehner R (2002): The visual centering response in desert ants, *Cataglyphis fortis. J Exp Biol 205, 585–590.*—Honeybees flying through the middle of a tunnel have been shown to balance the apparent motions of the images of the walls on the two sides: Srinivasan MV, Lehrer M, Kirchner WH, Zhang SW (1991): Range perception through apparent image speed in freely-flying honeybees. *Vis Neurosci 6, 519–535.*

8. Wittlinger M, Wehner R, Wolf H (2006): The ant odometer: stepping on stilts and stumps. *Science 312, 1965–1967.* Wittlinger M, Wehner R, Wolf H (2007): The desert ant odometer: a stride integrator that accounts for stride length and walking speed. *J Exp Biol 210, 198–207.*

9. For the necessary normalization of stride length with respect to body size and running speed, see Wittlinger M, Wehner R, Wolf H (2007), *n8.*—For further considerations, see Collett M, Collett TS, Srinivasan MV (2006): Insect navigation: measuring travel distance across ground and though air. *Curr Biol R887–R890.* Walls ML, Layne JE (2009): Direct evidence for distance measurement via flexible stride integration in the fiddler crab. *Curr Biol 19, 25–29.*

10. Piéron H (1904): Du rôle du sens musculaire dans l'orientation des fourmis. *Bull Inst Gén Psychol 4, 168–186.*—Henri Piéron coined the term 'pedometer.'

11. Wittlinger M, Wolf H, Wehner R (2007): Hair plate mechanoreceptors associated with body segments are not necessary for three-dimensional path integration in desert ants, *Cataglyphis fortis. J Exp Biol 210, 375–382.* Steck K, Wittlinger M, Wolf H (2009): Estimation of homing distance in desert ants, *Cataglyphis fortis,* remains unaffected by disturbances of walking behaviour. *J Exp Biol 212, 2893–2901.* Wittlinger M, Wolf H (2013): Homing distance in desert ants, *Cataglyphis fortis,* remains unaffected by disturbance of walking behaviour and visual input. *J Physiol 107, 130–136.*—For arguments that stride length is most likely derived from proprioceptive inputs from the legs, see also Collett M, Collett TS, Srinivasan MV (2006), *n9.*

12. Pfeffer SE, Wittlinger M (2016), *n5.*

13. Similar to desert ants, fiddler crabs track the location of their burrow by path integration. Michael Walls and John Layne at the University of Cincinnati, Ohio, let the crabs home on a slippery acetate sheet, and by this showed that the animals measure distance by integrating strides rather than optic flow. Walls ML, Layne JE (2009), *n9*.

14. Ronacher B, Wehner R (1995): Desert ants, *Cataglyphis fortis,* use self-induced optic flow to measure distance travelled. *J Comp Physiol A 177, 21-27.*—The ants' overshooting and undershooting is not influenced by the pattern wavelength of the black-and-white gratings and thus shows that the estimation of distance depends on self-induced image speed rather than temporal contrast frequency.

15. Ronacher B, Gallizzi K, Wohlgemuth S, Wehner R (2000): Lateral optic flow does not influence distance estimation in the desert ant *Cataglyphis fortis. J Comp Physiol A 203, 1113-1121.*

16. Hingston RWG (1923): A Naturalist in Hindustan. *London, H. F. and G. Witherby, quot.* p. 281.—In *Cataglyphis,* carrying behavior has been described, e.g., in Délye G (1967): Physiologie et comportement de quelques fourmis (Hym. Formicidae) du Sahara en rapport avec les principaux facteurs du climat. *Insect Soc 14, 323-338.* Harkness RD (1977): The carrying of ants *(Cataglyphis bicolor)* by others of the same nest. *J Zool 183, 419-430.* Cerdá X, Retana J (1992): A behavioural study of transporter workers in *Cataglyphis iberica* ant colonies (Hymenoptera, Formicidae). *Ethol Ecol Evol 4, 359-374.* Dahbi A, Retana J, Lenoir A, Cerdá X (2008): Nest-moving by the polydomous ant *Cataglyphis iberica. J Ethol 26, 119-126.* Amor F, Ortega P, Jowers MJ, Cerdá X, et al., Boulay RR (2011): The evolution of worker-queen polymorphism in *Cataglyphis* ants: interplay between individual- and colony-level selections. *Behav Ecol Sociobiol 65, 1473-1482.*—In ants, the mode of adult transport is a largely taxon-specific trait; see Hölldobler B, Wilson EO (1990): The Ants. *Cambridge MA, Harvard University Press,* pp. 279-285. Plate 71 in Hölldobler B, Wilson EO (2009): The Superorganism. *New York, Norton.*

17. Duelli P (1973): Astrotaktisches Heimfindevermögen tragender und getragener Ameisen (*Cataglyphis bicolor,* Hymenoptera, Formicidae). *Rev Suisse Zool 80, 712-719.* Duelli P (1976): Distanzdressuren von getragenen Ameisen. *Rev Suisse Zool 83, 413-418.* Fourcassié V, Dahbi A, Cerdá X (2000): Orientation and navigation during adult transport between nests in the ant *Cataglyphis iberica. Naturwissenschaften 87, 355-359.*

18. Pfeffer SE, Wittlinger M (2016): Optic flow odometry operates independently of stride integration in carried ants. *Science 353, 1155-1157.*

19. Wohlgemuth S, Ronacher B, Wehner R (2002): Distance estimation in the third dimension in desert ants. *J Comp Physiol A 188, 273-281.* Thiélin-Bescond M, Beugnon G (2005): Vision-independent odometry in the ant *Cataglyphis cursor. Naturwissenschaften 92, 193-197.*

20. Seidl T, Knaden M, Wehner R (2006): Desert ants: is active locomotion a prerequisite for path integration? *J Comp Physiol A 192, 1125-1131.*

21. Wolf H, Wittlinger M, Pfeffer SE (2018): Two distance memories in desert ants—modes of interaction. *PLoS ONE, e0204664.*

22. Arnoldi KV (1932): Biologische Beobachtungen an der neuen paläarktischen Sklavenhalterameise *Rossomyrmex proformicarum,* nebst einigen Bemerkungen über die Beförderungsweise der Ameisen. *Z Morph Ökol Tiere 24, 319-326.* Marikovsky PY (1974): The biology of the ant *Rossomyrmex proformicarum. Insect Soc 21, 301-308.* Tinaut A, Ruano F (1998): Implications phylogénétiques du mechanisme de recrutement chez *Rossomyrmex minuchae* (Hymenoptera, Formicidae). *Act Coll Insect Soc 11, 125-132.* Ruano F, Sanllorente O, Lenoir A, Tinaut A (2013): *Rossomyrmex,* the slave-maker ants from the arid steppe environments. *Psyche 2013, Article ID 541804.*

23. Ruano F, Tinaut A (1999): Raid process, activity pattern and influence of abiotic conditions in the slave-making ant *Rossomyrmex minuchae* (Hymenoptera, Formicidae). *Insect Soc 46, 341-347.* Ruano F, Tinaut A (2004): The assault process of the slave-making ant *Rossomyrmex minuchae* (Hymenoptera, Formicidae). *Sociobiology 43, 201-209.*

24. The quotations are from Ward PS (2014): The phylogeny and evolution of ants. *Annu Rev Ecol Evol Syst 45, 23-43;* Danforth BN (2013): Social insects: are ants just wingless bees? *Curr Biol 23, R1011-R1012.*—For phylogenies, see especially Johnson BR, Borowiec ML, Chiu JC, Lee EK, Atallah J, Ward PS (2013): Phylogenomics resolve

evolutionary relationships among ants, bees, and wasps. *Curr Biol 23, 2058–2062.*

25. Srinivasan MV, Zhang SW, Lehrer M, Collett TS (1996): Honeybee navigation en route to the goal: visual flight control and odometry. *J Exp Biol 199, 237–243.* Srinivasan MV, Zhang SW, Bidell NJ (1997): Visually mediated odometry in honeybees. *J Exp Biol 200, 2513–2522.* Srinivasan MV, Zhang SW, Altwein M, Tautz J (2000): Honeybee navigation: nature and calibration of the odometer. *Science 287, 851–853.* Esch HE, Zhang SW, Srinivasan MV, Tautz J (2001): Honeybee dances communicate distances measured by optic flow. *Nature 411, 581–583.*—Optic-flow odometry has also been reported for stingless bees in the Amazon rain forest: Hrncir M, Jarav S, Zucchi R, Barth FG (2003): A stingless bee *(Melipona seminigra)* uses optic flow to estimate flight distances. *J Comp Physiol A 189, 761–768.*—These bees use optic flow also for locating food sources in the vertical plane. Eckles MA, Roubik DW, Nieh JC (2012): A stingless bee can use visual odometry to estimate both height and distance. *J Exp Biol 215, 3150–3160.*—Vertical optic flow is also exploited by honeybees: Dacke M, Srinivasan MV (2007): Honeybee navigation: distance estimation in the third dimension. *J Exp Biol 210, 845–853.*

26. Esch HE, Burns JE (1995): Honeybees use optic flow to measure the distance of a food source. *Naturwissenschaften 82, 38–40.* Esch HE, Burns JE (1996), *n4.*

27. Von Frisch K (1965): Tanzsprache und Orientierung der Bienen. *Berlin, Springer.* Von Frisch K (1973): Decoding the Language of the Bee. *Nobel Lecture, December 12, 1973.*

28. Esch HE, Zhang SW, Srinivasan MV, Tautz J (2001), *n25.*—For the distance calibration function of the waggle dance, see von Frisch K, Kratky O (1962): Über die Beziehung zwischen Flugweite und Tanztempo bei der Entfernungsmeldung der Bienen. *Naturwissenschaften 49, 409–417.*—The different distance calibration functions reported for different races of honeybees might well result from structural differences in the bees' foraging environments rather than from congenital racial differences.

29. Wittlinger M, Wolf H (2013), *n11.*—It is not only the flow meter but also the pedometer that certainly dates back to the ants' flying ancestors, and most likely even further back. Chittka L, Williams NM, Rasmussen H, Thomson JD (1999): Navigation without vision: bumblebee orientation in complete darkness. *Proc R Soc B 266, 45–50.*

30. Ibbotson MR (2001): Evidence for velocity-tuned motion-sensitive descending neurons in the honeybee. *Proc R Soc B 268, 2195–2201.*—The bee's visual odometer receives its input from the long-wavelength type of receptor: Chittka L, Tautz J (2003): The spectral input to honeybee visual odometry. *J Exp Biol 206, 2393–2397.*

31. Stone T, Webb B, Adden A, Wedding NB, Honkanen A, et al., Heinze S (2017): An anatomically constrained model for path integration in the bee brain. *Curr Biol 27, 3069–3085.*

32. Wohlgemuth S, Ronacher B, Wehner R (2001): Ant odometry in the third dimension. *Nature 411, 795–798.* Wohlgemuth S, Ronacher B, Wehner R (2002), *n19.*

33. Maronde K, Wohlgemuth S, Ronacher B, Wehner R (2003): Ground instead of walking distances determine the direction of the home vector in 3-D path integration of desert ants. *Proc Neurobiol Conf Göttingen 29, 548–549.*—For further 3-D experiments, see Grah G, Wehner R, Ronacher B (2005): Path integration in a three-dimensional maze: ground distance estimation keeps desert ants *(Cataglyphis fortis)* on course. *J Exp Biol 208, 4005–4011.*—The computation of 3-D path integration vectors has been discussed but not systematically explored in jumping spiders and rodents. Hill DE (1979): Orientation by jumping spiders of the genus *Phidippus* (Araneae: Salticidae) during the pursuit of prey. *Behav Ecol Sociobiol 5, 301–322.* Bardunias PM, Jander R (2000): Three dimensional path integration in the house mouse *(Mus domestica). Naturwissenschaften 87, 532–534.*—The rodent's map is considered to be metrically organized only in the horizontal plane, and thus 'metrically flat,' whereas the vertical dimension is encoded in some non-metric way; see Jeffery KJ, Jovalekic A, Verriotis M, Hayman R (2013): Navigating in a three-dimensional world. *Behav Brain Sci 36, 523–587.*

34. Walls ML, Layne JE (2009): Fiddler crabs accurately measure two-dimensional distance over three-dimensional terrain. *J Exp Biol 212, 3236–3240.*—In contrast, when honeybees are trained to fly in 3-D tunnel systems, the distances signaled in the waggle dances depends on the total rather than the ground distances traveled. Moreover, the elevation of a food source is not communicated. Von Frisch K (1965),

n27, pp. 165–172. Esch HE, Burns JE (1995), *n26.* Dacke M, Srinivasan MV (2007), *n25.*

35. In intricate behavioral experiments *C. fortis* discriminated slope differences as small as at least 12.5°, but this might not be the lower limit. Wintergerst S, Ronacher B (2012): Discrimination of inclined path segments by the desert ant *Cataglyphis fortis. J Comp Physiol A 198, 363–373.*—Wood ants, honeybees, and ground beetles detect 3°–5° slope deviations from the horizontal. Bückmann D (1955): Zur Leistung des Schweresinnes bei Insekten. *Naturwissenschaften 42, 78–79.* Markl H (1962): Borstenfelder an den Gelenken als Schweresinnesorgane bei Ameisen und anderen Hymenopteren. *Z Vergl Physiol 45, 475–569.* Von Frisch K (1965), *n27,* p. 148.

36. Markl H (1971): Proprioceptive gravity perception in Hymenoptera. In: Gordon S, Cohen M, eds., Gravity and the Organism, pp. 185–194. *Chicago, University of Chicago Press.*

37. Wohlgemuth S, Ronacher B, Wehner R (2002), *n19.* Wittlinger M, Wolf H, Wehner R (2007), *n11.*

38. Reviews of insect cuticular mechanoreceptors and chordotonal organs are given in Keil TA (1997): Functional morphology of insect mechanoreceptors. *Microsc Res Techn 39, 506–531.* Field LH, Matheson T (1998): Chordotonal organs in insects. *Adv Insect Physiol 27, 1–228.*—The involvement of such receptors in any kind of odometry is hypothesized in Seidl T, Wehner R (2008): Walking on inclines: how do desert ants monitor slope and step length? *Front Zool 5, 8.*—For mechanoreceptors that detect forces as cuticular strains in the insect exoskeleton, see e.g., Zill SN, Chaudhry S, Büschges A, Schmitz J (2013): Directional specificity and encoding of muscle forces and loads by stick insect tibial campaniform sensilla, including receptors with round cuticular caps. *Arthropod Struct Dev 42, 455–467.* Wöhrl T, Reinhardt L, Blickhan R (2017): Propulsion in hexapod locomotion: how do desert ants traverse slopes? *J Exp Biol 220, 1618–1625.*

39. Seidl T, Wehner R (2008), *n38.* Hess D, Koch J, Ronacher B (2009): Desert ants do not rely on sky compass information for the perception of inclined paths. *J Exp Biol 212, 1528–1534.* Weihmann T, Blickhan R (2009): Comparing inclined locomotion in a ground-living and a climbing ant species: sagittal plane kinematics. *J Comp Physiol A 195, 1011–1020.*

40. Wohlgemuth S, Ronacher B, Wehner R (2002), *n19.* Hess D, Koch J, Ronacher B (2009), *n39.*

41. Grah G, Wehner R, Ronacher B (2007): Desert ants do not acquire and use a three-dimensional global vector. *Front Zool 4, 12.* Grah G, Ronacher B (2008): Three-dimensional orientation in desert ants: context-independent memorisation and recall of sloped path segments. *J Comp Physiol A 194, 517–522.*

42. Cornetz V (1909): Le sentiment topographique chez les fourmis. *Rev Idées 6, 452–458,* "pour la fourmi le monde est plan," *quot.* p. 458.—Cornetz referred to a remark made by the philosopher Remy de Gourmont. De Gourmont R (1909): Promenades philosophiques. Chapter 8: Le sens topographique chez les fourmi, pp. 153–158. *Paris, Mercure de France, quot.* p. 153.

43. Wehner R (2016): Early ant trajectories: spatial behaviour before behaviourism. *J Comp Physiol A 202, 247–266.*

5 路径积分

1. Homer, Odyssey 8, 557f.

2. Mittelstaedt H, Mittelstaedt ML (1973): Mechanismen der Orientierung ohne richtende Aussenreize. *Fortschr Zool 21, 46–58.*

3. The term 'dead reckoning' was first used and characterized by William Barlow, the later archdeacon of Salisbury, who called it "an uncertaine ghesse": Barlow W (1597): The Navigator's Supply. *London, Bishop, Newbery and Barker, quot.* p. H3 [published in facsimile by *Theatrum Orbis Terrarum, Amsterdam, 1972*].—It has often been claimed that etymologically 'dead reckoning' derives from 'deduced reckoning,' but this is still a matter of debate. The term could also have the meaning of 'dead aim' or 'dead right,' denoting precision: Cotter CH (1978): Early dead reckoning navigation. *J Navig 31, 20–27.* Huth JE (2013): The Lost Art of Finding Our Way. *Cambridge MA, Harvard University Press,* p. 23.—A short account on the history of dead reckoning is given in Taylor EGR (1950): Five centuries of dead reckoning. *J Navig 3, 280–285.*—Charles Darwin used the term when he referred to observations made by Ferdinand von Wrangel during extensive expeditions to northern Siberia. There "the natives kept a true course towards a particular spot whilst passing . . . through hummocky ice with incessant changes of direction."

Darwin C (1873): Origin of certain instincts. *Nature 7, 417–418;* comment by Murphy JJ (1873): Instinct: a mechanical analogy. *Nature 7, 483.*

4. Wehner R (1982): Himmelsnavigation bei Insekten. Neuphysiologie und Verhalten. *Neujahrsbl Naturf Ges Zürich 184, 1–132.* Wehner R (1983): Celestial and terrestrial navigation: human strategies—insect strategies. In: Huber F, Markl H, eds., Neuroethology and Behavioral Physiology, pp. 366–381. *Berlin, Springer.* Collett M, Collett TS (2000): How do insects use path integration for their navigation? *Biol Cybern 83, 245–259.*—The term 'vector navigation' is also used, though in a different context and meaning, in the study of bird migration. Schmidt-König K (1973): Über die Navigation der Vögel. *Naturwissenschaften 60, 88–94.*—In this general account the term describes an inherited spatiotemporal vector program, some kind of clock-and-compass strategy, which enables even first-year migrants to steer their courses to their unfamiliar winter quarters. Mouritsen H, Mouritsen O (2000): A mathematical expectation model for bird navigation based on the clock-and-compass strategy. *J Theor Biol 207, 283–291.*

5. Ministry of Defence Staff (1960): Admiralty Manual of Navigation. Vol. 1. *London, Stationery Office, quot.* p. 72.

6. Morison SE (1944): Admiral of the Ocean Sea: A Life of Christopher Columbus. *Boston, Little, Brown.* Fuson RH (1987): The Log of Christopher Columbus. *Camden ME, International Marine.* Peck DT (2011): The empirical reconstruction of Columbus' navigational log and track of his 1492–1493 discovery voyage. *J Navigation 64, 193–205.*

7. Schmidt L, Collett TS, Dillier FX, Wehner R (1992): How desert ants cope with enforced detours on their way home. *J Comp Physiol A 171, 285–288.* Wehner R (2003): Desert ant navigation: how miniature brains solve complex tasks. *J Comp Physiol A 189, 579–588.*

8. Besides ants in particular and insects in general, several other groups of animals have also become subjects of experimental studies in path integration. Some principal accounts:

Crabs: Zeil J (1998): Homing in fiddler crabs (*Uca lactea* and *Uca vomeris:* Ocypodidae). *J Comp Physiol A 183, 367–377.* Layne JE, Barnes WJP, Duncan LMJ (2003): Mechanisms of homing in the fiddler crab *Uca rapax.* 2. Information sources and frame of reference for a path integration system. *J Exp Biol 206, 4425–4442.* Walls ML, Layne JE (2009): Direct evidence for distance measurement via flexible stride integration in the fiddler crab. *Curr Biol 19, 25–29.*

Spiders: Görner P (1958): Die optische und kinästhetische Orientierung der Trichterspinne *Agelena labyrinthica. Z Vergl Physiol 41, 111–153.* Görner P, Claas B (1985): Homing behavior and orientation in the funnel-web spider, *Agelena labyrinthica.* In: Barth FG, ed., Neurobiology of Arachnids, pp. 275–297. *Berlin, Springer.* Seyfarth EA, Hergenröder R, Ebbes H, Barth FG (1982): Idiothetic orientation of a wandering spider: compensation of detours and estimates of goal distances. *Behav Ecol Sociobiol 11, 139–148.* Moller P, Görner P (1994): Homing by path integration in the spider *Agelena labyrinthica. J Comp Physiol A 174, 221–229.* Nørgaard T, Henschel JR, Wehner R (2006): The night-time temporal window of locomotor activity in the Namib Desert long-distance wandering spider, *Leucorchestris arenicola. J Comp Physiol A 192, 365–372.* Ortega-Escobar J (2006): Role of anterior lateral eyes of the wolf spider *Lycosa tarantula* (Araneae, Lycosidae) during path integration. *J Arachn 34, 51–61.*

Birds: von Saint-Paul U (1982): Do geese use path integration for walking home? In: Papi F, Wallraff HG, eds., Avian Navigation, pp. 298–307. *Berlin, Springer.*

Mammals: Mittelstaedt ML, Mittelstaedt H (1980): Homing by path integration in a mammal. *Naturwissenschaften 67, 566–567.* Séguinot V, Cattet J, Benhamou S (1998): Path integration in dogs. *Anim Behav 55, 787–797.* Etienne AS, Jeffery KJ (2004): Path integration in mammals. *Hippocampus 14, 180–192.* Kimchi T, Etienne AS, Terkel J (2004): A subterranean mammal uses the magnetic compass for path integration. *Proc Natl Acad Sci USA 101, 1105–1109.*

Humans: Klatzky RL, Loomis JM, Golledge RG, Cicinelli JG, Doherty S, Pellegrino JW (1990): Acquisition of route and survey knowledge in the absence of vision. *J Mot Behav 22, 19–43.* Mittelstaedt ML, Glasauer S (1991): Idiothetic navigation in gerbils and humans. *Zool Jb Allg Zool Physiol Tiere 95, 427–435.* Loomis JM, Klatzky RL, Golledge RG, Philbeck JW (1999): Human navigation by path integration. In: Golledge RG, ed., Wayfinding Behavior, pp. 125–151. *Baltimore, Johns Hopkins University Press.* Wang RF, Spelke ES (2003): Comparative approaches to human navigation. In: Jeffery KJ, ed., The Neurobiology of Spatial Behaviour, pp. 119–143. *Oxford, Oxford University Press.* Foo P, Warren WH, Duchon A, Tarr MJ (2005): Do humans integrate routes into a cognitive map? Map- versus landmark-based navigation of novel shortcuts. *J Exp Psychol Learn Mem Cogn 31, 195–215.* Petzschner FH, Glasauer S (2011): Iterative Bayesian estimation as an explanation for range and regression effects: a study on human path integration. *J Neurosci 31, 17220–17229.*

9. The two standard coordinate systems sketched out in Figure 5.3 are subsets of extended classes of systems, in which a larger number of reference directions might render the systems neurobiologically more plausible. For a full treatment, see Vickerstaff RJ, Cheung A (2010): Which coordinate system for modelling path integration? *J Theor Biol 263, 242–261* and references therein. Cheung A, Vickerstaff RJ (2010): Finding the way with a noisy brain. *PLoS Comput Biol 6(11), e1000992.*—Two examples for applying geocentric systems: Müller M, Wehner R (1988): Path integration in desert ants, *Cataglyphis fortis. Proc Natl Acad Sci USA 85, 5287–5290.* Hartmann G, Wehner R (1995): The ant's path integration system: a neural architecture. *Biol Cybern 73, 483–497.*—Two examples for considering egocentric systems: Benhamou S, Sauvé JP, Bovet P (1990): Spatial memory in large scale movements: efficiency and limitations of the egocentric coding process. *J Theor Biol 145, 1–12.* Merkle T, Rost M, Alt W (2006): Egocentric path integration models and their application to desert arthropods. *J Theor Biol 240, 385–399.*

10. Mittelstaedt H (1962): Control systems of orientation in insects. *Annu Rev Entomol 7, 177–198.* Mittelstaedt H (1963): Bikomponenten-Theorie der Orientierung. *Ergeb Biol 26, 253–258.*—As sketched out in Figure 5.4, Mittelstaedt's model considers path integration during the outbound journey plus homing: the sine and cosine components modulated by odometric data and integrated independently are cross-correlated with the sine and cosine input components (i.e., the current compass direction) to generate the proper steering command.

11. Vickerstaff RJ, Cheung A (2010), *n9.* Cheung A, Vickerstaff RJ (2010), *n9.* Cheung A (2014): Animal path integration: a model of positional uncertainty along tortuous paths. *J Theor Biol 341, 17–33.* Cheung A, Vickerstaff RJ (2015): Sensory and update errors which can affect path integration. *J Theor Biol 372, 217–221.* As theoretically outlined by Cheung and Vickerstaff (2010), the animal's movements can be projected onto multiple axes resulting in multi-component systems rather than only a 'bi-component' one, see also *n9.*

12. For definitions of the terms 'idiothetic' and 'allothetic,' and especially for the ambiguity in defining idiothetic path integration, see Chapter 4, *n2.*

13. Murphy JJ (1873), *n3.* Barlow JS (1964): Inertial navigation as a basis for animal navigation. *J Theor Biol 6, 76–117.* Mayne R (1974): A system concept of the vestibular organs. In: Kornhuber AA, ed., Handbook of Sensory Physiology, vol. 6/2, pp. 493–580. *Berlin, Springer.* Wiener W, Berthoz A (1993): Forebrain structures mediating the vestibular contribution during navigation. In: Berthoz A, ed., Multisensory Control of Movement, pp. 427–456. *Oxford, Oxford University Press.*

14. Barlow JS (1964), *n13.*—In long-distance homing, pigeons completely disregard inertial information. Neither anesthesia during transport nor surgical operations in the semicircular system impaired their homing abilities. Keeton WT (1974): The orientational and navigational basis of homing in birds. *Adv Study Behav 5, 47–132.*

15. Evidence of short-range idiothetic path integration in small mammals, which seem to employ labyrinthine information, is provided by Mittelstaedt ML, Mittelstaedt H (1980), *n8.* Etienne AS (1980): The orientation of the goldenhamster to its nest-site after the elimination of various sensory cues. *Experientia 36, 1048–1050.* Mittelstaedt H, Mittelstaedt ML (1982): Homing by path integration. In: Papi F, Wallraff HG, eds., Avian Navigation, pp. 290–297. *Berlin, Springer.* Mittelstaedt ML, Glasauer S (1991), *n8.* McNaughton BL, Knierim JL, Wilson MA (1994): Vector encoding and the vestibular foundation of spatial cognition. In: Gazzaniga M, ed., The Cognitive Neurosciences, pp. 585–595. *Cambridge MA, MIT Press.* Etienne AS, Maurer R, Séguinot V (1996): Path integration in mammals and its interaction with visual landmarks. *J Exp Biol 199, 201–209.* Bardunias PM, Jander R (2000): Three dimensional path integration in the house mouse *(Mus domestica). Naturwissenschaften 87, 532–534.*

16. Seyfarth EA, Barth FG (1972): Compound slit sense organs on the spider legs: mechanoreceptors involved in kinesthetic orientation. *J Comp Physiol 78, 176–191.* Seyfarth

EA, Hergenröder R, Ebbes H, Barth FG (1982), *n8*. Durier V, Rivault C (1999): Path integration in cockroach larvae, *Blatella germanica* (Insecta: Dictyoptera): direction and distance estimation. *Anim Learn Behav 27, 108–118*.—For small-scale idiothetic path integration in funnel-web spiders and fiddler crabs, see Görner P, Claas B (1985), *n8*. Layne JE, Barnes WJP, Duncan LMJ (2003), *n8*.

17. Cheung A, Zhang SW, Stricker C, Srinivasan MV (2007): Animal navigation: the difficulty of moving in a straight line. *Biol Cybern 97, 47–61*. Cheung A, Zhang SW, Stricker C, Srinivasan MV (2008): Animal navigation: general properties of directed walks. *Biol Cybern 99, 197–217*.

18. Souman JL, Frissen I, Sreenivasa MN, Ernst MO (2009): Walking straight into circles. *Curr Biol 19, 1538–1542*.—Without a compass, and with directional errors being biased, a directed walk is expected to approximate a logarithmic spiral: Cheung A, Zhang SW, Stricker C, Srinivasan MV (2008), *n17*.

19. Wehner R, Gallizzi K, Frei C, Vesely M (2002): Calibration processes in desert ant navigation: vector courses and systematic search. *J Comp Physiol A 188, 683–693*.—When the open-jaw experiment is performed with a forced-detour channel device rather than in the open fields, the resulting recalibration of the ants' vector navigation system is very similar to the one depicted in Figure 5.6: Collett M, Collett TS, Wehner R (1999): Calibration of vector navigation in desert ants. *Curr Biol 9, 1031–1034*. Collett M, Collett TS (2000), *n4*.

20. A recent study performed in *Melophorus* ants within a landmark-rich (grass-tussock and scattered-tree) environment starts to dwell on the set of questions raised in the text. Freas CA, Cheng K (2018): Limits of vector calibration in the Australian desert ant, *Melophorus bagoti*. *Insect Soc 65, 141–152*.

21. In the main text, recalibration is considered only with respect to the directional vector component. Experimentally, however, recalibration of the distance component has been tested as well. Such open-jaw experiments were performed by using straight channels, in which the foraging ants experienced different outbound and inbound travel distances. Cheng K, Wehner R (2002): Navigating desert ants *(Cataglyphis fortis)* learn to alter their search patterns on their homebound journey. *Physiol Entomol 27, 285–290*. Bolek S, Wittlinger M, Wolf H (2012): Establishing food site vectors in desert ants. *J Exp Biol 215, 653–656*.—Main result: the lengths of the ants' recalibrated PI vectors are intermediate between the outbound and inbound distances.—In honeybees, open-jaw experiments have been performed by Friedrich Otto, then a PhD student of Karl von Frisch. In this study, the waggle dances of the bees indicated the bisector of the outward and inward direction. Otto F (1959): Die Bedeutung des Rückfluges für die Richtungs- und Entfernungsangabe der Bienen. *Z Vergl Physiol 42, 303–333*. See also Lindauer M (1963): Kompassorientierung. *Ergeb Biol 26, 158–181*. Von Frisch K (1965): Tanzsprache und Orientierung der Bienen. *Berlin, Springer*, pp. 116–120, 172–183.—However, in honeybees no data are available yet to assess the δ_{in}/δ_{out} relationship. As to the distance component, in tunnel experiments the bees registered only the outbound distance. Srinivasan MV, Zhang SW, Bidwell NJ (1997): Visually mediated odometry in honeybees. *J Exp Biol 200, 2513–2522*.—In contrast, stingless bees referred to the return distance. Hrncir M, Jarav S, Zucchi R, Barth FG (2003): A stingless bee *(Melipona seminigra)* uses optic flow to estimate flight distances. *J Comp Physiol A 189, 761–768*.—Systematically varying subtle differences in experimental design are needed to resolve these discrepancies and arrive at a full picture of PI calibration in bees.

22. The various ways of how path integration could be used for navigation draw upon Collett M, Collett TS, Wehner R (1999), *n19*. Collett M, Collett TS (2000), *n4*. Wehner R, Cheng K, Cruse H (2014): Visual navigation strategies in insects: lessons from desert ants. In: Werner J, Chalupa L, eds., The New Visual Neurosciences, pp. 1153–1163. *Cambridge MA, MIT Press*. I am grateful for comments by Stefan Sommer and Thierry Hoinville.—For considerations of geo- and egocentric systems of reference, see the fundamental accounts by Allen Cheung and Robert Vickerstaff, *n11*.

23. As in the channel device the ants had only partial views of the sky, their polarized-light compass induces systematic errors (see Figure 3.13a). If these errors are taken into account, the position of B as indicated by the ant's path integrator shifts slightly from the real position of B (at the 4 m mark) toward site A.

24. Knaden M, Wehner R (2005): Nest mark orientation in desert ants *Cataglyphis*: what does it do to the path inte-

grator? *Anim Behav 70, 1349–1354.* Knaden M, Wehner R (2006): Ant navigation: resetting the path integrator. *J Exp Biol 209, 26–31.*

25. In deciding between the modes of path integration sketched out in Figure 5.7, behavioral experiments can be informative. For example, the 'discontinuous' and the 'push-pull' mode might not easily satisfy the outcome of the shortcut experiment (Figure 5.8).

26. Until recently, there have been only few experimental attempts to investigate how precision and accuracy of the ant's path integration system (if unaffected by other navigational routines) depend on path length and beeline distance: Sommer S, Wehner R (2004): The ant's estimation of distance travelled: experiments with desert ants, *Cataglyphis fortis. J Comp Physiol A 190, 1–6.* Merkle T, Knaden M, Wehner R (2006): Uncertainty about nest position influences systematic search strategies in desert ants. *J Exp Biol 209, 3545–3549.* Merkle T, Wehner R (2010): Desert ants use foraging distance to adopt the nest search to the uncertainty of the path integrator. *Behav Ecol 21, 349–355.*—Note that in Figure 5.11 the ants frequent a familiar feeder, so that path length and beeline distance are almost identical. For the general foraging case, in which the two measures do not coincide, see the theoretical treatment by Cheung A (2014), *n11.*

27. Sommer S, Wehner R (2004), *n26.*—The inbound / outbound relation of travel distances is shown in Figure 7.8b*. For a leaky-integrator simulation, see figure 12 in Vickerstaff RJ, Di Paolo EA (2005): Evolving neural models of path integration. *J Exp Biol 208, 3349–3366.*—In cluttered environments the breaking off of the straight homeward runs may occur after various fractions of the home vector have been run off; see, e.g., Narendra A (2007): Homing strategies of the Australian desert ant *Melophorus bagoti.* I. Proportional path-integration takes the ant half-way home. *J Exp Biol 210, 1798–1803.* Cheung A, Hiby L, Narendra A (2013): Ant navigation: fractional use of the home vector. *PLoS ONE 7, e50451.* Schwarz S, Wystrach A, Cheng K (2017): Ants' navigation in an unfamiliar environment is influenced by their experience of a familiar route. *Sci Rep 7, 14161.*—As in all these situations the break-off point depends on the varied influence of landmark information on the path integration routine, it will be considered only later (in Chapter 7).

28. For *Cataglyphis* and *Ocymyrmex* species, see, e.g., Wehner R, Räber F (1979): Visual spatial memory in desert ants, *Cataglyphis bicolor* (Hymenoptera: Formicidae). *Experientia 35, 1569–1571.* Åkesson S, Wehner R (2002): Visual navigation in desert ants, *Cataglyphis fortis:* are snapshots coupled to a celestial system of reference? *J Exp Biol 205, 1971–1978.* Wehner R, Müller M (2010): Piloting in desert ants: pinpointing the goal by discrete landmarks. *J Exp Biol 213, 4174–4179.*

29. Seidl T, Wehner R (2006): Visual and tactile learning of ground structures in desert ants. *J Exp Biol 209, 3336–3344.* Merkle T (2009): Surface structure helps desert ants return to known feeding sites. *Commun Integr Biol 2, 27–28.*

30. Steck K, Hansson BS, Knaden M (2009): Smells like home: desert ants, *Cataglyphis fortis,* use olfactory landmarks to pinpoint the nest. *Front Zool 6, 5.* Steck K, Hansson BS, Knaden M (2011): Desert ants benefit from combining visual and olfactory landmarks. *J Exp Biol 214, 1307–1312.* Bühlmann C, Hansson BS, Knaden M (2013): Flexible weighing of olfactory and vector information in the desert ant *Cataglyphis fortis. Biol Lett 9, 20130070.*

31. Note that an arithmetic spiral samples the surface homogeneously, i.e., assumes a flat target probability distribution. In this respect, a logarithmic spiral, which spends more time at the center, would seem more appropriate.

32. Wehner R, Srinivasan MV (1981): Searching behaviour of desert ants, genus *Cataglyphis* (Formicidae, Hymenoptera). *J Comp Physiol 142, 325–338.* Wehner R, Wehner S (1986): Path integration in desert ants: approaching a long-standing puzzle in insect navigation. *Monit Zool Ital NS 20, 309–331.* Müller M, Wehner R (1994): The hidden spiral: systematic search and path integration in desert ants, *Cataglyphis fortis. J Comp Physiol A 175, 525–530.* Merkle T, Wehner R (2009): How flexible is the systematic search behaviour of desert ants? *Anim Behav 77, 1051–1056.* Vickerstaff RJ, Merkle T (2012): Path integration mediated systematic search: a Bayesian model. *J Theor Biol 307, 1–19.* See also Schultheiss P, Cheng K (2011): Finding the nest: inbound searching behaviour in the Australian desert ant, *Melophorus bagoti. Anim Behav 81, 1031–1038.* Schultheiss P, Cheng K, Reynolds AM (2015): Searching behavior in social Hymenoptera. *Learn Motiv 50, 59–67.*

33. For data, see Wehner R (1992): Arthropods. In: Papi F, ed., Animal Homing, pp. 45–144. *London, Chapman and Hall.* Merkle T, Knaden M, Wehner R (2006), *n26.* Merkle T, Wehner R (2010), *n26.*—For theoretical treatment, see Heinze S, Narendra A, Cheung A (2018): Principles of insect path integration. *Curr Biol 28, R1043–R1058.* If one assumes Gaussian target uncertainty (in a geocentric representation with an allothetic compass) and an exponential detection law, the search should follow a parabolic distribution. Then the theory of optimal search predicts that both the imprecision of path integration and the search width should increase with path length, but the latter less quickly than the former. This is in accord with the data in Merkle and Wehner (2010), *n26,* but more extensive and detailed experimental work is necessary to substantiate the prediction.

34. Turner CH (1907): The homing of ants: an experimental study of ant behaviour. *J Comp Neurol Psychol 17, 367–434.*—For further historical details, see Wehner R (2016): Early ant trajectories: spatial behaviour before behaviourism. *J Comp Physiol A 202, 247–266.*—Dethier VG (1976): The Hungry Fly. *Cambridge MA, Harvard University Press,* pp. 27–30. Kim IS, Dickinson MH (2017): Idiothetic path integration in the fruit fly *Drosophila melanogaster. Curr Biol 27, 2227–2238.*

35. Fourcassié V, Traniello JFA (1994): Food search behaviour in the ant *Formica schaufussi* (Hymenoptera, Formicidae): response of naive foragers to protein and carbohydrate food. *Anim Behav 48, 69–79.* Bolek S, Wittlinger M, Wolf H (2012): What counts for ants? How return behaviour and food search of *Cataglyphis* ants are modified by variations in food quality and experience. *J Exp Biol 215, 3218–3222.* Schultheiss P, Cheng K (2013): Finding food: outbound searching behavior in the Australian desert ant *Melophorus bagoti. Behav Ecol 24, 128–135.* Pfeffer S, Bolek S, Wolf H, Wittlinger M (2015): Nest and food search behaviour in desert ants, *Cataglyphis:* a critical comparison. *Anim Cogn 18, 885–894.*—The ants' search routines have often been discussed in terms of modified random walk strategies; see also Hoffmann G (1983a, b), *n36.* In particular, they have been interpreted as a composite Brownian walk strategy, a mixture of two random walks, in which two search distributions (one with shorter and one with longer mean segment lengths) are overlaid: Narendra A, Cheng K, Sulikowski D, Wehner R (2008): Search strategies of ants in landmark-rich habitats. *J Comp Physiol A 194, 929–938.* Schultheiss P, Cheng K (2011), *n32.* Reynolds AM, Schultheiss P, Cheng K (2014): Does the Australian desert ant *Melophorus bagoti* approximate a Lévy search by an intrinsic bi-modal walk? *J Theor Biol 340, 17–22.*

36. Hoffmann G (1983a): The random elements in the systematic search behavior of the desert isopod *Hemilepistus reaumuri. Behav Ecol Sociobiol 13, 81–92.* Hoffmann G (1983b): The search behavior of the desert isopod *Hemilepistus reaumuri* as compared with a systematic search. *Behav Ecol Sociobiol 13, 93–106.* Hoffmann G (1985): The influence of landmarks on the systematic search behaviour of the desert isopod *Hemilepistus reaumuri.* I. Role of the landmark made by the animal. II. Problems with similar landmarks and their solution. *Behav Ecol Sociobiol 17, 325–334, 335–348.* Alt W (1995): Elements of a systematic search in animal behavior and model simulations. *Biosystems 34, 11–26.*

37. Warburg MR, Linsenmair KE, Bercovitz K (1984): The effect of climate on the distribution and abundance of isopods. *Symp Zool Soc Lond 53, 339–367.*—The life cycles, especially the extended brood care systems of these xerophilous isopods and the suite of involved physiological, behavioral, and ecological adaptations have been thoroughly studied by Karl Eduard Linsenmair; see, e.g., Linsenmair KE (2007): Sociobiology of terrestrial isopods. In: Duffy JE, Thiel M, eds., Evolutionary Ecology of Social and Sexual Systems, pp. 339–364. *Oxford, Oxford University Press.*

38. Alcock J (1976): The behaviour of the seed-collecting larvae of a carabid beetle (Coleoptera). *J Nat Hist 10, 367–375.* Durier V, Rivault C (1999), *n16.*

39. A survey of the search behavior of lost people is given in Syrotuck W (2000): Analysis of Lost Person Behavior: An Aid to Search Planning. *Mechanicsburg PA, Barkleigh.* Huth JE (2013), *n3,* pp. 32–38.—For a mythological account, see Hyltén-Cavallius GO (1863): Wärend och Wirdarne. *Stockholm, Nordstedt and Söner.*

40. The first formulation of optimal search strategies and the quotation are from Koopman BO (1946): The Summary Reports Group of the Columbia University Division of War Research. *OEG Report No. 56, quot.* p. 113.—For extensive treatises, see Stone LD (1975): Theory of Optimal Search.

New York, Academic Press. Koopman BO (1979): Search and Screening. *New York, Pergamon.*

41. Dahmen H, Wahl VL, Pfeffer SE, Mallot HA, Wittlinger M (2017): Naturalistic path integration of *Cataglyphis* desert ants on an air-cushioned lightweight spherical treadmill. *J Exp Biol 220, 634–644.* Bühlmann C, Fernandes ASD, Graham P (2018): The interaction of path integration and terrestrial visual cues in desert ants: what can we learn from path characteristics? *J Exp Biol 221, jeb167304.*

42. Kim D, Hallam JCT (2000): Neural network approach in path integration for homing navigation. In: Meyer JA, Berthoz A, Floreano D, Roitblat HL, Wilson SW, eds., From Animals to Animats 6, pp. 228–235. *Cambridge MA, MIT Press.* Vickerstaff RJ, Di Paolo EA (2005), *n27.* Consult again Vickerstaff RJ, Cheung A (2010), *n9.*—The ants can adjust the spatial details of the search pattern in various ways. For example, the pattern may blend from its radially symmetric form into an asymmetric one: Wehner R, Gallizzi K, Frei C, Vesely M (2002), *n19.* Familiar landmarks may further affect the shape of the search: Narendra A (2007): Homing strategies of the Australian desert ant *Melophorus bagoti.* II. Interaction of the path integrator with visual cue information. *J Exp Biol 210, 1804–1812.*

43. Brun R (1914): Die Raumorientierung der Ameisen und das Orientierungsproblem im allgemeinen. *Jena, G. Fischer, quot.* p. 192 (translation mine). For a historical treatise, see Wehner (2016): Early ant trajectories: spatial behaviour before behaviourism. *J Comp Physiol A 202, 247–266.*

44. Müller M, Wehner R (1988), *n9;* especially Müller M (1989): Mechanismus der Wegintegration bei *Cataglyphis fortis* (Hymenoptera: Formicidae). *PhD Thesis, University of Zürich.*—Systematic 'inbound errors' have also been observed in a number of other studies on desert ants, e.g., Wehner R, Boyer M, Loertscher F, Sommer S, Menzi U (2006): Desert ant navigation: one-way routes rather than maps. *Curr Biol 16, 75–79.* Collett M, Collett TS (2009): The learning and maintenance of local vectors in desert ant navigation. *J Exp Biol 212, 895–990.*

45. For experimental data and the original computational model, see Müller M, Wehner R (1988), *n9.*—For modeling the data on the basis of leaky integration, see figure 11 in Vickerstaff RJ, Di Paolo EA (2005), *n27.*—Note, however, that the leakage rate explaining over-turns in the detour experiment is an order of magnitude larger than the one fitting underestimated distance data.—For neural network models, see Hartmann G, Wehner R (1995), *n9.* Wittmann T, Schwegler H (1995): Path integration—a network model. *Biol Cybern 73, 569–575.*

46. Bisetzky AR (1957): Die Tänze der Bienen nach einem Fussweg zum Futterplatz, unter besonderer Berücksichtigung von Umwegversuchen. *Z Vergl Physiol 40, 264–288.* Görner P (1958), *n8.* Lindauer M (1963), *n21.* Seyfarth EA, Hergenröder R, Ebbes H, Barth FG (1982), *n8.* Chapuis N, Varlet C (1987): Short cuts by dogs in natural surroundings. *Q J Exp Psychol 35B, 213–219.* Sauvé JP (1989): L'orientation spatiale: Formalisation d'un modèle de mémorisation égocentrée et expérimentation chez l'homme. *PhD Thesis, University of Aix-Marseille.* Séguinot V, Maurer R. Etienne AS (1993): Dead reckoning in a small mammal—the evaluation of distance. *J Comp Physiol A 173, 103–113.*

47. Sommer S, Wehner R (2005): Vector navigation in desert ants, *Cataglyphis fortis:* celestial compass cues are essential for the proper use of distance information. *Naturwissenschaften 92, 468–471.* Ronacher B, Westwig E, Wehner R (2006): Integrating two-dimensional paths: do desert ants process distance information in the absence of celestial compass cues? *J Exp Biol 209, 3301–3308.*—For linkages between the memories of direction and distance of traveled vector routes, see also Fernandes ASD, Philippides A, Collett TS, Niven JE (2015): Acquisition and expression of memories of distance and direction in navigating wood ants. *J Exp Biol 218, 3580–3588.*

48. Cataglyphs are able to monitor travel distances completely in the dark. Thiélin-Bescond M, Beugnon G (2005): Vision-independent odometry in the ant *Cataglyphis cursor. Naturwissenschaften 92, 193–197.*

49. For a first experiment of that kind in bees, see Bisetzky AR (1957), *n46.*—In bees, the odometer used in path integration is gated by information from the celestial compass, but the odometer that signals the total distance traveled is not: Dacke M, Srinivasan MV (2008): Two odometers in honeybees? *J Exp Biol 211, 3281–3286.*—See also Dacke M, Srinivasan MV (2007): Honeybee navigation: distance estimation in the third dimension. *J Exp Biol 210, 845–853.* Evangelista C, Kraft P, Dacke M, Labhart T, Srinivasan MV

(2014): Honeybee navigation: critically examining the role of the polarization compass. *Phil Trans R Soc B 369, 20130037.*

50. Hartmann G, Wehner R (1995), *n9.* Wittmann T, Schwegler H (1995), *n45.*

51. Müller M, Homberg U, Kühn A (1997): Neuroarchitecture of the lower division of the central body in the brain of the locust *(Schistocerca gregaria). Cell Tiss Res 288, 159–176.*

52. Stone T, Webb B, Adden A, Wedding NB, Honkanen A, et al., Heinze S (2017): An anatomically constrained model for path integration in the bee brain. *Curr Biol 27, 3069–3085.*—This publication is a state-of-the-art neurocomputational account that sets the stage for unraveling the neural underpinnings of highly advanced behavioral routines. For overviews, opinions, and considerations based on the neuroarchitecture presented in that paper, see Heinze S (2017): Unraveling the neural basis of insect navigation. *Curr Opin Ins Sci 24, 58–67.* Collett M, Collett TS (2017): Path integration: combining optic flow with compass orientation. *Curr Biol 27, R1113–R1116.* Heinze S, Narendra A, Cheung A (2018), *n33.* Beetz MJ, el Jundi B (2018): Insect orientation: stay on course with the sun. *Curr Biol 28, R933–R936.*—Similar topics are treated for *Drosophila* flies in Seelig JD, Jayaraman V (2015): Neural dynamics for landmark orientation and angular path integration. *Nature 521, 186–191.* Kim SS, Rouault H, Druckmann S, Jayaraman V (2017): Ring attractor dynamics in the *Drosophila* central brain. *Science 356, 849–853.*—As fruit flies have recently been shown also to be able to perform path integration (Kim IS, Dickinson MH (2017), *n34*), they will offer a great potential for neurogenetically dissecting the path integrator.

53. As it is beyond the scope of this book to present Stone et al.'s model in any detail, I refer the interested reader to the references in *n52.* In the model, elaborate as it is, several aspects are still hypothetical. For example, at the time of this writing, there are no physiological data available yet for the integrating CPU4 cells, the core of path integration. It is completely on the basis of their anatomical connectivity patterns that they are assumed to encode the continually updated home vector.

54. Hartmann G, Wehner R (1995), *n9.* Wittmann T, Schwegler H (1995), *n45.* Vickerstaff RJ, Di Paolo EA (2005), *n27.* Haferlach T, Wessnitzer J, Mangan M, Webb B (2007): Evolving a neural model of insect path integration. *Adapt Behav 15, 273–287.* Goldschmidt D, Manoonpong P, Dasgupta S (2017): A neurocomputational model of goal-directed navigation in insect-inspired artificial agents. *Front Neurorobot 11, 20.*

6 地标导航

1. Bowditch N (2002): The American Practical Navigator: An Epitome of Navigation. *Bethesda MD, National Imagery and Mapping Agency.*—For a similar use of the term 'pilotage' in avian and mammalian navigation, see Bingman VP (1998): Spatial representation and homing pigeon navigation. In: Healy S, ed., Spatial Representation in Animals, pp. 69–85. *Oxford, Oxford University Press.* Wallace DG, Hines DJ, Gorny JH, Whishaw IQ (2003): A role for the hippocampus in dead reckoning: an ethological analysis using natural exploratory and food-carrying tasks. In: Jeffery KJ, ed., The Neurobiology of Spatial Behaviour, pp. 31–47. *Oxford, Oxford University Press.*—In bird navigation 'piloting' has often been defined in a wider and sometimes ambiguous way: Griffin DR (1952): Bird navigation. *Biol Rev Cambridge Phil Soc 27, 359–400.* Able KP (2000): The concept and terminology of bird navigation. *J Avian Biol 31, 174–183.*—For a telling example of the effect of piloting in *Ocymyrmex* ants, see Wehner R, Müller M (2010): Piloting in desert ants: pinpointing the goal by discrete landmarks. *J Exp Biol 213, 4174–4179.*

2. Bouvier EL (1901): Les habitudes des *Bembex* (Monographie biologique). *Ann Psychol 7, 1–68.* Tinbergen N(1932): Über die Orientierung des Bienenwolfes *(Philanthus triangulum). Z Vergl Physiol 16, 305–335.* Tinbergen N, Kruyt W (1938): Über die Orientierung des Bienenwolfes. III. Die Bevorzugung bestimmter Wegmarken. *Z Vergl Physiol 25, 292–334.* Van Beusekom G (1948): Some experiments on the orientation in *Philanthus triangulum. Behaviour 1, 195–225.* Van Iersel JJA (1975): The extension of the orientation system of *Bembix rostrata* as used in the vicinity of the nest. In: Baerends GP, Beer C, Manning A, eds., Function and Evolution in Behaviour, pp. 142–168. *Oxford, Clarendon Press.*—For the sand wasp *Ammophila,* see Baerends GP (1941): Fortpflanzungsverhalten und Orientierung der Grabwespe *Ammophila campestris. Tijdschr Entomol 84, 68–275.*

3. 'Anticipatory foraging behavior': Baerends GP (1941), *n2.* Rosenheim JA (1987): Host location and exploitation by the cleptoparasitic wasp *Argochrysis armilla:* the role of learning (Hymenoptera: Chrysididae). *Behav Ecol Sociobiol 21, 401–406.* Van Nouhuys S, Kaartinen R (2008): A parasitoid wasp uses landmarks while monitoring potential resources. *Proc R Soc Lond B 275, 377–385.*

4. Seidl T, Wehner R (2006): Visual and tactile learning of ground structures in desert ants. *J Exp Biol 209, 3336–3344.* Bühlmann C, Hansson BS, Knaden M (2012): Desert ants learn vibration and magnetic landmarks. *PLoS ONE 7, e33117.*

5. Wehner R, Räber F (1979): Visual spatial memory in desert ants, *Cataglyphis bicolor* (Hymenoptera: Formicidae). *Experientia 35, 1569–1571.* Wehner R, Michel B, Antonsen P (1996): Visual navigation in insects: coupling of egocentric and geocentric information. *J Exp Biol 199, 129–140.* Cheng K, Narendra A, Sommer S, Wehner R (2009): Traveling in clutter: navigation in the central Australian desert ant *Melophorus bagoti. Behav Processes 80, 261–268.*

6. For similar experiments in wood ants, see Graham P, Durier V, Collett TS (2004): The binding and recall of snapshot memories in wood ants *(Formica rufa). J Exp Biol 207, 393–398.*

7. In wood ants the importance of the frontal retina for viewing discrete parts of the visual scene is emphasized in Graham P, Collett TS (2002): View-based navigation in insects: how wood ants *(Formica rufa)* look at and are guided by extended landmarks. *J Exp Biol 205, 2499–2509.* Durier V, Graham P, Collett TS (2003): Snapshot memories and landmark guidance in wood ants. *Curr Biol 13, 1614–1618.*

8. Several early displacement experiments in honeybees already indicate that memorizing visual scenes is important for the insect's homing abilities. Romanes G (1885): Homing faculty of Hymenoptera. *Nature 32, 630.* Wolf E (1926, 1927): Über das Heimfindevermögen der Bienen. I; II. *Z Vergl Physiol 3, 615–691; 6, 221–254.* Uchida T, Kuwabara M (1951): The homing instinct of the honey bee, *Apis mellifica. J Fac Sci Hokkaido Univ Ser VI Zool 10, 87–96.* Becker L (1958): Untersuchungen über das Heimfindevermögen der Bienen. *Z Vergl Physiol 41, 1–25.*—It has often been observed that when the entrance hole of a honeybee colony is displaced by only some tens of centimeters, the returning foragers first fly to the old site of the hole and hover there for some time in a dense cloud about an imagery point in space, until they finally locate the new site. Upon return from their subsequent foraging trips they continue to approach first the old site and fly from there to the new site, for hours and sometimes even days; e.g., Butler CG, Fletcher DJC, Watler D (1970): Hive entrance finding by honeybee *(Apis mellifera)* foragers. *Anim Behav 18, 78–91.*—For more recent studies on food site rather than nest-site localization, see Lehrer M (1980): Die Lokalisation eines Raumpunktes bei der optische Nahorientierung der Honigbiene *(Apis mellifera). PhD Thesis, University of Zürich.* Cartwright BA, Collett TS (1983): Landmark learning in bees: experiments and models. J *Comp Physiol A 151, 521–543.*

9. See the classic studies of the behavior of sphecid wasps upon leaving and returning to the goal cited in *n2* and van Iersel JJA, van der Assem J (1964): Aspects of orientation in the digger wasp *Bembix rostrata. Anim Behav Suppl 1, 145–162.* Zeil J (1993): Orientation flights of solitary wasps (*Cerceris;* Sphecidae; Hymenoptera). I. Description of flight. II. Similarities between orientation and return flights and the use of motion parallax. *J Comp Physiol A 172, 189–205, 207–222.*

10. Collett TS, Land MF (1975): Visual spatial memory in a hoverfly. *J Comp Physiol 100, 59–84.*—In a similar vein, guard bees of the meliponine bee *Trigona angustula* hover stably in midair in front of the entrance of the nest for many minutes. They persistently return to their hovering position after they have briefly left it, e.g., for chasing off a robber-bee intruder. They even maintain this position when the nest entrance is slowly moved sideways, upward or downward: Zeil J, Wittmann D (1989): Visually controlled station-keeping by hovering guard bees of *Trigona (Tetragonisca) angustula* (Apidae, Meliponinae). *J Comp Physiol A 165, 711–718.* Kelber A, Zeil J (1990): A robust procedure of visual stabilization of hovering flight position in guard bees of *Trigona (Tetragonisca) angustula* (Apidae, Meliponinae). *J Comp Physiol A 167, 569–577.*

11. Ofstad TA, Zuker CS, Reiser MB (2011): Visual place learning in *Drosophila melanogaster. Nature 474, 204–207.*—The thermal-visual arena used by the authors was inspired by the famous Morris water maze frequently used in spatial orientation tasks in rodents, and a heat maze, in which

cockroaches and crickets had previously been tested: Morris RGM (1984): Development of a water-maze procedure for studying spatial-learning in the rat. *J Neurosci Methods 11, 47–60.* Mizunami M, Weibrecht JM, Strausfeld NJ (1998): Mushroom bodies of the cockroach: their participation in place memory. *J Comp Neurol 402, 520–537.* Wessnitzer J, Mangan M, Webb B (2008): Place memory in crickets. *Proc R Soc B 275, 915–921.*—For a review of the work done in *Drosophila,* see Ostrowski D, Zars T (2014): Place learning. In: Dubnau J, ed., Behavioral Genetics of the Fly *(Drosophila melanogaster),* pp. 125–134. *Cambridge, Cambridge University Press.*

12. Lent DD, Graham P, Collett TS (2009): A motor component to the memories of habitual foraging routes in wood ants? *Curr Biol 19, 115–121.* Lent DD, Graham P, Collett TS (2010): Image-matching during ant navigation occurs through saccade-like body turns controlled by learned visual features. *Proc Natl Acad Sci USA 107, 16348–16353.* Lent DD, Graham P, Collett TS (2013): Phase-dependent visual control of the zigzag paths of navigating wood ants. *Curr Biol 23, 1–7.* Collett TS, Lent DD, Graham P (2014): Scene perception and visual control of travel direction in navigating wood ants. *Proc R Soc B 369, 20130035.*

13. After a fixation episode the ants are even able to continue their trajectories for substantial distances, though less precisely, when the goal landmark has been made to disappear. For short-term memory of orientation direction in *Drosophila,* see Strauss R, Pichler J (1998): Persistence of orientation toward a temporarily invisible landmark in *Drosophila melanogaster. J Comp Physio A 182, 411–423.* Neuser K, Triphan T, Mronz M, Poeck B, Strauss R (2008): Analysis of spatial orientation memory in *Drosophila. Nature 453, 1244–1247.*—Head direction cells in the central complex of *Drosophila* retain a short-term orientation for up to 30 s when landmarks are temporarily out of sight: Seelig JD, Jayaraman V (2015): Neural dynamics for landmark orientation and angular path integration. *Nature 521, 186–191.*

14. Judd SPD, Collett TS (1998): Multiple stored views and landmark guidance in ants. *Nature 392, 710–714.* Nicholson DJ, Judd SPD, Cartwright BA, Collett TS (1999): Learning walks and landmark guidance in wood ants, *Formica rufa. J Exp Biol 202, 1831–1838.*

15. For the importance of global features (center of mass, fractional partition of mass), see Harris RA, Graham P, Collett TS (2007): Visual cues for the retrieval of landmark memories by navigating wood ants. *Curr Biol 17, 93–102.* Lent DD, Graham P, Collett TS (2013), *n12.* Woodgate JL, Bühlmann C, Collett TS (2016): When navigating wood ants use the centre of mass of a shape to extract directional information from a panoramic skyline. *J Exp Biol 219, 1689–1696, quot.* p. 1696. Bühlmann C, Woodgate JL, Collett TS (2016): On the encoding of panoramic visual scenes in navigating wood ants. *Curr Biol 26, 2022–2027.*—As to feature extraction, neural correlates have been found in some insect species, e.g., O'Carroll D (1993): Feature-detecting neurons in dragonflies. *Nature 362, 541–543.* Maddess T, Yang E (1997): Orientation-sensitive neurons in the brain of the honey bee *(Apis mellifera). J Insect Physiol 43, 329–336.* Seelig JD, Jayaraman V (2013): Feature detection and orientation in the *Drosophila* central complex. *Nature 503, 262–266.*

16. The first TM model was developed by Cartwright BA, Collett TS (1983), *n8.*—For extensions and further modeling approaches, see Möller R, Lambrinos D, Pfeifer R, Labhart T, Wehner R (1998): Modeling ant navigation with an autonomous agent. In: Pfeifer R, Blumberg B, Meyer JA, Wilson SW, eds., From Animals to Animats 5, pp. 185–194. *Cambridge MA, MIT Press.* Möller R, Lambrinos D, Roggendorf T, Pfeifer R, Wehner R (2001): Insect strategies of visual homing in mobile robots. In: Webb B, Consi TR, eds., Biorobotics: Methods and Applications, pp. 37–66. *Menlo Park CA, AAAI Press; Cambridge MA, MIT Press.* Möller R (2001): Do insects use templates or panoramas for landmark information? *J Theor Biol 210, 33–45.* Möller R, Vardy A (2006): Local visual homing by matched-filter descent in image distances. *Biol Cybern 95, 413–430.*

17. For a better-fitting 'partial TM model,' in which matching occurs sequentially with individual landmarks, see Möller R, Lambrinos D, Pfeifer R, Wehner R (1999): Do desert ants use partial image matching for landmark navigation? *Proc Neurobiol Conf Göttingen 27, 430.* Nicholson DJ, Judd SPD, Cartwright BA, Collett TS (1999), *n14.*—Some further snapshot-based accounts: Möller R (2001), *n16.* Graham P, Durier V, Collett TS (2004), *n6.* Narendra A, Si A, Sulikowski D, Cheng K (2007): Learning, retention and coding of nest-associated cues by the Aus-

tralian desert ant, *Melophorus bagoti. Behav Ecol Sociobiol 61, 1543–1553.*

18. Wehner R, Müller M (1985): Does interocular transfer occur in visual navigation by ants? *Nature 315, 228–229.* Antonsen P, Wehner R (1995): Visual field topology of the desert ant's snapshot. *Proc Neurobiol Conf Göttingen 23, 42.* Wehner R, Michel B, Antonsen P (1996), *n5.*

19. For frontal fixation of terrestrial cues, see especially Judd SPD, Collett TS (1998) and Nicholson DJ, Judd SPD, Cartwright BA, Collett TS (1999), *n14.* Laboratory experiments in wood ants have also shown that snapshots may be extensive and include widely separated objects. Durier V, Graham P, Collett TS (2003), *n7.*—For the use of whole panoramic scenes, see Fourcassié V (1991): Landmark orientation in natural situations in the red wood ant *Formica lugubris* (Hymenoptera, Formicidae). *Ethol Ecol Evol 3, 89–99.* Pastergue-Ruiz I, Beugnon G, Lachaud JP (1995): Can the ant *Cataglyphis cursor* (Hymenoptera: Formicidae) encode global landmark-landmark relationships in addition to isolated landmark-goal relationships? *J Insect Behav 8, 115–132.* Wehner R, Michel B, Antonsen P (1996), *n5.* Graham P, Cheng K (2009): Which portion of the natural panorama is used for view-based navigation in the Australian desert ant? *J Comp Physiol A 195, 681–689.* Reid SF, Narendra A, Hemmi JM, Zeil J (2011): Polarized skylight and the landmark panorama provide night-active bull ants with compass information during route following. *J Exp Biol 214, 363–370.* —When approaching a goal surrounded by a set of artificial landmarks, *Ocymyrmex robustior* does not seem to fixate the individual landmarks with its frontal field of view, but runs at a rather steady pace toward the goal. Wehner R, Müller M (2010), *n1.*

20. Åkesson S, Wehner R (2002): Visual navigation in desert ants, *Cataglyphis fortis:* are snapshots coupled to a celestial system of reference? *J Exp Biol 205, 1971–1978.*—For a study in honeybees, see Dickinson JA (1994): Bees link local landmarks with celestial compass cues. *Naturwissenschaften 81, 465–467.*

21. The Sahabot projects were performed in cooperation with Rolf Pfeifer from the Informatics Institute in Zürich; Dimitrios Lambrinos and Ralf Möller, then graduate students in informatics; and Thomas Labhart in our neuroethology group: Lambrinos D, Kobayashi H, Pfeifer R, Maris M, Labhart T, Wehner R (1997): An autonomous agent navigating with polarized light. *Adapt Behav 6, 131–161.* Lambrinos D, Möller R, Labhart T, Pfeifer R, Wehner R (2000): A mobile robot employing insect strategies. *Robot Autonom Syst 30, 39–64.* Möller R, Lambrinos D, Roggendorf T, Pfeifer R, Wehner R (2001), *n16.*

22. For example, see two early position papers by Barbara Webb: Webb B (2000): What does robotics offer animal behavior? *Anim Behav 60, 545–558.* Webb B (2001): Can robots make good models of biological behavior? *Behav Brain Sci 24, 1033–1050.*—Moreover: Dean J (1998): Animats and what they can tell us. *Trends Cogn Sci 2, 60–67.*

23. Lambrinos D, Möller R, Labhart T, Pfeifer R, Wehner R (2000), *n21.* Möller R (2000): Insect visual homing strategies in a robot with analog processing. *Biol Cybern 83, 231–243.* Hafner V (2001): Adaptive homing—robotic exploration tours. *Adapt Behav 9, 131–141.*—In the original AVL model distance information is ignored. For extensions, see Yu SE, Kim DE (2011): Landmark vectors with quantified distance information for homing navigation. *Adapt Behav 19, 121–141.* Lee C, Yu SE, Kim DE (2017): Landmark-based homing navigation using omnidirectional depth information. *Sensors 17, 1928.*—Ralf Möller and Andrew Vardy have provided a systematic review and a classificatory scheme of various methods of local visual homing. Möller R, Vardy A (2006), *n16.* Möller R (2012): A model of ant navigation based on visual prediction. *J Theor Biol 305, 118–130.*—In trying to mimic visual place memories of crickets, Michael Mangan and Barbara Webb have compared different models including versions of the ones mentioned in the present account. Mangan M, Webb B (2009): Modelling place memory in crickets. *Biol Cybern 101, 307–323.*

24. Zeil J, Hofmann MI, Chahl JS (2003): Catchment areas of panoramic snapshots in outdoor scenes. *J Opt Soc Am A 20, 450–469.* Stürzl W, Zeil J (2007): Depth, contrast and view-based matching homing in outdoor scenes. *Biol Cybern 96, 519–531.*—See also Möller R, Vardy A, Kreft S, Ruwitsch S (2007): Visual homing in environments with anisotropic landmark distribution. *Autonom Robots 23, 231–245.*

25. Franz MO, Schölkopf B, Mallot HA, Bülthoff HH (1998): Where did I take that snapshot? Scene-based homing by image motion. *Biol Cybern 79, 191–202.* Möller R, Krzykawski M, Gerstmayr L (2010): Three 2D-warping

schemes for visual robot navigation. *Autonom Robot 29, 253–291.* Möller R (2012), *n23.* Zhu Q, Liu C, Cai C (2015): A novel robot visual homing method based on SIFT features. *Sensors 15, 26063–26084.*

26. Wystrach A, Beugnon G, Cheng K (2011): Landmarks or panoramas: what do navigating ants attend to for guidance? *Front Zool 8, 21.* Reid SF, Narendra A, Hemmi JM, Zeil J (2011), *n19.*—For a discussion of the use of local and global features for guidance in *Formica* ants, see Collett TS, Lent DD, Graham P (2014), *n12.*—Note also the insightful early conclusion drawn in Vowles DM (1958): The perceptual world of ants. *Anim Behav 6, 115–116.*

27. Wystrach A, Dewar ADM, Philippides A, Graham P(2016): How do field of view and resolution affect the information content of panoramic scenes for visual navigation? A computational investigation. *J Comp Physiol A 202, 87–95.*—For the information content of spatially low-pass filtered natural scenes, see Vardy A, Möller R (2005): Biologically plausible visual homing methods based on optic flow techniques. *Connect Sci 17, 47–89.* Stürzl W, Mallot HA (2006): Efficient visual homing based on Fourier transformed panoramic images. *Robot Autonom Syst 54, 300–313.*—The benefits that large-field vision with low spatial and high temporal resolution provide for fast panoramic motion perception have led to the design of biomimetic compound eyes; see, e.g., Floreano D, Pericet-Camara R, Viollet S, Ruffier F, Brückner A, et al., Franceschini N (2013): Miniature curved artificial compound eyes. *Proc Natl Acad Sci USA 110, 9267–9272.* Song YM, Xie Y, Malyarchuk V, Xiao J, Jung I, et al., Rogers JA (2013): Digital cameras with designs inspired by the arthropod eye. *Nature 497, 95–99.*

28. Gronenberg W, Hölldobler B (1999): Morphologic representation of visual and antennal information in the ant brain. *J Comp Neurol 412, 229–240.*

29. Wehner R (1982): Himmelsnavigation bei Insekten. Neurophysiologie und Verhalten. *Neujahrsbl Naturf Ges Zürich 184, 1–132.*

30. Möller R (2002): Insects could exploit UV-green contrast for landmark navigation. *J Theor Biol 214, 619–631.* Kollmeier T, Röben F, Schenck W, Möller R (2007): Spectral contrast for landmark navigation. *J Opt Soc Am A 24, 1–10.* Stone T, Mangan M, Ardin B, Webb B (2014): Sky segmentation with ultraviolet images can be used for navigation. In: *Proceedings of Robotics: Science and Systems. Berkeley CA.* Differt D, Möller R (2015): Insect models of illumination-invariant skyline extraction from UV and green channels. *J Theor Biol 380, 444–462.* Differt D, Möller R (2016): Spectral skyline separation: extended landmark databases and panoramic imaging. *Sensors 16: s16101614.*

31. Schultheiss P, Wystrach A, Schwarz S, Tack A, Delor J, Nooten SS, et al., Cheng K (2016): Crucial role of ultraviolet light for desert ants in determining direction from the terrestrial panorama. *Anim Behav 115, 19–28.*

32. Menzel R, Blakers M (1975): Functional organization of an insect ommatidium with fused rhabdom. *Cytobiol 11, 279–298.* Mote MI, Wehner R (1980): Functional characteristics of photoreceptors in the compound eye and ocellus of the desert ant, *Cataglyphis bicolor. J Comp Physiol 137, 63–71.* Labhart T (1986): The electrophysiology of photoreceptors in different eye regions of the desert ant, *Cataglyphis bicolor. J Comp Physiol A 158, 1–7.*

33. Briscoe A, Chittka L (2001): The evolution of colour vision in insects. *Annu Rev Entomol 46, 471–510.* Ogawa Y, Falkowski M, Narendra A, Zeil J, Hemmi JM (2015): Three spectrally distinct photoreceptors in diurnal and nocturnal Australian ants. *Proc R Soc B 282, 20150673.*—Blue-sensitive opsin gene expression has been found in some *Acromyrmex, Harpegnathos,* and *Camponotus* species: Yilmaz A, Lindenberg A, Albert S, Grübel K, Spaethe J, Rössler W, Groh C (2016): Age-related and light-induced plasticity in opsin gene expression and in primary and secondary visual centers of the nectar-feeding ant *Camponotus rufipes. Dev Neurobiol 76, 1041–1057.*

34. Graham P, Cheng K (2009), *n19.* Graham P, Cheng K (2009): Ants use the panoramic skyline as a visual cue during navigation. *Curr Biol 19, R935–R937.*—Simulations in virtual desert ant environments show that the skyline provides sufficient information for visually based route guidance: Basten K, Mallot HA (2010): Simulated visual homing in desert ant natural environments: efficiency of skyline cues. *Biol Cybern 102, 413–425.* Schwarz S, Julle-Daniere E, Morin L, Schultheiss P, Wystrach A, Ives J, Cheng K (2014): Desert ants *(Melophorus bagoti)* navigating with robustness to distortions of the natural panorama. *Insect Soc 61, 371–383.*

35. Hölldobler B, Wilson EO (1990): The Ants. *Cambridge MA, Harvard University Press*, pp. 265–286. Hölldobler B, Wilson EO (2009): The Superorganism. *New York, Norton*, quot. p. 61. Dussutour A, Nicolis SC, Shephard G, Beekman M, Sumpter DJT (2009): The role of multiple pheromones in food recruitment by ants. *J Exp Biol 212, 2337–2348.* Czaczkes TJ, Grüter C, Ratnieks FLW (2015): Trail pheromones: an integrative view of their role in social insect colony organization. *Annu Rev Entomol 60, 581–599.*—For details of 'antennating' in trail sampling, see Draft RW, McGill MR, Kapoor V, Murthy VN (2018): Carpenter ants use diverse antennae sampling strategies to track odor trails. *J Exp Biol 221, jeb185124.*

36. For a review on ants in general, see Bos N, D'Ettore P (2012): Recognition of social identity in ants. *Front Psychol 3:83.*—Studies on mate recognition in *Cataglyphis* species are referenced in Chapter 1, *n16.*

37. Steck K, Hansson BS, Knaden M (2009): Smells like home: desert ants, *Cataglyphis fortis,* use olfactory landmarks to pinpoint the nest. *Front Zool 6, 5.* Steck K, Hansson BS, Knaden M (2010): Do desert ants smell the scenery in stereo? *Anim Behav 79, 939–945.* Steck K, Hansson BS, Knaden M (2011): Desert ants benefit from combining visual and olfactory landmarks. *J Exp Biol 214, 1307–1312.* Bühlmann C, Hansson BS, Knaden M (2012): Path integration controls nest-plume following in desert ants. *Curr Biol 22, 645–649.* Bühlmann C, Graham P, Hansson BS, Knaden M (2014): Desert ants locate food by combining high sensitivity to food odors with extensive crosswind runs. *Curr Biol 24, 960–964.* Bühlmann C, Graham P, Hansson BS, Knaden M (2015): Desert ants use olfactory scenes for navigation. *Anim Behav 106, 99–105.* Huber R, Knaden M (2018): Desert ants possess distinct memories for food and nest odors. *Proc Natl Acad Sci USA 115, 10470–10474.*

38. The cataglyphs' behavior in small-scale odor arrays is reminiscent of Auguste Forel's somewhat vague concept of a 'topochemical sense.' Forel A (1902): Die psychischen Fähigkeiten der Ameisen und einiger anderer Insekten, mit einem Anhang über die Eigentümlichkeiten des Geruchssinnes bei jenen Tieren. *Munich, Reinhardt.*—For a critical consideration of Forel's concept, see Brun R (1916): Weitere Untersuchungen über die Fernorientierung der Ameisen. *Biol Centralbl 36, 261–303.*

39. Collett M, Collett TS, Bisch S, Wehner R (1998): Local and global vectors in desert ant navigation. *Nature 394, 269–272.* Bisch S, Wehner R (1998): Visual navigation in ants: evidence for site-based vectors. *Proc Neurobiol Conf Göttingen 26, 417.*—For honeybees, see Collett TS, Baron J, Sellen K (1996): On the encoding of movement vectors by honeybees. Are distance and direction represented independently? *J Comp Physiol A 179, 395–406.* Srinivasan MV, Zhang SW, Bidwell NJ (1997): Visually mediated odometry in honeybees. *J Exp Biol 200, 2513–2522.* Collett M, Harland D, Collett TS (2002): The use of landmarks and panoramic context in the performance of local vectors by navigating honeybees. *J Exp Biol 205, 807–814.*

40. Collett TS, Collett M, Wehner R (2001): The guidance of desert ants by extended landmarks. *J Exp Biol 204, 1635–1639.* Bisch-Knaden S, Wehner R (2001): Egocentric information helps desert ants to navigate around familiar obstacles. *J Exp Biol 204, 4177–4184.* Modifying the discussion in the latter study, the landmark cues provided by the barrier have been made rather (but not fully) inconspicuous. Hence, visual cues as well as motor memories may have contributed to the ants' behavior. Further note that when the ants have reached the end of the barrier, they are provided with a path integration vector pointing back to the point of release.

41. Collett M, Collett TS, Bisch S, Wehner R (1998), *n39.*

42. Knaden M, Lange C, Wehner R (2006): The importance of procedural knowledge in desert-ant navigation. *Curr Biol 16, 916–917.* Finally, see also a sophisticated study showing that depending on their motivational state (fed or unfed) zero-vector ants exhibit homeward or foodward local vectors, respectively: Fernandes ASD, Philippides A, Collett TS, Niven JE (2015): Acquisition and expression of memories of distance and direction in navigating wood ants. *J Exp Biol 218, 3580–3588.*

43. In Figure 6.13b the learned motor component could mean: turn to the right when having reached the end of the channel. As to the general role of learned motor components, at present there are too few data at hand about how ants learn to negotiate T- or Y-mazes in the dark. The most amazing results in this respect have been reported for neotropical *Gigantiops* ants by Macquart D, Latil G, Beugnon

G (2008): Sensorimotor sequence learning in the ant *Gigantiops destructor. Anim Behav 75, 1693–1701;* but see the remark on *Lasius niger* in Jones S (2013): Chemical based communication and its role in decision making within the social insects. *PhD Thesis, University of Sussex,* p. 60.—For experiments in which walking ants experienced visual stimuli that jumped or disappeared on an LED screen, see Lent DD, Graham P, Collett TS (2009), *n12.*—Honeybees can recall learned sequences of motor commands in the absence of visual cues: Collett TS, Fry SN, Wehner R (1993): Sequence learning by honeybees. *J Comp Physiol A 172, 693–706.*—For route-segment odometry in honeybees, see Srinivasan MV, Zhang SW, Bidwell NJ (1997), *n39.* Collett M, Harland D, Collett TS (2002), *n39.*

44. See also Collett M, Collett TS (2009): The learning and maintenance of local vectors in desert ant navigation. *J Exp Biol 212, 895–900.* Collett TS, Collett M (2015): Route-segment odometry and its interaction with global path-integration. *J Comp Physiol A 201, 617–630.*

45. For impressive spatial representations of trunk trail systems in various ant species, see, e.g., Hölldobler B (1976): Recruitment behavior, home range orientation and territoriality in harvester ants, *Pogonomyrmex. Behav Ecol Sociobiol 1, 3–44.* Neumeyer R (1994): Strategie der Nahrungsbeschaffung syntoper Arten der Ernteameisengattung *Messor* im mitteltunesischen Steppengebiet. *PhD Thesis, University of Zürich.* Wirth R, Herz H, Ryel RJ, Beyschlag W, Hölldobler B (2003): Herbivory of Leaf-Cutting Ants: A Case Study on *Atta colombica* in the Tropical Rainforest of Panama. *Berlin, Springer.* Jackson DE, Martin SJ, Holcombe M, Ratnieks FLW (2006): Longevity and detection of persistent foraging trails in Pharaoh's ants, *Monomorium pharaonis. Anim Behav 71, 351–359.*

46. Route guidance by means of visual spatial memories has been reported in a number of early papers for several *Formica, Camponotus,* and *Pogonomyrmex* species as well as some ponerine ants (species of *Paltothyreus, Pachycondyla, Odontomachus, Paraponera,* and *Dinoponera*). A few exemplary accounts are Rosengren R (1977): Foraging strategies of wood ants (*Formica rufa* group). I. Age polyethism and topographic traditions. *Acta Zool Fenn 149, 1–30.* Fresneau D (1985): Individual foraging and path fidelity in a ponerine ant. *Insect Soc 32, 109–116.* Oliveira PS, Hölldobler B (1989): Orientation and communication in the neotropical ant *Odontomachus bauri* Emery (Hymenoptera, Formicidae, Ponerinae). *Ethology 83, 154–166.* Fourcassié V, Henriques A, Fontella C (1999): Route fidelity and spatial orientation in the ant *Dinoponera gigantea* (Hymenoptera, Formicidae) in a primary forest: a preliminary study. *Sociobiology 34, 505–524.*

47. In route-following experiments, in which the significance of visual versus chemical cues has been assessed, the visual cues have usually been the dominant ones; see, e.g., David CT, Wood DL (1980): Orientation to trails by a carpenter ant, *Camponotus modoc* (Hymenoptera: Formicidae), in a giant sequoia forest. *Canad Entomol 112, 993–1000.* Breed MD, Fewell JH, Moore AJ, Williams KR (1987): Graded recruitment in a ponerine ant. *Insect Soc 34, 222–226.* Beugnon G, Fourcassié V (1988): How do red wood ants orient during diurnal and nocturnal foraging in a three dimensional system? II. Field experiments. *Insect Soc 35, 106–124.* Aron S, Deneubourg JL, Pasteels JM (1988): Visual cues and trail-following idiosyncrasies in *Leptothorax unifasciatus:* an orientation process during foraging. *Insect Soc 35, 355–366.* Harrison JF, Fewell JH, Stiller TM, Breed MD (1989): Effects of experience on use of orientation cues in the giant tropical ant. *Anim Behav 37, 869–871.* Card A, McDermott C, Narendra A (2016): Multiple orientation cues in the Australian trunk-trail-forming ant, *Iridomyrmex purpureus. Austr J Zool 64, 227–232.*—For detailed studies on this subject in the mass-recruiting black garden ant, see Grüter C, Czaczkes TJ, Ratnieks FLW (2011): Decision making in ant foragers *(Lasius niger)* facing conflicting private and social information. *Behav Ecol Sociobiol 65, 141–148.* Jones S (2013), *n43,* pp. 59–78.

48. Rosengren R (1971): Route fidelity, visual memory and recruitment behaviour in foraging wood ants of the genus *Formica* (Hymenoptera, Formicidae). *Acta Zool Fenn 133, 1–106.* Rosengren R, Pamilo P (1978): Effect of winter timber felling on behaviour of foraging wood ants (*Formica rufa* group) in early spring. *Mem Zool 29, 143–155.* Ebbers BC, Barrows EM (1980): Individual ants specialize on particular aphid herds (Hymenoptera: Formicidae; Homoptera: Aphididae). *Proc Ent Soc Wash 82, 405–407.* Rosengren R, Fortelius W (1986): Ortstreue in foraging ants of the *Formica rufa* group—hierarchy of orientation cues and

long-term memory. *Insect Soc 33, 306–337.* Fourcassié V (1991), *n19.*

49. Habitual foraging and homing routes have been recorded in several *Cataglyphis, Ocymyrmex,* and *Melophorus* species: Wehner R, Michel B, Antonsen P (1996), *n5.*—This is the first study of idiosyncratic route traveling by zero-vector ants.—Kohler M, Wehner R (2005): Idiosyncratic route-based memories in desert ants, *Melophorus bagoti:* how do they interact with path-integration vectors? *Neurobiol Learn Mem 83, 1–12.* Muser B, Sommer S, Wolf H, Wehner R (2005): Foraging ecology of the thermophilic Australian desert ant, *Melophorus bagoti. Austr J Zool 53, 301–311.* Sommer S, von Beeren C, Wehner R (2008): Multiroute memories in desert ants. *Proc Natl Acad Sci USA 105, 317–322.* Mangan M, Webb B (2012): Spontaneous formation of multiple routes in individual desert ants *(Cataglyphis velox). Behav Ecol 23, 944–954.* Sommer S, Weibel D, Blaser N, Furrer A, Wenzler NE, Rössler W, Wehner R (2013): Group recruitment in a thermophilic desert ant, *Ocymyrmex robustior. J Comp Physiol A 199, 711–722.*

50. Wehner R, Boyer M, Loertscher F, Sommer S, Menzi U (2006): Desert ant navigation: one-way routes rather than maps. *Curr Biol 16, 75–79.*

51. Field experiments in *Cataglyphis fortis* also show that landmark-based local vectors are used only in the navigational context in which they have been learned. Bisch-Knaden S, Wehner R (2003): Local vectors in desert ants: context-dependent learning during outbound and inbound runs. *J Comp Physiol A 189, 181–187.*—When in laboratory experiments wood ants experienced a single black landmark along a short outbound route, they could acquire some landmark information later used during their inbound run, and vice versa. Obviously, this learning occurs when the ants briefly reverse direction and retrace their steps for a short distance. Graham P, Collett TS (2006): Bi-directional route learning in wood ants. *J Exp Biol 209, 3677–3684.*

52. See also Harris RA, Hempel de Ibarra N, Graham P, Collett TS (2005): Ant navigation: Priming of visual route memories. *Nature 438, 302.*

53. Sommer S, von Beeren C, Wehner R (2008), *n49.*—As shown for *Cataglyphis velox,* desert ants can acquire multiple inward and outward routes also spontaneously: Mangan M, Webb B (2012), *n49.*—Landmark memories of nest sites are long-lasting and retained without reinforcement for periods that surpass the foragers' lifespan in the field: at least for 8 days in *M. bagoti,* 10 days in *C. bicolor,* and 20 days in *C. fortis;* longer times not tested: Narendra A, Si A, Sulikowski D, Cheng K (2007), *n17.* Wehner R (1981): Spatial vision in arthropods. In: Autrum H, ed., Handbook of Sensory Physiology, vol. 7/6C, pp. 287–616. *Berlin, Springer.* Ziegler PE, Wehner R (1997): Time-courses of memory decay in vector-based and landmark-based systems of navigation in desert ants, *Cataglyphis fortis. J Comp Physiol A 181, 13–20.*—See also Freas CA, Whyte C, Cheng K (2017): Skyline retention and retroactive interference in the navigating Australian desert ant, *Melophorus bagoti. J Comp Physiol A 203, 353–367.*

54. For manipulations of route landmarks in field studies on desert ants, see Collett TS, Dillmann E, Giger A, Wehner R (1992): Visual landmarks and route following in desert ants. *J Comp Physiol A 170, 435–442.* Wehner R, Michel B, Antonsen P (1996), *n5.* Bregy P, Sommer S, Wehner R (2008): Nest-mark orientation versus vector navigation in desert ants. *J Exp Biol 211, 1868–1873.* Collett M (2010): How desert ants use a visual landmark for guidance along a habitual route. *Proc Natl Acad Sci USA 107, 11638–11643.* Wystrach A, Schwarz S, Schultheiss P, Beugnon G, Cheng K (2011): Views, landmarks, and routes: how do desert ants negotiate an obstacle course? *J Comp Physiol A 197, 167–179.* Wystrach A, Beugnon G, Cheng K (2012): Ants might use different view-matching strategies on and off the route. *J Exp Biol 215, 44–55.*—In several laboratory studies performed in wood ants and rain forest ants artificial landmarks have been used to investigate route learning in considerable detail: e.g., in Graham P, Collett TS (2002), *n7.* Graham P, Fauria K, Collett TS (2003): The influence of beacon aiming on the routes of wood ants. *J Exp Biol 206, 535–541.* Macquart D, Gamier L, Combe M, Beugnon G (2006): Ant navigation en route to the goal: signature routes facilitate way-finding of *Gigantiops destructor. J Comp Physiol A 192, 221–234.*

55. Macquart D, Gamier L, Combe M, Beugnon G (2006), *n54.*—For the number of ommatidia per compound eye of *Gigantiops destructor,* see Gronenberg W, Hölldobler B (1999), *n28.*

56. Kohler M, Wehner R (2005), *n49.*

57. For considerations of how insects may partition their routes into segments defined by distinct landmark

cues, and how they may recall visual route memories by sequentially retrieving sets of visual landmark memories, see Collett TS, Fry SN, Wehner R (1993), *n43*. Zhang S, Mizutani A, Srinivasan MV (2000): Maze navigation by honeybees: learning path regularity. *Learn Mem 7, 363–374*. Collett TS, Collett M (2002): Memory use in insect navigation. *Nat Rev Neurosci 3, 542–552*. Collett TS, Graham P, Harris RA, Hempel de Ibarra N (2006): Navigational memories in ants and bees: memory retrieval when selecting and following routes. *Adv Stud Behav 36, 123–172*.

58. Riabinina O, Hempel de Ibarra N, Howard L, Collett TS (2011): Do wood ants learn sequences of visual stimuli? *J Exp Biol 214, 2739–2748*.—A theoretical approach of linking together local navigation methods (implemented on a gantry robot platform and tested in a simple visual environment) revealed limitations of such local linking strategies: Smith L, Philippides A, Graham P, Baddeley B, Husbands P (2007): Linked local navigation for visual route guidance. *Adapt Behav 15, 257–271*.

59. Scanning movements of route-traveling ants were first video-recorded in *Melophorus:* Wystrach A, Philippides A, Aurejac A, Cheng K, Graham P (2014): Visual scanning behaviours and their role in the navigation of the Australian desert ant *Melophorus bagoti*. *J Comp Physiol A 200, 615–626*.—For saccadic turning movements recorded in the laboratory in wood ants, see Lent DD, Graham P, Collett TS (2010) and (2013), *n12*.—The term 'alignment image matching' was introduced in Collett M, Chittka L, Collett TS (2013): Spatial memory in insect navigation. *Curr Biol 23, R789–R800*.

60. Kodzhabashev A, Mangan M (2015): Route following without scanning. In: Wilson SP, Verschure PFMJ, Mura A, Prescott TJ, eds., Biomimetic and Biohybrid Systems, pp. 199–210. *Barcelona, Springer*.—For klinokinesis, see Gomez-Marin A, Louis M (2012): Active sensation during orientation behavior in the *Drosophila* larva: more sense than luck. *Curr Opin Neurobiol 22, 208–215*.

61. By applying the learning algorithm 'Infomax,' Baddeley and his colleagues trained simulated ants along artificial routes and adapted the synaptic weightings in a two-layer network by the input information derived from the images that the ants successively experienced along the route. This way, they have completely dispensed with the assumption that routes are divided into segments, which are demarcated by landmarks. Lulham A, Bogacz R, Vogt S, Brown MW (2011): An Infomax algorithm can perform both familiarity discrimination and feature extraction in a single network. *Neural Comput 23, 909–926*. Baddeley B, Graham P, Philippides A, Husbands P (2011): Holistic visual encoding of ant-like routes: navigation without waypoints. *Adapt Behav 19, 3–15*. Baddeley B, Graham P, Husbands P, Philippides A (2012): A model of route navigation driven by scene familiarity. *PLoS Comput Biol 8, e1002336*. Philippides A, Graham P, Baddeley B, Husbands P (2015): Using neural networks to understand the information that guides behavior: a case study in visual navigation. *Methods Mol Biol 1260, 227–244*.

62. Wystrach A, Mangan M, Philippides A, Graham P(2013): Snapshots in ants? New interpretations of paradigmatic experiments. *J Exp Biol 216, 1766–1770*.

63. Duelli P (1975): A fovea for e-vector orientation in the eye of *Cataglyphis bicolor* (Formicidae, Hymenoptera). *J Comp Physiol 102, 43–56*. Pfeffer SE, Wittlinger M (2016): Optic flow odometry operates independently of stride integration in carried ants. *Science 353, 1155–1157*.

64. Ardin P, Mangan M, Wystrach A, Webb B (2015): How variation in head pitch could affect image matching algorithms for ant navigation. *J Comp Physiol A 201, 585–597*.

65. Raderschall CA, Narendra A, Zeil J (2016): Head role stabilisation in the nocturnal bull ant *Myrmecia pyriformis:* implications for visual navigation. *J Exp Biol 219, 1449–1457*. Freas CA, Wystrach A, Narendra A, Cheng K (2018): The view from the trees: nocturnal bull ants, *Myrmecia midas,* use the surrounding panorama while descending from trees. *Front Psychol 9, 16*.

66. Bowditch N (2002), *n1*, *quot*. p. 105.

67. 'Novices' are defined as all unmarked ants that appear at the nest opening after all foragers have been marked by a day-specific color code during the preceding at least three days. For rationale, see Wehner R, Müller M (1993): How do ants acquire their celestial ephemeris function? *Naturwissenschaften 80, 331–333*.

68. Wehner R, Meier C, Zollikofer CPE (2004): The ontogeny of foraging behaviour in desert ants, *Cataglyphis bicolor*. *Ecol Entomol 29, 240–250*. Stieb SM, Hellwig A, Wehner R, Rössler W (2012): Visual experience affects both behav-

ioral and neural aspects in the individual life history of the desert ant *Cataglyphis fortis. Dev Neurobiol 72, 729–742.* Fleischmann PN, Christian M, Müller VL, Rössler W, Wehner R (2016): Ontogeny of learning walks and the acquisition of landmark information in desert ants, *Cataglyphis fortis. J Exp Biol 219, 3137–3145.*

69. For relearning walks, see Müller M (1984): Interokularer Transfer bei der Wüstenameise *Cataglyphis fortis* (Formicidae, Hymenoptera). *Diploma Thesis, University of Zürich.* Müller M, Wehner R (2010): Path integration provides a scaffold for landmark learning in desert ants. *Curr Biol 20, 1368–1371.*

70. The fine structure of the pirouettes and other types of motor routines in the learning walks of desert ants have been analyzed by Müller M, Wehner R (2010), *n69.* Fleischmann PN, Grob R, Wehner R, Rössler W (2017): Species-specific learning walk choreographies in *Cataglyphis* desert ants. *J Exp Biol 219, 3137–3145.* Jayatilaka P, Murray T, Narendra A, Zeil J (2018): The choreography of learning walks in the Australian jack jumper ant *Myrmecia croslandi. J Exp Biol 221, jeb185306.*

71. In 1829 the French entomologist Gaspard Auguste Brullé participated in a Morea (Peloponnese) expedition, in which he described *Cataglyphis nodus* [*Formica nodus*] on the basis of worker specimens, but did not provide a differential diagnosis. Brullé GA (1832): Expédition scientifique de Morée. Section de sciences physiques, vol. 3, pt. 1, Zoologie, sect. 2, Des animaux articulés, *Strasbourg, F. G. Levrault,* pp. 326-327, plate 48 / 1.

72. Graham P, Philippides A, Baddeley B (2010): Animal cognition: multimodal interactions in ant learning. *Curr Biol 20, R639–R640.*—For more extensive modeling, see Baddeley B, Graham P, Husbands P, Philippides A (2012), *n61.* Dewar ADM, Philippides A, Graham P (2014): What is the relationship between visual environment and the form of the ant learning walks? An *in silico* investigation of insect navigation. *Adapt Behav 22, 163–179.*—Furthermore, Narendra A, Gourmaud S, Zeil J (2013): Mapping the navigational knowledge of individually foraging ants, *Myrmecia croslandi. Proc R Soc B 280, 20130683.* Zeil J, Narendra A, Stürzl W (2014): Looking and homing: how displaced ants decide where to go. *Phil Trans R Soc B 369, 20130034.* Stürzl W, Grixa I, Mair E, Narendra A, Zeil J (2015): Three-dimensional models of natural environments and the mapping of navigational information. *J Comp Physiol A 201, 563–584.*

73. The use of absolute distance in localizing a goal has been demonstrated in honeybees and halictid bees. Lehrer M, Collett TS (1994): Approaching and departing bees learn different cues to the distance of a landmark. *J Comp Physiol A 175, 171–177.* Brünnert U, Kelber A, Zeil J (1994): Ground-nesting bees determine the location of their nest relative to a landmark by other than angular size cues. *J Comp Physiol A 175, 363–369.* It may be worth mentioning that in arena experiments, in which cylindrical landmarks are covered by the same random dot patterns as the surroundings, honeybees can locate a goal by motion cues alone. Dittmar L, Stürzl W, Baird E, Boeddeker N, Egelhaaf M (2010), *n31.* Dittmar L (2011): Static and dynamic snapshots for goal localization in insects? *Comm Integr Biol 4, 17–20.*

74. Von Berlepsch A (1860): Die Biene und die Bienenzucht. *Mühlhausen, F. Heinrichshofen,* pp. 36, 176. Von Buttel-Reepen H (1900): Sind die Bienen Reflexmaschinen? Viertes Stück. *Biol Zbl 20, 209–224.* Bates HW (1864): The Naturalist on the River Amazons. 2nd ed. *London, J. Murray,* pp. 221–222. Belt T (1874): The Naturalist in Nicaragua. *London, J. Murray,* p. 136. Peckham GW, Peckham EG (1898): On the instincts and habits of solitary wasps. *Bull Wisc Geol Nat Hist Surv 2, 1–245,* pp. 215–218. Wagner W (1907): Psychobiologische Untersuchungen an Hummeln. *Zoologica 19, 1–239,* pp. 51–77.

75. The first and already paradigmatic video study on learning flights in hymenopterans is Zeil J (1993), *n9.*—For detailed recent studies, see Philippides A, Hempel de Ibarra N, Riabinina O, Collett TS (2013): Bumblebee calligraphy: the design and control of flight motifs in the learning and return flights of *Bombus terrestris. J Exp Biol 216, 1093–1104.* Riabinina O, Hempel de Ibarra N, Philippides A, Collett TS (2014): Head movements and the optic flow generated during the learning flights of bumblebees. *J Exp Biol 217, 2633–2642.* Stürzl W, Zeil J, Boeddeker N, Hemmi JM (2016): How wasps acquire and use views for homing. *Curr Biol 26, 470–482.*—For learning flights of vespid wasps on departure from a newly discovered feeder, see Collett TS, Lehrer M (1993): Looking and learning: a spatial pattern in

the orientation flight of the wasp *Vespula vulgaris. Proc R Soc Lond B 252, 129–134.*

76. After the observations made by August von Berlepsch and Hugo von Buttel-Reepen in the nineteenth century, *n72,* the role of the honeybees' orientation flights in learning large-scale landscape features was first systematically studied by Lore Becker at the University of München, Germany, followed and extended by Elizabeth Capaldi and her associates in Michigan and Illinois. In these studies Capaldi was also the first to apply harmonic radar techniques for recording orientation flights (only four years after this method had been introduced in tracking honeybees). Becker L (1958), *n8.* Capaldi EA, Dyer EC (1999): The role of orientation flights on homing performance in honeybees. *J Exp Biol 202, 1655–1666.* Riley JR, Smith AD, Reynolds DR, Edwards AS, Osborne JL, et al., Poppy GM (1996): Tracking bees with harmonic radar. *Nature 379, 29–30.* Capaldi EA, Smith AD, Osborne JL, Fahrbach SE, Farris SM, et al., Riley JR (2000): Ontogeny of orientation flight in the honeybee revealed by harmonic radar. *Nature 403, 537–540.*—For an extensive recent radar study, see Degen J, Kirbach A, Reiter L, Lehmann K, Norton P, et al., Menzel R (2015): Exploratory behaviour in honeybees during orientation flights. *Anim Behav 102, 45–57.*

77. In general, relearning walks or flights are elicited, when the returning foragers experience an altered visual environment around the goal. For references, see *n9.* Relearning walks in the cataglyphs: Müller M (1984), *n69.* Fleischmann PN, Christian M, Müller VL, Rössler W, Wehner R (2016), *n68.*—Even though the former relearning study precedes the learning study by more than 30 years, the data are directly comparable, as in both cases identical experimental procedures and arrays of landmarks have been used.—Novice honeybees leaving their hive for the first time exhibit a straight-way-out and straight-way-in flight pattern. Later learning (orientation) flights are longer and lead in different directions. When subsequently displaced (as zero-vector bees) to various release sites around the hive, the bees return faster and along straighter flights from areas explored during their orientation flights than from unexplored areas: Degen J, Kirbach A, Reiter L, Lehmann K, Norton P, et al., Menzel R (2016): Honeybees learn landscape features during exploratory orientation flights. *Curr Biol 26, 2800–2804.*

78. Fleischmann PN, Rössler W, Wehner R (2018): Early foraging life: spatial and temporal aspects of landmark learning in the ant *Cataglyphis nodus. J. Comp. Physiol. A 204, 579–592.* The quotation is adopted from Feynman RP (1960): There's plenty of room at the bottom. *Caltech Engin Sci 23, 22–36.* For the use of water-filled moats in studying *Drosophila* behavior, see Grover D, Katsuki T, Grenspan RJ (2016): Flyception: imaging brain activity in freely walking fruit flies. *Nature Methods 13, 569–572.*

79. Freas CA, Cheng K (2018): Landmark learning, cue conflict, and outbound view sequence in navigating desert ants. *J Exp Psychol Anim Learn Cogn, 44 409–421.*—For turnbacks during the outbound path, see Zeil J, Narendra A, Stürzl W (2014), *n72,* and (in wood ants) upon leaving a food patch, see Nicholson DJ, Judd SPD, Cartwright BA, Collett TS (1999), *n14.*

80. Wystrach A, Philippides A, Aurejac A, Cheng K, Graham P (2014), *n59.* Zeil J, Narendra A, Stürzl W (2014), *n72.*—The data given in the text refer to the latter study performed in *Myrmecia* ants.

81. Dujardin F (1850): Mémoire sur le système nerveux des insectes. *Ann Sci Nat Sér 3 (Zool Biol Anim) 14, 195–206.* Kenyon FC (1896): The meaning and structure of the so-called "mushroom bodies" of the hexapod brain. *Am Nat 30, 643–650.*—For illuminating reviews of mushroom body function, see, e.g., Heisenberg M (1998): What do the mushroom bodies do for the insect brain? An introduction. *Learn Mem 5, 1–10.* Strausfeld NJ, Hansen L, Li Y, Gomez RS, Ito K (1998): Evolution, discovery, and interpretations of arthropod mushroom bodies. *Learn Mem 5, 11–37.* Fahrbach SE (2006): Structure of the mushroom bodies of the insect brain. *Annu Rev Entomol 51, 209–232.* Strausfeld NJ, Sinakevitch I, Brown SM, Farris SM (2009): Ground plan of the insect mushroom body: functional and evolutionary implications. *J Comp Neurol 513, 265–291.* See especially the extensive treatment in Nicholas Strausfeld's magnificent opus magnum: Strausfeld NJ (2012): Arthropod Brains: Evolution, Functional Elegance, and Historical Significance. *Cambridge MA, Harvard University Press,* pp. 242–309, 450–451, 548. Farris SM, van Dyke JW (2015): Evolution and function of the insect mushroom bodies: contributions from comparative and model systems studies. *Curr Opin Ins Sci 12, 19–25.*—From the early 1980s onward, studies in honeybees and fruit flies have

revealed the mushroom bodies as focal brain areas for olfactory associative learning and memory. For review and reflections, see Zars T (2000): Behavioral function of the insect mushroom body. *Curr Opin Neurobiol 10, 790–795.* Heisenberg M (2003): Mushroom body memoir: from maps to models. *Nature Neurosci 4, 266–275.*—Recently, by applying genetic manipulation technologies, a host of research schools has raised *Drosophila* to *the* model organism for unraveling the cellular details of the associative learning circuits housed in the mushroom bodies: e.g., Aso Y, Hattori D, Yu Y, Johnston RM, Iyer NA, et al., Rubin GM (2015): The neuronal architecture of the mushroom body provides a logic for associative learning. *eLife 3, e04577.*

82. Vowles DM (1955): The structure and connections of the corpora pedunculata in bees and ants. *Quart J Microsc Sci 96, 239–255, quot.* p. 252.

83. Gronenberg W, Hölldobler B (1999), *n28.*

84. For numbers of Kenyon cells per mushroom body in *Drosophila* (about 2,000 neurons), see Technau GM, Heisenberg M (1982): Neural reorganization during metamorphosis of the corpora pedunculata in *Drosophila melanogaster. Nature 295, 405–407.* Heisenberg M (2003), *n78.* Aso Y, Grübel K, Busch S, Friedrich AB, Siwanowicz I, Tanimoto H (2009): The mushroom body of adult *Drosophila* characterized by GAL4 drivers. *J Neurogen 23, 156–172.*—For *Apis mellifera* workers (about 180,000 neurons), see Withöft W (1967): Absolute Anzahl und Verteilung der Zellen im Hirn der Honigbiene. *Z Morph Tiere 61, 160–184.* Strausfeld NJ (2002): Organization of the honey bee mushroom body: representation of the calyx within the vertical and gamma lobes. *J Comp Neurol 450, 4–33.*—For *Camponotus* worker ants (at least 130,000 neurons), see Ehmer B, Gronenberg W (2004): Mushroom body volumes and visual interneurons in ants: comparison between sexes and castes. *J Comp Neurol 469, 198–213.*

85. Darwin C (1871): The Descent of Man, and Selection in Relation to Sex. *London, J. Murray.* Reprint by *Princeton University Press,* 1981, *quot.* p. 145.—For in-depth accounts on the early anatomical work on mushroom bodies especially in bees, flies, and cockroaches, see Strausfeld NJ (2012), *n81.*

86. Pietschker H (1911): Das Gehirn der Ameise. *Jena Z Med Naturwiss 47, 43–114.* Thompson A (1913): A comparative study of the brains of three genera of ants, with special reference to the mushroom bodies. *J Comp Neurol 23, 515–572.* Pandazis G (1930): Über die relative Ausbildung der Gehirnzentren bei biologisch verschiedenen Ameisenarten. *Z Morph Ökol Tiere 18, 114–169.*

87. Ramón y Cajal S, Sánchez y Sánchez D (1915): Contribución al conocimiento de los centros nerviosos de los insectos. Part 1. Retina y centros opticós. *Trab Lab Invest Biol Univ Madrid 13, 1–168.*

88. The estimated number of microglomeruli per collar is based on confocal imaging studies of Stieb SM, Münz TS, Wehner R, Rössler W (2010): Visual experience and age affected synaptic organization in the mushroom bodies of the desert ant *Cataglyphis fortis. Dev Neurobiol 70, 408–423.* Grob R, Fleischmann PN, Grübel K, Wehner R, Rössler W (2017): The role of celestial compass information in *Cataglyphis* ants during learning walks and for neuroplasticity in the central complex and mushroom bodies. *Front Behav Neurosci 11, 226.* Rössler W (2019): Neuroplasticity in desert ants (Hymenoptera: Formicidae)—importance for the ontogeny of navigation. *Myrm News 29, 1–20.*

89. Steiger U (1967): Über die Funktion des Neuropils im Corpus pedunculatum der Waldameise. *Z Zellforsch 81, 511–53.* Although microglomeruli had briefly been described already five years earlier, this previous study did not allow a decision on the polarity of the synapses and thus an understanding of the functional significance of these synaptic complexes: Trujillo-Cenóz O, Melamed J (1962): Electron microscope observations on the calyces of the insect brain. *J Ultrastr Res 7, 389–398.*—First studies in bees and flies: Ganeshina O, Menzel R (2001): GABA-immunoreactive neurons in the mushroom bodies of the honeybee: an electron microscopic study. *J Comp Neurol 437, 335–349.* Yasuyama K, Meinertzhagen IA, Schürmann FW (2002): Synaptic organization of the mushroom body calyx in *Drosophila melanogaster. J Comp Neurol 445, 211–226.*

90. On mushroom body architecture: Strausfeld NJ, Hansen L, Li Y, Gomez RS, Ito K (1998): Evolution, discovery, and interpretation of arthropod mushroom bodies. *Learn Mem 5, 11–37.* Strausfeld NJ (2012), *n81.*—For the structure of mushroom bodies in ants, see Gronenberg W (1999): Modality-specific segregation of input to ant mushroom bodies. *Brain Behav Evol 54, 85–95.* Gronenberg W,

Hölldobler B (1999), *n28*. Gronenberg W (2001): Subdivisions of hymenopteran mushroom body calyces by their afferent supply. *J Comp Neurol 436, 474–489*. Ehmer B, Gronenberg W (2004), *n84*. Gronenberg W, Lopez-Riquelme GO (2004): Multisensory convergence in the mushroom bodies of ants and bees. *Acta Biol Hung 55, 31–37*. Gronenberg W (2008): Structure and function of ant (Hymenoptera: Formicidae) brains: strength in numbers. *Myrm News 11, 25–36*.

91. Painstaking neurometric studies on the divergence-convergence ratios are currently performed by Wolfgang Rössler and his collaborators in *Cataglyphis* and other ants. In honeybees the convergence of Kenyon cells to mushroom body output cells might exceed even 500:1. For data, see Mobbs P (1982): The brain of the honeybee *Apis mellifera*. I. The connections and spatial organization of the mushroom bodies. *Phil Trans R Soc B 298, 309–354*. Rybak J, Menzel R (1993): Anatomy of the mushroom bodies in the honey bee brain: the neuronal connections of the alpha-lobe. *J Comp Neurol 334, 444–465*. Strausfeld NJ (2002), *n84*. For sparsening, see Jortner RA, Farivar SS, Laurent G (2007): A simple connectivity scheme for sparse coding in an olfactory system. *J Neurosci 27, 1659–1669*. Honegger KS, Campbell RA, Turner GC (2011): Cellular-resolution population imaging reveals robust sparse coding in the *Drosophila* mushroom body. *J Neurosci 31, 11772–11785*. See also Rössler W, Groh C (2012): Plasticity of synaptic microcircuits in the mushroom-body calyx of the honeybee. In: Galizia CG, Eisenhardt D, Giurfa M, eds., Honeybee Neurobiology and Behavior. *Heidelberg, Springer*, pp. 141–153.

92. Vowles DM (1955), *n82*. Vowles DM (1964): Olfactory learning and brain lesions in the wood ant *(Formica rufa)*. *J Comp Physiol Psychol 58, 105–111*. Vowles DM (1967): Interocular transfer, brain lesions, and maze learning in the wood ant, *Formica rufa*. In: Corning WC, Ratner SC, eds., Chemistry of Learning: Invertebrate Research, pp. 425–447. *New York, Springer*.—For the discovery of the input synapses to the lobes, see Schürmann FW (1972): Über die Struktur der Pilzkörper des Insektenhirns. II. Synaptische Schaltungen im Alpha-Lobus des Heimchens *Acheta domesticus*. *Z Zellforsch 127, 240–257*.—Besides his work on the mushroom bodies, Vowles performed quite a number of experiments on the orientation behavior in ants: Vowles DM (1950): Sensitivity of ants to polarized light. *Nature 165, 282–283*. Vowles DM (1955): The foraging of ants. *Brit J Anim Behav 3, 1–13*. Vowles DM (1958), *n26*. Vowles DM (1965): Maze learning and visual discrimination in the wood ant *(Formica rufa)*. *Brit J Psychol 56, 15–31*.

93. Goll W (1967): Strukturuntersuchungen am Gehirn von *Formica*. *Z Morph Ökol Tiere 59, 143–210*.—The lamination of the pedunculus and the lobes had already caught the eye of early neuroanatomists including Frederick Kenyon, but Goll's degeneration experiments revealed a correspondence between the calycal rings (concentric organization) and the layers in the pedunculus and lobes (slablike organization; Goll erroneously concluded that the concentric organization was maintained). The types of Kenyon cells portrayed by Goll for ants correspond well to those described 15 years later by Peter Mobbs for honeybees. Mobbs PG (1982), *n91*.—For detailed recent analyses, see, e.g., Strausfeld NJ (2002), *n84*. Strausfeld NJ, Sinakevitch I, Brown SM, Farris SM (2009), *n81*.

94. Gronenberg W, Heeren S, Hölldobler B (1996): Age-dependent and task-related morphological changes in the brain and the mushroom bodies of the ant *Camponotus floridanus*. *J Exp Biol 199, 2011–2019*. Gronenberg W, Hölldobler B (1999), *n28*. Hoyer SC, Liebig J, Rössler W (2005): Biogenic amines in the ponerine ant *Harpegnathos saltator*: serotonin and dopamine immunoreactivity in the brain. *Arthropod Struct Develop 34, 429–440*. Kühn-Bühlmann S, Wehner R (2006): Age-dependent and task-related volume changes in the mushroom bodies of visually guided desert ants, *Cataglyphis bicolor*. *J Neurobiol 66, 511–521*. Stieb SM, Münz TS, Wehner R, Rössler W (2010), *n88*.

95. The 'social brain hypothesis' first developed for primates—Dunbar RIM (1998): The social brain hypothesis. *Evol Anthropol 6, 178–190*—is not supported for insects: Gronenberg W, Riveros AJ (2009): Social brains and behavior: past and present. In: Gadau J, Fewell J, eds., Organization of Insect Societies, pp. 377–401. *Cambridge MA, Harvard University Press*. Farris SM, Schulmeister S (2011): Parasitoidism, not sociality, is associated with the evolution of elaborate mushroom bodies in the brains of hymenopteran insects. *Proc R Soc B 278, 940–951*. Farris SM (2013): Evolution of complex higher brain centers and behaviors: Behavioral correlates of mushroom body elaboration in insects. *Brain Behav Evol 82, 9–18*.—For the behavioral challenges to

be met by parasitoid wasps, see *n2* and *n3* as well as Hoedjes KM, Kruidhof HM, Huigens ME, Dicke M, Vet LEM, Smid HM (2011): Natural variation in learning rate and memory dynamics in parasitoid wasps: opportunities for converging ecology and neuroscience. *Proc R Soc B 278, 889–897.*—For non-hymenopterans, see Farris SM, Roberts NS (2005): Co-evolution of generalist feeding ecologies and gyrencephalic mushroom bodies in insects. *Proc Natl Acad Sci USA 102, 17394–17399.* Kinoshita M, Shimohigasshi M, Tominaga Y, Arikawa K, Homberg U (2015): Topographically distinct visual and olfactory inputs to the mushroom body in the Swallowtail butterfly, *Papilio xuthus. J Comp Neurol 523, 162–182.*

96. Gronenberg W (2001), *n90.* Gronenberg W, Riveros AJ (2009), *n95.* Groh R, Kelber C, Grübel K, Rössler W (2014): Density of mushroom-body synaptic complexes limits intraspecies brain miniaturization in highly polymorphic leaf-cutting ants. *Proc R Soc B 281, 20140432.* Vogt K, Aso Y, Hige T, Knapek S, Ichinose T, et al., Tanimoto H (2016): Direct neural pathways convey distinct visual information to *Drosophila* mushroom bodies. *eLife 5, e14009.* Grob R, Fleischmann PN, Grübel K, Wehner R, Rössler W (2017), *n88.* Rössler W (2019), *n88.*

97. Wessnitzer J, Young YM, Armstrong JD, Webb B (2012): A model of non-elemental olfactory learning in *Drosophila. J Comp Neurosci 32, 197–212.* Ardin P, Peng F, Mangan M, Lagogiannis K, Webb B (2016): Using an insect mushroom body circuit to encode route memory in complex natural environments. *PLoS Comput Biol 12, e1004683.* This is a brilliant account on how mushroom body circuitries can be used to model the ants' route following behavior. In addition: Webb B, Wystrach A (2016): Neural mechanisms of insect navigation. *Curr Opin Ins Sci 15, 27–39.* See also Peng F, Chittka L (2017): A simple computational model of the bee mushroom body can explain seemingly complex forms of olfactory learning and memory. *Curr Biol 27, 224–230.*

98. Mizunami M, Weibrecht JM, Strausfeld NJ (1998), *n11.* See also Lent DD, Pintér M, Strausfeld NJ (2007): Learning with half a brain. *Dev Neurobiol 67, 740–751.*—Lutz CC; Robinson GE (2013): Activity-dependent gene expression in honey bee mushroom bodies in response to orientation flight. *J Exp Biol 216, 2031–2038.*

99. The first accounts on morphological changes occurring in the mushroom bodies of honeybees, social wasps, and ants during the indoor-outdoor activity transition are the following: Withers GS, Fahrbach SE, Robinson GE (1993): Selective neuroanatomical plasticity and division of labour in the honeybee. *Nature 364, 238–240.* Gronenberg W, Heeren S, Hölldobler B (1996), *n94.* O'Donnell S, Donlan NA, Jones TA (2004): Mushroom body structural change is associated with division of labor in eusocial wasp workers (*Polybia aequatorialis,* Hymenoptera: Vespidae). *Neurosci Lett 356, 159–162.*—For the cataglyphs, see Kühn-Bühlmann S, Wehner R (2006): Age-dependent and task-related volume changes in the mushroom bodies of visually guided desert ants, *Cataglyphis bicolor. J Neurobiol 66, 511–521.*

100. Fahrbach SE, Strande JL, Robinson GE (1995): Neurogenesis is absent in the brains of adult honey bees and does not explain behavioral neuroplasticity. *Neurosci Lett 197, 145–148.* Gronenberg W, Heeren S, Hölldobler B (1996), *n94.* Ishii Y, Kubota K, Hara K (2005): Postembryonic development of the mushroom bodies in the ant, *Camponotus japonicus. Zool Sci 22, 743–753.*—Contrasting the situation in bees and ants, adult neurogenesis has been detected in crickets, some moths, and beetles. For example: Bieber M, Fuldner D (1979): Brain growth during the adult stage of a holometabolous insect. *Naturwissenschaften 66, 426.* Dufour MC, Gadenne C (2006): Adult neurogenesis in a moth brain. *J Comp Neurol 495, 635–664.* Cayre M, Scotto-Lomassese S, Malaterre J, Strambi C, Strambi A (2007): Understanding the regulation and function of adult neurogenesis: contribution from an insect model, the house cricket. *Chem Senses 32, 385–395.* Farris SM, Pettrey C, Daly KC (2011): A subpopulation of mushroom body intrinsic neurons is generated by protocerebral neuroblasts in the tobacco hornworm moth, *Manduca sexta* (Sphingidae, Lepidoptera). *Arthropod Struct Dev 40, 395–408.*

101. Synaptic plasticity within the microglomeruli became apparent only after immunohistochemical methods for double-labeling pre- and postsynaptic sites had become routine practice The two pioneering studies are Frambach I, Rössler W, Winkler M, Schürmann FW (2004): F-actin at identified synapses in the mushroom body neuropil of the insect brain. *J Comp Neurol 475, 303–314.* Groh C, Tautz J, Rössler W (2004): Synaptic organization in the adult honey bee brain is influenced by brood-temperature control during pupal development. *Proc Natl Acad Sci USA 101,*

4268–4273.—For a recent review, see Fahrbach SE, van Nest BN (2016): Synapsin-based approaches to brain plasticity in adult social insects. *Curr Opin Ins Sci 18, 27–34.*

102. For *Cataglyphis,* see Seid MA, Wehner R (2009): Delayed axonal pruning in the ant brain: a study of developmental trajectories. *Dev Neurobiol 69, 350–364.* Stieb SM, Münz TS, Wehner R, Rössler W (2010), *n88.* Stieb SM, Hellwig A, Wehner R, Rössler W (2012), *n68.*—For a first comprehensive review on neural plasticity of the lateral complex and the mushroom bodies in the *Cataglyphis* brain as related to behavioral activities, see Rössler W (2019), *n88.*—For honeybees, see Groh C, Lu Z, Meinertzhagen IA, Rössler W (2012): Age-related plasticity in the synaptic ultrastructure of neurons in the mushroom body calyx of the adult honeybee *Apis mellifera. J Comp Neurol 520, 3509–3527.* Scholl C, Wang Y, Krischke M, Müller MJ, Amdam GV, Rössler W (2014): Light exposure leads to reorganization of microglomeruli in the mushroom bodies and influences juvenile hormone levels in the honeybee. *Dev Neurobiol 74, 1141–1153.*

103. For increased density of energy consumption in densely packed synaptic complexes, and miniaturized nervous systems in general, see Laughlin SB, de Ruyter van Steveninck RR, Anderson JC (1998): The metabolic cost of neural information. *Nat Neurosci 1, 36–41.* Attwell D, Laughlin SB (2001): An energy budget for signaling in the grey matter of the brain. *J Cereb Blood Flow Metab 21, 1133–1145.*—For brains as 'expensive tissues,' see also Niven JE, Laughlin SB (2008): Energy limitation as a selective pressure on the evolution of sensory systems. *J Exp Biol 211, 1792–1804.*

104. Grob R, Fleischmann PN, Grübel K, Wehner R, Rössler W (2017), *n88.*—For similar structural changes in olfactory learning of bees and ants, see Hourcade B, Münz TS, Sandoz JC, Rössler W, Devaud JM (2010): Long-term memory leads to synaptic reorganization in the mushroom bodies: a memory trace in the insect brain? *J Neurosci 30, 6461–6465.* Falibene A, Roces F, Rössler W (2015): Long-term avoidance memory formation is associated with a transient increase in mushroom body synaptic complexes in leaf-cutting ants. *Front Behav Neurosci 9, 84.*

105. Dean P, Porrill J, Ekerot CF, Jörntell H (2009): The cerebellar microcircuit as an adaptive filter: experimental and computational evidence. *Nature Rev Neurosci 11, 30–43.*

106. Kenyon FC (1896), *n81,* p. 647. Schürmann FW (1974): Bemerkungen zur Funktion der Corpora pedunculata im Gehirn der Insekten aus morphologischer Sicht. *Exp Brain Res 19, 406–432.* Li YS, Strausfeld NJ (1997): Morphology and sensory modality of mushroom body extrinsic neurons in the brain of the cockroach, *Periplaneta americana. J Comp Neurol 387, 631–650.* Li YS, Strausfeld NJ (1999): Multimodal efferent and recurrent neurons in the medial lobes of the of cockroach mushroom bodies. *J Comp Neurol 409, 647–663.* Farris SM (2011): Are mushroom bodies cerebellum-like structures? *Arthropod Struct Dev 40, 368–379.*

107. For the classic formulation of the reafference principle, see von Holst E, Mittelstaedt H (1950): Das Reafferenzprinzip. *Naturwissenschaften 37, 464–476,* and the concomitant account Sperry RW (1950): Neural basis if the spontaneous optokinetic response produced by visual inversion. *J Comp Physiol Psychol 43, 482–489.* In these papers, the authors introduce the concept of the 'efference copy' or 'corollary discharge,' respectively. Far-reaching implications and extensions of the reafference principle have been provided by Webb B (2004): Neural mechanisms for prediction: Do insects have forward models? *Trends Neurosci 27, 278–282.*

7 行程规划

1. "Le vermisseau n'est qu'un vermisseau. C'est-à-dire que la petitesse qui vous dérobe son organisation lui ôte son merveilleux." Assézat J, Tourneux M, eds. (1875–1877): Œuvres complètes de Diderot. Tome 2. *Paris, Garnier, quot.* p. 133.

2. Bregy P, Sommer S, Wehner R (2008): Nest-mark orientation versus vector navigation in desert ants. *J Exp Biol 211, 1868–1873.*—For tests of similar cue-conflict situations, see, e.g., Collett TS, Dillmann E, Giger A, Wehner R (1992): Visual landmarks and route following in desert ants. *J Comp Physiol A 170, 435–442.* Collett TS, Collett M, Wehner R (2001): The guidance of desert ants by extended landmarks. *J Exp Biol 204, 1635–1639.* Legge EL, Wystrach A, Spetch ML, Cheng K (2014): Combining sky and earth: desert ants

(Melophorus bagoti) show weighted integration of celestial and terrestrial cues. *J Exp Biol 217, 4159–4166.*—Integration of multiple cues in *Myrmecia pyriformis* and *M. croslandi:* Reid SF, Narendra A, Hemmi JM, Zeil J (2011): Polarized skylight and the landmark panorama provide night-active bull ants with compass information during route following. *J Exp Biol 214, 363–370.* Narendra A, Gourmaud S, Zeil J (2013): Mapping the navigational knowledge of individually foraging ants, *Myrmecia croslandi. Proc R Soc B 280, 20130683.*—For a review, see Wehner R, Hoinville T, Cruse H, Cheng K (2016): Steering intermediate courses: desert ants combine information from various navigational routines. *J Comp Physiol A 202, 459–472.*

3. Collett M (2012): How navigational guidance systems are combined in a desert ant. *Curr Biol 22, 927–932.*

4. Wystrach A, Mangan M, Webb B (2015): Optimal cue integration in ants. *Proc R Soc B 282, 20151484.*

5. For Bayesian integration—multiple sources of information are combined optimally when they are weighted in inverse proportion to their variances—as treated in humans and several vertebrate species, see, e.g., Ernst MO, Banks MS (2002): Humans integrate visual and haptic information in a statistically optimal fashion. *Nature 415, 429–433.* Cheng K, Shettleworth SJ, Huttenlocher J, Rieser JJ (2007): Bayesian integration of spatial information. *Psychol Bull 133, 625–637.* Ma WJ, Jazayeri M (2014): Neural coding of uncertainty and probability. *Annu Rev Neurosci 37, 205–220.*

6. Bühlmann C, Cheng K, Wehner R (2011): Vector-based and landmark-guided navigation in desert ants inhabiting landmark-free and landmark-rich environments. *J Exp Biol 214, 2845–2853.*

7. Interspecific and intraspecific differences in the ants' propensity to rely more on landmark-guidance or path-integration systems have been described and discussed especially in Bühlmann C, Cheng K, Wehner R (2011), *n6.* Cheng K, Middleton EJT, Wehner R (2012): Vector-based and landmark-guided navigation in desert ants of the same species inhabiting landmark-free and landmark-rich environments. *J Exp Biol 215, 3169–3174.*—For comparison, see also Narendra A (2007a): Homing strategies of the Australian desert ant *Melophorus bagoti.* I. Proportional path-integration takes the ant half-way home. *J Exp Biol 210, 1798–1803.* Narendra A (2007b): Homing strategies of the Australian desert ant *Melophorus bagoti.* II. Interaction of the path integrator with visual cue information. *J Exp Biol 210, 1804–1812.*

8. Fukushi T (2001): Homing in wood ants, *Formica japonica:* use of the skyline panorama. *J Exp Biol 204, 2063–2072.* Beugnon G, Lachaud JP, Chagné P (2005): Use of long-term stored vector information in the neotropical ant *Gigantiops destructor. J Insect Behav 18, 415–432.*—See also the behavior of a bull ant species that starts foraging during the evening twilight period: Freas CA, Narendra A, Cheng K (2017): Compass cues used by a nocturnal bull ant, *Myrmecia midas. J Exp Biol 220, 1578–1585.*

9. Schwarz S, Wystrach A, Cheng K (2017): Ants' navigation in an unfamiliar environment is influenced by their experience of a familiar route. *Sci Rep 7, 14161.* Freas CA, Cheng K (2017): Learning and time-dependent cue choice in the desert ant, *Melophorus bagoti. Ethology 123, 503–515.*—See also Narendra A (2007a, b), *n7,* and Cheung A, Hiby L, Narendra A (2012): Ant navigation: fractional use of the home vector. *PLoS ONE 7, e50451.*

10. Andel D, Wehner R (2004): Path integration in desert ants, *Cataglyphis:* how to make a homing ant run away from home. *Proc R Soc B 271, 1485–1489.* Wystrach A, Schwarz S, Graham P, Cheng K (2019): Running paths to nowhere: repetition of routes shows how navigating ants modulate online the weights accorded to cues. *Anim Cogn 22, 213–222.*

11. Knaden M, Wehner R (2003): Nest defense and conspecific enemy recognition in the desert ant *Cataglyphis fortis. J Insect Behav 16, 717–730.* Knaden M, Wehner R (2004): Path integration in desert ants controls aggressiveness. *Science 305, 60.* Bühlmann C, Hansson BS, Knaden M (2012): Path integration controls nest-plume following in desert ants. *Curr Biol 22, 645–649.*

12. There is an extensive literature on the traditional Micronesian and Polynesian navigation strategies. For general considerations, see Aveni AF (1981): Tropical archaeoastronomy. *Science 213,161–171.* Finney BR (1991): Myth, experiment, and the reinvention of Polynesian voyaging. *Amer Anthropol 93, 383–404.*—The original target expansion strategy is described in Gladwin T (1970): East Is a Big Bird: Navigation and Logic on Puluwat Atoll. *Cambridge MA, Harvard University Press,* pp. 195–200. Lewis D (1994): We, the Navigators. 2nd ed. *Honolulu, University of Hawaii Press,* pp. 195–294.

13. Hoffmann G (1985): The influence of landmarks on the systematic search behaviour of the desert isopod *Hemilepistus reaumuri.* I. Role of the landmark made by the animal. II. Problems with similar landmarks and their solution. *Behav Ecol Sociobiol 17, 325–334, 335–348.*

14. Wolf H, Wehner R (2000): Pinpointing food sources: olfactory and anemotactic orientation in desert ants, *Cataglyphis fortis. J Exp Biol 203, 857–868.*—See also food detection by crosswind walks: Bühlmann C, Graham P, Hansson BS, Knaden M (2014): Desert ants locate food by combining high sensitivity to food odors with extensive crosswind runs. *Curr Biol 24, 960–964.*—The ants' behavior within a food odor plume resembles that of flying male moths within pheromone odor plumes. For a review, see Cardé RT (2016): Moth navigation along pheromone plumes. In: Allison JD, Cardé RT, eds., Pheromone Communication in Moths: Evolution, Behavior and Application, pp. 173–189. *Berkeley, University of California Press.*

15. Post W, Gatty H (1931): Around the World in Eight Days: The Flight of the Winnie Mae. *New York, Chicago: Rand McNally;* 1989 ed., *New York: Orion Books, quot.* pp. 123–124.

16. Gatty H (1958): Nature Is Your Guide: How to Find Your Way on Land and Sea. *London, Collins, quot.* pp. 70–71.

17. Wolf H, Wehner R (2005): Desert ants, *Cataglyphis fortis,* compensate navigation uncertainty. *J Exp Biol 208, 4223–4230.* Wolf H (2008): Desert ants adjust their approach to a foraging site according to experience. *Behav Ecol Sociobiol 62, 415–425.*—The concept of the 'error compensation strategy' was introduced to us by Robert Biegler from the Norwegian University of Science and Technology at Trondheim. Biegler R (2000): Possible use of path integration in animal navigation. *Anim Learn Behav 28, 257–277.*

18. Straight paths: Sommer S, Wehner R (2004): The ant's estimation of distance travelled: experiments with desert ants, *Cataglyphis fortis. J Comp Physiol A 190, 1–6.*—Detour paths: Müller M, Wehner R (1988): Path integration in desert ants, *Cataglyphis fortis. Proc Natl Acad Sci USA 85, 5287–5290.* Wehner R, Wehner S (1990): Insect navigation: use of maps or Adriane's thread? *Ethol Ecol Evol 2, 27–48.*—For a theoretical treatment, see also Vickerstaff RJ, Di Paolo EA (2005): Evolving neural models of path integration. *J Exp Biol 208, 3349–3366.*

19. The ant's heuristic of compensating for passive displacements by jets of air has been elegantly examined by Antoine Wystrach and Sebastian Schwarz in *Melophorus bagoti:* Wystrach A, Schwarz S (2013): Ants use a predictive mechanism to compensate for passive displacement by wind. *Curr Biol 23, R1083–R1085.*

20. Wystrach A, Schwarz S, Baniel A, Cheng K (2013): Backtracking behaviour in lost ants: an additional strategy in their navigational toolkit. *Proc R Soc B 280, 20131677.*—For the importance of recent visual experience (temporal information), see also Collett M (2014): A desert ant's memory of recent visual experience and the control of route guidance. *Proc R Soc B 281, 1787.*—Witty comments are given in Graham P, Mangan M (2015): Insect navigation: do ants live in the now? *J Exp Biol 218, 819–823.*

21. Pfeffer SE, Wahl VL, Wittlinger M (2016): How to find home backwards? Locomotion and inter-leg coordination during rearward walking of *Cataglyphis fortis* desert ants. *J Exp Biol 219, 2110–2118.* Pfeffer SE, Wittlinger M (2016): How to find home backwards? Navigation during rearward homing of *Cataglyphis fortis* desert ants. *J Exp Biol 219, 2119–2126.*

22. Schwarz S, Mangan M, Zeil J, Webb B, Wystrach A (2017): How ants use vision when homing backward. *Curr Biol 27, 401–407.* Ardin P, Mangan M, Webb B (2016): Ant homing ability is not diminished when traveling backwards. *Front Behav Neurosci 10, 69.* See also Collett M, Collett TS (2018): How does the insect central complex use mushroom body output for steering? *Curr Biol 28, R733–R734.*

23. Nachtigall W (1979): Schiebeflug bei der Schmeissfliege *Calliphora erythrocephala* (Diptera: Calliphoridae). *Entom Gen 5, 255–265.* Collett M, Graham P, Collett TS (2017): Insect navigation: what backward walking reveals about the control of movement. *Curr Biol 27, R141–R144.*

24. The principle of a decentralized architecture describing the insect's navigational tool set and arguing against a unique 'navigation module' or global spatial representation was qualitatively outlined in Wehner R (2009): The architecture of the desert ant's navigational toolkit (Hymenoptera: Formicidae). *Myrm News 12, 85–96.*—It was followed by the design of an artificial neural network (navigation network, 'Navinet'): Cruse H, Wehner R (2011): No need for a cogni-

tive map: decentralized memory for insect navigation. *PLoS Comput Biol 7, 3.*—Rather than implementing a decentralized model based on dominance hierarchy, as done in the former account, the Navinet model discussed in the text assumes that guidance systems continuously cooperate and optimally integrate their information: Hoinville T, Wehner R (2018): Optimal multiguidance integration in insect navigation. *Proc Natl Acad Sci USA 115, 2824–2829.*

25. Seelig JD, Jayaraman V (2015): Neural dynamics for landmark orientation and angular path integration. *Nature 521, 186–191.* Heinze S (2015): Neuroethology: unweaving the senses of direction. *Curr Biol 25, R1034–R1037.* Stone T, Webb B, Adden A, Wedding NB, Honkanen A, et al., Heinze S (2017): An anatomically constrained model for path integration in the bee brain. *Curr Biol 27, 3069–3085.*

26. Ardin P, Peng F, Mangan M, Webb B (2016): Using an insect mushroom body circuit to encode route memory in complex natural environments. *PLoS Comput Biol 12, e1004683.*

27. Strausfeld NJ (1999): A brain region in insects that supervises walking. *Progr Brain Res 123, 273–284.*—Much direct evidence is derived from the work of Roland Strauss on locomotor disorders in *Drosophila* mutants with defined genetic defects in the central complex, e.g., Strauss R (2002): The central complex and the genetic dissection of locomotor behaviour. *Curr Opin Neurobiol 12, 633–638.*—In cockroaches directed movements could be elicited by electrically stimulating central complex neurons: Martin JP, Guo P, Mu L, Harley CM, Ritzmann RE (2015): Central-complex control of movement in the freely walking cockroach. *Curr Biol 25, 2795–2803.*

28. The quotations are from Cheeseman JF, Millar CD, Greggers U, Lehmann K, Pawley MDM, et al., Menzel R (2014a): Way-finding in displaced clock-shifted bees proves bees use a cognitive map. *Proc Natl Acad Sci USA 111, 8949–8954, quot.* p. 8953; Menzel R, Brembs B, Giurfa M (2007): Cognition in Invertebrates. In: Kaas JH, ed., Evolution of Nervous Systems, vol. 2, pp. 403–442. *Amsterdam, Academic Press, quot.* p. 429.—The map interpretation of the honeybee data has already been criticized in a multiauthored rebuttal to the Cheeseman et al. (2014a) paper: Cheung A, Collett M, Collett TS, Dewar ADM, Dyer FC, et al., Zeil J (2014): Still no convincing evidence for cognitive map use by honeybees. *Proc Natl Acad Sci USA 111, E4396–E4397.* See also the original authors' reply: Cheeseman JF, Millar CD, Greggers U, Lehmann K, Pawley MDM, et al., Menzel R (2014b): Reply to Cheung et al.: The cognitive map hypothesis remains the best interpretation of the data in honeybee navigation. *Proc Natl Acad Sci USA 111, E4398.*

29. Menzel R, Greggers U (2015): The memory structure of navigation in honeybees. *J Comp Physiol A 201, 547–561, quot.* p. 548.—For constructing a metric map by combining egocentric landmark-based information with geocentric path integration information, see Gallistel CR, Cramer AE (1996): Computations on metric maps in mammals: getting oriented and choosing a multi-destination route. *J Exp Biol 199, 211–217,* and figure 1 therein.

30. Foraging ranges of *C. albicans, C. fortis,* and *C. bicolor* (see Figure 2.7) as well as *C. nodus* have been documented in Wehner R, Harkness RD, Schmid-Hempel P (1983): Foraging Strategies in Individually Searching Ants, *Cataglyphis bicolor* (Hymenoptera: Formicidae). *Mainz, G. Fischer.* Wehner R (1987): Spatial organization of foraging behaviour in individually searching desert ants, *Cataglyphis* (Sahara Desert) and *Ocymyrmex* (Namib Desert). *Experientia Suppl 54, 15–42.* Bühlmann C, Graham P, Hansson BS, Knaden M (2014), *n14.*

31. For studies on the probability and consistency of returning to previously visited food sites, see Schmid-Hempel P (1987): Foraging characteristics of the desert ant *Cataglyphis. Experientia Suppl 54, 43–61.* Bolek S, Wittlinger M, Wolf H (2012): What counts for ants? How return behaviour and food search of *Cataglyphis* ants are modified by variations in food quality and experience. *J Exp Biol 215, 3218–3222.* Pfeffer S, Bolek S, Wolf H, Wittlinger H (2015): Nest and food search behaviour in desert ants, *Cataglyphis:* a critical comparison. *Anim Cogn 18, 885–894.*

32. Wehner R, Meier C, Zollikofer CPE (2004): The ontogeny of foraging behaviour in desert ants, *Cataglyphis bicolor. Ecol Entomol 29, 240–250.*—For enhancing foraging success by sector fidelity in heterogeneous resource distributions, see Buchkremer EM, Reinhold K (2008): Sector fidelity: an advantageous foraging behaviour resulting from a heuristic search strategy. *Behav Ecol 19, 984–989.*

33. Lehrer M (1991): Bees which turn back and look. *Naturwissenschaften 78, 274–276.* Collett TS, Lehrer M(1993): Looking and learning: a spatial pattern in the orientation flight of the wasp *Vespula vulgaris. Proc R Soc Lond B 252, 129–134.* Lehrer M (1993): Why do bees turn back and look? *J Comp Physiol A 173, 23–32.*

34. Compare the effect of relearning walks in figures 30–33 in Müller M (1984): Interokularer Transfer bei der Wüstenameise *Cataglyphis fortis* (Formicidae, Hymenoptera). *Diploma Thesis, University of Zürich,* with that of learning walks in figures 3A–C in Fleischmann PN, Christian M, Müller VL, Rössler W, Wehner R (2016): Ontogeny of learning walks and the acquisition of landmark information in desert ants, *Cataglyphis fortis. J Exp Biol 219, 3137–3145.*

35. Wehner R (1981): Spatial vision in arthropods. In: Autrum H, ed., Handbook of Sensory Physiology, vol. 7 / 6C, pp. 287–616, figure 64 therein. *Berlin, Springer.* Ziegler PE, Wehner R (1997): Time-courses of memory decay in vector-based and landmark-based systems of navigation in desert ants, *Cataglyphis fortis. J Comp Physiol A 181, 13–20.* Cheng K, Narendra A, Wehner R (2006): Behavioral ecology of odometric memories in desert ants: acquisition, retention and integration. *Behav Ecol 17, 227–235.* Sommer S, von Beeren C, Wehner R (2008): Multiroute memories in desert ants. *Proc Natl Acad Sci USA 105, 317–322.*

36. Bumblebees may engage in circuitous 'exploration flights' interspersed among straight exploitation flights to familiar food patches, but these flights might be part of searching for new food sources. Woodgate JL, Makinson JC, Lim KS, Reynolds AM, Chittka L (2016): Life-long radar tracking of bumblebees. *PLoS ONE 11(8), e0160333.*

37. For the functional significance of linking path integration coordinates to places, see some intriguing arena experiments performed in hamsters: Etienne AS, Maurer R, Boulens V, Levy A, Rowe T (2004): Resetting the path integrator: a basic condition for route-based navigation. *J Exp Biol 207, 1491–1508.* Etienne AS, Jeffery KJ (2004): Path integration in mammals. *Hippocampus 14, 180–192.*—For comments, see Collett TS, Graham P (2004): Animal navigation: path integration, visual landmarks and cognitive maps. *Curr Biol 14, R475–R477.*

38. Gould JL (1986): The locale map of honey bees: do insects have cognitive maps? *Science 232, 861–863.* Gould JL, Towne WF (1987): Evolution of the dance language. *Am Nat 130, 317–338.*—The quotation is from Gould JL, Gould CG (2012): Nature's Compass: The Mystery of Animal Navigation. *Princeton NJ, Princeton University Press,* p. 35.—For valid alternative explanations to invoking a locale map in bees, see Dyer FC, Seeley TD (1989): On the evolution of the dance language. *Am Nat 133, 580–590.* In their rebuttal, Gould and Towne (1989: *Am Nat 134, 156–159*) still claim that their evidence strongly indicates a cognitive map in bees. Carefully designed critical experiments later performed by Fred Dyer clearly show that this claim is unsubstantiated: Dyer FC (1991): Bees acquire route-based memories but not cognitive maps in a familiar landscape. *Anim Behav 41, 239–246.* Dyer FC, Berry NA, Richard AS (1993): Honey bee spatial memory: use of route-based memories after displacement. *Anim Behav 45, 1028–1030.*—See also the summary of results of several similar studies in Wehner R (1992): Arthropods. In: Papi F, ed., Animal Homing, pp. 45–144, figure 3.43 therein. *London, Chapman and Hall.*

39. Gould JL, Gould CG (1982): The insect mind: physics or metaphysics? In: Griffin DR, ed., Animal Mind—Human Mind, pp. 269–298. *Berlin, Springer.*—For further experiments and discussion, see Tautz J, Zhang SW, Spaethe J, Brockmann A, Si A, Srinivasan M (2004): Honeybee odometry: performance in varying natural terrain. *PLoS Biol 2, 915–923.*

40. A masterpiece of sophisticated experimentation and thoughtful consideration is Wray MK, Klein BA, Mattila HR, Seeley TD (2008): Honeybees do not reject dances for 'implausible' locations: reconsidering the evidence for cognitive maps in insects. *Anim Behav 76, 261–269.*

41. Menzel R, Greggers U, Smith A, Berger S, Brandt R, et al., Watzl S (2005): Honey bees navigate according to a map-like spatial memory. *Proc Natl Acad Sci USA 102, 3040–3045.* Menzel R, Kirbach A, Haass WD, Fischer B, Fuchs J, et al., Greggers U (2011): A common frame of reference for learned and communicated vectors in honeybee navigation. *Curr Biol 21, 645–650.* Cheeseman JF, Millar CD, Greggers U, Lehmann K, Pawley MDM, et al., Menzel R (2014a), *n28.*—See rebuttal: Cheung A, Collett M, Collett TS, Dewar

ADM, Dyer FC, et al., Zeil J (2014), *n28,* and the original authors' reply: Cheeseman JF, Millar CD, Greggers U, Lehmann K, Pawley MDM, et al., Menzel R (2014b), *n28.* —Menzel R, Greggers U (2015), *n29.*

42. For the Navinet simulation of the experiments described in Cheeseman JF, Millar CD, Greggers U, Lehmann K, Pawley MDM, et al., Menzel R (2014a), *n28,* see Hoinville T, Wehner R (2018), *n24.*—The concept of combining a 'bearing map' ("a coarse map of metric relations between locations") with multiple 'sketch maps' as proposed in Menzel R, Greggers U (2015), *n29, quot.* p. 559, is more descriptive than operational.

43. In a classical study tropical orchid bees, *Euglossa surinamensis,* have been observed to repeatedly visit the same plants along feeding routes extending up to 23 km from the nest, and do so in the order in which the plants have originally been incorporated into the route: Janzen DH (1971): Euglossine bees are long-distance pollinators of tropical plants. *Science 171, 203–205.*—See also Wikelski M, Moxley J, Eaton-Mordas A, López-Uribe MM, Holland R, et al., Kays R (2010): Large-range movements of neotropical orchid bees observed via radio telemetry. *PLoS ONE 5, e10738.*

44. In the study of how insects may develop spatial representations of trapline routes, the following accounts are exemplary in conceptual and experimental design: Lihoreau M, Raine NE, Reynolds AM, Stelzer RJ, Lim KS, et al., Chittka L (2012): Radar tracking and motion-sensitive cameras on flowers reveal the development of pollinator multi-destination routes over large spatial scales. *PLoS Biol 10, e1001392.* Reynolds AM, Lihoreau M, Chittka L (2013): A simple iterative model accurately captures complex trapline formation by bumblebees across spatial scales and flower arrangements. *PLoS Comput Biol 9, e1002938.* Lihoreau M, Raine NE, Reynolds AM, Stelzer RJ, Kim KS, et al., Chittka L (2013): Unravelling the mechanisms of traplining foraging in bees. *Comm Integr Biol 6, 1-4.*

45. The question of whether views of familiar landmark sceneries can activate long-term memories of previous path integration states has been treated especially in Sassi S, Wehner R (1997): Dead reckoning in desert ants, *Cataglyphis fortis:* can homeward-bound vectors be reactivated by familiar landmark configurations? *Proc Neurobiol Conf Göttingen 25, 484.* Collett M, Collett TS, Chameron S, Wehner R(2003): Do familiar landmarks reset the global path integration system of desert ants? *J Exp Biol 206, 877–882.*—Resetting of the path integrator occurs only inside the nest: Knaden M, Wehner R (2005): Nest mark orientation in desert ants *Cataglyphis:* what does it do to the path integrator? *Anim Behav 70, 1349–1354.* Knaden M, Wehner R (2006): Ant navigation: resetting the path integrator. *J Exp Biol 209, 26–31.* Certainly, the potential combination of landmark-based and path-integration information needs further analysis.

46. Müller M, Wehner R (2010): Path integration provides a scaffold for landmark learning in desert ants. *Curr Biol 20, 1368–1371.* Fleischmann PN, Christian M, Müller VL, Rössler W, Wehner R (2016), *n34.* Freas CA, Cheng K (2017), *n9.*

47. Compare also the ants' different behaviors in Wystrach A, Beugnon G, Cheng K (2012): Ants might use different view-matching strategies on and off the route. *J Exp Biol 215, 44–55,* and Freas CA, Cheng K (2017), *n9.*

48. The example is taken from Narendra A (2007b), *n7.*—For a similar example, see Wehner R, Michel B, Antonsen P (1996): Visual navigation in insects: coupling of egocentric and geocentric information. *J Exp Biol 199, 129–140,* figure 11.

49. The egocentric storage and use of view-based landmark information is implicitly assumed in almost all recent papers on ant navigation, see, e.g., Graham P (2010): Insect navigation. In: Breed HD, Moore J, eds., Encyclopedia of Animal Behavior, Vol. 2, pp. 167–175, *Oxford, Academic Press.* Zeil J (2011): Visual homing: an insect perspective. *Curr Opin Neurobiol 22, 1–9.* Collett M, Chittka L, Collett TS (2013): Spatial memory in insect navigation. *Curr Biol 23, R789–R800.* Previously, it has been argued that bees attach home vectors to visual scenes experienced at particular food sites: Menzel R, Geiger K, Joerges J, Müller U, Chittka L (1998): Bees travel novel homeward routes by integrating separately acquired vector memories. *Anim Behav 55, 139–152.*

50. For the template-matching hypothesis accounting for olfactory nestmate recognition, see Chapter 1 and *n16* therein.

51. Vowles DM (1955): The structure and connections of the corpora pedunculata in bees and ants. *Quart J Microsc*

Sci 96, 239–255. Menzel R, Erber J, Masuhr T (1974): Learning and memory in the honeybee. In: Barton Browne L, ed., Experimental Analysis of Insect Behaviour, pp. 195–217. *Berlin, Springer.*—In cockroaches, lesions made by slivers of aluminum foil in the medial lobes of the mushroom bodies impaired place memory: Mizunami M, Weibrecht JM, Strausfeld NJ (1998): Mushroom bodies of the cockroach: their participation in place memory. *J Comp Neurol 402, 520–537.*

52. Seelig JD, Jayaraman V (2015), *n25.* Green J, Adachi A, Shah KK, Hirokawa JD, Magani PS, Maimon G (2017): A neural circuit architecture for angular triangulation in *Drosophila. Nature 546, 101–106.* Turner-Evans D, Wegener S, Rouault H, Franconville R, et al., Jayaraman V (2017): Angular velocity integration in a fly heading circuit. *eLife 6, e04577.*

53. It came as a real surprise when Daniel Kronauer published the first gene editing study via CRISPR/Cas in ants, soon followed by a second one put forth by Claude Desplan. Trible W, Olivos-Cisneros L, McKenzie SK, Saragosti J, et al., Kronauer DJC (2017): Orco mutagenesis causes loss of antennal lobe glomeruli and impaired social behavior in ants. *Cell 170, 727–735.* Yan H, Opachaloemphan C, Mancini G, Yang H, et al., Desplan C (2017): An engineered orco mutation produces aberrant social behavior and defective neural development in ants. *Cell 170, 736–747.*

54. Wehner R, Fukushi T, Isler K (2007): On being small: ant brain allometry. *Brain Behav Evol 69, 220–228.* Seid MA, Castillo A, Wcislo WT (2011): The allometry of brain miniaturization in ants. *Brain Behav Evol 77, 5–13.*

55. Ardin P, Peng F, Mangan M, Webb B (2016), *n26.* Stone T, Webb B, Adden A, Wedding NB, Honkanen A, et al., Heinze S (2017), *n25.* Hoinville T, Wehner R (2018), *n24.*—In this context it is also worth pointing out that several 'advanced' cognitive tasks that insects are able to perform, can be accomplished by artificial neural networks, which consist of an amazingly small number of neurons; see, e.g., Chittka L, Niven J (2009): Are bigger brains better? *Curr Biol 19, R995–R1008.* Chittka L, Rossiter SJ, Skorupski P, Fernando C (2012): What is comparable in comparative cognition? *Phil Trans R Soc B 367, 2677–2685.* Roper M, Fernando C, Chittka L (2017): Insect bio-inspired neural network provides new evidence on how single feature detectors can enable complex visual generalization and stimulus location invariance in the miniature brain of honeybees. *PLoS Comput Biol 13, e1005333.*

56. For intricate discussions of the cost/benefit relations, potentialities and constraints of small (e.g., insect) brains, see especially Chittka L, Niven J (2009), *n55.* Chittka L, Skorupski P (2011): Information processing in miniature brains. *Proc R Soc B 278, 885–888.* Niven JE, Farris SM (2012): Miniaturization of nervous systems and neurons. *Curr Biol 22, R323–R329.*

57. Tolman EC (1948): Cognitive maps in rats and men. *Psychol Rev 55, 189–208, quots.* pp. 192 and 207.—Because of its wide intellectual scope, including concepts of space in the history of philosophy, O'Keefe's and Nadel's book, and the report of subsequent discussions about the book, make it highly recommended reading: O'Keefe J, Nadel L (1978): The Hippocampus as a Cognitive Map. *Oxford: Oxford University Press.* O'Keefe J, Nadel L (1979): Précis of O'Keefe and Nadel's The Hippocampus as a Cognitive Map. *Behav Brain Sci 2, 487–533.*

58. Place cells, grid cells, and head-direction cells have first been described in, respectively, O'Keefe J, Dostrovsky J (1971): The hippocampus as a spatial map. Preliminary evidence from unit activity in the freely-moving rat. *Brain Res 34, 171–175*; Hafting T, Fyhn M, Molden S, Moser MB, Moser EI (2005): Microstructure of a spatial map in the entorhinal cortex. *Nature 436, 801–806*; and Ranck JB (1985): Head direction cells in the deep cell layer of dorsal presubiculum in freely moving rats. In: Buzsáki G, Vanderwolf CH, eds., Electrical Activity of the Archicortex, pp. 217–220. *Budapest, Akademiai Kiado.* Taube JS, Muller RU, Ranck JB (1990): Head-direction cells recorded from the postsubiculum in freely moving rats. I. Description and quantitative analysis. *J Neurosci 10, 420–435.*—For reviews, see the articles in Hartley T, Lever C, Burgess N, O'Keefe J, eds. (2014): Space in the brain: cells, circuits, codes and cognition. *Phil Trans R Soc B 369, issue 1635.* Rowland DC, Roudi Y, Moser M-B, Moser EI (2016): Ten years of grid cells. *Annu Rev Neurosci 39, 19–40.*—For evidence of place and grid cells in humans, see Ekström AD, Kahana MJ, Caplan JB, Fields TA, et al., Fried I. (2003): Cellular networks underlying human spatial navigation. *Nature 425, 184–188.* Jacobs J, Weidemann CT, Miller JF, Solway A et al., Kahane MJ (2013):

Direct recordings of grid-like neuronal activity in human spatial navigation. *Nat Neurosci 16, 1188–1190.*

59. Manns JR, Howard MW, Eichenbaum H (2007): Gradual changes in hippocampal activity support remembering the order of events. *Neuron 56, 530–540.* Pfeiffer BE, Foster DJ (2013): Hippocampal place-cell sequences depict future paths to remembered goals. *Nature 497, 74–79.* MacDonald CJ, Carrow S, Place R, Eichenbaum H (2013): Distinct hippocampal time cell sequences represent odor memories in immobilized rats. *J Neurosci 33, 14607–14616.* Aronov D, Nevers R, Tank DW (2017): Mapping of a non-spatial dimension by the hippocampal-entorhinal circuit. *Nature 543, 719–722.* Ekstrom AD, Ranganath C (2017): Space, time, and episodic memory: the hippocampus is all over the cognitive map. *Hippocampus 28, 680–687.*

60. Tsoar A, Natham R, Bartan Y, Vyssotski A, Dell'Omo G, Ulansovsky N (2011): Large-scale navigational map in a mammal. *Proc Natl Acad Sci USA 108, E718–E724.* Geva-Sagiv M, Las L, Yovel Y, Ulanovsky N (2015): Spatial cognition in bats and rats: from sensory acquisition to multiscale maps and navigation. *Nature Rev Neurosci 16, 94–108.* Sarel A, Finkelstein A, Las L, Ulanovsky N (2017): Vectorial representation of spatial goals in the hippocampus of bats. *Science 355, 176–180.*

61. For the possible involvement of the insect's mushroom bodies in place learning, see Mizunami M, Weibrecht JM, Strausfeld NJ (1998), *n51.*—What would come as a real surprise is the discovery of a grid cell system in insects.

62. Calhoun JB (1963): The Ecology and Sociobiology of the Norway Rat. *Bethesda MD, U.S. Department of Health, Education, and Welfare.* Taylor KD (1978): Range of movement and activity of common rats *(Rattus norvegicus)* on agricultural land. *J Appl Ecol 15, 663–677.* Recht MA (1982): The fine structure of the home range and activity pattern of free-ranging telemetered urban Norway rats, *Rattus norvegicus. Bull Soc Vect Ecol 7, 29–35.* Russell JC, McMorland AJC, MacKay JWB (2010): Exploratory behaviour of colonizing rats in novel environments. *Anim Behav 79, 159–164.*

63. The quotations are, respectively, from Small WS (1899): Notes on the psychic development of the young white rat. *Amer J. Psychol 11, 80–100, quot.* p. 99. Locke NM (1936): A preliminary study of the social drive in the white rat. *J Psychol 1, 255–260, quot.* p. 259.—The term 'latent learning' was introduced by Blodgett HC (1929): The effect of the introduction of reward upon the maze performance of rats. *Univ Calif Publ Psychol 4, 113–134,* p. 122.—In rats, latent learning has mostly been studied by exposing adult rats to new maze environments. Barnett SA (1958): Exploratory behaviour. *Brit J Psychol 49, 289–310.*

64. Eilam D, Golani I (1989): Home base behavior of rats *(Rattus norvegicus)* exploring a novel environment. *Behav Brain Res 34, 199–211.* Golani I, Benjamini Y, Eilam D (1993): Stopping behavior: constraints on exploration in rats *(Rattus norvegicus). Behav Brain Res 53, 21–33.* Zadicario P, Avni R, Zadicario E, Eilam D (2005): 'Looping'—an exploration mechanism in a dark open field. *Behav Brain Res 159, 27–36.* Golani I, Benjamini Y, Dvorkin A, Lipkind D, Kafkafi N (2005): Locomotor and explorative behavior. In: Whishaw IQ, Kolb B, eds., The Behaviour of the Laboratory Rat: A Handbook with Tests. *New York, Oxford University Press,* pp. 171–182.

65. Etienne AS, Maurer R, Boulens V, Levy A, Rowe T (2004): Resetting the path integrator: a basic condition for route-based navigation. *J Exp Biol 207, 1491–1508.* Etienne AS, Jeffery K (2004), *n37.*

66. In fruit bats equipped with GPS loggers and foraging in their natural habitat, or moving around in large flight rooms decked out with cameras, experimental paradigms could be envisaged that resemble those tested in the cataglyphs. Tsoar A, Nathan R, Bartan Y, Vyssotski A, Dell'Omo G, Ulanovsky N (2011): Large-scale navigational map in a mammal. *Proc Natl Acad Sci USA 108, E718–E724.* Finkelstein A, Derdikman D, Rubin A, Foerster JN, Las L, Ulanovsky N (2015): Three-dimensional head-direction coding in the bat brain. *Nature 517, 159–164.*

67. In a stunning paper, Detlev Arendt and his colleagues at the European Molecular Biology Laboratory in Heidelberg, Germany, report that the developing mushroom body of an annelid worm and the developing pallium in the mouse brain exhibit high similarities in gene sequences and temporal sequence expression patterns. Tomer R, Denes AS, Tessmar-Raible K, Arendt D (2010): Profiling by image registration reveals common origin of annelid mushroom bodies and vertebrate pallium. *Cell 142, 800–809.*—Given this obviously deep homology between forebrain structures of invertebrates and vertebrates, the next question is what

happens later in ontogenetic development. Let us assume that these developmental processes finally ended up in similar neural circuitries. Then, in what ways and contexts do the cataglyphs and the rats take advantage of the computational capabilities of these circuitries in orchestrating their navigational tool set?

68. Interestingly, while researchers of insect navigation have developed a keen interest in the work done on spatial cognition in mammals, the reverse is not usually the case. Hence I hope that this book helps to draw attention to the multifaceted experimental approaches and emerging concepts that result from the work on insect navigators. After all, as central place foragers, the cataglyphs and their social insect companions share with rats, mice, and many other rodents the need to venture out in initially uncharted territory, and then to employ whatever spatial knowledge they have subsequently acquired to return to their home base and to other meaningful places in their environment.

后记

Epigraph: Ramón y Cajal S (1937): Recollections of My Life. *Cambridge MA, MIT Press,* Reprint 1991, *quot.* p. 589.

1. Ramón y Cajal S (1921): Las sensaciones de las hormigas. *Arch Neurobiol Psicol Fisiol Neurol Psiquiat 2, 321–337.* Lubbock J (1882): Ants, Bees, and Wasps: A Record of Observations on the Habits of the Social Hymenoptera. *London, Kegan Paul, Trench, quots.* pp. v, vii. Hutchinson HG (1914): Life of Sir John Lubbock, Lord Avebury. *London, Macmillan.*—You may recall that we have met John Lubbock already in Chapter 1, together with Jean-Henri Fabre.

2. One could argue that within the experimental system of 'studying *Cataglyphis* in the test field' the ant's cockpit—the ant's art of wayfinding—has become what contemporary philosophers and historians of science call an 'epistemic thing,' a dynamic research body, which is not the final product but the driving force of research. Rheinberger HJ (1997): Toward a History of Epistemic Things: Synthesizing Proteins in the Test Tube. *Stanford CA, Stanford University Press.*—"Manipulating the researcher": Lenoir F (2010): Foreword to Rheinberger HJ, An Epistemology of the Concrete: Twentieth-Century Histories of Life. *Durham NC, Duke University Press, quot.* p. xvi.

3. In comparative animal cognition, researchers often tend to discover humanlike ways in how various animal species solve complex problems. They assume that general underlying concepts operate across taxa. As this expectation-driven top-down approach is easily constrained by particular concepts, it faces the danger of terminological ambiguities. For stringent critical arguments, see, e.g., de Waal FBM, Ferrari PF (2010): Towards a bottom-up perspective on animal and human cognition. *Trends Cogn Sci 14, 201–207.* Graham P (2010): Insect navigation. In: Breed HD, Moore J, eds., Encyclopedia of Animal Behavior, vol. 2, pp. 167–175. *London, Academic Press.* Döring TF, Chittka L (2011): How human are insects, and does it matter? *Formosan Entomol 31, 85–99.* Wystrach A, Graham P (2012): What can we learn from studies of insect navigation? *Anim Behav 84, 13–20.* Chittka L, Rossiter SJ, Skorupski P, Fernando C (2012): What is comparable in comparative cognition? *Phil Trans R Soc B 367, 2677–2685.*

Considering the insect navigator in the light of some higher-level cognitive concept, the argument would be that the cataglyphs develop a model of their outside world—their foraging environment—within which they plan actions and predict outcomes (action selection, see Chapter 1, *n22*). In this view, the ants' principal navigational routines are relegated to subordinate steering devices that the animals are free to flexibly use in one way or another to reach their goal. Of course, when starting an action—e.g., to leave the nest for a foraging journey to one of several familiar sites, or to return to the nest after food has been found—the ant must decide what to do. In the Navinet model proposed in Chapter 7 this decision process is represented by what we have called 'motivation units' (see Figure 7.10). Then, however, the ant is not assumed to consult an internal representation of its outside world, i.e., to spread out a map and mark out a preferred route, so to speak. Rather it is assumed to follow the instructions of interlinked navigational routines, which at any one time tell the animal what the most reliable direction is that it should steer. At present, even the high flexibility that we observe in the ants' navigational behavior is in accord with this view. Future experimental paradigms will decide whether this view is sufficient.

4. Tinbergen N (1951): The Study of Instinct. *New York, Oxford University Press, quot.* p. 12, *italics* by Niko Tinbergen.

5. For example, Risse B, Mangan M, Del Pero L, Webb B (2018): Visual tracking of small animals in cluttered natural environments using a freely moving camera. *Venice, Institute of Electrical and Electronics Engineers*, pp. 2840–2849.

6. Burger ML (1971): Zum Mechanismus der Gegenwendung nach mechanisch aufgezwungener Richtungsänderung bei *Schizophyllum sabulosum* (Julidae, Diplopoda). *Z Vergl Physiol 71, 219–254.*—The involvement of the central complex in steering undisturbed courses is borne out by lesion experiments in fruit flies and cockroaches: Strauss R (2002): The central complex and the genetic dissection of locomotor behaviour. *Curr Opin Neurobiol 12, 633–638.* Harley CM, Ritzmann RE (2010): Electrolytic lesions within central complex neuropils of the cockroach brain affect negotiation of barriers. *J Exp Biol 213, 2851–2864.*

7. Dethier VG (1976): The Hungry Fly. *Cambridge MA, Harvard University Press,* pp. 27–30. Kim IS, Dickinson MH (2017): Idiothetic path integration in the fruit fly *Drosophila melanogaster. Curr Biol 27, 2227–2238.* Brockmann A, Basu P, Shakeel M, Murata S, et al., Tanimura T (2018): Sugar intake elicits intelligent searching behavior in flies and honey bees. *Front Behav Neurosci 12, 280.*

8. Collett TS, Land MF (1975): Visual spatial memory in a hoverfly. *J Comp Physiol 100, 59–84.* Ofstad TA, Zuker CS, Reiser MB (2011): Visual place learning in *Drosophila melanogaster. Nature 474, 204–207.* Ostrowski D, Zars T (2014): Place learning. In: Dubnau J, ed., Behavioral Genetics of the Fly *(Drosophila melanogaster),* pp. 125–134. *Cambridge, Cambridge University Press.*—Often, rather small modifications of neural circuitries might open up new behavioral potentials; see, e.g., Chittka L, Niven J (2009): Are bigger brains better? *Curr Biol 19, R995–R1008.* Katz PS (2011): Neural mechanisms underlying the evolvability of behaviour. *Phil Trans R Soc B 366, 2086–2099.* Chittka L, Rossiter SJ, Skorupski P, Fernando C (2012), *n3.*

9. The "different story to tell" refers to Godfrey-Smith P (2016): Other Minds: The Octopus, the Sea, and the Deep Origins of Consciousness. *New York, Farrar, Straus and Giroux,* p. 13. For definitions of a "position sense" and "map sense," see Gallistel CR (1994): Space and time. In: Mackintosh N, ed., Handbook of Perception and Cognition. Vol. 9: Animal Learning and Cognition, pp. 221–253. *London, Academic Press, quot.* p. 222. Gould JL, Gould CG (2012): Nature's Compass: The Mystery of Animal Navigation. *Princeton NJ, Princeton University Press, quot.* p. 185. A map sense forms the basis of "true navigation," as shown, e.g., in migrating birds. In insects, even long-distance migrators such as the North American monarch butterflies most certainly do not use maps *sensu* Gallistel and the Goulds. Mouritsen H, Derbyshire R, Stalleicken J, Mouritsen OØ, Frost BJ, Norris DR (2013): An experimental displacement and over 50 years of tag-recoveries show that monarch butterflies are not true navigators. *Proc Natl Acad Sci USA 110, 7348–7353.* See also rebuttals, *ibid., E3680, E3681.*

10. See Chapter 7, *n53*, for the first application of the CRISPR / Cas method in ants.—As outlined in Chapter 2, some *Cataglyphis* species, e.g., *C. cursor,* reproduce like *Ooceraea biroi*—the clonally reproducing ant used by David Kronauer—via unfertilized diploid eggs, i.e., exhibit so-called thelytokous parthenogenesis. However, there are also other means of gene editing in hymenopterans than relying on this kind of parthenogenetic reproduction.

11. For exemplary studies along these lines, see Seelig JD, Jayaraman V (2015): Neural dynamics for landmark orientation and angular path integration. *Nature 521, 186–191.* Stone T, Webb B, Adden A, Wedding NB, Honkanen A, et al., Heinze S (2017): An anatomically constrained model for path integration in the bee brain. *Curr Biol 27, 3069–3085.* Ardin P, Peng F, Mangan M, Lagogiannis K, Webb B (2016): Using an insect mushroom body circuit to encode route memory in complex natural environments. *PLoS Comput Biol 12, e1004683.*

12. Early papers on brain research in *Cataglyphis:* Kühn-Bühlmann S, Wehner R (2006): Age-dependent and task-related volume changes in the mushroom bodies of visually guided desert ants, *Cataglyphis bicolor. J Neurobiol 66, 511–521.* Seid MA, Wehner R (2008): Ultrastructure and synaptic differences of the boutons of the projection neurons between the lip and collar regions of the mushroom bodies in the ant *Cataglyphis albicans. J Comp Neurol 507, 1102–1108.* Seid MA, Wehner R (2009): Delayed axonal pruning in the ant brain: a study of developmental trajectories. *Dev Neurobiol 69, 350–364.* Stieb SM, Münz TS, Wehner R, Rössler W (2010): Visual experience and age affected synaptic organization in the mushroom bodies of the desert ant *Cataglyphis fortis. Dev Neurobiol 70, 408–423.* Grob R, Fleischmann PN,

Grübel K, Wehner R, Rössler W (2017): The role of celestial compass information in *Cataglyphis* ants during learning walks and for neuroplasticity in the central complex and mushroom bodies. *Front Behav Neurosci 11, 226.*

13. Attwell D, Laughlin SB (2001): An energy budget for signaling in the grey matter of the brain. *J Cereb Blood Flow Metab 21, 1133–1145.* Laughlin SB (2001): Energy as a constraint on the coding and processing of sensory information. *Curr Opin Neurobiol 11, 475–480.* Niven JE, Laughlin SB (2008): Energy limitation as a selective pressure on the evolution of sensory systems. *J Exp Biol 211, 1792–1804.*

14. Gronenberg W, Hölldobler B (1999): Morphologic representation of visual and antennal information in the ant brain. *J Comp Neurol 412, 229–240* (reference to *Cataglyphis*). For further allometric studies performed in ants by Wulfila Gronenberg, see Chapter 6, *n90.*—A first digital 3–D atlas of an ant brain has been provided by Bressan JMA, Benz M, Oettler J, Heinze J, Hartenstein V, Sprecher SG (2014): A map of brain neuropils and fiber systems in the ant *Cardiocondyla obscurior. Front Neuroanat 8, 166.*

15. Wehner R, Fukushi T, Isler K (2007): On being small: ant brain allometry. *Brain Behave Evol 69, 220–228.*